Dietrich / Conrad

Eignungsnachweis von Mess- und Prüfprozessen

Edgar Dietrich
Stephan Conrad

Eignungsnachweis von Mess- und Prüfprozessen

Fähigkeit, Eignung und Messunsicherheit im aktuellen Normenumfeld

6., überarbeitete Auflage

HANSER

Über die Autoren:
Dr.-Ing. Edgar Dietrich, Weinheim
Dipl.-Ing. Stephan Conrad, Weinheim

MIX
Papier aus verantwortungsvollen Quellen
FSC® C083411

Print-ISBN: 978-3-446-47698-1
E-Book-ISBN: 978-3-446-47888-6

Bibliografische Information der Deutschen Nationalbibliothek:
Die Deutsche Nationalbibliothek verzeichnet diese Publikation in der Deutschen Nationalbibliografie; detaillierte bibliografische Daten sind im Internet unter *http://dnb.d-nb.de* abrufbar.

www.hanser-fachbuch.de
Lektorat: Dr. Philippa Söldenwagner-Koch
Herstellung: Melanie Zinsler
Covergestaltung: Tom West
Titelmotiv: © Max Kostopoulos
Satz: Eberl & Koesel Studio, Kempten
Druck: CPI Books GmbH, Leck
Printed in Germany

Inhalt

Der Verlag und die Autoren haben sich mit der Problematik einer gendergerechten Sprache intensiv beschäftigt. Um eine optimale Lesbarkeit und Verständlichkeit sicherzustellen, wird in diesem Werk auf Gendersternchen und sonstige Varianten verzichtet; diese Entscheidung basiert auf der Empfehlung des Rates für deutsche Rechtschreibung. Grundsätzlich respektieren der Verlag und die Autoren alle Menschen unabhängig von ihrem Geschlecht, ihrer Sexualität, ihrer Hautfarbe, ihrer Herkunft und ihrer nationalen Zugehörigkeit.

Vorwort

Das Ergebnis einer Messung wird als Messergebnis bezeichnet. Das vollständige Messergebnis besteht aus dem ermittelten Messwert und der Unsicherheit des Messergebnisses. Bevor Messergebnisse weiterverarbeitet werden, um darauf basierend Bewertungen von Merkmalen oder Eigenschaften eines Produktes oder Prozesses vorzunehmen, ist die Unsicherheit des Messprozesses für die jeweilige Aufgabenstellung zu bestimmen. Alternativ kann auch nachgewiesen werden, dass die Unsicherheit bei der jeweiligen Messung vernachlässigbar klein ist. Erfolgen diese Nachweise nicht, ist die in jedem Messergebnis enthaltene Unsicherheit nicht bekannt. Diese Unsicherheit überträgt sich konsequenterweise auf jede darauf aufbauende Beurteilung.

Eine mit den Messergebnissen durchgeführte Bewertung, ob ein Maß innerhalb der geforderten Toleranz liegt, also den Spezifikationen entspricht, nennt man (Konformitäts-)Prüfung. Eine solche Prüfung kann auch durch subjektive Bewertungen oder den Vergleich mit Maßverkörperungen, sogenannten Lehren, durchgeführt werden. Bei der Verwendung von Messwerten spricht man von quantitativen (variablen) Prüfungen, bei subjektiven oder auf Lehren basierenden Bewertungen spricht man von qualitativen (attributiven) Prüfungen.

Für eine ganzheitliche Beurteilung müssen alle relevanten Einflüsse beinhaltet sein, die bei einer Messung zum Tragen kommen. Daher spricht man von einem Messprozess. Folgt auf die Messung oder alternativ auf die qualitative Bewertung ein Prüfentscheid, so spricht man vom Prüfprozess.

Anhand einer Risikoabschätzung ist zu bewerten, ob eine Unsicherheit ermittelt werden muss und, wenn ja, inwieweit die ermittelte Unsicherheit bei jedem Mess- oder Prüfprozess noch vertretbar ist. Für diese Beurteilung werden sogenannte Eignungsnachweise bzw. Fähigkeitsuntersuchungen durchgeführt, die in dem vorliegenden Buch näher beschrieben sind. Auch bei qualitativen Prüfungen muss konsequenterweise die Eignung bzw. Fähigkeit des Prüfprozesses nachgewiesen werden, wobei hier oftmals keine Unsicherheit berechnet werden kann.

Im Laufe der Jahre haben sich unterschiedliche Vorgehensweisen herauskristallisiert, um Messunsicherheiten zu berechnen und die Eignung bzw. Fähigkeit von

Mess- und Prüfprozessen nachzuweisen. Die sicherlich umfassendste und präziseste Vorgehensweise zur Bestimmung der Messunsicherheit ist in dem Guide to the Expression of Uncertainty in Measurement (GUM (ISO 2008)) beschrieben. Aufgrund der Komplexität vieler industrieller Messprozesse, insbesondere, wenn diese in der Fertigung bzw. in der Produktion eingesetzt werden, kommt diese Betrachtungsweise in der Praxis selten zum Tragen. Darüber hinaus besteht der Guide darauf, aus der ermittelten Messunsicherheit keine Handlungsanweisung abzuleiten, also auch keinen Nachweis der Eignung. Dazu wird auf weiterführende und gegebenenfalls noch zu entwickelnde Publikationen verwiesen. Allerdings ist der GUM die Basis für vereinfachte und damit praxisrelevantere Vorgehensweisen.

Erste Richtlinien zur Durchführung von Fähigkeitsuntersuchungen wurden Ende der 80er-Jahre von GM (General Motors Co. – GM Powertrain 2010) und Ford (Ford Motor Co. 1988) erstmalig veröffentlicht. Es folgte in Deutschland das Bosch Heft 10 (Robert Bosch GmbH 2019). Anfang der 90er-Jahre wurde in den USA von der AIAG Automotive Industry Action Group der heute sicherlich am weitesten verbreitete Leitfaden MSA „Measurement System Analysis“ (AIAG 2010) veröffentlicht. Bei diesen Papieren steht die Messunsicherheit eines vollständigen Messprozesses nicht im Fokus. Vielmehr wird versucht, einzelne Unsicherheitseinflüsse durch verschiedene Verfahren oder Studien zu bewerten. Spätestens nach der Erstveröffentlichung der ISO 14253 (DIN 2018) im Jahre 1999 entstand dadurch das Problem, dass eine Berücksichtigung der Messunsicherheit bei der Konformitätsprüfung nicht möglich war.

Vom Verband der Deutschen Automobilindustrie (VDA) wurde deshalb der Band 5 „Mess- und Prüfprozesse, Eignung, Planung und Management“ (VDA 2021) herausgegeben. Diese Verbands- und Firmenrichtlinien werden aufgrund neuer Erkenntnisse kontinuierlich weiterentwickelt und in neuen Versionen publiziert. Basierend auf dem VDA Band 5 wurde 2012 seitens der ISO International Standard Organization die Norm ISO 22514-7 „Capability of Measurement Processes“ (ISO 2021) veröffentlicht.

Der VDA Band 5 und die ISO 22514-7 orientieren sich vornehmlich an GUM und geben praxisrelevante Hilfestellungen, wie für die jeweiligen Mess- und Prüfprozesse die Messunsicherheit bestimmt werden kann. Die Eignung eines Messprozesses wird dabei anhand des Verhältnisses „Messunsicherheit zu einer vorgegebenen Spezifikation“ bewertet.

Die Eignungsnachweise bzw. Fähigkeitsuntersuchungen dieser Papiere können als Standardverfahren bezeichnet werden, die bei vielen Messprozessen angewandt werden können. Allerdings gibt es in der Praxis auch Messprozesse, bei denen diese Vorgehensweisen nicht direkt umgesetzt werden können. Meist handelt es sich dabei um nicht wiederholbare Messprozesse oder Messprozesse ohne adäquate Referenzmaterialien (Normalen). Dann spricht man oftmals von Sonderfällen oder speziellen Mess- oder Prüfverfahren. Aber auch für diese Art von Messprozessen müssen Eignungsnachweise durchgeführt werden, selbst wenn sich diese schwierig gestalten, oder es muss zumindest das Risiko für fehlerhafte Bewertungen abgeschätzt werden. Die Vorgehensweisen für alle denkbaren Anwendungen zu beschreiben, würde den Rahmen des Buches sprengen. Allerdings können die hier beschriebenen Standardverfahren für diese Sonder- und Spezialfälle durchaus Anregungen und Hilfestellungen geben. Als weiterführende Literatur sei auf das „Handbuch Messtechnik in der industriellen Produktion“ (Schmitt, Dietrich 2023) verwiesen, in dem verschiedene Autoren messtechnische Spezialfälle darstellen und diskutieren.

Weinheim, Januar 2024

Die Autoren

1 Mess- und Prüfprozesseignung

1.1 Warum Mess- und Prüfprozesseignung?

Diese Frage kann mit einem plakativen Satz beantwortet werden: „Man kann nur so genau fertigen, wie man messen kann!“ Auch wenn vielfach der Hinweis gegeben wird, dass die Fertigung heutzutage eine sehr hohe Qualität hat, angeblich auch höher als die der Messprozesse, gleicht das einer Fahrt im Nebel mit überhöhter Geschwindigkeit und dem Hinweis, dass auch gestern niemand aus der Vorfahrtsstraße rechts kam. Nachhaltige Qualität muss messbar und bewertbar sein. Daraus leitet sich die technische Notwendigkeit ab, dass für die korrekte Beurteilung von Prozessen in der Fertigung und Produktion geeignete Mess- und Prüfprozesse zur Verfügung stehen müssen. Die mit dem Messprozess ermittelten Messwerte sind die Grundlage der Beurteilung von realen Sachverhalten und müssen diese ausreichend sicher widerspiegeln. Ein nicht geeigneter Messprozess verwischt die Realität und lässt keine sicheren Rückschlüsse zu.

Daher gilt es zunächst die Frage zu beantworten: „Was versteht man unter einem geeigneten Mess- und Prüfprozess?“. Hierzu gibt es mehrere Normen, Leitfäden und Richtlinien (s. Bild 1.1), die nicht nur den Eignungsnachweis fordern, sondern auch Vorgehensweisen aufzeigen, wie dieser durchgeführt werden kann.

So fordert IATF 16949:2016 (IATF, VDA 2016) für die Beurteilung von Messsystemen:

> *„Für alle im Produktionslenkungsplan festgelegten Arten von Prüfungen, Messungen und für alle darin aufgeführten Prüf- und Messsysteme muss die Prüfprozesseignung verifiziert werden (Messsystemanalysen zur Bewertung der Streuung der Prüf- und Messergebnisse). Die angewendeten Methoden und Annahmekriterien müssen denen in den Referenzhandbüchern für die Beurteilung von Messsystemen entsprechen. Andere analytische Methoden und Annahmekriterien dürfen mit Genehmigung des Kunden angewendet werden.“*

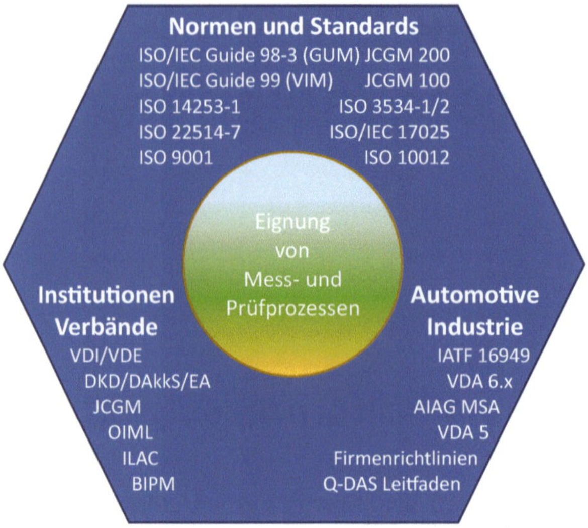

Bild 1.1 Wichtige Normen und Richtlinien im Zusammenhang mit der Prüfprozesseignung

Die Aussage, dass andere Methoden mit Genehmigung des Kunden zulässig sind, ist für viele Lieferanten allerdings nicht relevant, da in der Regel spezielle Einzelvereinbarungen nicht mit allen Kunden getroffen werden können. Darüber hinaus müssen diese Methoden dann auch validiert werden, was wiederum einen nicht zu unterschätzenden Aufwand bedeutet. Daher bleibt für die Zertifizierung des QM-Systems im Allgemeinen nur die Möglichkeit, bekannte Standards (z. B. (AIAG 2010) oder (VDA 2021)) als Grundlage heranzuziehen.

In Abschnitt 1.2 „Historischer Rückblick und Ausblick“ sind die Zusammenhänge und die Entwicklung der einzelnen Dokumente nochmals verdeutlicht. Die Abnahme von Maschinen und Fertigungseinrichtungen, die Beurteilung von Prozessen und Produkten oder die kontinuierliche Prozessüberwachung erfolgt anhand der Beurteilung von qualitativen und quantitativen Produktmerkmalen. Schwerpunkt der Untersuchungen sind quantitative bzw. variable Merkmale. Nichtsdestotrotz werden in einem späteren Abschnitt Eignungsnachweise für qualitative bzw. attributive Merkmale behandelt.

Bei quantitativen Merkmalen werden mithilfe von Messsystemen für die Merkmale der gefertigten Werkstücke bzw. die Prozessparameter Messwerte ermittelt. Dazu sind aufgabenbezogene Messsysteme, spezielle Sensoren oder handelsübliche Standardmessgeräte erforderlich.

Um aus den Messwerten korrekte Rückschlüsse zu ziehen, müssen die Werte mit ausreichender „Genauigkeit“ bezogen auf die Merkmalstoleranz oder den Prozess erfasst werden. In der Vergangenheit hat man primär die Messgeräte und Messmittel anhand von Vorgaben aus Normen überprüft bzw. die Herstellerangaben überwacht. Mittlerweile hat sich die Erkenntnis durchgesetzt, dass die Überwachung der Messmittel nicht ausreichend ist. Für den Nachweis einer Eignung ist immer der gesamte Messprozess zu bewerten. So fordert z. B. die DIN EN ISO 10012:2004 (DIN 2004) explizit die Bestimmung der Messunsicherheit des Messprozesses.

In der Vergangenheit wurde die Messunsicherheit häufig auch als (Mess-)Fehler bezeichnet. Dieser Begriff sollte heutzutage vermieden werden, weil die Messunsicherheit keinen Messfehler darstellt, sondern eine dem Messen inhärente Eigenschaft ist. Ein Messfehler ist explizit ein Fehler beim Messen, wie z. B. fehlerhaftes Ablesen, fehlerhafte Übertragung oder fehlerhafte Antastung. Eine Messunsicherheit hingegen ist eine dem richtigen Messwert zugeordnete Eigenschaft, die die Annäherung an den wahren Wert beschreibt.

Die Überprüfung des Messmittels unter idealen Bedingungen ist nur eine Komponente bei der Bestimmung der Messunsicherheit des Messprozesses, die meist im Zusammenhang mit der Mess- und Prüfmittelüberwachung abgedeckt wird. Diese findet oft im Messraum mit geschultem Personal, mit idealisierten Werkstücken, wie Normale oder Einstellmeister, und mithilfe standardmäßig vorgegebener Vorrichtungen statt. Die Vorgehensweise und die Art der Überprüfung in Form von Prüfanweisungen ist für viele Messmittel exemplarisch in der VDI/VDE/DGQ-Richtlinienreihe 2618 beschrieben. Diese Handhabungsweise ist bei neuen Geräten zur Überprüfung der Herstellerangaben bzw. für regelmäßige Überwachungen notwendig, um Veränderungen oder Fehler am Gerät selbst feststellen zu können.

Die so ermittelten Unsicherheitskomponenten sagen allerdings sehr wenig über das Verhalten des Gerätes unter den realen Bedingungen aus, da mehrere bei einem Messprozess wirkende Einflusskomponenten nicht berücksichtigt sind.

Um einen Vergleich mit Alltagssituationen herzustellen: Die regelmäßige Prüfmittelüberwachung entspricht formal eher einer zweijährlichen Hauptuntersuchung eines Kraftfahrzeugs. Damit wird nach § 29 StVZO die Verkehrssicherheit des Fahrzeugs begutachtet. Damit ist allerdings weder die Betriebssicherheit noch die Anwendbarkeit für einen speziellen Anwendungsfall sichergestellt. Die Bewertung, ob das Fahrzeug für den Anwendungsfall „Möbeltransport“ geeignet und die Ladung während des Transports ordnungsgemäß fixiert und gesichert ist, liegt in der Verantwortung des Betreibers und entspricht somit dem Eignungsnachweis für Mess- und Prüfprozesse.

Nach VDA Band 5 (VDA 2021) werden basierend auf den Normdefinitionen aus DIN ISO 3534 (DIN 2013; 2009) und VIM (ISO 2007) die Begriffe Messsystem, Messprozess und Prüfprozess folgendermaßen beschrieben:

- Das Messsystem umfasst die eingesetzten Messmittel und Messhilfsmittel sowie alle Referenzmaterialien (z. B. Normale), die zum Einstellen und Herstellen der Messbereitschaft notwendig sind. Insofern sind für den Eignungsnachweis des Messsystems alle Unsicherheitskomponenten zu berücksichtigen, die ihre Ursachen in den jeweiligen Gerätschaften finden. Diese Unsicherheitskomponenten haben einen eher universellen Charakter und sind nicht primär von der Durchführung des Messens abhängig.

- Der Messprozess ist die Durchführung der eigentlichen Messung. Hier sind ergänzend die Unsicherheitskomponenten zu berücksichtigen, die durch den Prozess des Messens entstehen. Oftmals sind diese Unsicherheitskomponenten von den Bedienern und der Umgebung dominiert, hängen also von den aktuellen räumlichen und zeitlichen Bedingungen ab, unter denen die Messungen durchgeführt werden. Der Messprozess umfasst das Messsystem.
- Der Prüfprozess umfasst darüber hinaus den Prozess der Entscheidungsfindung im Zusammenhang mit einer Konformitätsprüfung. Basierend auf dem Messergebnis und der Messunsicherheit des Messprozesses wird ein Prüfentscheid gefällt.

Die Zusammenhänge sind in Bild 1.2 dargestellt.

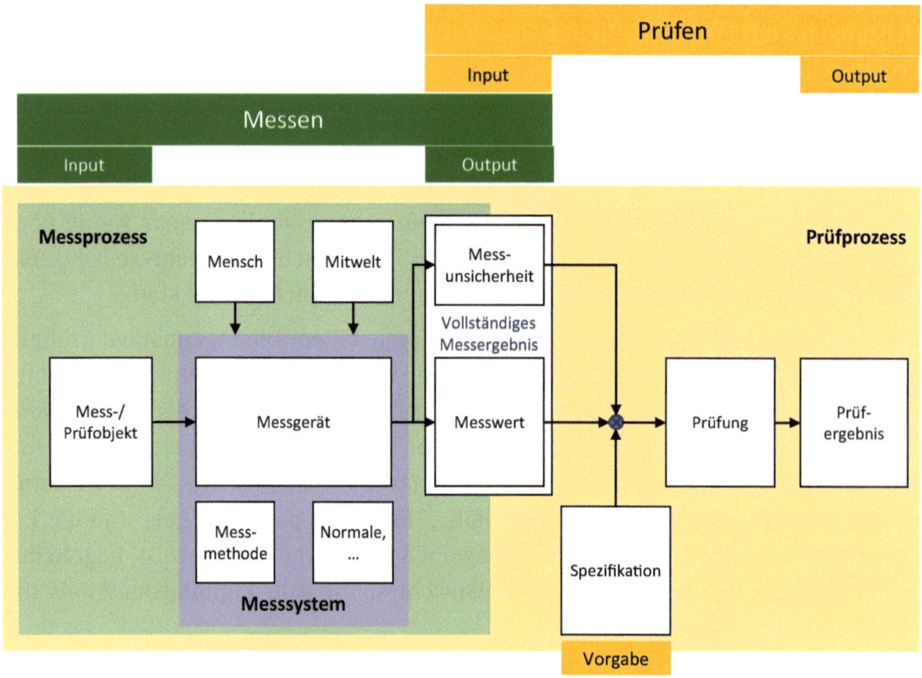

Bild 1.2 Variabler Prüfprozess - Messsystem, Messprozess und Prüfprozess (Grafik in Anlehnung an VDA Band 5 (3. Aufl.) Abb. 3.1)

Im Falle eines attributiven Prüfens wird das Messsystem durch ein attributives Prüfsystem und der Messprozess durch einen attributiven Bewertungsprozess ersetzt. Das Ergebnis ist in diesem Fall das Erkennen einer Eigenschaft (z. B. „Der Grenzlehrdorn bleibt stecken“, „Ich sehe einen Kratzer“). Danach erfolgt der Vergleich mit bekannten Vorgaben (z. B. Prüfvorschriften für Grenzlehrdorne, Grenzmuster für Kratzer), woraufhin ein Prüfentscheid gefällt wird.

Bild 1.3 zeigt eine analoge Übersicht für attributive Bewertungs- und Prüfprozesse.

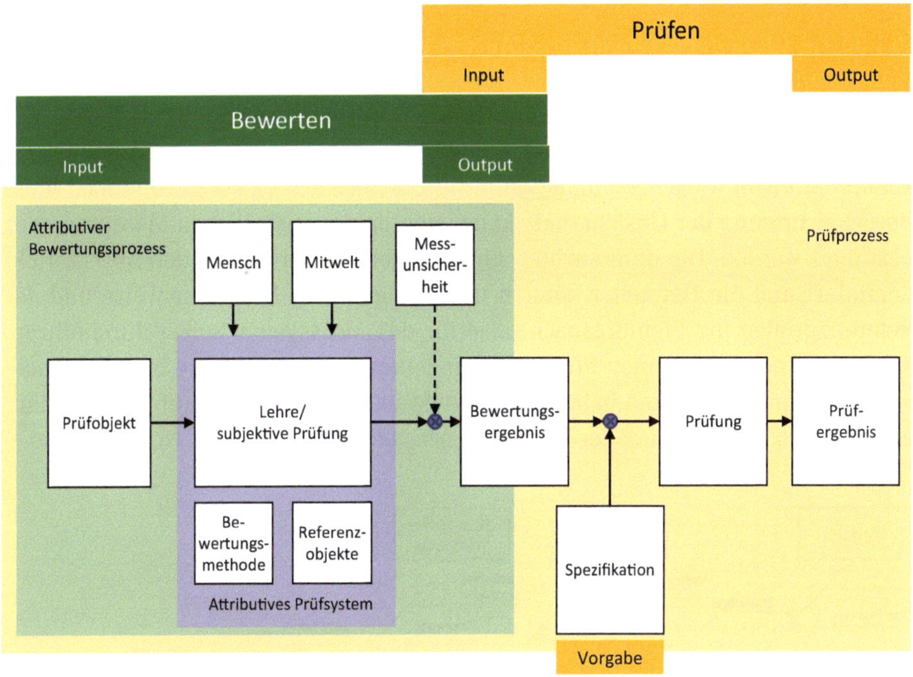

Bild 1.3 Attributiver Prüfprozess – Prüfsystem, Bewertungsprozess, Prüfprozess (Grafik in Anlehnung an VDA Band 5 (3. Aufl.) Abb. 3.2)

Im Vergleich wird deutlich, dass bei attributiven Prüfprozessen die Messunsicherheit zwar im Bewertungsprozess enthalten ist, jedoch meist nicht ausgewiesen und auch nicht im Grenzwertvergleich konkret berücksichtigt werden kann. Das ist ein klarer Nachteil attributiver Prüfprozesse und führt in vielen Unternehmen zu den Vorgaben, dass kritische Merkmale, soweit möglich, immer mit variablen Messprozessen zu prüfen sind.

Leider sind diese Definitionen in der Literatur nicht eindeutig. Insbesondere die AIAG MSA (AIAG 2010) ignoriert viele Normbegriffe. Dort heißt es in Chapter I – Section A – Terminology, das Messsystem umfasse den gesamten Prozess des Messens, sei insofern also identisch mit dem Messprozess. Darüber hinaus wird argumentiert, dass attributive Bewertungen vergleichbar seien mit Messprozessen geringer Auflösung. Die zwei oder drei verschiedenen möglichen Messwerte könnten gleichbedeutend sein mit „Nacharbeit, Gutteile und Ausschuss", somit könne man attributive Bewertungsprozesse auch als Messprozesse bezeichnen, auch wenn keine Messwerte ermittelt werden. Diese kreativ-entspannte Art der Begriffsfindung führt in der Praxis leider zu vielen Missverständnissen. Allerdings muss man der AIAG MSA zugutehalten, dass diese Begriffsdefinitionen oft noch aus sehr frühen Auflagen stammen, die vor den heute gültigen Normen entstanden sind. Leider wurden diese Begriffe dann in den Überarbeitungen nicht mehr angepasst.

In Bild 1.4 sind die bei einem Messprozess wirkenden Einflusskomponenten in einem höheren Detaillierungsgrad dargestellt. Gleichzeitig werden einige Einflusskomponenten dem Messsystem zugeordnet. Diese Unterscheidung zwischen der Eignung des Messsystems und der Eignung des Messprozesses ist in der Praxis äußerst sinnvoll. Gegebenenfalls kann die Eignung des Messsystems noch ohne Berücksichtigung der Unsicherheitskomponenten des eigentlichen Messprozesses bestimmt werden. Die untersuchten Einflussgrößen sind oft von den Messmitteln dominiert und die Hersteller können unter Angabe der Vorgehensweise und der Referenzgrößen die Eignungsnachweise für das Messsystem selbst durchführen. Auch Unternehmen können für die vorhandenen Messsysteme die Eignungsnachweise dokumentieren und haben für die Auswahl bei einer Messaufgabe eine Einschätzung, ob die Eignung des Messprozesses überhaupt erreicht werden kann.

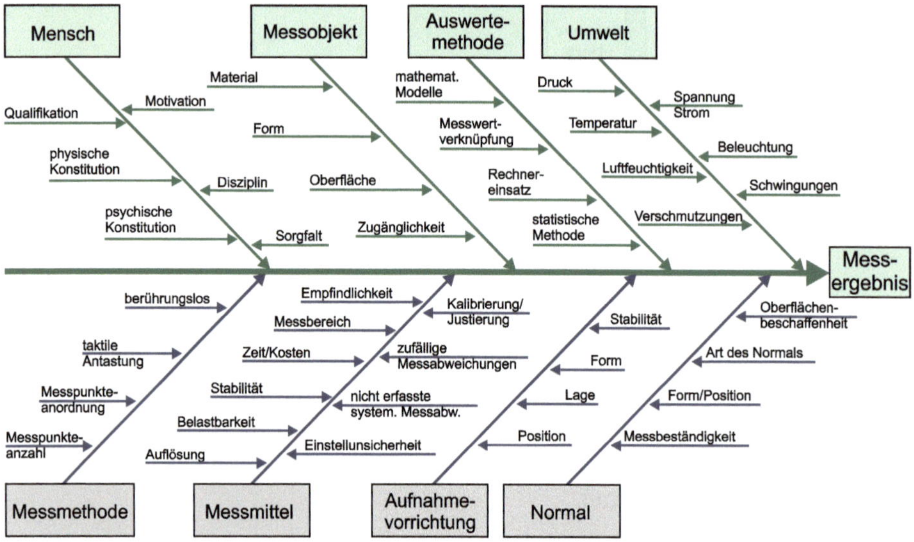

Bild 1.4 Wichtige Einflüsse auf die Unsicherheit von Messergebnissen; Quelle: VDA 5 (VDA 2021)

HINWEIS: Einschlägige Erfahrungen haben gezeigt, dass der Einfluss eines Messgeräts allein an dem gesamten Messprozess häufig die geringste Komponente darstellt. Daher sind für eine Gesamtbetrachtung **alle** Einflussgrößen zu berücksichtigen.

Daher kann mit dem zu Beginn beschriebenen Prozess der Prüfmittelüberwachung bestenfalls eine hypothetische Aussage getroffen werden, ob ein Messgerät für eine vorgegebene Toleranz prinzipiell geeignet sein könnte. Um allerdings unter den genannten, realen Einflüssen feststellen zu können, ob der Messprozess geeignet bzw. qualifiziert ist, um einen vorliegenden Fertigungsprozess mit gegebenenfalls sehr kleiner Streuung unter realen Bedingungen sicher zu beurteilen, sind andere Verfahren und Vorgehensweisen erforderlich.

Insbesondere unter der Zielsetzung „Never Ending Improvement" werden Toleranzen immer enger und die Fertigungsprozessstreuung damit immer kleiner. Daher muss das Messsystem der jeweiligen Aufgabenstellung gerecht werden. Ist dies nicht der Fall, werden die Messergebnisse verfälscht und für statistische Analysen und Konformitätsprüfungen nahezu unbrauchbar.

Um diesen Anforderungen gerecht zu werden, verlangen mehrere Normen und Richtlinien die Beurteilung der Messsysteme und -prozesse anhand von sogenannten Fähigkeitsstudien bzw. die Bestimmung der Messunsicherheit. Im Rahmen der IATF 16949 (IATF, VDA 2016) wird ebenfalls die Bewertung der Eignung des Prüfprozesses verbindlich vorgeschrieben. Die Vorgehensweise ist darin nicht näher spezifiziert, es wird nur auf Referenzhandbücher der Kunden verwiesen.

In den letzten Jahren haben sich im Wesentlichen zwei Strömungen manifestiert:

- Im Umfeld der AIAG werden meist Messsystemanalysen nach Verfahren 1 - 3, Linearität und Messbeständigkeit durchgeführt. Diese Verfahren entsprechen zwar meist formal, aber nicht im Detail den in der AIAG MSA (AIAG 2010) definierten Prozeduren, sondern sind in Firmenrichtlinien festgelegt. Hintergrund ist, dass mehrere Prozeduren der AIAG MSA in der Praxis deutliche Schwächen zeigen.
- Im Umfeld des VDA wird eine Eignung von Mess- und Prüfprozessen mithilfe von Messunsicherheitsstudien durchgeführt. Damit ist sichergestellt, dass auch Normforderungen auf Basis der Messunsicherheit erfüllt werden können, was mit den Ergebnissen der Messsystemanalyse nicht möglich ist.

Langfristig ist zu hoffen, dass sich die beiden Konzepte annähern und gegebenenfalls sogar harmonisiert werden. Dazu hat der VDA in Band 5 jetzt schon die Möglichkeit geschaffen, eine Mess- und Prüfprozesseignung mit den gleichen Versuchsdaten zu berechnen, die auch für die Kennwerte nach den Verfahren der Messsystemanalyse genutzt werden. Allerdings bietet der VDA Band 5 weit mehr Möglichkeiten und auch signifikante Vereinfachungen im Zusammenhang mit einem risikobasierten Eignungsnachweis.

In dem vorliegenden Buch werden diese verschiedenen Vorgehens- und Betrachtungsweisen behandelt. Weiter werden Zusammenhänge, aber auch Unterschiede in den Verfahren erörtert und explizit hervorgehoben.

In Bild 1.5 und Bild 1.6 sind die Auswirkungen der „**Streuung eines Messprozesses**“ auf die „**Beobachtete Prozessstreuung**“ zu sehen. In Bild 1.5 ist die „**Streuung des Messprozesses**“ ausreichend klein. Damit ist die „**Tatsächliche Prozessstreuung**“ nahezu identisch mit der „**Beobachteten Prozessstreuung**“. Die in Bild 1.6 dargestellte „**Streuung des Messprozesses**“ ist zu groß. Daher ist ein deutlicher Unterschied zwischen der „**Tatsächlichen Prozessstreuung**“ und der „**Beobachteten Prozessstreuung**“ zu erkennen. Diese Differenz führt folgerichtig zu Fehlinterpretationen des realen Sachverhalts.

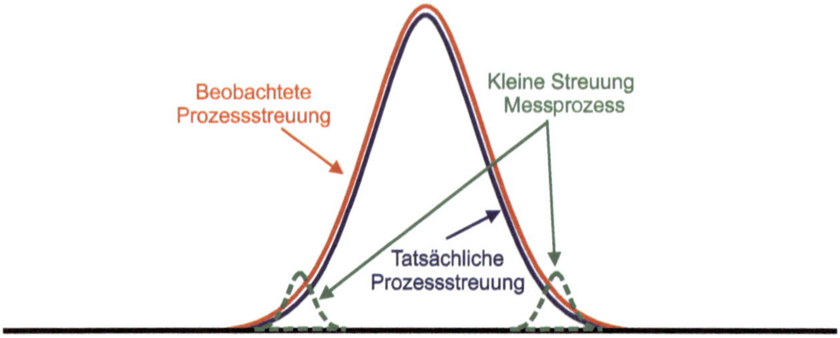

Bild 1.5 Beobachtete Prozessstreuung durch Messprozess kaum beeinflusst (Darstellung nicht maßgerecht)

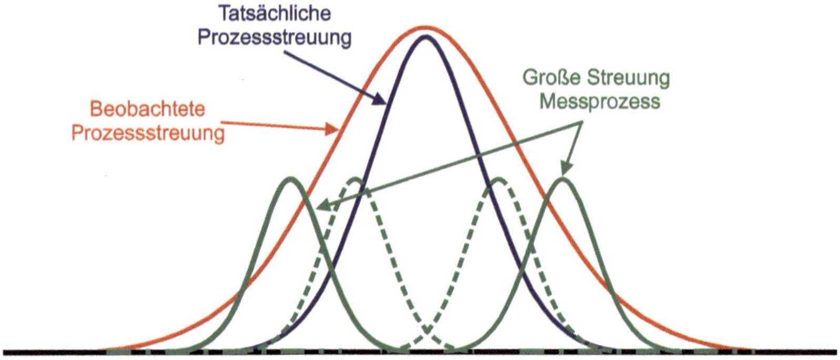

Bild 1.6 Beobachtete Prozessstreuung durch Messprozess beeinflusst (Darstellung nicht maßgerecht)

Damit stellen sich zwei Fragen:

1. Wie kann die „Streuung eines Messprozesses“ ermittelt werden?
2. Wie groß darf die „Streuung des Messprozesses“ höchstens sein, damit der Unterschied zwischen der „Beobachteten Prozessstreuung“ und der „Tatsächlichen Prozessstreuung“ noch akzeptabel ist?

Die erste Frage kann mit den im Folgenden beschriebenen Verfahren und Methoden beantwortet werden. Dazu werden je nach Vorgehensweise unterschiedliche Kennwerte wie C_g, C_{gk}, $\%GRR$, U, Q_{MS}, Q_{MP} usw. berechnet.

Der Vergleich der Ergebnisse mit vorgegebenen Grenzwerten beantwortet die zweite Frage. Dabei ist eine Vorbemerkung wichtig.

Im Allgemeinen kann man davon ausgehen, dass die tatsächliche Prozessstreuung s_{REAL} und die Messprozessstreuung s_{MP} unabhängig sind. Demzufolge ergibt sich die beobachtete Prozessstreuung s_{OBS} aus der Wurzel aus der quadratischen Summe dieser beiden Komponenten.

$$s_{OBS} = \sqrt{s_{REAL}^2 + s_{MP}^2}$$

Daraus wiederum folgt, dass eine Messprozessstreuung in gleicher Größe wie die tatsächliche Prozessstreuung die beobachtete Fertigungsprozessstreuung nur um 41 % erhöht (s. Tabelle 1.1). Eine Messprozessstreuung von 30 % des Fertigungsprozesses führt demnach zu einer Erhöhung von 4,4 %, bei 10 % Messprozessstreuung liegt die Erhöhung nun noch bei 0,5 %. Dieser Wert ist im Rahmen der Genauigkeit statistischer Erhebungen weitestgehend irrelevant, so dass man in einer Neuformulierung der 1/10-Regel von Berndt sagen kann, dass eine Messprozessstreuung von 10 % der Fertigungsprozessstreuung bei Bewertungen ebendieser Fertigungsprozessstreuung irrelevant und vernachlässigbar ist.

Tabelle 1.1 Einfluss der Messprozessstreuung auf die beobachtete Fertigungsprozessstreuung

Tatsächliche Fertigungsprozessstreuung s_{REAL}	Messprozessstreuung s_{MP}	Beobachtete Fertigungsprozessstreuung s_{OBS}	Prozentuale Erhöhung von s_{OBS}
1	1	$\sqrt{1^2+1^2} = 1{,}41$	41 %
1	0,3	$\sqrt{1^2+0{,}3^2} = 1{,}044$	4,4 %
1	0,2	$\sqrt{1^2+0{,}2^2} = 1{,}020$	2,0 %
1	0,1	$\sqrt{1^2+0{,}1^2} = 1{,}005$	0,5 %

Es ist aber ebenso wichtig zu erkennen, dass eine Messprozessstreuung von 10 % der Fertigungsstreuung in Rahmen einer Konformitätsprüfung nach ISO 14253-1 (DIN 2018a) im Allgemeinen nicht vernachlässigt werden darf.

Aus diesen Überlegungen ergeben sich die üblichen Grenzwerte für die Kennwerte C_g, C_{gk}, $\%GRR$, U, Q_{MS}, Q_{MP} und andere. Dabei ist zu berücksichtigen, dass der Bezug der Kennwerte üblicherweise nicht die Fertigungsprozessstreuung, sondern die Fertigungstoleranz ist.

Bild 1.7, Bild 1.8 und Bild 1.9 zeigen den Einfluss dieser Kennwerte auf die Prozessfähigkeit C_p. Bei C_p handelt es sich um eine Qualitätsfähigkeitskenngröße, die in (Dietrich Schulze 2009b) näher erläutert ist. Die Betrachtungsweise kann unverändert auch auf andere Qualitätsfähigkeitskenngrößen wie C_m und P_p oder T_p übertragen werden.

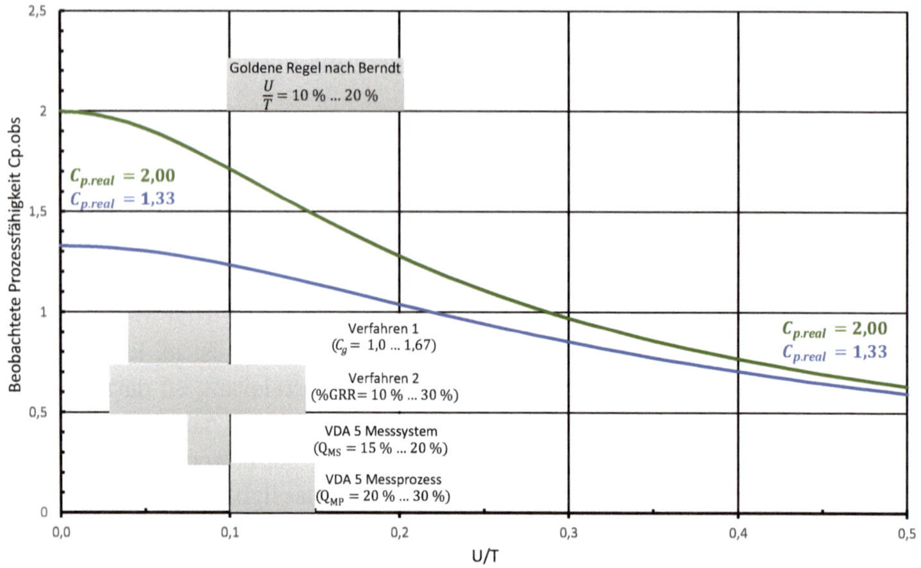

Bild 1.7 Einfluss von U/T auf Qualitätsfähigkeitsgröße C_p

Bild 1.7 zeigt den Einfluss der Messunsicherheit auf die Qualitätsfähigkeitskenngröße C_p. Dargestellt ist der Verlauf des durch Messungen beobachteten C_p-Wertes $C_{p.obs}$ im Falle von tatsächlich vorliegenden Fähigkeitsindizes $C_{p.real}$ = 2,0 und $C_{p.real}$ = 1,33 über dem Verhältnis der erweiterten Messunsicherheit zur Toleranz (U/T). Bereits bei einem Verhältnis von U/T = 0,15 (d. h., U ist 15 % der Toleranz) erhält man aus den Anzeigewerten des Messprozesses $C_{p.obs}$ = 1,5 für eine Messgröße mit dem tatsächlichen Prozessfähigkeitsindex $C_{p.real}$ = 2,0. Im Anhang „Auswirkung des Messprozesses auf die Prozessfähigkeit" ist die Beziehung zwischen dem beobachteten Prozessfähigkeitsindex $C_{p.obs}$, dem Messprozesseignungskennwert Q_{MP} nach VDA 5 und dem tatsächlichen Prozessfähigkeitsindex $C_{p.real}$ dargestellt (s. Abschnitt 15.2). Bei den Bereichen der Unsicherheit für die verschiedenen Verfahren (C_g, *%GRR*) ist zu beachten, dass es firmenspezifisch sehr unterschiedliche Berechnungsmethoden und Anforderungen gibt. Bei den Bereichen für VDA 5 (Q_{MS} und Q_{MP}) sind vor allem die firmenspezifischen Anforderungen unterschiedlich.

Analog lässt sich eine Beziehung für den Prozessfähigkeitsindex und die Fähigkeitskenngröße *%GRR* herleiten (s. (AIAG 2010)).

In Bild 1.8 ist die beobachtete Prozessfähigkeit in Abhängigkeit von der tatsächlichen Prozessfähigkeit der Messgröße und der Fähigkeitskenngröße *%GRR* des Messsystems als Funktion dargestellt. Wählt man in dem Diagramm beispielsweise den tatsächlichen Prozessfähigkeitsindex C_p = 2,0, so erhält man aus den Anzeigewerten eines Messsystems mit *%GRR* = 30 % den beobachteten Prozessfähigkeitsindex C_p = 1,7.

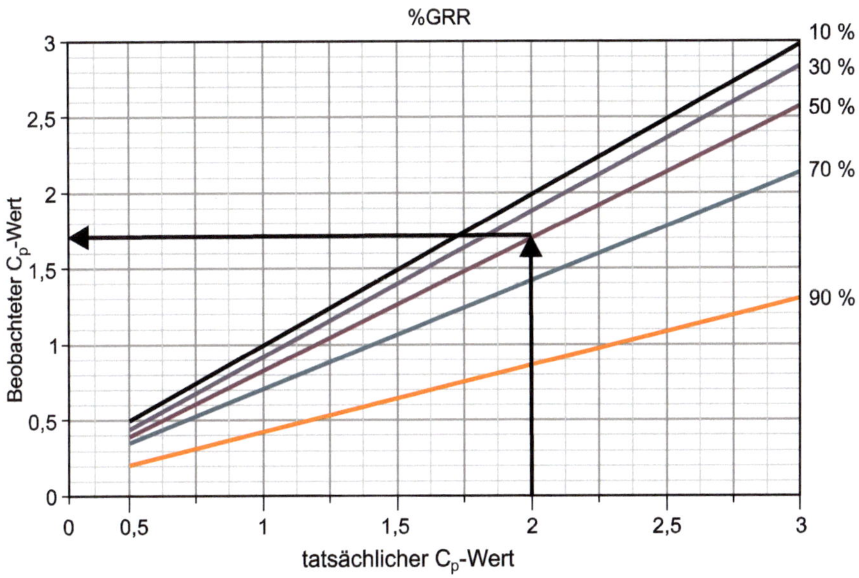

Bild 1.8 Einfluss von *%GRR* auf Qualitätsfähigkeitskenngröße C_p bei Prozessstreuung als Bezugsgröße

Wählt man als Bezugsgröße die Toleranz, so erhält man die in Bild 1.9 dargestellte Beziehung.

Aus Bild 1.9 leitet man ab: Ist für eine Messgröße der tatsächliche Prozessfähigkeitsindex beispielsweise C_p = 2,0, und wird diese Messgröße nun mit einem Messsystem gemessen, dessen Streuung *%GRR* = 30 % aufweist, so berechnet man aus den Anzeigewerten den beobachteten Prozessfähigkeitsindex C_p = 1,7.

In Abschnitt 15.2 „Auswirkung des Messprozesses auf die Prozessfähigkeit" ist die Herleitung der hier beschriebenen Zusammenhänge erläutert.

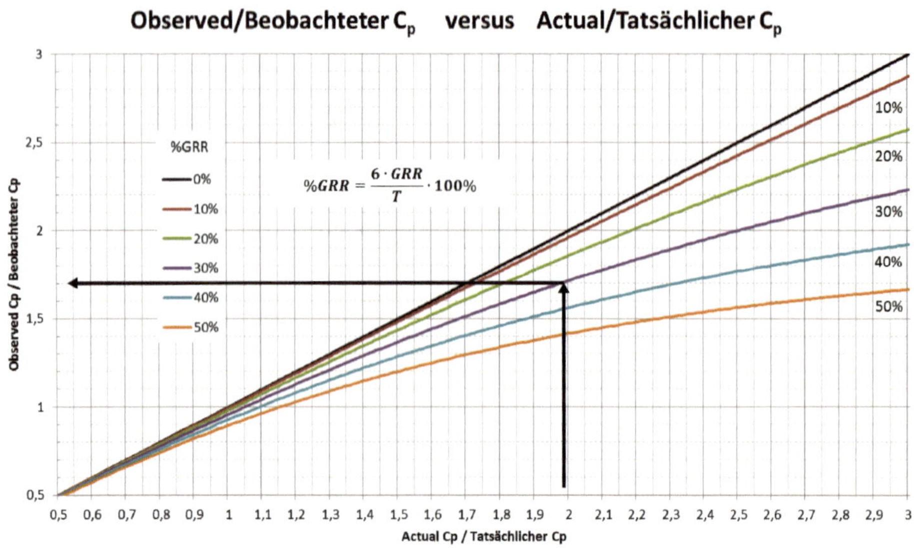

Bild 1.9 Einfluss von *%GRR* auf Qualitätsfähigkeitskenngröße C_p bei Toleranz als Bezugsgröße

Ganz allgemein lässt sich ableiten, dass für einen *%GRR*-Wert größer als 30 % die Abweichung zwischen dem „beobachteten C_p-Wert" und dem „tatsächlichen C_p-Wert" zu groß und nicht mehr akzeptabel ist. In vielen Richtlinien ist ein Messsystem mit *%GRR* kleiner 10 % als fähig zu bewerten und Messsysteme mit *%GRR* zwischen 10 % und 30 % als bedingt fähig. Dementsprechend sind Messsysteme mit *%GRR* größer oder gleich 30 % als nicht fähig einzustufen und dürfen für die angedachte Messaufgabe nicht eingesetzt werden.

Ist ein Prüfprozess nicht geeignet, sind die erfassten Merkmalswerte für die Beurteilung der Maschinenfähigkeit, der vorläufigen und fortdauernden Prozessfähigkeit und zur Prozessregelung (SPC) wertlos. Diese auf den Fertigungsprozess bezogenen Methoden hat man bereits Mitte der Achtzigerjahre eingeführt, ohne damals auf die Eignung des Messprozesses zu achten. Sehr häufig konnte beobachtet werden, dass dadurch statt der Streuung des Fertigungsprozesses nur die Streuung des Messprozesses beurteilt wurde. Aus dieser Erkenntnis heraus wurden Richtlinien und Verfahren zur Beurteilung der Fähigkeit von Messsystemen eingeführt.

Einige Praktiker behaupten dennoch, die Aussage: „Man kann nur so genau fertigen, wie man auch messen kann" stimme nicht. Heutige Fertigungseinrichtungen könnten wesentlich genauer fertigen, als man messen kann. Dem wird weder in der Theorie noch in der Praxis prinzipiell widersprochen, denn aufgrund hochpräziser Span- und Fertigungstechniken kann die Fertigungsqualität sehr hoch sein. Aus technischen Gründen werden häufig die Spezifikationsgrenzen enger. Konsequenterweise wird der Spielraum für die Fertigung immer geringer, daher ist eine sinnvolle Regelung bzw. Steuerung wichtig. Dabei sind die Messergebnisse eines

Messprozesses die Grundlage. Sollte nun die Messtechnik mit der Fertigungstechnik nicht mithalten können, so ist die Fertigungsqualität weder nachweisbar noch steuerbar. Somit kann nicht belegt werden, dass eine einmal erreichte hohe Fertigungsqualität nachhaltig gesichert werden kann. Im Rückschluss gilt deshalb wieder, dass die Aussage zu Beginn des Absatzes korrekt ist oder allenfalls durch die Adjektive „nachhaltig und nachweisbar“ ergänzt werden sollte: „Man kann nachhaltig und nachweisbar nur so genau fertigen, wie man auch messen kann“.

Ein typisches Beispiel an höchste Anforderungen an einen Messprozess ist beispielsweise die Fertigung der Common-Rail-Einspritzventile. Um Drücke in der Größenordnung von 2000 Bar und mehr zu erreichen, sind Forderungen an die Rundheit der Stifte und Bohrungen in der Größenordnung unter 0,5 mm unabdingbar. Eine solche Fertigung kann nur kostengünstig gesteuert werden, wenn man in der Lage ist, diese Merkmale mittels eines geeigneten Messprozesses zu überprüfen. Dieses Beispiel ist auf viele andere Anwendungen übertragbar.

Bei der Festlegung der Spezifikationsgrenzen ist allerdings bereits in der Konstruktion auch die Machbarkeit des Messverfahrens zu überprüfen. Auch dies sollte in einem Team zwischen Konstruktion, Fertigung und Kunde bzw. Lieferant erfolgen. Nur so kann das Ziel wirtschaftlich erreicht werden.

1.2 Historischer Rückblick und Ausblick

Die Tatsache, dass das Ergebnis einer Messung eine Unsicherheit aufweist, ist so alt wie das Messen selbst. In der Praxis wurde häufig der Slogan verwendet „Wer misst, misst Mist“. Das bedeutet nichts anderes als eine zu große Messunsicherheit, die konsequenterweise zu einem falschen Merkmalswert und damit zu Fehlinterpretationen führen kann.

Das mag in der Einzelteilfertigung im Altertum zumeist weniger Bedeutung gehabt haben. Im globalen industriellen Zeitalter hat sich das aber gänzlich geändert. So war es Carl Friedrich Gauß, der sich bei der Landvermessung dieser Unsicherheit bewusst wurde und die Fehler- und Ausgleichsrechnung entwickelte, um die Streuung von empirisch ermittelten Daten zu berücksichtigen. Im Zusammenhang mit der Fortpflanzung von Streuungen wurde die berühmte Gauß'sche Glockenkurve (Normalverteilung) geboren.

Erste Empfehlungen, den Begriff „Messunsicherheit“ näher zu spezifizieren, gehen auf das nationale Komitee für Maße und Gewicht zurück. Diese wurden erstmals 1977 artikuliert. 1994 wurde der Begriff in der ersten Auflage des internationalen Wörterbuchs der Metrologie, kurz VIM (DIN 2010), definiert und damit festgelegt. Die heute gültige Festlegung des Begriffs Messunsicherheit ist auch dem ISO/IEC Guide 99 (VIM) (ISO 2007) und der DIN ISO 3534-2 (DIN 2013) zu entnehmen. Wie die Messunsicherheit zu bestimmen ist, wurde in dem „Leitfaden zur Angabe der Unsicherheit beim Messen“ 1995 näher spezifiziert. Dieser liegt seit 2008 als ISO/IEC Guide 98-3 (ISO 2008) (GUM - Guide to the Expression of Uncertainty, IEC) vor.

Obwohl man sich schon lange der Notwendigkeit bewusst ist, für den jeweiligen Messprozess die Unsicherheit zu bestimmen, werden diese Verfahren in Fertigung und Produktion nicht herangezogen. Die Hintergründe sind relativ einfach. Schaut man sich den ISO/IEC Guide 98-3 (ISO 2008) näher an, so liest man, dass dieses Dokument aufgrund der universellen Bedeutung bewusst auf explizite Handlungsanweisungen verzichtet. Es wird darauf verwiesen, dass für die konkrete Umsetzung weiterführende Literatur entstehen müsse. In Messräumen hat man sich aufgrund der geforderten Zertifizierung bzw. Akkreditierung schon länger mit dieser Thematik auseinandergesetzt. Dort ist die Problematik aufgrund der geringeren Anzahl von Einflussgrößen einfacher zu handhaben. Messprozesse, wie sie in der alltäglichen Praxis der Fertigung und Produktion vorkommen, mit einer Vielzahl von Einflüssen, können nicht so ohne weiteres über theoretische Betrachtungen analysiert und bewertet werden. Die einzelnen Einflüsse sind nur schwer abschätzbar bzw. durch mathematische Formeln und Modelle beschreibbar. Dies war sicherlich der Hauptgrund, warum man sich Ende der Achtzigerjahre in der Automobilindustrie vornehmlich mit dem Thema Messsystemfähigkeit auseinandergesetzt hat.

1.2.1 Entwicklung „Messsystemanalyse und -fähigkeit“

In älterer Literatur wird die Messsystemfähigkeit gerne noch „Prüfmittelfähigkeit“ genannt. Wir möchten in diesem Buch aus mehreren Gründen darauf verzichten:

- Die Definition des Begriffs „Prüfmittel“ ist im Gegensatz zum Messmittel international nicht genormt und in den Unternehmen sehr unterschiedlich definiert. Im nicht deutschsprachigen Umfeld ist der Unterschied zwischen Mess- und Prüfmittel oft sehr schwer zu vermitteln. Sowohl in DIN EN ISO 9001 (DIN 2015) als auch in IATF 16949 (IATF, VDA 2016) spricht man deshalb von „Ressourcen zur Überwachung und Messung“, deren Eignung nachzuweisen ist.
- Die Unterscheidung von Mess- und Prüfmittel wird weitestgehend durch die Anwendung getroffen. Meist werden die Messmittel als Prüfmittel bezeichnet, die zur letzten Bewertung eines Merkmals herangezogen werden, bevor die Produkte an den Kunden ausgeliefert werden. Somit ist die Unterscheidung eher das Ergebnis einer Risikoanalyse, während das „Mittel“ an sich das gleiche ist. Im Rahmen von SPC, sowie Maschinen- und Prozessfähigkeiten, müs-

sen aber auch Messmittel bewertet werden, mit denen keine Prüfungen im Sinne von Abschnitt 1.1.1 durchgeführt werden.

- Der Begriffsteil „Prüfmittel ...“ rückt die Prüfmittelfähigkeit zu nahe an die „Prüfmittelüberwachung“. Wie zuvor beschrieben, soll im Unterschied zur Überwachung der metrologischen Eigenschaften des „Mittels“ bei der Fähigkeit oder Eignung die explizite Anwendung in einem spezifischen Messprozess im Vordergrund stehen.
- Weiterhin steht deshalb meist nicht das „Prüfmittel“ im Fokus der Untersuchung, sondern das gesamte Messsystem bis hin zum Messprozess.
- Nicht zuletzt entstehen Konflikte im Zusammenhang mit „Messen“ und „Prüfen“. Gerade die Verfahren der „Prüfmittelfähigkeit“ genannten Messsystemanalyse können zur Bewertung des „Prüfens“ im Sinne einer Konformitätsbewertung nach DIN EN ISO 14253-1 (DIN 2018a) nur wenig beitragen. Es geht somit um die Fähigkeit des Messsystems, nicht die des Prüfmittels.

Bei der Messsystemanalyse und -fähigkeit wird versucht, anhand einer eindeutig und leicht durchführbaren Vorgehensweise die Eignung eines Messverfahrens nachzuweisen. Dabei werden in erster Linie Versuche durchgeführt. Die Messergebnisse werden statistisch ausgewertet und entsprechende Kennzahlen berechnet. Die ermittelten Qualitätsfähigkeitskenngrößen werden mit vorgegebenen Grenzwerten verglichen. Sind die Forderungen eingehalten, kann das Messverfahren für die jeweilige Messaufgabe als geeignet angesehen werden.

Das Wort „Messunsicherheit“ war lange Zeit ein stark negativ besetzter Begriff und daher bei Herstellern von Messgeräten nicht sonderlich beliebt. Selbst mit einer kleinen Messunsicherheit kann sich der Lieferant eines Messgerätes nicht brüsten. Daher ist der Begriff Marketing-Strategen eher ein Dorn im Auge. Dies hat sicherlich nichts mit der hier beschriebenen Zielsetzung zu tun.

Erste Richtlinien zur Beurteilung der Messsystemfähigkeit wurden in der Automobilindustrie erstellt. Dazu gehörten General Motors und Ford. Die Vorläufer der heute gültigen Richtlinien (Daimler AG 2010) und (Ford 1990) wurden bereits 1987/1989 publiziert. Andere Automobilhersteller und große Zulieferer folgten diesen Vorgaben und haben ähnliche Richtlinien erarbeitet (z. B. Robert Bosch (Robert Bosch GmbH 2019a)). Mit der Zeit entstanden mehrere Richtlinien mit der gleichen Zielsetzung, allerdings mit unterschiedlichen Berechnungsmethoden. Um dem Wildwuchs etwas Einhalt zu gebieten, hat in den USA die Automotive Industry Action Group (AIAG) die erste Ausgabe ihres Leitfadens „Measurement System Analysis“, kurz MSA (AIAG 2010), herausgegeben.

Im Vorwort der 3. Auflage war noch zu lesen:

„In der Vergangenheit hatten Chrysler, Ford und General Motors jeweils ihre eigenen Richtlinien und Berichtsformate zur Sicherstellung der Lieferantenfähigkeit. Die unterschiedlichen Vorgaben in diesen Richtlinien führten dazu, dass die Lieferanten zusätzlichen Aufwand betreiben mussten. Um diese Situation zu verbessern, wurde eine Projektgruppe damit beauftragt, die von Chrysler, Ford und General Motors eingesetzten Referenzbücher, Verfahrensweisen, Berichtsformblätter und verwendete Begriffe und Benennungen zu vereinheitlichen.

Dieses Handbuch ist eine Einführung in die Messsystemanalyse. Es ist nicht beabsichtigt, die Entwicklung von Analysemethoden auf bestimmte Prozesse oder Produkte zu beschränken. Da diese Richtlinien Zustände von Messsystemen beschreiben, die sich auf Standardfälle beziehen, können weitere Fragen aufkommen. Richten Sie diese Fragen bitte direkt an die Abteilung Lieferantenqualitätssicherung (Supplier Quality Assistance, SQA) Ihres Kunden. Falls Sie nicht wissen, wie diese Abteilung zu erreichen ist, wenden Sie sich an den Einkäufer in der Einkaufsabteilung Ihres Kunden.“

Dieses Dokument wurde im Rahmen der Zertifizierung nach QS-9000 ab 1995 verbindlich vorgeschrieben. Zwar enthält das Dokument den Hinweis, dass auch andere Verfahren zulässig sind, diese sind allerdings mit dem jeweiligen Kunden abzustimmen, was in der Praxis in der Regel nur in Ausnahmefällen möglich ist. Daher hat dieses Dokument jeweils in der neuesten Fassung heute noch einen verbindlichen Charakter (s. (IATF, VDA 2016)).

Die erste Ausgabe der MSA enthielt noch viele Fehler und Unzulänglichkeiten. Vor allem wurden viele praxisrelevante Fälle nicht ausreichend berücksichtigt und Grenzwerte für die Eignung des Prüfprozesses gefordert, die oftmals nicht einzuhalten waren. Konsequenterweise waren die Firmen wieder aufgefordert, individuelle Anpassungen vorzunehmen. Das Ergebnis dieser Situation sind beispielsweise die eigenen Richtlinien bei Ford (Ford Motor Co. 1990) und General Motors (General Motors Co. – GM Powertrain 2010). Diese haben das umfassende Dokument MSA konkretisiert, um die Vorgehensweise in der Praxis besser umsetzen zu können. Weiterhin sind die Grenzwerte geändert.

Mittlerweile ist die MSA in der vierten Auflage erschienen. Viele Schwachstellen sind modifiziert, sodass das Dokument heute als brauchbares Lehrbuch angesehen werden kann. Die MSA lässt unterschiedliche Berechnungsmethoden zu. Konsequenterweise sind die Ergebnisse der jeweiligen Verfahren verschieden und damit nicht vergleichbar. Somit wird der Anwender nicht umhinkommen, aus der Vielzahl der in der AIAG MSA dargestellten Möglichkeiten eine für das Unternehmen verbindliche Verfahrensanweisung zu erstellen und gegebenenfalls mit eigenen Verfahren zu ergänzen.

In Deutschland war eine ähnliche Situation eingetreten. Es wurde in der Automobilindustrie viel Zeit und Geld investiert, um individuelle Vorgehensweisen zu entwickeln. Diese führen nur zu Irritationen und erzeugen noch mehr Kosten bei Lieferanten von Messgeräten und Zulieferern. Viel wichtiger war jedoch, dass man sich der Tatsache bewusst wurde, dass ein Messprozess umfassend zu beurteilen ist. Aufgrund der Komplexität wird dies in der Regel ohne praktische Versuche nicht gehen. Für eine sinnvolle Beurteilung ist es dabei wichtig, die einzelnen Komponenten (Einflüsse) möglichst einzeln bewerten zu können. Nur so können die Haupt-Einflussfaktoren ermittelt und entsprechende Abstellmaßnahmen ergriffen werden. Übertriebene und zum Teil aus wirtschaftlichen Gründen nicht realisierbare Forderungen sind ebenfalls nicht angebracht. Dadurch entstand der Bedarf, gemeinsam Lösungen zu erarbeiten und Kompromisse zu finden.

Dies war Anlass, sich innerhalb der Automobilindustrie zu treffen und dieses Thema zu diskutieren. Das Ergebnis dieser Besprechungen war ein „Leitfaden der Automobilindustrie“ (Q-DAS GmbH 1999), den die Fa. Q-DAS® 1999 zusammen mit Vertretern der Automobilindustrie und Konzernen erstellt hat. Dieser ist im Anhang vollständig abgedruckt. Einige Firmen haben dieses Dokument als verbindliche Verfahrensanweisung hausintern vorgeschrieben. Es kann quasi als kleinster gemeinsamer Nenner bezeichnet werden. Andere Unternehmen haben den Leitfaden übernommen und einige Passagen individuell angepasst.

1.2.2 Entwicklung „Prüfprozesseignung“

1998 hat der Verband der Automobilindustrie (VDA) eine Arbeitsgruppe ins Leben gerufen. Diese sollte eine Empfehlung für den Eignungsnachweis eines Prüfprozesses erstellen. Mittlerweile liegt der VDA Band 5 „Mess- und Prüfprozesse“ (VDA 2021) in der 3. Auflage vor. Im Gegensatz zu den verschiedenen Kennwerten der Messsystemfähigkeitsuntersuchung wird im VDA Band 5 beschrieben, wie für die verschiedensten Einflussfaktoren die Standardunsicherheitskomponenten bestimmt werden, um daraus die erweiterte Messunsicherheit und Eignungsindizes für Messsystem und Messprozess berechnen zu können.

Die Entscheidung, diese Vorgehensweise zu wählen, ist in vielen Normen begründet. So fordert beispielsweise die DIN EN ISO 14253-1 (DIN 2018a) für geometrische Maße die Messunsicherheit eines Messprozesses zu bestimmen und diese an den Spezifikationsgrenzen zu berücksichtigen. In dem VDA Band 5 wird dazu eine praxisrelevante Vorgehensweise zur Bestimmung der Unsicherheitskomponenten vorgegeben.

Ähnlich wie bei der Fähigkeitsuntersuchung werden unter anderem Versuche durchgeführt und die Messergebnisse statistisch ausgewertet. Das Gesamtergebnis wird ins Verhältnis zur Spezifikation (Toleranz) gesetzt, um letztendlich eine Aussage über die Eignung des Messsystems und -prozesses zu erhalten.

Erfahrungen bei der Anwendung der ersten Ausgabe des VDA Band 5 von 2003 haben gezeigt, dass die Vorgehensweise zur Bestimmung der erweiterten Messunsicherheit nicht konkret genug war. Weiter sollten die von den weit verbreiteten Prüfmittelfähigkeitsuntersuchungen vorliegenden Ergebnisse integriert werden. Daher wurde der VDA Band 5 überarbeitet und 2010 als 2. Ausgabe veröffentlicht. Diese Ausgabe konnte nun Methoden aufzeigen, die sich auch in der Praxis bewähren konnten. Im Jahr 2021 erschien dann die 3. Auflage, mittlerweile erweitert um die Themen „Management und Planung von Mess- und Prüfprozessen“ (VDA 2021). Ergänzend dazu ist ein Praxishandbuch (VDA 2022) erschienen, das die Vorgehensweisen verdeutlicht, aber nicht zu den vertraglichen Vereinbarungen gehört, falls sich die Vertragsparteien auf den VDA Band 5 berufen.

■ 1.3 Anmerkung der Autoren zu MSA und VDA 5

Um einen Messprozess umfassend beurteilen zu können, muss man seine Einflussfaktoren und deren Auswirkungen auf das Messergebnis kennen. In der Vergangenheit hat man sich viel zu sehr auf das Messgerät konzentriert, ohne das Umfeld bzw. die verschiedensten Einflüsse zu berücksichtigen. Um die Haupteinflussfaktoren herauszufinden, müssen verschiedene Vorgehensweisen angewendet werden, damit deren Einfluss beurteilt werden kann. Dabei ist es zunächst einmal unabhängig davon, ob dies über die Vorgehensweise der MSA (AIAG 2010) (Fähigkeitsuntersuchung) oder des VDA Band 5 (VDA 2021) (erweiterte Messunsicherheit) erfolgt. Da man selbst einfachste Messprozesse in der Regel aus theoretischen Betrachtungen alleine nicht ausreichend exakt bestimmen kann, werden immer praktische Versuche notwendig sein. Diese Vorgehensweise sehen beide Betrachtungsweisen vor. In der MSA (AIAG 2010) ist zu dem Thema Vergleich der Messsystemfähigkeit mit der Messunsicherheit folgender Text enthalten:

> *„The major difference between uncertainty and the MSA is that the MSA focus is on understanding the measurement process, determining the amount of error in the process, and assessing the adequacy of the measurement system for product and process control. MSA promotes understanding and improvement (variation reduction). Uncertainty is the range of measurement values, defined by a confidence interval, associated with a measurement result and expected to include the true value of measurement.“*

Ins Deutsche übersetzt lautet der Abschnitt etwa folgendermaßen:

„Der Hauptunterschied zwischen Unsicherheit und MSA besteht darin, dass der Schwerpunkt der MSA auf dem Verständnis des Messprozesses, der Bestimmung der Höhe der Abweichungen im Prozess und der Bewertung der Eignung des Messsystems für die Produkt- und Prozessregelung liegt. Die MSA fördert das Verständnis und die Verbesserung (Reduzierung der Abweichungen). Die Messunsicherheit ist der durch ein Konfidenzintervall definierte Bereich von Messwerten, der mit einem Messergebnis verbunden ist und voraussichtlich den wahren Messwert enthält."

Diese Aussage ist mit Sicherheit zutreffend, wenn man den ISO/IEC Guide 98-3 (ISO 2008) nur von seiner theoretischen Seite betrachtet. Sie umfasst auch die derzeit gültige Definition der Messunsicherheit nach ISO/IEC Guide 99 (ISO 2007). Allerdings ist diese Interpretation nicht umfassend und berücksichtigt nicht, dass der ISO/IEC Guide 98-3 (ISO 2008) im Kapitel Anwendungsbereich (Scope) selbst erklärt, dass auf Basis dieses Leitfadens weitere Papiere entwickelt werden können, die sich mit den verschiedenen Verwendungszwecken quantitativer Unsicherheitsangaben befassen:

„Further, it does not discuss how the uncertainty of a particular measurement result, once evaluated, may be used for different purposes, for example, to draw conclusions about the compatibility of that result with other similar results, to establish tolerance limits in a manufacturing process, or to decide if a certain course of action may be safely undertaken. It may therefore be necessary to develop particular standards based on this Guide that deal with the problems peculiar to specific fields of measurement or with the various uses of quantitative expressions of uncertainty. These standards may be simplified versions of this Guide but should include the detail that is appropriate to the level of accuracy and complexity of the measurements and uses addressed."

Ins Deutsche übersetzt lautet der Abschnitt etwa folgendermaßen:

„Darüber hinaus wird nicht erörtert, wie die Unsicherheit eines bestimmten Messergebnisses nach seiner Bewertung für verschiedene Zwecke verwendet werden kann, z. B. um Rückschlüsse auf die Kompatibilität dieses Ergebnisses mit anderen ähnlichen Ergebnissen zu ziehen, um Toleranzgrenzen in einem Fertigungsprozess festzulegen oder um zu entscheiden, ob eine bestimmte Maßnahme sicher durchgeführt werden kann. Daher kann es notwendig sein, auf der Grundlage dieses Leitfadens spezielle Normen zu entwickeln, die sich mit den besonderen Problemen bestimmter Messbereiche oder mit den verschiedenen Verwendungszwecken quantitativer Unsicherheitsangaben befassen. Diese Normen können vereinfachte Fassungen dieses Leitfadens sein, sollten aber so detailliert sein, wie es dem Genauigkeitsgrad und der Komplexität der behandelten Messungen und Verwendungszwecke angemessen ist."

Auf dieser Basis beruht die Interpretation der Messunsicherheit und des Eignungsnachweises gemäß dem VDA Band 5 (VDA 2021).

Aus Sicht der Autoren ist aber auch die obige Schlussfolgerung der AIAG MSA nicht korrekt, die AIAG MSA sein mit Messunsicherheit nicht kompatibel. Genau das Gegenteil ist der Fall. Die MSA in der dritten und insbesondere in der vierten Auflage hat sich eher in Richtung Messunsicherheitsbetrachtung gewandelt. Es werden Unsicherheitskomponenten betrachtet und bei der Bestimmung der entsprechenden Kenngrößen berücksichtigt. In der vierten Auflage werden die gleichen Standardunsicherheitskomponenten betrachtet und berechnet, wie es bei der Vorgehensweise im VDA Band 5 der Fall ist. Damit sind die Zwischenergebnisse vergleichbar mit einer Standardunsicherheitskomponente im Sinne der Bestimmung der Messunsicherheit. Dass die AIAG MSA in einigen weiteren Verfahren die Einflussgrößen betrachtet, dann aber auf statistische Signifikanztests ausweicht, anstatt die Messunsicherheit zu berechnen, steht dieser Sichtweise nicht entgegen.

Bei der Bestimmung der erweiterten Messunsicherheit nach der ISO/IEC Guide 98-3 (ISO 2008) werden zunächst einzelne Standardunsicherheitskomponenten bestimmt, aus denen dann die kombinierte Standardunsicherheit berechnet wird. Ist eine Einflussgröße klein gegenüber den anderen, kann diese vernachlässigt werden, da sie keinen Beitrag zum Endergebnis liefert. Bei der MSA wird beispielsweise bei der systematischen Messabweichung keine Standardunsicherheitskomponente berechnet. Dafür fordert man, dass die systematische Messabweichung nicht signifikant nachgewiesen werden kann (s. Abschnitt 4.2.3) und damit keine Auswirkung auf das Gesamtergebnis hat. Damit ist im Endeffekt das Gleiche erreicht, da durch diese Forderung die Auswirkungen dieser Einflusskomponente vernachlässigbar klein werden.

Problematisch wird es bei solchen kleinteiligen Forderungen für einzelne Verfahren allerdings, wenn die Ergebnisse mehrfach grenzwertig sind oder vorgegebene Grenzwerte nicht eingehalten werden können. Es fehlt dann die übergreifende Bewertung unter Berücksichtigung aller Teilergebnisse. Auch können Anforderungen der DIN EN ISO 14253-1 (DIN 2018a) nicht erfüllt werden, die die Berücksichtigung der Messunsicherheit beim Konformitätsentscheid fordert. Hierin liegen mit Sicherheit die Stärken der Bestimmung der Messunsicherheit, mit der die Schutzabstände an den Spezifikationsgrenzen berechnet werden können.

Die weitere formale Vorgehensweise bei AIAG MSA und VDA Band 5 ist weitgehend gleich. Es wird ein Streubereich des Messergebnisses berechnet, bei AIAG MSA der Wert *GRR* (Gage, Repeatability and Reproducibility $\triangleq$ Wiederholpräzision und Vergleichpräzision), im VDA Band 5 die zweifache erweiterte Messunsicherheit $2 \cdot U$. Dieser Streubereich wird dann mit der Toleranz des Merkmals verglichen, wobei die AIAG auch weitere Bezugsgrößen (im Wesentlichen die Fertigungsstreuung mit drei verschiedenen Methoden der Schätzung) zulässt. Die konkreten

Zahlenwerte sind nicht direkt vergleichbar, da meist mit verschiedenen Erweiterungsfaktoren für unterschiedliche Überdeckungswahrscheinlichkeiten/Vertrauensbereiche gerechnet wird (meist 95 %, 99 % oder 99,73 %).

Beide resultierenden Kennzahlen werden mit Grenzwerten verglichen. Werden die Grenzen eingehalten, gilt der Prüfprozess unabhängig von der Vorgehensweise als geeignet.

Eine Schwachstelle bei der MSA ist, dass Messprozesse freigegeben werden und trotzdem Fehlentscheidungen an den Spezifikationsgrenzen möglich sind. Um diese zu vermeiden, ist es besser, die Messunsicherheit zu bestimmen und an den Spezifikationsgrenzen zu berücksichtigen.

HINWEIS: Im Gegensatz zur MSA beschäftigt sich der VDA Band 5 auch mit weiteren Einflusskomponenten wie „Temperatur“, Objekteinfluss bzw. weiteren Einflüssen, die im Einzelfall näher spezifiziert werden müssen.

1.4 Experimentelle Beurteilung

Unabhängig davon, ob es sich um eine Messsystemfähigkeitsuntersuchung im Sinne der MSA (AIAG 2010) handelt oder um Eignungsnachweise für Prüfprozesse im Sinne der GUM ISO/IEC Guide 98-3 (ISO 2008) bzw. VDA Band 5 (VDA 2021), sind experimentelle Beurteilungen des Prüfprozesses unumgänglich. Selbst der ISO/IEC Guide (ISO 2008) argumentiert in Abschnitt 3.4.2:

> *„A well-designed experiment can greatly facilitate reliable evaluations of uncertainty and is an important part of the art of measurement.*
>
> *(Frei übersetzt: Ein gut geplantes Experiment kann die zuverlässige Bewertung der Unsicherheit erheblich erleichtern und ist ein wichtiger Teil der Kunst des Messens.)“*

Sicherlich sind theoretische Überlegungen, welche Einflussfaktoren wirken, wichtig. Allerdings kann aus den Überlegungen heraus deren wahre Auswirkung nur bedingt abgeschätzt werden. Die folgende Situation soll diesen Sachverhalt verdeutlichen.

In Bild 1.10 ist zur Überprüfung der Höhe eines Ventilsitzes ein Messprozess dargestellt. An einem Stativ ist ein Langwegtaster eingebaut. Seine systematische Messabweichung über den gesamten Messbereich ist vom Hersteller mit 0,07 mm angegeben. Ein entsprechender Kalibrierschein liegt vor. Der Taster kann pneumatisch angehoben werden, sodass immer gleiche Antastverhältnisse herrschen. Vor jeder Wiederholungsmessung wird das Parallelendmaß von der Platte entfernt. Die Anzeige hat eine Auflösung von 0,3 mm. Die Untersuchung findet in diesem

Fall in einem Seminarraum eines Hotels statt. Zunächst soll die systematische Messabweichung und die Gerätestreuung (Wiederholpräzision) ermittelt werden. Zur Ermittlung der beiden Kenngrößen werden Wiederholungsmessungen an einem Parallelendmaß durchgeführt.

Bild 1.10 Langwegtaster mit Stativ

Die Fragestellung, welche Einflussgrößen wirken, wird mit den Seminarteilnehmern diskutiert. Diese haben praktische Erfahrungen in der Messtechnik. Weiter wird die zu erwartende Wiederholpräzision erörtert. Im Rahmen der Diskussion werden in der Regel folgende Einflussparameter genannt:

- Temperatureinfluss
- Veränderung des Endmaßes durch das Anfassen
- Unsicherheit durch verschiedene Antastpunkte am Endmaß
- unterschiedliche Antastgeschwindigkeit
- Schwingungen und Erschütterungen am Tisch
- Verunreinigungen

Bei der Frage, welche Streuung bei 25 Messungen zu erwarten ist, gehen die Meinungen meist sehr weit auseinander. Sie liegen bei diesem Messaufbau zwischen 0,5 bis 5 µm. Nach der Erörterung des Messprozesses führt ein Seminarteilnehmer die Messungen durch. Dazu wird er kurz in die Handhabung des Messgerätes eingewiesen.

Zunächst wird die Anzeige auf null gestellt und mehrere Wiederholungsmessungen auf der Grundplatte durchgeführt. Diese Messungen haben sich als stabil herausgestellt. Die Anzeige war auch nach 5 Wiederholungsmessungen immer noch auf 0,0 mm gestanden. Anschließend werden 25 Wiederholungsmessungen an dem Endmaß durchgeführt, der Taster pneumatisch angehoben und das Endmaß von der Grundplatte genommen. Zwischen jeder Messung wird immer versucht, möglichst in der Mitte des Endmaßes anzutasten. Der Bediener sieht die Messergebnisse nicht, diese werden protokolliert und in Form eines Werteverlaufs (Bild 1.11) dargestellt.

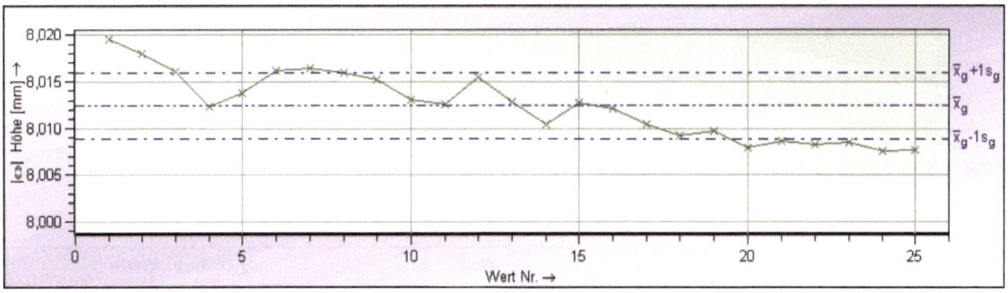

Bild 1.11 Werteverlauf (1. Durchgang)

Die Überraschung der Teilnehmer über das Ergebnis ist sehr groß. Die statistischen Kennwerte sind in Bild 1.12 zusammengefasst. Der Größtwert liegt bei fast 20 µm, die Spannweite ist 12 µm und die Standardabweichung liegt bei 3,5 µm. Dann ist der Werteverlauf noch entgegen der ursprünglichen Annahme fallend. Dieser müsste mit der Zeit bei zunehmender Temperatur des Normals steigen. Offen bleibt auch die Frage: „Woher kommt der fallende Trend?"

Zeichnungswerte			Gemessene Werte			Statistische Werte		
x_m	=	8,000000				$\bar{x}_g$	=	8,012448
USG	=	7,9750	$x_{min\,g}$	=	8,0076	s_g	=	0,0035102
OSG	=	8,0250	$x_{max\,g}$	=	8,0196	$\|Bi\| = \|\bar{x}_g - x_m\|$	=	0,0124
T	=	0,0500	R_g	=	0,0120			
			n_{ges}	=	25	n_{eff}	=	25

Bild 1.12 Ergebnisse (1. Durchgang)

Die Lösung dieser Frage ist relativ einfach. Das Parallelendmaß und die Auflagefläche wurden nicht ausreichend gereinigt. Hier reicht schon der Fingerabdruck auf Grundplatte und Endmaß. Weiter wurde das Parallelendmaß bei den Wiederholungsmessungen nicht angesprengt bzw. „angebratzt".

Werden Auflagefläche und Parallelendmaß gereinigt und vor jeder Messung das Endmaß an der Grundfläche angebratzt, ergibt sich ein völlig anderes Bild. Die Messwerte sind in Bild 1.13 dargestellt und die numerischen Ergebnisse in Bild 1.14 zusammengefasst. Die neuen Ergebnisse sind um über den Faktor 10 besser.

Die Skalierung der y-Achse in Bild 1.14 ist um den Faktor 5(!) größer als in Bild 1.11. Damit hat eine relativ einfache und kostenneutrale Maßnahme zu dieser dramatischen Verbesserung geführt.

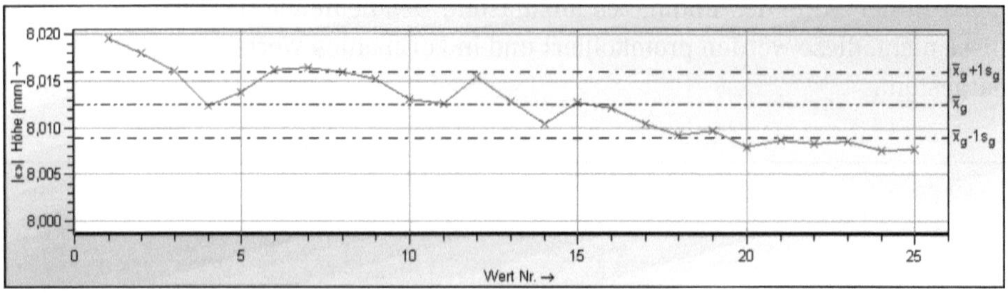

Bild 1.13 Werteverlauf (2. Durchgang)

Zeichnungswerte			Gemessene Werte			Statistische Werte		
x_m	=	8,000000				$\bar{x}_g$	=	8,012448
USG	=	7,9750	$x_{min\,g}$	=	8,0076	s_g	=	0,0035102
OSG	=	8,0250	$x_{max\,g}$	=	8,0196	$\lvert Bi \rvert = \lvert \bar{x}_g - x_m \rvert$	=	0,0124
T	=	0,0500	R_g	=	0,0120			
			n_{ges}	=	25	n_{eff}	=	25

Bild 1.14 Ergebnisse (2. Durchgang)

Dieses Beispiel zeigt deutlich, dass allein aus theoretischen Überlegungen heraus diese Größenordnung der Einflüsse nicht abgeschätzt werden kann. Wichtig ist dann im nächsten Schritt, dass die getroffenen Maßnahmen bei dem realen Prozess auch umgesetzt und überwacht werden. Ansonsten muss mit einer wesentlich höheren Unsicherheit des Messergebnisses gerechnet werden. Die hier beschriebene Situation konnte in den letzten Jahren bei vielen Seminaren beobachtet werden. Ganz selten hat die Gruppe bzw. der Bediener den Sachverhalt sofort richtig eingeschätzt.

2 Definitionen und Begriffe

Die verwendeten Begriffe und Definitionen sind in (AIAG 2010), (DGQ 2009), (Dietrich, Conrad 2021), (ISO 2007), (DIN 2009), (DIN 2013) und (VDA 2021) festgelegt und können dort nachgelesen werden. Hier sind nur die für die folgenden Abschnitte wesentlichen Begriffe nochmals kurz dargestellt und anhand von Grafiken untermauert und kurz kommentiert.

2.1 Prozess

Bei der Frage, ob ein Messsystem für die jeweilige Aufgabe geeignet ist oder nicht, wird immer der gesamte Vorgang als ein Prozess betrachtet und untersucht. Bild 2.1 zeigt die Definition für den Begriff „Prozess" im Sinne der EFQM (European Foundation of Quality Management).

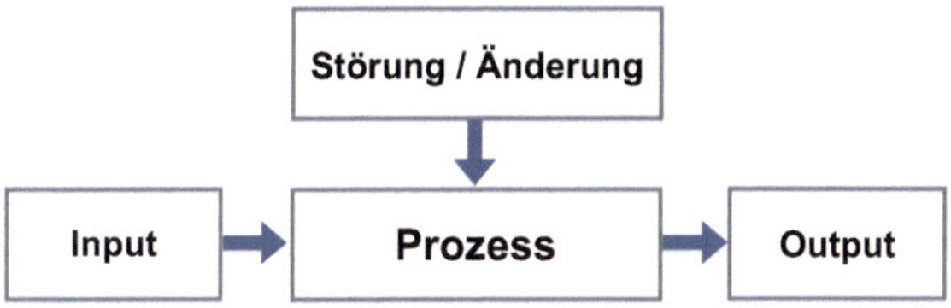

Bild 2.1 Definition Prozess nach EFQM (European Foundation of Quality Management)

2.2 Messprozess

Eine umfassende Definition des Messprozesses wurde in Abschnitt 1.1 vorgestellt, basierend auf der Definition des Messens in (ISO 2007). Dort wird die „Messung" definiert als „Prozess, bei dem einer oder mehrere Größenwerte [...] experimentell ermittelt werden", was gleichbedeutend ist mit dem Messprozess.

Der Messprozess (Bild 2.2) ist immer als Gesamtheit aller Einflussfaktoren zu sehen. In der Vergangenheit wurde oftmals nur das Messgerät alleine betrachtet. Praktische Erfahrungen haben gezeigt, dass speziell auf das Merkmal abgestimmte Messgeräte in der Regel den kleinsten Einfluss auf das Gesamtergebnis haben. Viel kritischer sind Einflussfaktoren wie die Umgebung oder das Prüfobjekt selbst. So sind oftmals die Merkmale am Prüfobjekt mit einer Formabweichung behaftet, sodass das Merkmal mehrere Werte haben kann, je nach Messort (z.B. Wellendurchmesser bei Balligkeit oder Rundheitsabweichungen). Auch kann sich ein Prüfobjekt mit der Zeit aufgrund seiner Materialeigenschaften verändern. Damit können beispielsweise Ergebnisse eines Lieferanten nicht mit den Ergebnissen eines Abnehmers verglichen werden, wenn diese Veränderungen des Prüfobjektes nicht berücksichtigt werden.

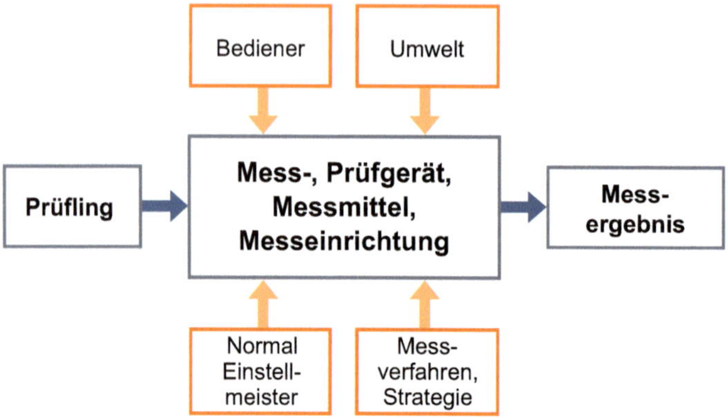

Bild 2.2 Definition Messprozess

■ 2.3 Prüfen

Der Begriff „Prüfen“ (Bild 2.3) ist als Oberbegriff für eine subjektive bzw. objektive Beurteilung zu verstehen und beschreibt den Vergleich einer Merkmalsinformation mit einer Vorgabe (z.B. Spezifikation). Laut (DIN 2013) ist Prüfen eine „Konformitätsbewertung durch Beobachten und Beurteilung, begleitet – soweit zutreffend – durch Messung, Testung oder Vergleich“.

Prinzipiell sollte jede Prüfung möglichst objektiv, d.h. durch Lehren oder durch Messen erfolgen. Stehen in Ausnahmefällen für eine Messaufgabe aus technischen oder wirtschaftlichen Gründen keine Lehren oder Messmittel zur Verfügung, bleibt nur die subjektive Prüfung durch Sinneswahrnehmung übrig. Diese ist wegen unterschiedlicher Wahrnehmung und Bewertung des jeweiligen Prüfers äußerst kritisch und bedarf viel Erfahrung (s. Kapitel 12).

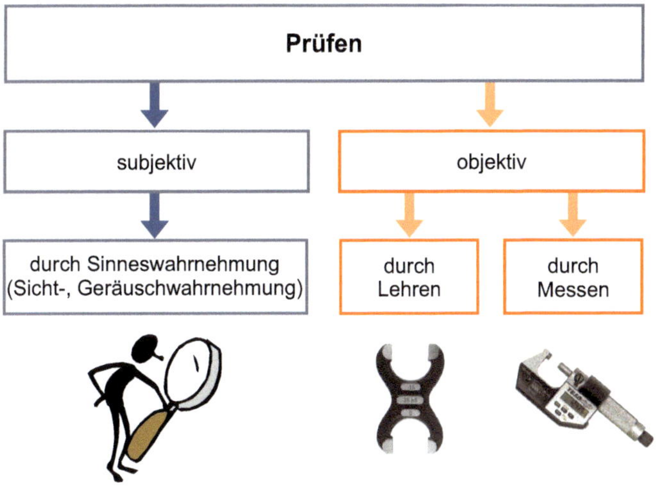

Bild 2.3 Definition: Prüfen, Lehren, Messen

Die beste Beurteilungsmöglichkeit ist die Prüfung mit einem geeigneten Messsystem. Die Messwerte können oftmals elektronisch erfasst und automatisch weiterverarbeitet werden. Diese Vorgehensweise vermeidet Fehler bei der Messung und vermindert Übertragungsfehler, und durch die Verwendung von Messwerten kann die Konformitätsprüfung nach DIN EN ISO 14253-1 (DIN 2018a) auch unter Berücksichtigung der Messunsicherheit stattfinden.

2.4 Mess- und Prüfmittel

Messmittel sind nach DIN EN ISO 9000 (DIN 2015) „Messgerät, Software, Messnormal, Referenzmaterial oder apparative Hilfsmittel oder eine Kombination davon, wie sie zur Realisierung eines Messprozesses erforderlich sind."

Eine Definition des Begriffs „Prüfmittel" ist in der deutschen DIN 32937 (DIN 2018b) zu finden, in der das Prüfmittel einem Messmittel gleichgesetzt wird, „das zur Feststellung der Konformität der Produkte mit den festgelegten Qualitätsforderungen verwendet wird". In einem Hinweis wird ergänzt, dass ein Prüfmittel auch eine Lehre sein kann. In vielen Firmen wird diese Definition zudem nur auf den letzten Prüfschritt vor der Auslieferung an den Kunden bezogen.

Im internationalen Sprachgebrauch fallen Mess- und Prüfmittel unter „Ressourcen zur Überwachung und Messung", sodass eine Unterscheidung der Begriffe im internationalen Umfeld oft schwerfällt.

Die für die objektive Prüfung zur Verfügung stehenden Prüfmittel (Bild 2.4) können grob eingeteilt werden in: Normale (Bild 2.6), Messgeräte (Bild 2.5), Lehren (Bild 2.7) und Hilfsmittel (Bild 2.8).

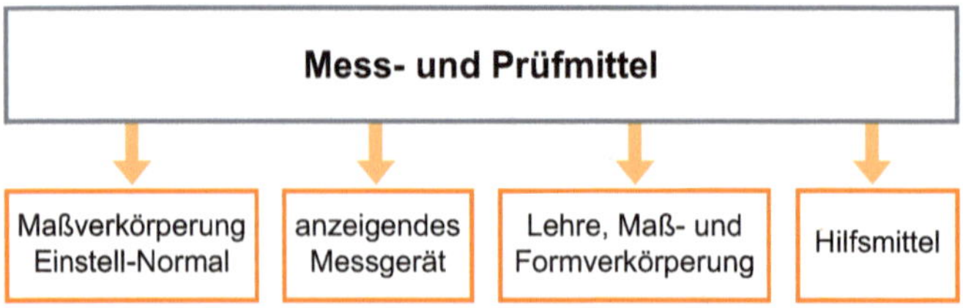

Bild 2.4 Definition Prüfmittel

Die Maßverkörperungen und Einstellnormale stellen die Rückführbarkeit eines Messprozesses auf die nationalen und internationalen Normale her. Gleichzeitig dienen diese zur Einstellung der Messgeräte für die jeweilige Aufgabenstellung. Oftmals sind Messgeräte an Stativen befestigt oder in Vorrichtungen eingebaut. Dabei handelt es sich um Hilfsmittel, die Bestandteil des Messsystems sind.

Lehren lassen nur eine Gut/Schlecht-Prüfung zu und sind damit für eine statistische Auswertung im Sinne einer Prozessfähigkeitsstudie in Bezug auf den Fertigungsprozess nicht brauchbar. Eine automatische Übertragung des Prüfergebnisses ist ebenfalls selten möglich. Der Vorteil bei Lehren ist allerdings die einfache und schnelle Handhabung.

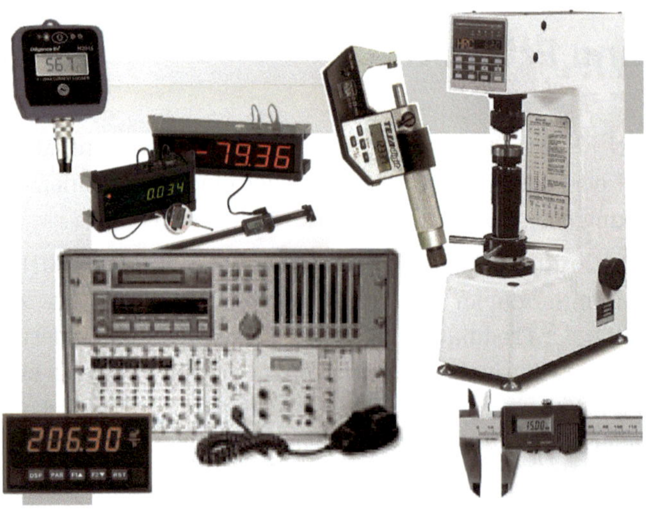

Bild 2.5 Anzeigende Messgeräte

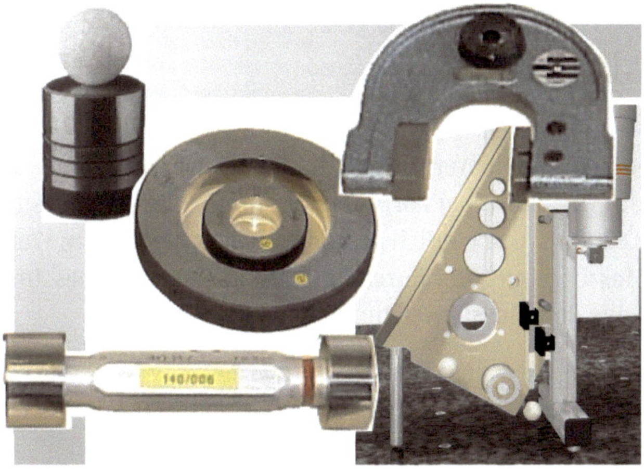

Bild 2.6
Normale und Maßverkörperungen

Bild 2.7
Lehren, Maß- und Formverkörperungen

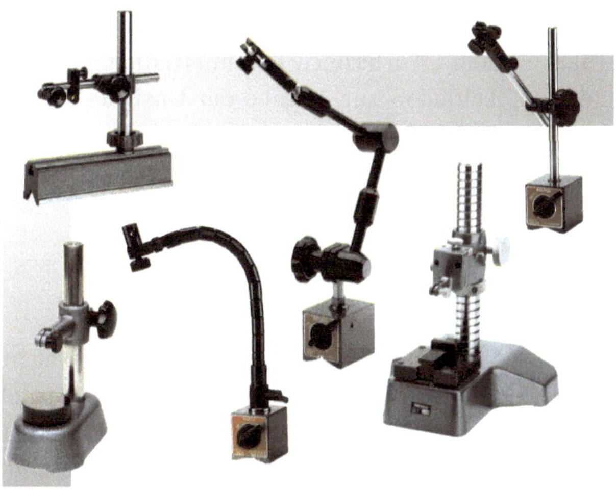

Bild 2.8
Hilfsmittel

2.5 Messabweichungen und Messunsicherheit

Zeigt ein anzeigendes Messgerät einen Wert an, ist dieser nicht zwangsläufig der „wahre Wert“ nach (ISO 2007), sondern bei korrekter Durchführung der Messung nur der „richtige Wert“ (ISO 2007). Anschaulich gesprochen liegt der „wahre Wert“ in einem Bereich um das Messergebnis, der durch die Messunsicherheit beschrieben werden kann und sich aus den Messabweichungen ableiten lässt.

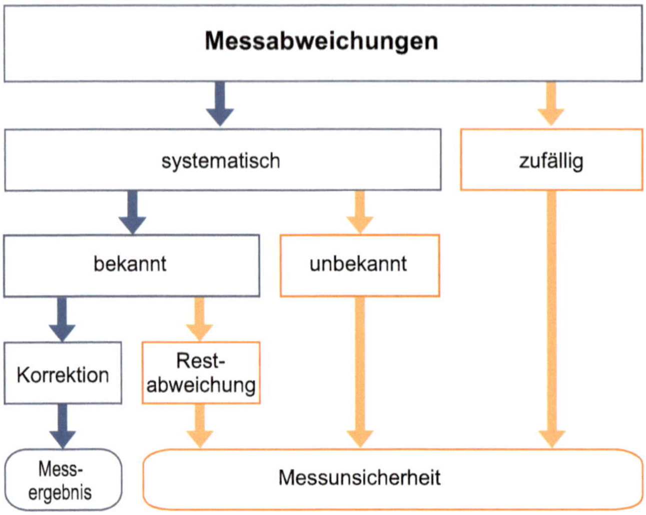

Bild 2.9 Wirkung von Messabweichungen

Diese unterschiedlichen Abweichungsarten sind in Bild 2.9 schematisch zusammengefasst. Näheres zur exakten Begriffsdefinition und der Berechnung bzw. Ermittlung der Messunsicherheit ist dem „Wörterbuch der internationalen Metrologie (VIM)“ (ISO 2007) und dem „Leitfaden zur Angabe der Unsicherheit beim Messen“ oder „Guide to the Expression of Uncertainty in Measurement“, kurz GUM (ISO 2008), zu entnehmen.

2.5.1 Messabweichungen

Die Messabweichungen kann man in systematische und zufällige Messabweichungen unterscheiden (s. Bild 2.9). Der wahre Wert einer Messabweichung ist unbekannt, da zum einen der wahre Wert einer Messgröße nicht bekannt ist und zum anderen nicht alle störenden Einflüsse messtechnisch erfasst oder abgeschirmt werden können. Aus diesem Grund muss der Wert der Messabweichung aus Versuchen oder Annahmen abgeschätzt werden.

2.5.1.1 Systematische Messabweichungen

Theoretisch ergäbe sich der wahre Wert der systematischen Messabweichungen $e_{\text{sys,wahr}}$ aus der Differenz zwischen dem Erwartungswert μ und dem wahren Wert der Messgröße X_{wahr}:

$$e_{\text{sys,wahr}} = \mu - X_{\text{wahr}}$$

Den Erwartungswert μ erhielte man als Mittelwert einer unbegrenzten Anzahl von Messungen derselben Messgröße unter Wiederholbedingungen. Leider ist weder der wahre Wert der Messgröße bekannt noch sind alle Stör-Einflüsse ermittelbar. Deshalb ist auch der wahre Wert der systematischen Messabweichung praktisch per Definition nicht bestimmbar. Also wird man sich mit einem Schätzwert für die systematische Messabweichung begnügen müssen, der entweder aus Versuchen oder aus Annahmen abgeleitet wird.

Bekannte systematische Messabweichungen

Für den Versuch werden Messungen an einem Normal, dessen richtiger Wert aus einem Kalibrierschein bekannt ist, unter Wiederholbedingungen ausgeführt. Dabei ist der Wert der bekannten systematischen Messabweichung $e_{\text{sys,b}}$ gleich der Differenz zwischen dem arithmetischen Mittelwert $\overline{x}$ und dem richtigen Wert x_r:

$$e_{\text{sys,b}} = \overline{x} - x_r$$

mit

$\overline{x}$ = arithmetischer Mittelwert der Anzeigewerte

x_r = richtiger Wert der Messgröße, bekannt aus dem Kalibrierschein

Bekannte systematische Messabweichungen machen einen Messwert unrichtig. Da der Betrag und das Vorzeichen bekannt sind, müssen diese stets korrigiert werden.

HINWEIS: Unter Wiederholbedingungen ist nach ISO/IEC Guide 99 (ISO 2007) zu verstehen, dass alle Bedingungen bei der Wiederholung einer Messung unverändert sind. Das heißt z. B., dass die Versuche von einem Bediener mit einem Normal am gleichen Ort durchgeführt werden. Auch die Umgebungsbedingungen sind konstant zu halten.

Unbekannte systematische Messabweichungen

Die Bezeichnung „unbekannt" meint hier, dass weder der absolute Wert noch das Vorzeichen der Abweichung bekannt ist und man daher auf Abschätzungen angewiesen ist. Solche nicht erfassbaren systematischen Abweichungen sind beispielsweise Graduierungsfehler einer Analoganzeige oder das Spiel im Gewinde eines Messgerätes, aber auch Justierabweichungen beim Normalübertrag am Messsystem. Da auch die Wirkrichtung nicht bekannt ist, werden die unbekannten systematischen Messabweichungen wie zufällige Messabweichungen behandelt.

2.5.1.2 Zufällige Messabweichungen

Die zufälligen Messabweichungen sind diejenigen, die unter Beharrungsbedingungen nach Abzug der systematischen Abweichungen verbleiben. Sie treten mit unterschiedlicher Größe und Vorzeichen zufällig auf und verursachen das Streuen der Messwerte. Leider können zufällige Messabweichungen nicht rechnerisch korrigiert werden. Der Wert der zufälligen Messabweichungen wird üblicherweise aus Versuchen (Wiederholstandardabweichung) ermittelt oder anhand von Vorinformationen und Verteilungsannahmen abgeschätzt. Zufällige Messabweichungen machen das Messergebnis unsicher.

2.5.2 Messergebnis

Ein Messergebnis liegt vor, wenn der Anzeigewert einer Messgröße um die bekannten systematischen Messabweichungen korrigiert wurde (Bild 2.10). Ein vollständiges Messergebnis besteht immer aus der Kombination des korrigierten Messergebnisses und der Messunsicherheit:

$$y = x_{\text{korr}} \pm U$$

mit

x_{korr} = korrigierter Anzeigewert
U = erweiterte Messunsicherheit

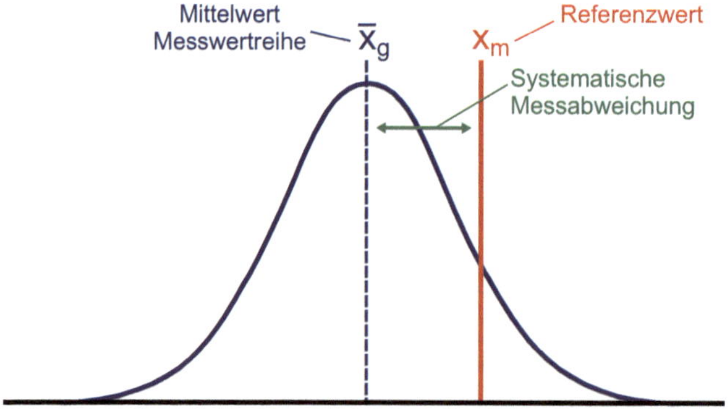

Bild 2.10 Systematische Messabweichung

2.5.3 Wiederholpräzision

Die Wiederholpräzision ist die Streuung von Messwerten, die unter Wiederholbedingungen erfasst werden (Bild 2.11). Im umgangssprachlichen Gebrauch wird oftmals übersehen, dass diese Begriffe in ISO/IEC Guide 99 (ISO 2007) exakt definiert sind und damit eine wiederholte Messung nicht unbedingt zur Bestimmung der Wiederholpräzision verwendbar ist. Wiederholbedingungen sind nur dann gegeben, wenn alle Bedingungen bei der Wiederholung einer Messung unverändert sind.

Das bedeutet, dass Wiederholungsmessungen im Allgemeinen in kurzen Zeitabständen nach einem festgelegten Messverfahren an demselben Teil (Normal oder Bauteil/Messobjekt) mit demselben Gerätebediener sowie derselben Geräteausrüstung und am selben Ort unter identischen Umgebungsbedingungen durchgeführt werden.

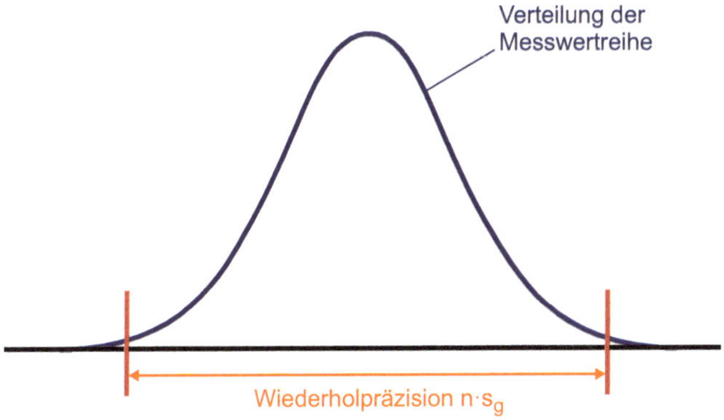

Bild 2.11 Wiederholpräzision

Ein Maß für die Wiederholpräzision ist die Standardabweichung einer Messwertreihe unter Wiederholbedingungen oder auch ein Vielfaches dieser Standardabweichung.

2.5.4 Vergleichpräzision

Mit der Vergleichpräzision unter Vergleichsbedingungen verhält es sich nach ISO/IEC Guide 99 (ISO 2007) ähnlich wie mit der Wiederholpräzision. Allerdings ist es hier erlaubt, vorab definierte Einflussgrößen zu verändern. Für alle anderen Einflussgrößen gelten Wiederholbedingungen.

Es können also z.B. mit einem festgelegten Messverfahren am identischen Objekt (Werkstücke aus der Serie) Messungen

- durch verschiedene Bediener oder
- an verschiedenen Orten oder
- mit verschiedenen Gerätschaften

durchgeführt werden.

Formal ist es erlaubt, mehrere Einflussgrößen zu ändern. Das führt in der Regel aber zu komplexen Versuchsplänen. Meist sind es deshalb zwei oder drei verschiedene Gerätebediener, die an den gleichen Teilen Messwerte aufnehmen. Oder ein und derselbe Gerätebediener wiederholt den Messvorgang an unterschiedlichen Orten bzw. mit verschiedenen Gerätschaften.

Bei einfachen Analysen wie der *%GRR*-Studie muss also darauf geachtet werden, dass jeweils nur eine der Größen verändert werden darf. Im Falle der üblichen *%GRR*-Studie wechselt der Bediener. Wenn diese Forderung nicht erfüllt wird, können bei der Auswertung die einzelnen Einflussgrößen nicht mehr bestimmt werden und machen die Auswertung unbrauchbar.

Ein Maß für die Vergleichpräzision in der *%GRR*-Studie ist z.B. die Streuung der Prüfermittelwerte, wobei im Allgemeinen die Kennwerte der Wiederhol- und Vergleichpräzision mithilfe einer Varianzanalyse (ANOVA) berechnet werden (Bild 2.12).

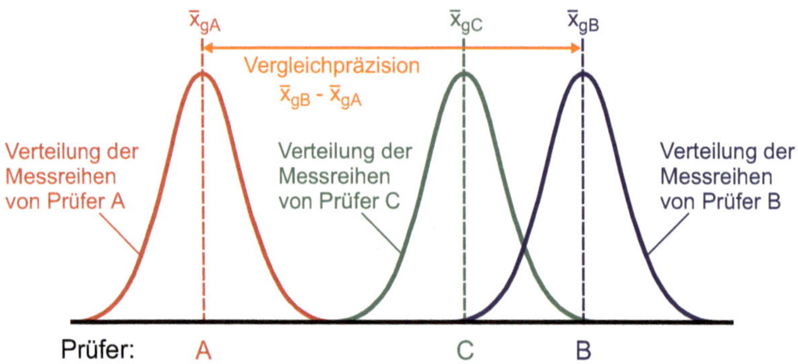

Bild 2.12 Vergleichpräzision

2.5.5 Linearität

Die Linearität ist der Begriff, der im Zusammenhang mit Fähigkeits- und Eignungsnachweisen die größten Irritationen hervorruft. Für viele Messmittel werden schon vom Hersteller Linearitätsabweichungen angegeben, die sich auf den gesamten

Messbereich beziehen und oftmals in Prozent des Messwerts oder auch Skalenendwerts dargestellt sind.

Im Fähigkeits- oder Eignungsnachweis sind allerdings nur die Linearitätsabweichungen von Belang, die sich auf den Anwendungsbereich in Bezug auf das untersuchte Merkmal beziehen. Misst man z.B. mit einem Messschieber mit 150 mm Messbereich eine Bauteiltoleranz von 8 ± 0,5 mm, so wird nur die Linearitätsabweichung bewertet, die in der Toleranz von 1 mm bei einem Nominalwert von 8 mm wirkt.

An Normalen bzw. an kalibrierten Referenzteilen, die den Anwendungsbereich des Messsystems im untersuchten Fall abdecken, werden durch denselben Bediener am selben Ort nach einem festgelegten Messverfahren Wiederholungsmessungen durchgeführt (Bild 2.13). Der Mittelwert einer Messwertreihe an den verschiedenen Normalen wird mit dem Referenzwert des Referenzteils verglichen. Die Abweichungen sind ein Maß für die „Linearität". Trägt man diese in ein Diagramm ein, so erhält man die Kennlinie der Linearitätsabweichung.

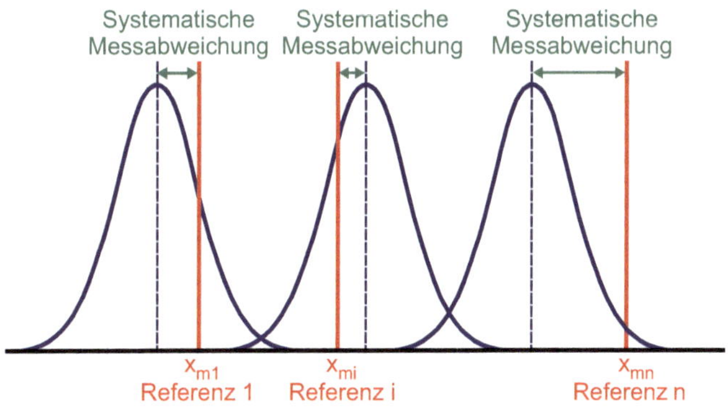

Bild 2.13 Untersuchung der Linearität

In Bild 2.14 sind die Ergebnisse (Mittelwerte) von Linearitätsuntersuchungen dargestellt. Dazu wurden an jeweils sieben Normalen mit unterschiedlichen Messgeräten fünf Wiederholungsmessungen durchgeführt und die Mittelwerte über den Referenzwert der Normale aufgetragen. Die Abbildung zeigt vier typische Situationen:

- **ideal**

  Die Mittelwerte stimmen mit dem Referenzwert überein, bzw. die systematische Messabweichung an jedem Normal ist vernachlässigbar klein.

- **Verschiebung**

  Über den gesamten Messbereich ist eine konstante systematische Messabweichung vorhanden.

- **Verstärkung**

  Die systematische Messabweichung kann durch eine Ausgleichsgerade beschrieben werden. Die Steigung der Geraden weicht von „eins“ ab.

- **„nicht linear“**

  Die systematische Messabweichung ist nicht durch eine Ausgleichsgerade beschreibbar.

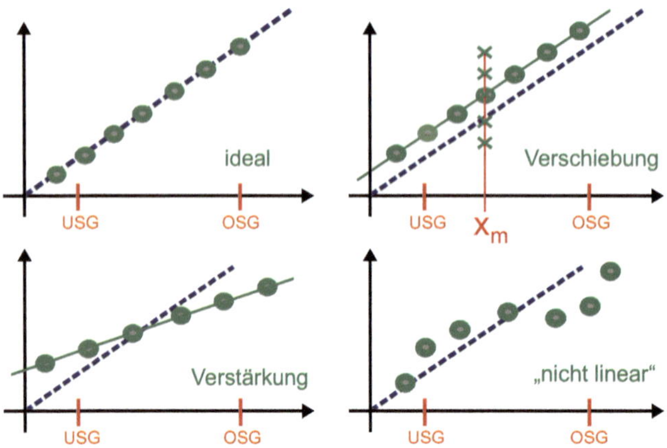

Bild 2.14
Unterschiedliche Linearitätsabweichungen

Zur Beurteilung der Linearität kann die Ausgleichsgerade als „null“ angesehen und über den Referenzpunkten die jeweilige systematische Messabweichung dargestellt werden (Bild 2.15). Dadurch wird die tatsächliche Abweichung deutlich sichtbar.

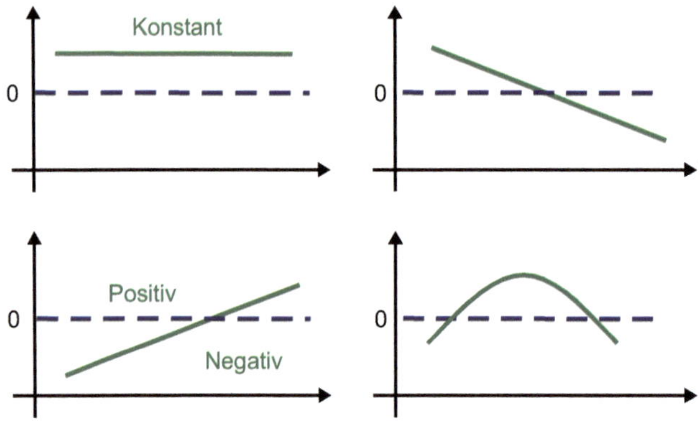

Bild 2.15
Linearität transformiert

Die Linearität in dieser Darstellung betrachtet nicht die Veränderlichkeit der Streuung über den Anwendungsbereich. In der AIAG MSA (AIAG 2010) wird diese Veränderlichkeit mit „Uniformity“ bezeichnet. Es werden jedoch keine Verfahren beschrieben, die Uniformity zu bewerten.

In vielen Fällen wird allerdings der Kennwert der Linearität nicht über Ausgleichsgeraden ermittelt, da hier sehr leicht irreführende Ergebnisse entstehen können (s. Bosch Heft 10 (Robert Bosch GmbH 2019), Anhang E.1). Vereinfachend betrachtet man die Linearität als Veränderung der systematischen Messabweichung im Anwendungsbereich. Der Fokus liegt in Fähigkeitsanalysen oft auf der maximalen systematischen Messabweichung im Anwendungsbereich. Der VDA Band 5 (VDA 2021) berechnet darüber hinaus die Streuung der systematischen Messabweichung, wodurch sich die mittlere systematische Messabweichung und die Linearität getrennt bewerten lassen. Dazu mehr in Kapitel 7.

2.5.6 Stabilität/Messbeständigkeit

Mithilfe eines festgelegten Messverfahrens mit derselben Geräteausrüstung und dem identischen Objekt werden am selben Ort durch denselben Beobachter in festgelegten Zeitabständen Messungen vorgenommen und die sich ergebenden Mittelwerte miteinander verglichen.

Ein Maß für die Stabilität ist die Veränderung der Mittelwerte dieser Messwertreihen (Bild 2.16).

Die ermittelten Abweichungen beinhalten sowohl zufällige als auch systematische Einflüsse durch Messwertaufnehmer, Kalibrierung, Verschleiß sowie durch die Umgebung.

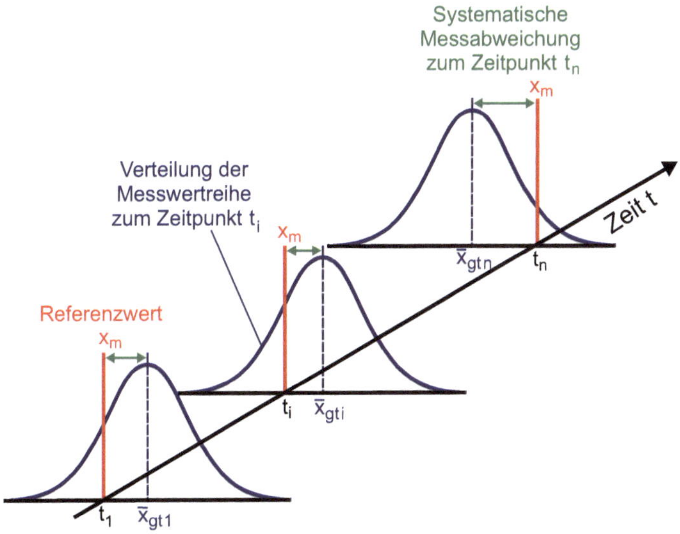

Bild 2.16
Stabilität

Die Stabilität in dieser Definition bewertet nicht die Veränderlichkeit der Streuung des Messprozesses über die Zeit. In der AIAG MSA (AIAG 2010) wird diese Veränderlichkeit mit „Consistency“ bezeichnet. Wird zur Überwachung der Stabilität allerdings eine Messbeständigkeitskarte im Sinne einer Qualitätsregelkarte genutzt, sollte die Stabilität der Streuung des Messsystems ebenfalls bewertet werden.

3 Einflussgrößen auf den Messprozess

3.1 Typische Einflussgrößen

Die beste Untersuchung und Beurteilung eines Messgerätes, wie diese im Sinne der Prüfmittelüberwachung durchgeführt wird, ist für den Eignungsnachweis eines Messprozesses nur eine notwendige, aber nicht hinreichende Komponente. Im realen Einsatz bzw. bei einer konkreten Messaufgabe haben meist weitere Einflussgrößen eine nicht unerhebliche Auswirkung auf das Messergebnis. Daher wird hier von einem Messprozess gesprochen, der neben dem Messgerät selbst alle relevanten Einflussgrößen enthält (s. Kapitel 1, Bild 1.2, und Bild 3.1). Jede Einflussgröße für sich allein betrachtet trägt einen Teil zur gesamten Messabweichung bei. Ob sich aufgrund von Abhängigkeiten von Einflussgrößen die Auswirkung verstärkt oder korrigiert, soll hier nicht näher erörtert werden. Vielmehr ist es das Ziel des Eignungsnachweises bei einem Messprozess, die signifikanten Einflussgrößen zu finden und den Beitrag an Messabweichung abzuschätzen. Die Gesamtheit der einzelnen Messabweichungen ergibt die Messunsicherheit.

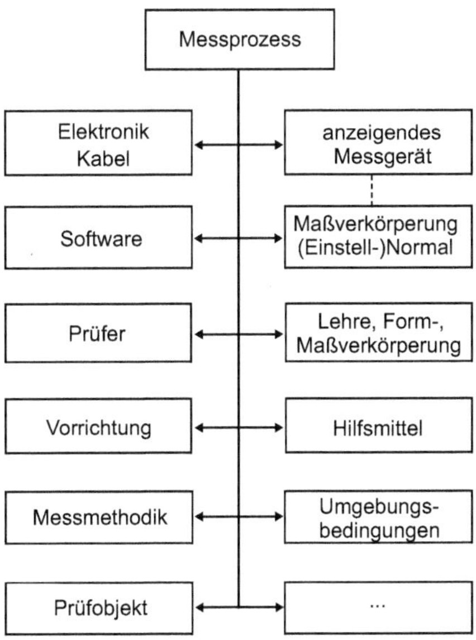

Bild 3.1
Einflussgrößen Messprozess

Typische Ursachen für Messabweichungen sind:

- Form- und Lageabweichungen (s. Bild 3.2)
  - Beschaffenheit der Oberfläche
  - Werkstückverformung
- Messanordnung und verfahrensbedingte Abweichungen
  - Nichteinhaltung des Abbe'schen Grundsatzes
  - Vorgehensweise beim Einstellen
  - Berücksichtigung von Positioniergrundsätzen
  - Beachtung des Eigengewichtes
  - Antastrichtung
  - Bezugsfestlegung
- durch Maßverkörperungen und Messgeräte verursachte Abweichungen
  - Maßverkörperung selbst (s. Bild 3.2)
  - Wiederholbarkeit der Messwerte
  - Messwertumkehrspanne
  - Messkraft
  - Abplattung
  - falsche Nullstellung
  - falsche Messgeräte
  - Linearitätsabweichungen
  - Abnutzung
- Umgebungseinflüsse
  - Temperaturschwankungen
  - relative Luftfeuchtigkeit, Luftdruck
  - Sauberkeit (s. Bild 3.3)
  - Magnetfelder
  - Schwingungen
- Bedienpersonal
  - Ablesefehler, z.B. Parallaxe
  - Beurteilungsvermögen
  - Gefühl beim Prüfen (s. Bild 3.4)
  - Werkstückspannung

- Messmethode (s. Bild 3.2)
  - Anzahl Messpunkte/Scannen
  - unterschiedliche Referenzen
  - Auswerte-/Berechnungsmethode
  - Messgeschwindigkeit

Diese Aufstellung kann beliebig verlängert werden. Bei dem jeweiligen Prüfprozess sind die relevanten Einflussgrößen entsprechend zu berücksichtigen.

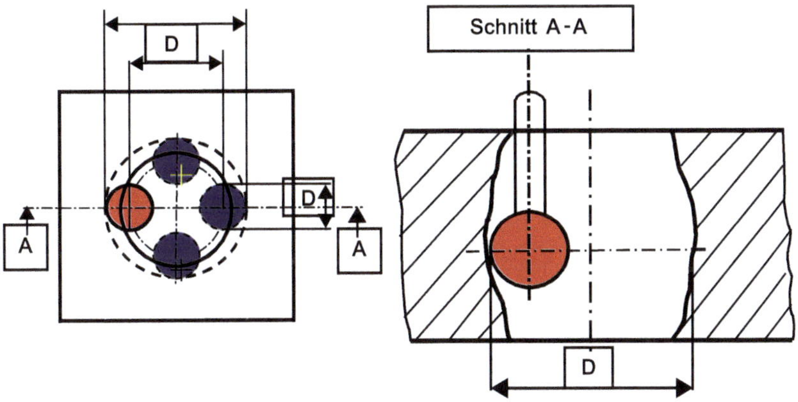

Bild 3.2 Antast-Strategie, Messort, Formfehler

	Gewichtung	Größe [µm]	Anzahl	100%	zul.Anzahl	Ergebnis
1	1.0	> 10 ... 30	572			
2	5.0	> 30 ... 50	124		200	i.O
3	10.0	> 50 ... 100	40		50	i.O
4	40.0	> 100 ... 200	11		20	i.O
5	80.0	> 200 ... 500	2		10	i.O
6	160.0	> 500	0		10	i.O

Gesamtergebnis: i.O

Kontaminationszahl: 2192.0

Bild 3.3 Sauberkeitsanalyse

Bild 3.4 Bedienereinfluss durch Halterung minimiert

■ 3.2 Auswirkung der Einflussgrößen beim Messsystem

Die einzelnen Einflussgrößen machen bei einem Messsystem vor allem die Untersuchung der systematischen Messabweichung und der Wiederholpräzision notwendig. Ist die systematische Messabweichung im Anwendungsbereich nicht konstant, muss auch die Linearität bewertet werden, was aber hier vorerst vernachlässigt wird.

Ähnlich wie bei einer Prozessfähigkeitsuntersuchung muss bei dem Messprozess die „Lage" (≙ systematische Messabweichung) und die „Streuung" (≙ Messwertstreuung) ermittelt, bewertet und im Einsatz kontinuierlich beobachtet werden, um signifikante Veränderungen des Messprozesses feststellen zu können. Bild 3.5 zeigt die Auswirkung der beiden Komponenten. Diese sind von Messsystem zu Messsystem unterschiedlich und können sich mit der Zeit für ein und denselben Messprozess verändern. In Bild 3.7 sind die Anforderungen bezüglich der systematischen Messabweichung und der Wiederholpräzision eines Messprozesses grafisch dargestellt.

Wie sich die Messsystemabweichung und Wiederholpräzision bei der Beurteilung eines Prozesses im Rahmen einer Prozessfähigkeitsuntersuchung auswirkt, zeigt Bild 3.6. Dargestellt sind die Auswirkungen der beiden Komponenten in einer $\bar{x}$-Lagekarte und in einer s-Streuungskarte.

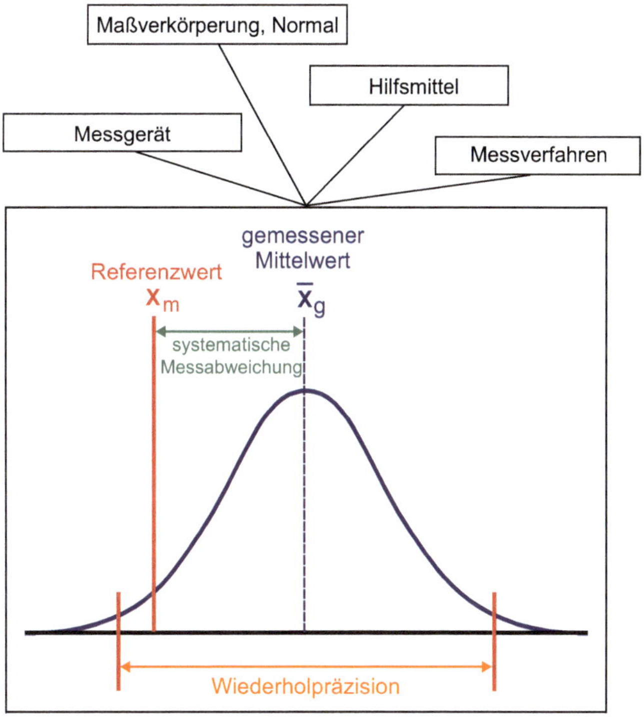

Bild 3.5 Entstehung der Unsicherheit eines Messsystems

Systematische und zufällige Messabweichung

Daten eines idealen Prozesses mit fähigen Messverfahren erfasst

Ist die systematische Messabweichung oder Wiederholpräzision nicht ausreichend, hat dies, ohne den Prozess zu verändern, folgende Auswirkungen auf den Verlauf von Mittelwert und Standardabweichung

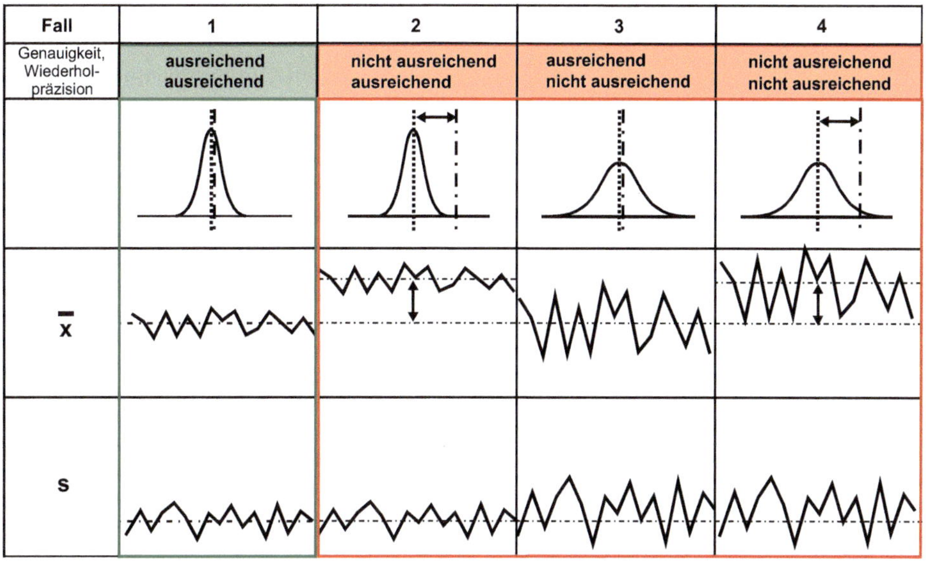

Bild 3.6 Auswirkung der Unsicherheit eines Messsystems

In den Fällen 2, 3 und 4 (Bild 3.6) wird ein idealer Fertigungsprozess nur aufgrund eines ungeeigneten Messsystems fehlerhaft beurteilt. Die Auswirkungen auf die Qualitätsfähigkeitskenngröße C_p sind in Kapitel 8 aufgezeigt.

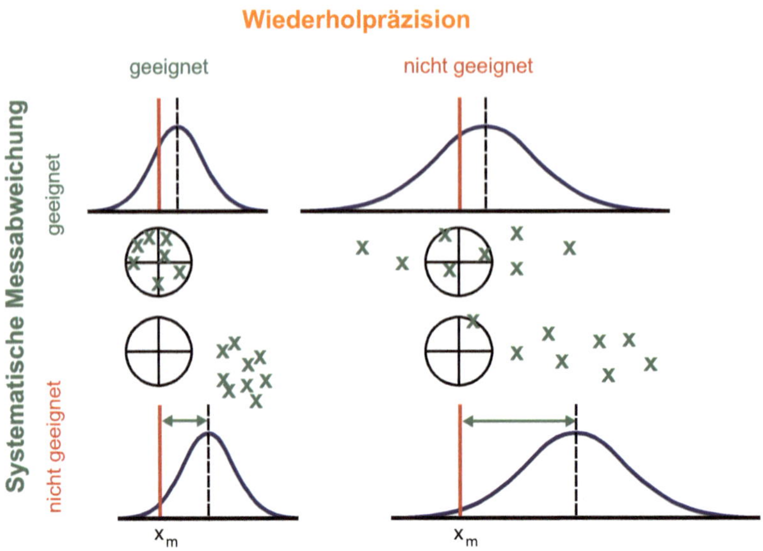

Bild 3.7 Auswirkung der systematischen Messabweichung und Wiederholpräzision auf den Messprozess

■ 3.3 Bewertung des Messprozesses

Wie in Abschnitt 3.1 und Abschnitt 3.2 erörtert, sind bei einem Messprozess weitere Einflussgrößen vorhanden, die eine Auswirkung auf das Messergebnis haben. Ziel muss es immer sein, die Auswirkung der Einflussgrößen durch adäquate Maßnahmen so klein wie möglich zu halten. Aus technischen oder wirtschaftlichen Gründen werden nicht alle Einflussfaktoren vermieden werden können. Daher benötigt man Verfahren, um die Auswirkungen anhand der Messabweichung zu ermitteln und Kenngrößen zu bestimmen. Mit diesem „Wissen" kann über die Eignung des Messprozesses entschieden werden. Die hierfür verwendeten Verfahren sind, wie in der Einleitung erläutert, entweder eine „Messsystemfähigkeitsuntersuchung" oder die Bestimmung der „Messunsicherheit". Worin liegen die Unterschiede in diesen beiden Ansätzen? Die Zielsetzung ist die gleiche: „Es soll eine Aussage über die Eignung des Prüfprozesses gemacht werden." Das Messgerät und die vorhandenen Einflussgrößen sind ebenfalls gleich. Der Unterschied liegt in der Vorgehensweise und der Berechnung von Kenngrößen. So wird bei der

Messsystemfähigkeitsanalyse (s. Bild 3.8) der Kennwert $\%GRR = 6 \cdot GRR/T$ bestimmt, bei dem Eignungsnachweis nach VDA Band 5 (VDA 2021) der Kennwert $Q_{MP} = 2 \cdot U_{MP}/T$. Beide vergleichen die ermittelte Streuung mit der Toleranz, allerdings bewertet *%GRR* nur die Komponenten der Wiederhol- und Vergleichpräzision, während der Eignungsindex Q_{MP} alle relevanten Einflussgrößen inklusive des Messsystems bewertet, somit also eine umfassende Beschreibung der Unsicherheit des Messprozesses darstellt.

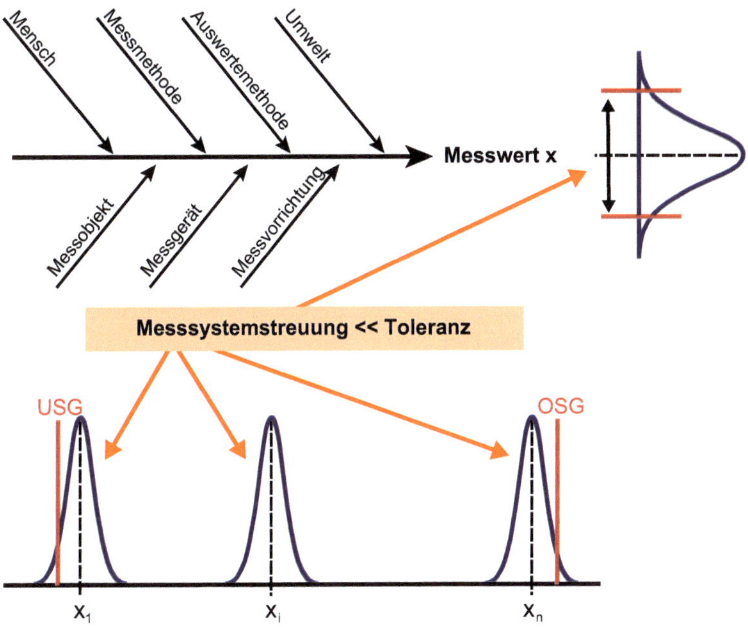

Bild 3.8 *%GRR* Wiederhol- und Vergleichpräzision

Anhand dieser Kennwerte wird entschieden, ob der Messprozess geeignet ist oder nicht. Das heißt, man akzeptiert, grob der 1/10-Regel folgend, eine bestimmte Messprozessstreuung bzw. Messunsicherheit. Dies hat zur Konsequenz, dass bei Messergebnissen in der Nähe der oberen bzw. unteren Spezifikationsgrenze „Fehlentscheidungen" möglich sind (Bild 3.9). Um diese zu vermeiden, muss der Bereich II (Bild 3.10) abgeschätzt werden.

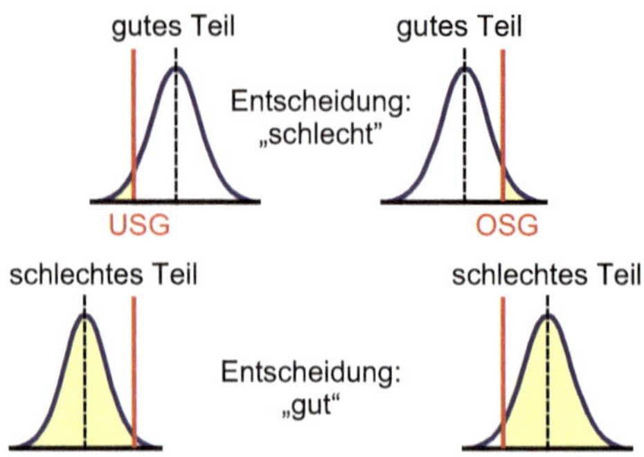

Bild 3.9 Mögliche Fehlentscheidungen aufgrund eines unzureichenden Messprozesses

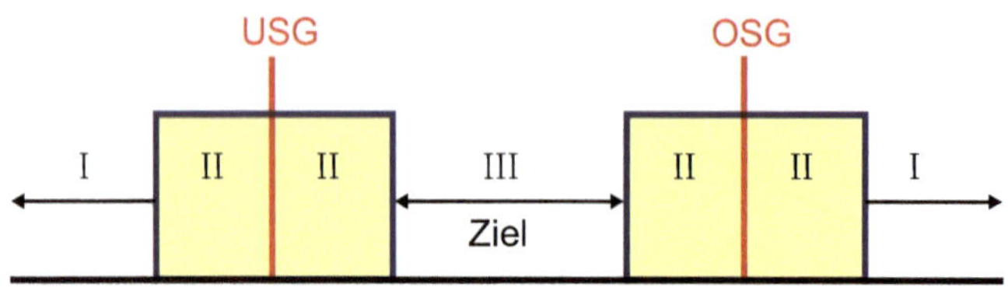

I schlechte Teile „schlecht" beurteilt

II Bereich für Fehlentscheidungen

III gute Teile „gut" beurteilt

Bild 3.10 Einteilung in Bereiche für eindeutige Entscheidungen

Genau diese Denk- und Handlungsweise fordert die DIN EN ISO 14253-1 (DIN 2018a). Dort wird die Bestimmung dieser Schutzabstände für einen Prüfprozess gefordert und es werden Entscheidungsregeln für einseitig bzw. zweiseitig begrenzte Merkmale festgelegt (Bild 3.11):

- **Bereich der Übereinstimmung:**

  der Spezifikationsbereich verringert um die Schutzabstände (Guard Bands)

- **Bereich der Nicht-Übereinstimmung:**

  der Bereich außerhalb des Spezifikationsbereichs erweitert um die Schutzabstände (Guard Bands)

- **Unsicherheitsbereich:**

  Schutzabstände (Guard Bands) an den Spezifikationsgrenzen, für die unter Berücksichtigung der Messunsicherheit die Übereinstimmung bzw. die Nicht-Übereinstimmung nicht nachgewiesen werden kann

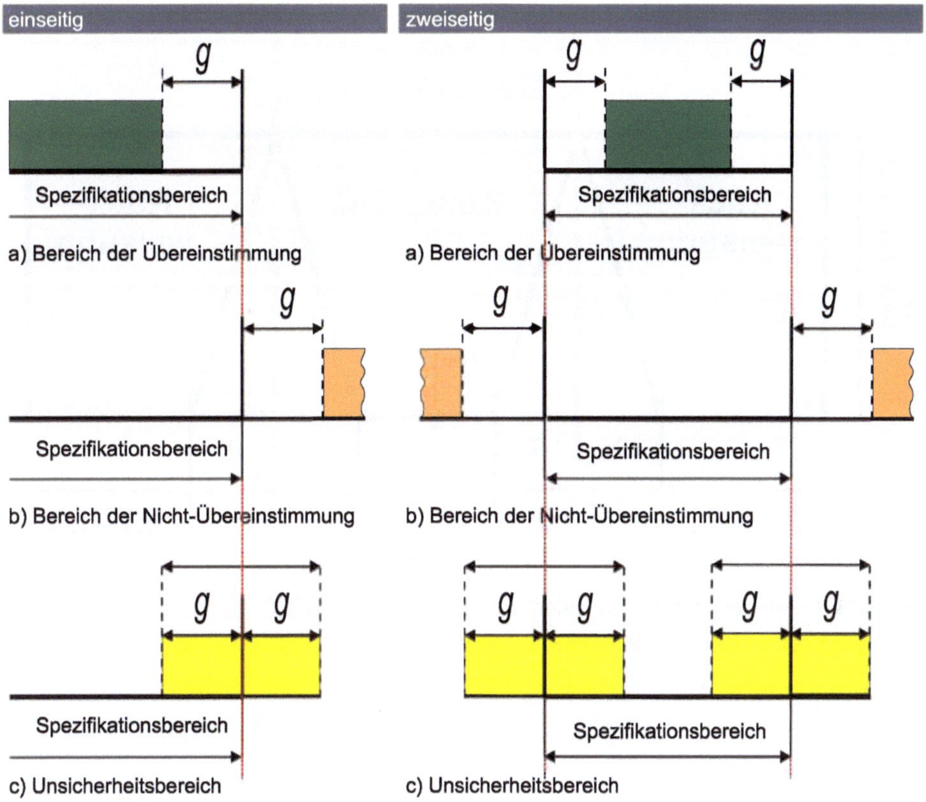

Bild 3.11 Guard Bands *g* an den Spezifikationsgrenzen

Diese Regel hat für Lieferant und Abnehmer die in Bild 3.12 und Bild 3.13 dargestellte Auswirkung. Der Lieferant muss seine Fertigung so ausrichten, dass sich der Fertigungsprozess nur in der Rubrik „Übereinstimmung" bewegt. Das bedeutet, dass sich der Spielraum für die Fertigung bei zunehmender Messunsicherheit verkleinert. Umgekehrt muss der Abnehmer den Bereich „Übereinstimmung" plus den „Unsicherheitsbereich" akzeptieren.

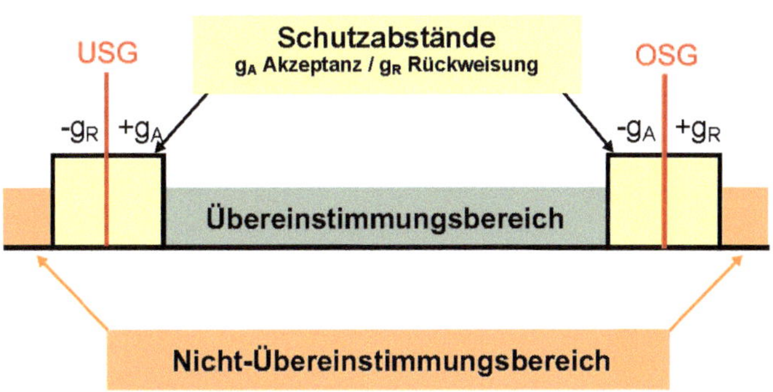

Bild 3.12 Forderung der DIN EN ISO 14253-1 (DIN 2018a)

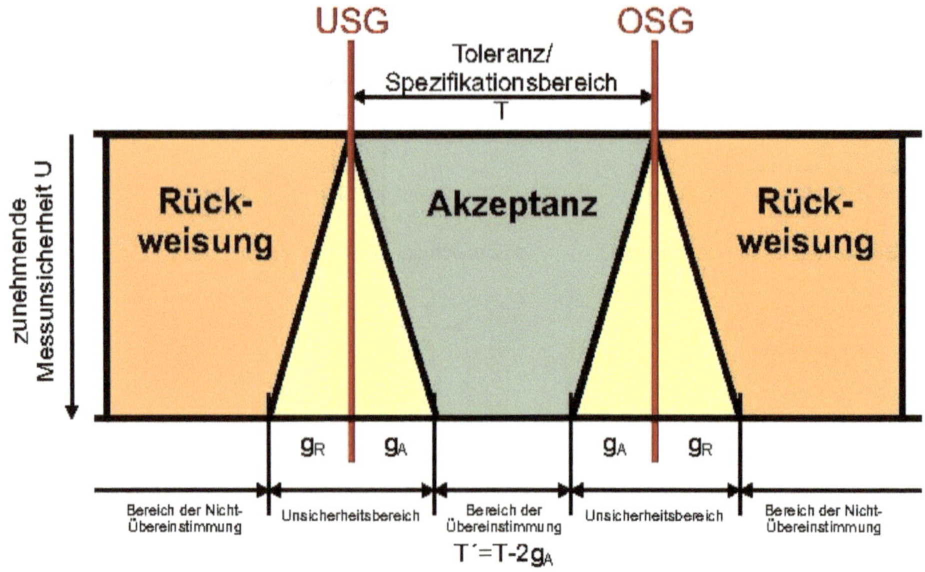

Bild 3.13 Auswirkung der zunehmenden Messunsicherheit auf die Fertigungstoleranz

4 Messsystemfähigkeit als Eignungsnachweis für Messprozesse

4.1 Grundlegende Verfahren und Vorgehensweise

Die Vorgehensweise bei Messsystemfähigkeitsuntersuchungen wurde in erster Linie von der Automobilindustrie entwickelt. Es gibt keine Norm aus dem DIN oder ISO-Umfeld, in der diese Betrachtungsweise festgelegt ist. Daher steht auch keine einheitliche Vorgehensweise zur Verfügung. Basierend auf der AIAG MSA (AIAG 2010) sind zur Konkretisierung und praktikablen Umsetzung mehrere firmenspezifische Richtlinien entstanden, zum Beispiel:

- SP-Q-MSS - General Motors. Co. (General Motors Co. - GM Powertrain 2010)
- EU 1880 - Ford Motor Co. (Ford Motor Co. 1997)
- PTS02-081ME - Ford Motor Co. (Ford Motor Co. 2013)
- PTP07-015 Control of Inspection, Measuring and Test Equipment (Ford Motor Co. 2012)
- Heft 10 - Robert Bosch GmbH (Robert Bosch GmbH 2019a)
- LF 5 - DaimlerChrysler AG (Daimler AG 2013)
- Leitfaden der Automobilindustrie (Q-DAS GmbH 2001) (s. Anhang)

Alle haben zwar die gleiche Zielsetzung, unterscheiden sich allerdings bei der Berechnung der Kennwerte, Festlegung der Grenzwerte und Begriffsdefinitionen. Übergreifend kann gesagt werden, dass der in Bild 4.1 dargestellte Ablauf allen Richtlinien zugrunde liegt. Nur die im Flussdiagramm aufgeführten Verfahren 1, 2 und 3 sind von der Vorgehensweise her weitgehend identisch, unterscheiden sich aber dennoch in den Details der Berechnung und der Grenzwerte:

Analyse-Phase

Verfahren	Zielsetzung	Kennwerte
Verfahren 1	systematische Messabweichung und Wiederholpräzision	C_g, C_{gk}, t-Test, Vertrauensbereich*)
Verfahren 2	Wiederhol-, Vergleichpräzision (mit möglichem Bedienereinfluss)	%GRR, n_{dc}, Vertrauensbereich*)
Verfahren 3	Wiederholpräzision (kein Bediener-einfluss möglich)	%GRR, n_{dc}, Vertrauensbereich*)

* Die Abkürzungen werden bei den jeweiligen Verfahren erläutert.

HINWEIS ZU VERFAHREN 3: Es liegt eindeutig kein Bedienereinfluss vor, wenn das Teil automatisch in das Messsystem eingeführt und entnommen wird. Allerdings kann und sollte der Begriff „Bedienereinfluss" weiter gefasst werden, z. B. sollte man auch die Probenvorbereitung oder Reinigung in Betracht ziehen. Durch bautechnische Maßnahmen wie Anschlag, Positionierhilfe usw. kann der Bedienereinfluss im Messprozess minimiert werden. Um die Wirksamkeit der bautechnischen Maßnahmen zu belegen, sollte auf jeden Fall das Verfahren 2 durchgeführt werden! Ergibt sich daraus, dass der Wert der Vergleichpräzision ausreichend klein ist, kann dieser gegenüber dem Wert der Wiederholpräzision vernachlässigt werden (s. Abschnitt 4.3.3). In diesem Fall können in den grafischen Darstellungen keine signifikanten Unterschiede zwischen den Prüfern erkannt werden.

Um Missverständnissen vorzubeugen, soll schon hier darauf hingewiesen werden, dass der Bedienereinfluss im Sinne „Streuung des Bedieners" in die Wiederholpräzision einfließt. Die Vergleichpräzision hingegen beschreibt die Vergleichbarkeit der Bediener im Sinne einer „Mittellage der Bediener".

HINWEIS ZU VERFAHREN 4, 5 etc.: Bei einigen Firmen werden weitere Verfahren 4, 5 usw. behandelt. Diese haben allerdings unterschiedliche Bedeutungen und können daher weder verallgemeinert noch miteinander verglichen werden.

Bild 4.1 verdeutlicht die Anwendungsgebiete der beschriebenen Verfahren. Das Verfahren 1 wird vornehmlich bei Herstellern von Messmitteln und im Messmittelbau verwendet. Damit kann die prinzipielle Eignung und Tauglichkeit eines Messsystems für eine spezielle Aufgabe nachgewiesen werden. Erst wenn diese Untersuchung erfolgreich abgeschlossen ist, ist die Beurteilung im realen Einsatzbereich gemäß Verfahren 2 oder 3 sinnvoll.

Zitat aus der Ford Richtlinie EU 1880 (Ford Motor Co. 1997):

> *„Untersuchungs-Methode 1 wird in erster Linie beim Lieferanten zur Beurteilung von neuen Messmitteln durchgeführt, bevor diese verschickt und installiert werden.*
>
> *Untersuchungs-Methode 2 findet Anwendung zur Beurteilung von neuen und vorhandenen Messmitteln vor der Endabnahme im Werk. Diese Methode kann auch im Rahmen von routinemäßigen Audits oder zur Wiederzertifizierung eingesetzt werden. Untersuchungs-Methode 3 ist ein Sonderfall der Untersuchungs-Methode 2 und findet Anwendung bei vollautomatischen Messsystemen nach ihrer Installation im Werk (z. B. bei Post-Prozess-Messeinrichtungen, In-Prozess-Messeinrichtungen und vollautomatischen Messmaschinen in Transferstraßen).“*

Warum ist die Durchführung von Verfahren 1 sinnvoll?

Das Verfahren 1 beurteilt die systematische Messabweichung und die Wiederholpräzision unter „idealisierten“ Bedingungen. Da Verfahren 2 bzw. 3 die umfassendere Vorgehensweise darstellt und mehr Einflussgrößen berücksichtigt als Verfahren 1, liegt der Gedanke nahe, auf das Verfahren 1 zu verzichten, zumal es in der AIAG MSA (AIAG 2010) nicht als solches aufgeführt ist. Zwar wird in Verfahren 2 und 3 nicht die Richtigkeit der Messwerte (systematische Messabweichung) überprüft, aber gerne wird dieser Einwand vernachlässigt, weil das Messmittel kalibriert wurde.

Trotzdem ist es von größter Bedeutung, das Verfahren 1 durchzuführen. Denn durch Verfahren 1 wird die geforderte Rückführbarkeit des gesamten Messsystems auf nationale und internationale Normale sichergestellt, und Abweichungen werden anhand der systematischen Messabweichung bewertbar. Die Kalibrierung berücksichtigt hingegen nur das Messmittel, nicht das Messsystem, und wird darüber hinaus unter idealen Bedingungen an definierten Referenzen durchgeführt, die nicht dem praktischen Anwendungsfall des Messsystems entsprechen.

Somit gibt das einfach durchzuführende Verfahren 1 mit

- Messungen an einem Normal/Referenzteil und
- Messungen von nur einem Prüfer

sehr schnell einen ersten Überblick über die prinzipielle Eignung des Messsystems. Sollte sich bereits bei Verfahren 1 herausstellen, dass das Messsystem nicht geeignet ist, können die weiteren Untersuchungen nach Verfahren 2 oder 3 entfallen. Dadurch können in einer frühen Phase des Eignungsnachweises Verbesserungs- und Abstellmaßnahmen eingeleitet werden.

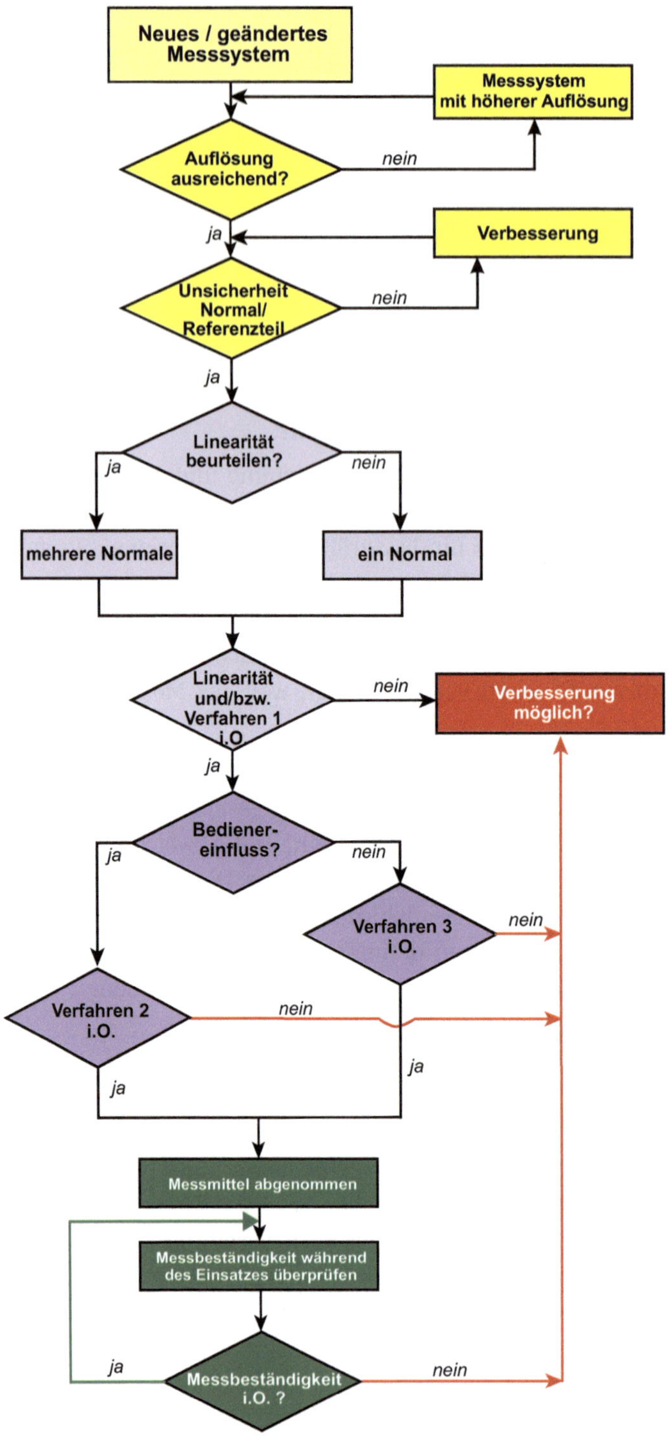

Bild 4.1 Ablauf und Zusammenhang der Verfahren

HINWEIS: Ab der dritten Ausgabe der AIAG MSA (AIAG 2010) wird die systematische Messabweichung mittels eines Testverfahrens auf Signifikanz überprüft.

Neben den Verfahren 1, 2 und 3 gilt es, zusätzlich

- die Unsicherheit des Normals/Referenzteils,
- die Auflösung,
- die Linearität und
- die Messbeständigkeit (Stabilität)

zu beurteilen. Dabei ist die Untersuchung der Messbeständigkeit das letzte Glied in der Kette und wird nur durchgeführt, wenn der Messprozess als geeignet angesehen wird. Mit diesem Verfahren wird der Messprozess kontinuierlich beobachtet, um festzustellen, ob er sich signifikant verändert. Dies ist insbesondere bei der Serienfertigung von eminenter Wichtigkeit. Nur so können plötzliche oder schleichende Veränderungen der Messabweichung erkannt und Fehlentscheidungen aufgrund eines nicht geeigneten Messprozesses vermieden werden. Diese kontinuierliche Beurteilung der Messbeständigkeit ist unter dem Begriff „fortlaufende Eignung" ein zentrales Element der DIN EN ISO 9001 (DIN 2015) und wird auch im Rahmen der Prüfmittelüberwachung und der Messmanagementsysteme (DIN EN ISO 10012 (DIN 2004)) gefordert.

HINWEIS: Auch wenn die AIAG MSA (AIAG 2010) das Messsystem (Measurement System) als den „… ganze[n] Messprozess" definiert, wird in den nachfolgenden Kapitel ein Bezug zu den normkonform definierten Elementen „Messsystem (Measuring System)" und „Messprozess (Measurement Process)" hergestellt.

4.2 Messsystembezogene Verfahren

4.2.1 Unsicherheit des Normals/Einstellmeister

Um die systematische Messabweichung beurteilen zu können, muss die Rückführbarkeit in Bezug zu nationalen oder internationalen Normalen gestellt werden. Im einfachsten Fall sind dies handelsübliche Normale. Aufgrund der Messkette weist jedes Normal eine Messunsicherheit auf. Diese ist umso größer, je weiter das Normal von dem „Primär"-Normal entfernt ist.

Bild 4.2 zeigt, wie sich die Messunsicherheit eines Normals vergrößert, je weiter es in der Hierarchiestufe vom nationalen oder internationalen Normal entfernt ist.

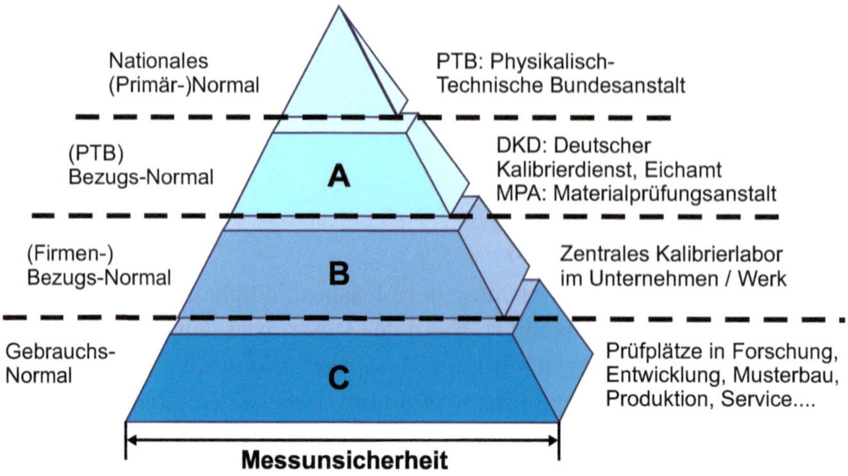

Bild 4.2 Hierarchie der Normale

Für die Maßeinheit „Gewicht" sind in Bild 4.3 für drei Hierarchiestufen typische Waagen dargestellt. In diesem Fall werden die Waagen mit DKD-Zertifikat für das Wiegen von Teilen verwendet. Diese unterliegen der regelmäßigen Qualifizierung gemäß DIN EN ISO 10012 (DIN 2004). Das bei der Kalibrierung vorgegebene Qualifikationsintervall ist einzuhalten.

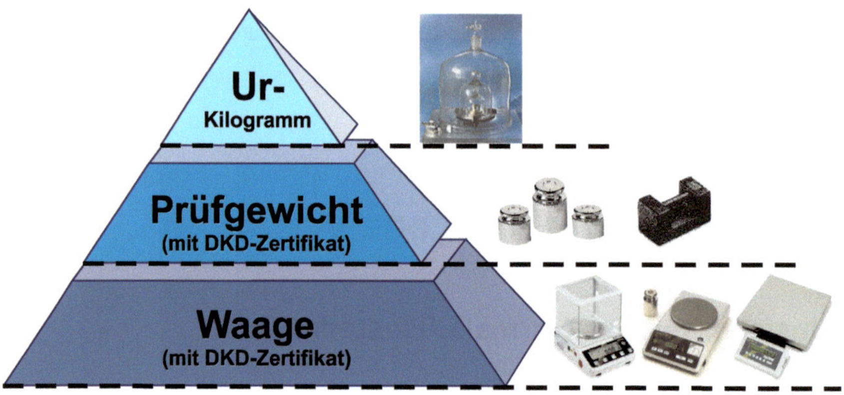

Bild 4.3 Messunsicherheit für die Einheit „Gewicht"

Die Messunsicherheit U der Referenz, die sich aus dem Kalibrierschein ergibt, ist quasi der erste Einflussfaktor, der sich bei der Beurteilung des Messprozesses auswirkt. Der Messprozess kann auf keinen Fall besser sein als die Unsicherheit der

Referenz. Daher muss zunächst die Frage gestellt werden, wie groß die Messunsicherheit U eines Normals werden darf, damit das verwendete Normal akzeptiert werden kann. Als Erfahrungswert hat sich die Forderung von $U \leq 5\%$ der Merkmalstoleranz etabliert. Im Sinne der „Goldenen Regel der Messtechnik“ (Berndt, Hultzsch, Weinhold 1968) wäre natürlich $U \leq 1\%$ der Merkmalstoleranz zu bevorzugen, wie in Bosch Heft 10 (Robert Bosch GmbH 2019a) empfohlen, da der Fähigkeitsindex C_g und C_{gk} auf ±10% der Merkmalstoleranz bezogen ist. Bewegt sich U allerdings in dieser Größenordnung, ist die daraus resultierende Messunsicherheitskomponente bei der Bestimmung der erweiterten Messunsicherheit des gesamten Messprozesses in der Regel vernachlässigbar!

Häufig steht kein handelsübliches Normal zur Verfügung. In diesem Fall können sogenannte Einstellmeister oder Meisterteile (im Folgenden als Referenzteile bezeichnet) herangezogen werden. Die Namensgebung ist nicht genormt und daher firmenübergreifend unterschiedlich. Dabei handelt es sich häufig um typische, der Fertigung entnommene Werkstücke, oder speziell für einen Messprozess hergestellte Teile. Um diese Referenzteile für die Beurteilung der systematischen Messabweichung heranziehen zu können, müssen diese ähnliche Bedingungen wie die Normale erfüllen. Das heißt, sie müssen kalibrierbar sein, kalibriert werden und unterliegen der Prüfmittelüberwachung. Folgende Situationen sind zu unterscheiden:

Kalibriertes Einstellstück als Normal

Ein Einstellstück, welches zum Einmessen der Messvorrichtung dient, ist nicht in jedem Fall geeignet, da beim Einstellen eine mögliche systematische Messabweichung, die bei der Messsystemanalyse bewertet werden soll, eliminiert wird. Da das Einstellstück selbst Teil des Messsystems ist, könnte eine im Gesamtsystem eventuell vorliegende systematische Messabweichung übersehen werden. Wird aus wirtschaftlichen Gründen trotzdem das Einstellstück verwendet, kann nur die Wiederholpräzision C_g (bzw. EV) sicher bestimmt werden. Die Bestimmung von C_{gk} ist nicht sinnvoll.

Mehrere kalibrierte Einstellstücke als Normale

Häufig geht man schon dazu über, für jeden Messvorgang mehrere Kalibrierstücke zu besorgen. Dies ist Basis für eine sinnvolle Messsystemanalyse und bringt zusätzlich logistische Vorteile während der Überwachung der Einstellstücke. Werden zwei oder mehrere Einstellstücke beschafft, ist darauf zu achten, dass deren Ist-Maße über den Toleranzbereich zu verteilen sind (z. B. nahe der oberen, nahe der unteren Toleranzgrenze und in der Toleranzmitte, s. Bild 4.24). Ein Einstellstück wird dann zum Einmessen des Messsystems verwendet und das zweite für die Messsystemanalyse. Bei Verwendung mehrerer Normale über den Toleranzbereich verteilt ist zusätzlich eine Linearitätsaussage möglich.

Kalibriertes Werkstück (Meisterteil)

Viele Bereiche lassen ein spezielles Werkstück (Meisterteil) erfassen und entsprechend kalibrieren. Dieses kalibrierte Werkstück kann sowohl zur Stabilitätsüberwachung als auch für eine Messsystemanalyse der Fertigungsmesseinrichtung verwendet werden. Zu beachten ist hierbei, dass die Kalibrierung der einzelnen Merkmale in ausreichender Genauigkeit erfolgt ist.

Nicht kalibrierte Merkmale an einem Einstellstück

Sind an Einstellstücken einzelne Merkmale wie z. B. Form- und Lagetoleranzen nicht kalibriert, sondern nur auf Einhaltung der Herstellerangaben geprüft, dürfen diese Messergebnisse nicht als Kalibrierwerte für eine Messsystemanalyse verwendet werden. Die Messwerte der Prüfung des Einstellstücks im Messraum können sich von dem Wert auf der Fertigungsmesseinrichtung z. B. aufgrund unterschiedlicher Messstellen oder Messstrategien erheblich unterscheiden, was zu einer falschen Bewertung des Messsystems führen kann. Wird für diese Merkmale trotzdem eine Messsystemanalyse durchgeführt, kann nur die Wiederholpräzision C_g sicher bestimmt werden. Die Berechnung von C_{gk} ist nicht sinnvoll.

HINWEIS: Bei der Kalibrierung ist darauf zu achten, dass das Kalibrierverfahren die gleiche Information liefert, die auch das Messverfahren liefern würde. Wird also zum Beispiel ein Durchmesser per Scanning-Verfahren und Gauß-Kreisberechnung kalibriert, so ist das keine adäquate Referenz für ein Messsystem, das einen Durchmesser als 2-Punkt-Messung mit zwei Schneiden bestimmt. Das Gleiche gilt für Kalibrierverfahren mit Kugeltaster, während das Messsystem mit Tastspitzen misst. Es gilt also immer zu prüfen, ob der ermittelte Kalibrierwert der am Messsystem gewonnenen Information entspricht.

4.2.2 Einfluss der Auflösung

Jedes Messgerät hat eine Auflösung der Anzeige, die nach ISO/IEC Guide 99 (ISO 2007) der kleinsten beobachtbaren Veränderung eines Messwertes in der Anzeige entspricht. Das ist sehr gut visualisierbar bei digitalen Anzeigen, weil es dem kleinsten Unterschied zwischen zwei Messwerten entspricht. Bei einer analogen Anzeige kann ein Messwert auch zwischen zwei Strichen noch abgeschätzt werden. Dies ist bedienerabhängig und daher nur in Ausnahmefällen sinnvoll. Der Ziffernsprung (Auflösung) bei einer digitalen Anzeige ist nicht beeinflussbar. Bevor man mit Verfahren 1 beginnt, muss überprüft werden, ob die Auflösung bei dem vorliegenden Messprozess ausreichend klein ist. Als Grenzwert für die Auflösung hat sich die Forderung: „Die Auflösung darf höchstens 5 % der Toleranz betragen" als sinnvoll herausgestellt.

> **HINWEIS:** Aus der Auflösung entsteht eine Unsicherheitskomponente bei der Bestimmung der erweiterten Messunsicherheit. Ist die oben gemachte Forderung erfüllt, ist in der Regel der Anteil der Messabweichung aufgrund der Auflösung vernachlässigbar klein. Wird aber ein vorgegebener Grenzwert für C_{gk} nicht erreicht, sollte auch diese Anforderung überprüft werden.

Entsteht ein Messwert aus einer Rechengröße (z.B. Mittelwert), ist die Anzahl der berücksichtigten, angezeigten oder übertragenen Nachkommastellen festzulegen. Dadurch wird die Auflösung dieses Messverfahrens festgelegt.

Bild 4.4 und Bild 4.5 zeigen die Auswirkung der Auflösung auf die Qualitätsfähigkeitskenngrößen C_g und C_{gk} gemäß Verfahren 1.

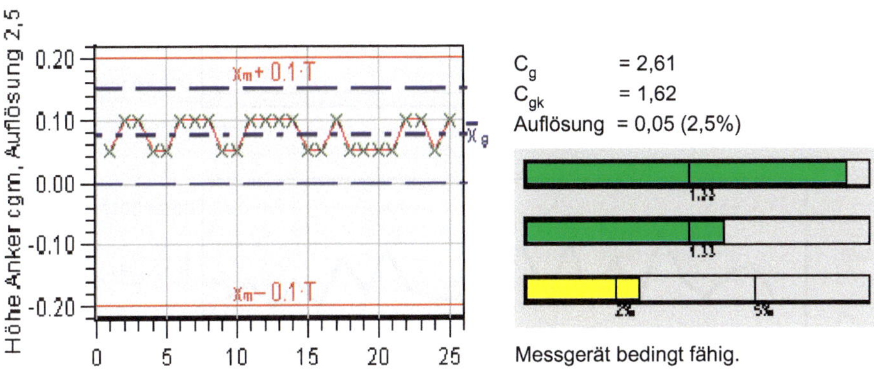

Bild 4.4 Auflösung des Messgeräts: 0,05

Das Messgerät in Bild 4.4 hat eine Auflösung von 0,05. Bezogen auf die Toleranz ($T = 2$) ergibt dies den ausreichenden Prozentsatz von 2,5 %. Im Gegensatz dazu hat das Messgerät in Bild 4.5 eine Auflösung von 0,1. Dies entspricht bei gleicher Toleranz einem Prozentsatz von 5 %.

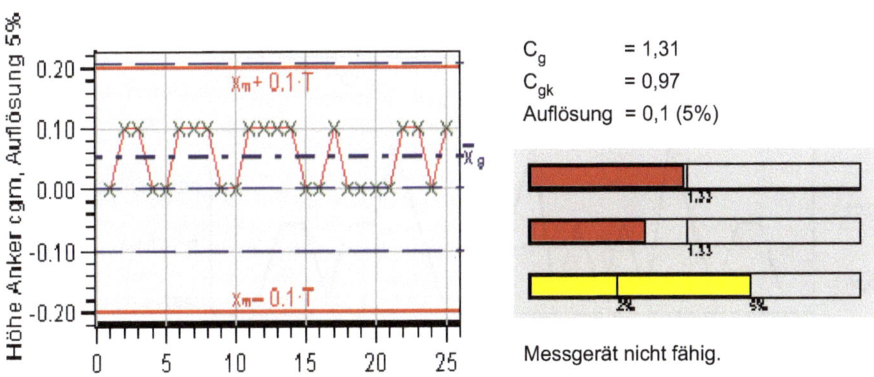

Bild 4.5 Auflösung des Messgeräts: 0,1

Das Beispiel bestätigt den Grenzwert von 5 %. Wird dieser Prozentsatz überschritten, wird mit höherer Wahrscheinlichkeit der Messprozess mit diesem anzeigenden Messgerät nicht geeignet sein. Daher können weitere Untersuchungen entfallen.

Die Auflösung hat nicht nur Auswirkungen auf die Fähigkeitsuntersuchung des Messprozesses selbst, sondern vor allem auf die Messwerte für die Prozessfähigkeitsüberwachung. Bild 4.6 und Bild 4.7 zeigen die Auswirkung der Auflösung in der Qualitätsregelkarte.

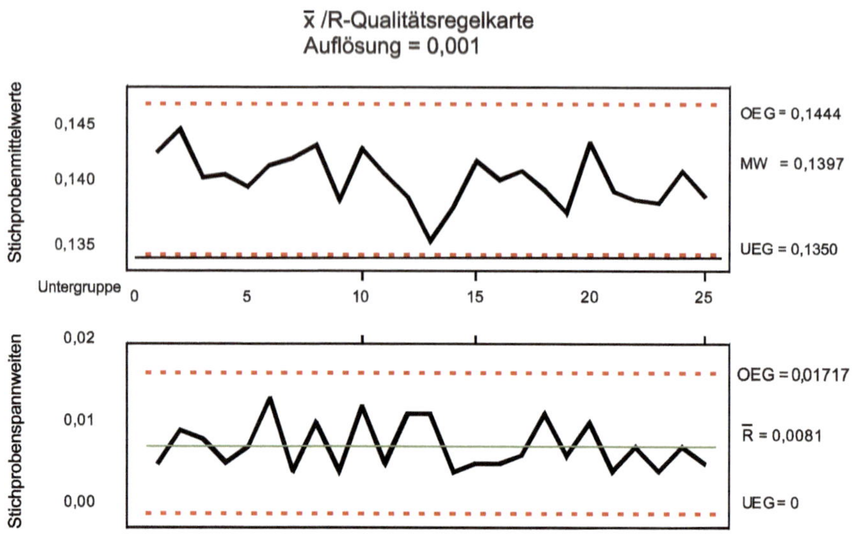

Bild 4.6 $\overline{x}$-R-Karte mit Messgeräteauflösung = 0,001

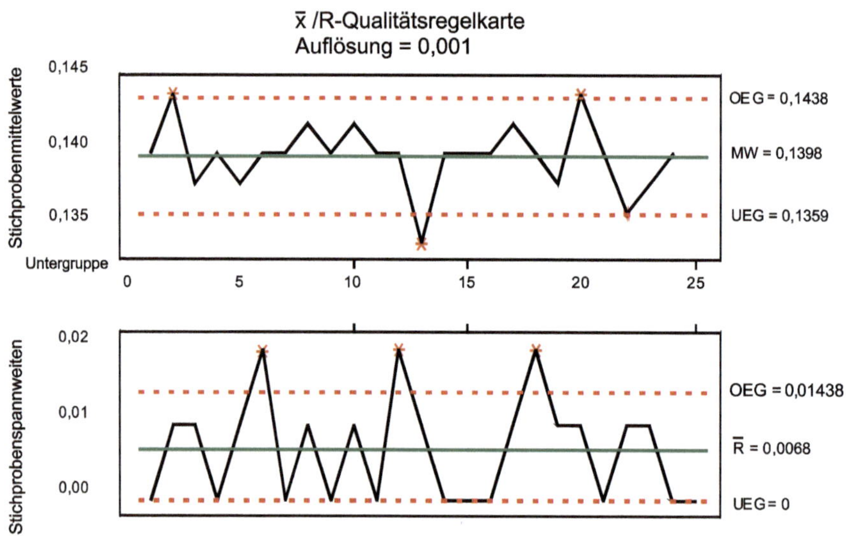

Bild 4.7 $\overline{x}$-R-Karte mit Messgeräteauflösung = 0,01

Unabhängig von dem Risiko eines Nichtbestehens eines der Verfahren bleibt jedoch das Problem, dass mit einer zu geringen Auflösung des Messsystems die Unterscheidung und damit Bestimmung einer sinnvollen Messwertverteilung im Praxisfall unmöglich werden kann. Sollte im Falle einer Maschinenfähigkeitsstudie nur 3 oder 4 verschiedene Messwerte zu erkennen sein, ist die Form der Verteilung nur mit großer Unsicherheit bestimmbar, was sich auch auf die Kennwerte P_m und P_{mk} überträgt (Dietrich und Conrad, 2021). Eine ausreichend kleine Auflösung stellt im konkreten Anwendungsfall sicher, dass genügend Stützstellen für die Bestimmung einer adäquaten Messwertverteilung gefunden werden.

4.2.3 Beurteilung der systematischen Messabweichung

Um die systematische Messabweichung beurteilen zu können, wird ein Normal bzw. ein Referenzteil mehrfach (mindestens 25-mal) gemessen. Aus dieser Messwertreihe wird der Mittelwert berechnet. Die Abweichung der Differenz zwischen dem richtigen Wert (aus Kalibrierschein) und dem Mittelwert der Messung ergibt die systematische Messabweichung *Bi* (Bias):

$$Bi = \overline{x}_g - x_m$$

x_m: richtiger Wert des Normals aus dem Kalibrierschein

$$\overline{x}_g = \frac{\sum_{i=1}^{n} x_i}{n}$$

$\overline{x}_g$: Mittelwert der Messwertreihe

$$s_g = \sqrt{\frac{1}{n-1}\sum_{i=1}^{n}\left(x_i - \overline{x}_g\right)^2}$$

s_g: Standardabweichung der Messwertreihe

mit $i = 1, \ldots, n$

n: Anzahl der Messwerte ($n \geq 15$)

> **HINWEIS:** Da der Bias oftmals nicht als Korrekturgröße verwendet wird, sondern eher als verbleibender, nicht korrigierbarer „Rest"-Bias betrachtet wird, findet man die Angabe des Bias oftmals nur in Form der Angabe des Betrags (Betrag $|Bi|$).

Nun stellt sich die Frage nach dem Beurteilungskriterium für die systematische Messabweichung. In der AIAG MSA (AIAG 2010) wird ein t-Test auf Signifikanz des Bias empfohlen.

Bei diesem Test werden zwei Hypothesen formuliert:

1. Nullhypothese H_0: Die wahre systematische Messabweichung ist null.

versus

2. Alternativhypothese H_1: Die wahre systematische Messabweichung ist ungleich null.

Die Aussage der Nullhypothese kann z.B. mit dem zweiseitigen 95-%-Vertrauensbereich für die systematische Messabweichung bestimmt werden.

$$Bi - \frac{t_{\left(n-1,\, 1-\frac{\alpha}{2}\right)} \cdot s_g}{\sqrt{n}} \leq Bi \leq Bi + \frac{t_{\left(n-1,\, 1-\frac{\alpha}{2}\right)} \cdot s_g}{\sqrt{n}}$$

Beinhaltet der Vertrauensbereich für den Bias den Wert Null, so wird die Nullhypothese nicht verworfen und der Test gilt als bestanden.

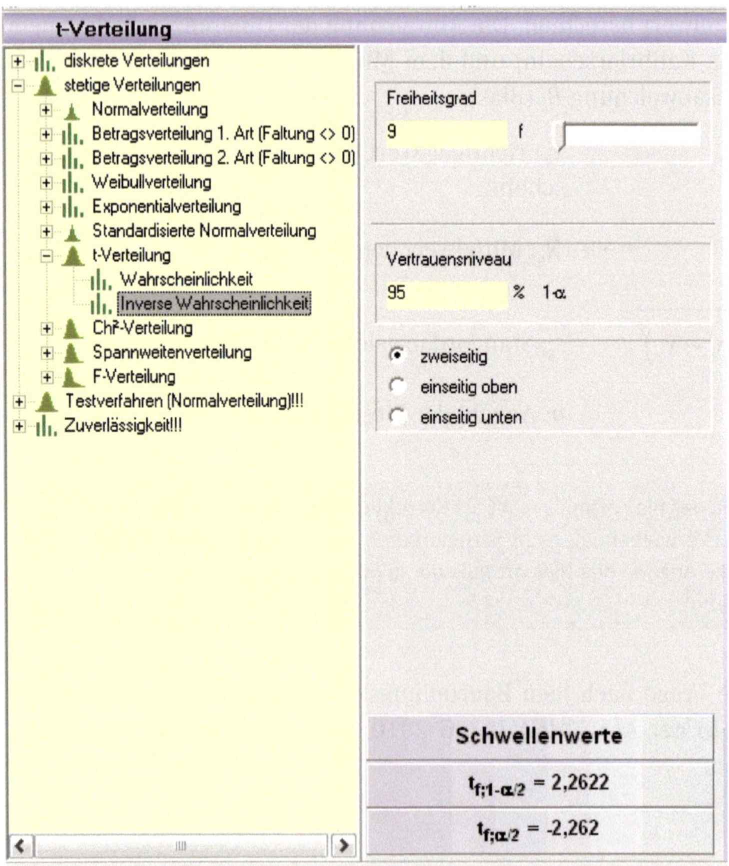

Bild 4.8 Bestimmung t-Wert

Ist der Wert Null nicht in dem Vertrauensbereich enthalten, so wird die Nullhypothese zugunsten der Alternativhypothese verworfen und der Test gilt als nicht bestanden.

Der t-Wert kann entweder aus der t-Wert-Tabelle entnommen oder mit der qs-STAT®-Funktion „Verteilungen“ (s. Bild 4.8) ermittelt werden. Dabei ist der Freiheitsgrad $f = n - 1$.

Bild 4.9 und Bild 4.10 zeigen zwei unterschiedliche Fallbeispiele. Bei dem Messprozess in Bild 4.9 (aus AIAG MSA (AIAG 2010)) fällt die systematische Messabweichung $|Bi| = 0{,}00667$ in den Vertrauensbereich von −0,111 … +0,124 und kann damit als geeignet angesehen werden. Im Gegensatz dazu ist bei dem in Bild 4.10 dargestellten Messprozess die systematische Messabweichung zu groß. Damit muss der Messprozess verbessert werden.

HINWEISE:

1. Das Verfahren ist sehr sensibel. Daher werden viele Messprozesse in der Fertigung dieser Anforderung nicht gerecht.
2. Insbesondere bei gering streuenden Messsystemen ist der Vertrauensbereich sehr klein, sodass schon ein geringer Bias außerhalb des Vertrauensbereichs liegt. Dadurch entsteht ein besonderes Risiko, dass insbesondere Messsysteme mit hervorragend guter (kleiner) Wiederholbarkeit den Test auf signifikanten Bias nicht bestehen, obwohl auch der Bias vernachlässigbar klein ist.
3. Die AIAG MSA (AIAG 2010) spricht in Kapitel II davon, dass der Bias nicht signifikant von null abweichen oder den erlaubten MPE aus der Kalibrierung des Messmittels nicht überschreiten darf. Damit wäre ein Bias bis zu einer gewissen Grenze zulässig. Konsequenterweise müsste man dann natürlich auch den MPE aus der Kalibrierung des Referenzteils hinzuziehen bzw. die Kalibrierunsicherheit beider Elemente. In Kapitel III, in dem die Verfahren beschrieben werden, wird in der AIAG MSA allerdings nur auf Signifikanz getestet.
4. Die Beurteilung des Messprozesses bezüglich der systematischen Messabweichung kann bei diesem Verfahren ohne Vorgabe einer Bezugsgröße (z. B. der Toleranz) erfolgen.

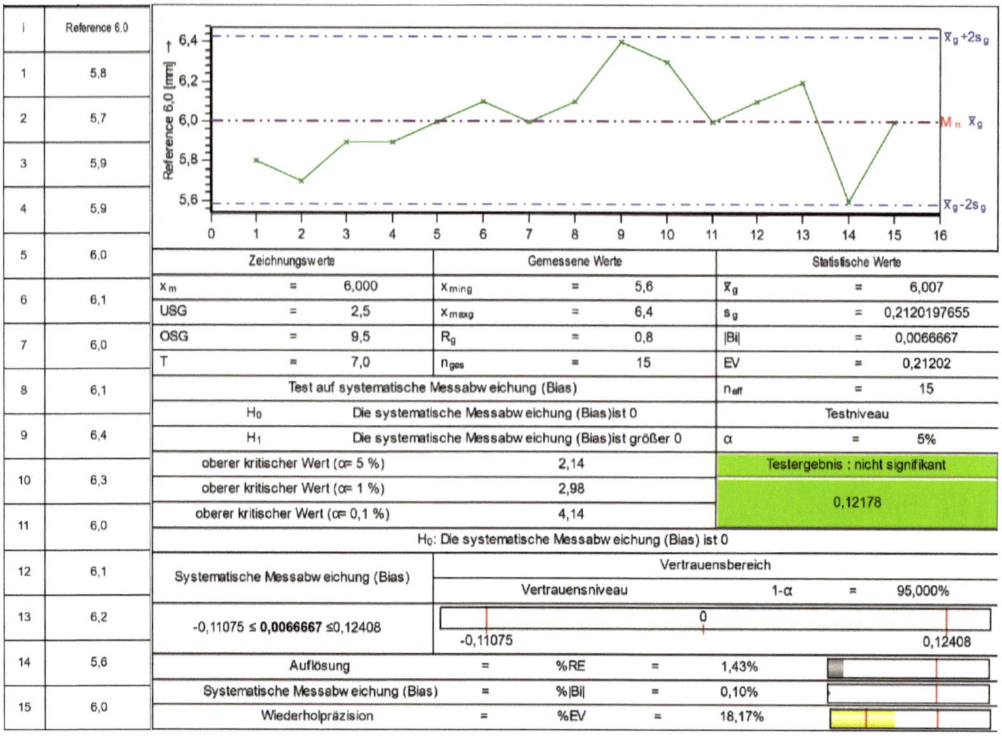

Bild 4.9 Systematische Messabweichung akzeptabel

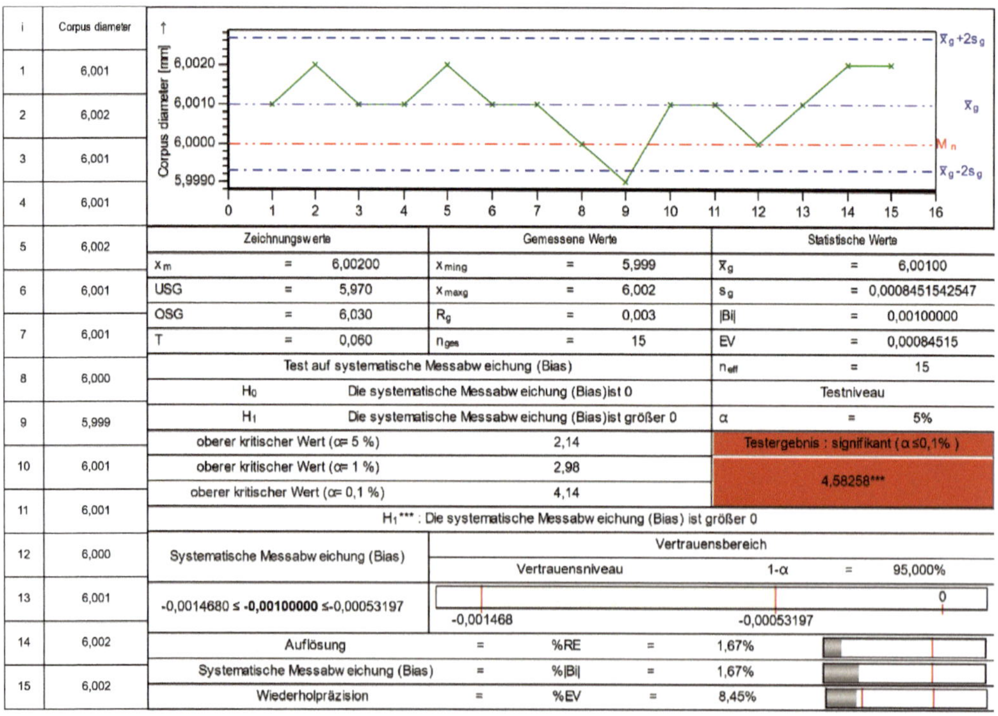

Bild 4.10 Systematische Messabweichung nicht akzeptabel

4.2.4 Verfahren 1

Bei dem Verfahren 1 für zweiseitig begrenzte Merkmale wird die systematische Messabweichung und die Streuung des Messgerätes ohne Bedienereinfluss anhand eines Referenzteils beurteilt. Dazu werden mit dem Messgerät an diesem Referenzteil mehrere Wiederholungsmessungen (in der Regel mindestens 25) durchgeführt. Meist wird ein passendes Normal als Referenzteil genutzt.

Aus der Messwertreihe können Mittelwert und Standardabweichung berechnet werden. Aus diesen ergeben sich wiederum in Verbindung mit der Merkmalstoleranz die Qualitätsfähigkeitskenngrößen C_g und C_{gk}. Mit dem C_g-Wert kann die Streuung und mit dem C_{gk}-Wert können die systematische Messabweichung und die Streuung als Ganzes bewertet werden. Bild 4.11 zeigt die Einflussgrößen und die sich aus der Messung ergebenden Kenngrößen „systematische Messabweichung" und „Gerätestreuung/Wiederholpräzision".

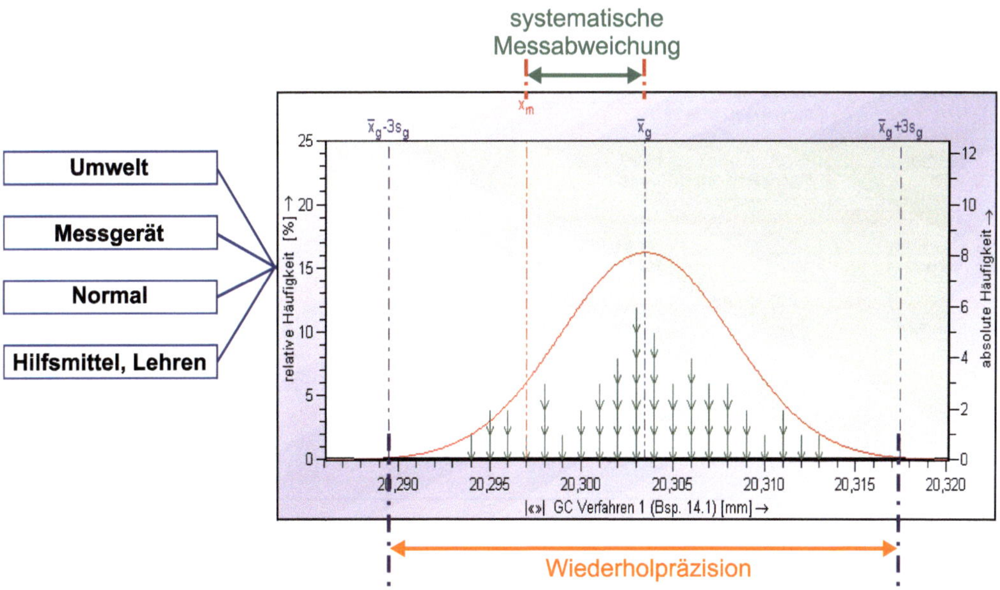

Bild 4.11 Typische Einflussfaktoren bei der Beurteilung nach Verfahren 1

Vorbereitung:

- Das Normal (bzw. Referenzteil) muss während der gesamten Untersuchung stets dieselbe Ausrichtung (Orientierung) haben.
- Zur Dokumentation der Untersuchung ist ein entsprechendes Formblatt zu erstellen (s. Tabelle 4.1), auf dem die Ergebnisse festgehalten und die Auswertungen durchgeführt werden. Neben den Messergebnissen sind die Kopfdaten,

wie Angaben zur Messeinrichtung, zum Normal bzw. zum Werkstück zu dokumentieren. Falls ein Rechnerprogramm wie solara.MP® vorhanden ist, sind die Daten in die Bildschirmmaske einzutragen (s. Bild 4.12).

- Wann immer möglich, sollte die Untersuchung in einer Umgebung durchgeführt werden, die der normalen Fertigungsumgebung entspricht.

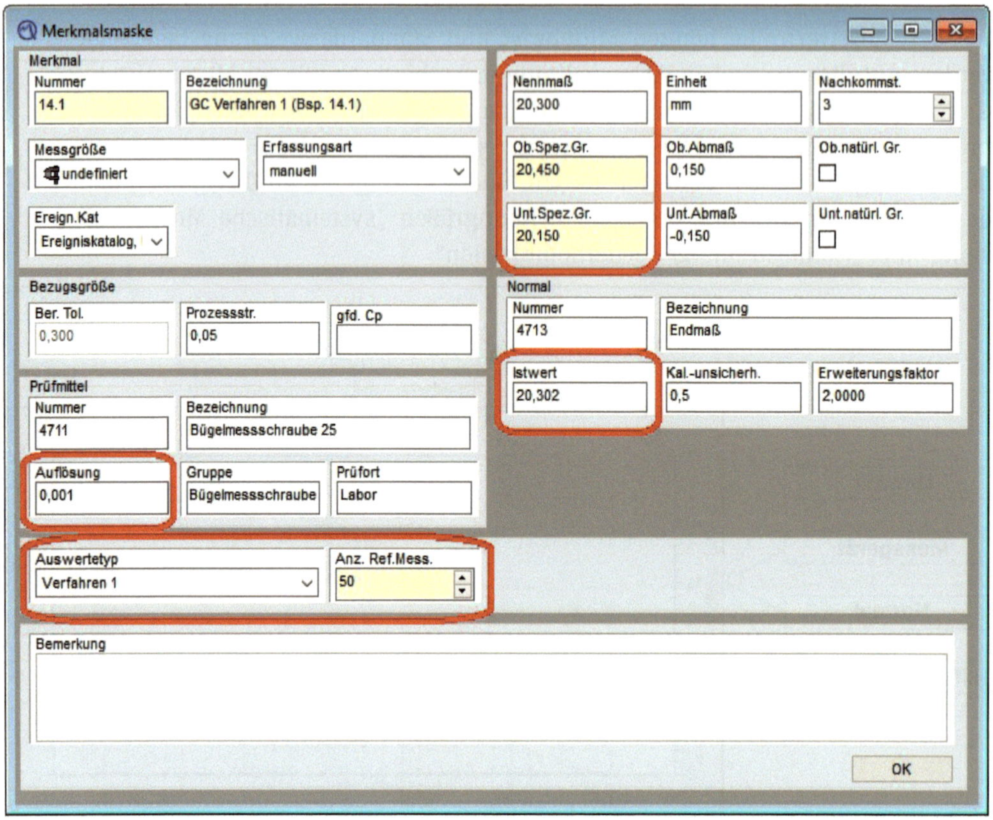

Bild 4.12 Exemplarische Eingabemaske von qs-STAT® mit wichtigen Eingabefeldern

Durchführung:

Das Bild 4.13 zeigt den Ablauf der Untersuchung in Form eines Flussdiagramms.

- Zunächst ist ein geeignetes Referenzteil bzw. Normal auszuwählen. Es sind 50 Messungen, mindestens aber 25, durchzuführen, wobei das Referenzteil nach jeder Messung wieder zurückgelegt werden muss. Die Antastung sollte immer an der gleichen Stelle erfolgen. Die Messergebnisse sind tabellarisch festzuhalten und grafisch darzustellen (z. B. in Tabelle 4.1).

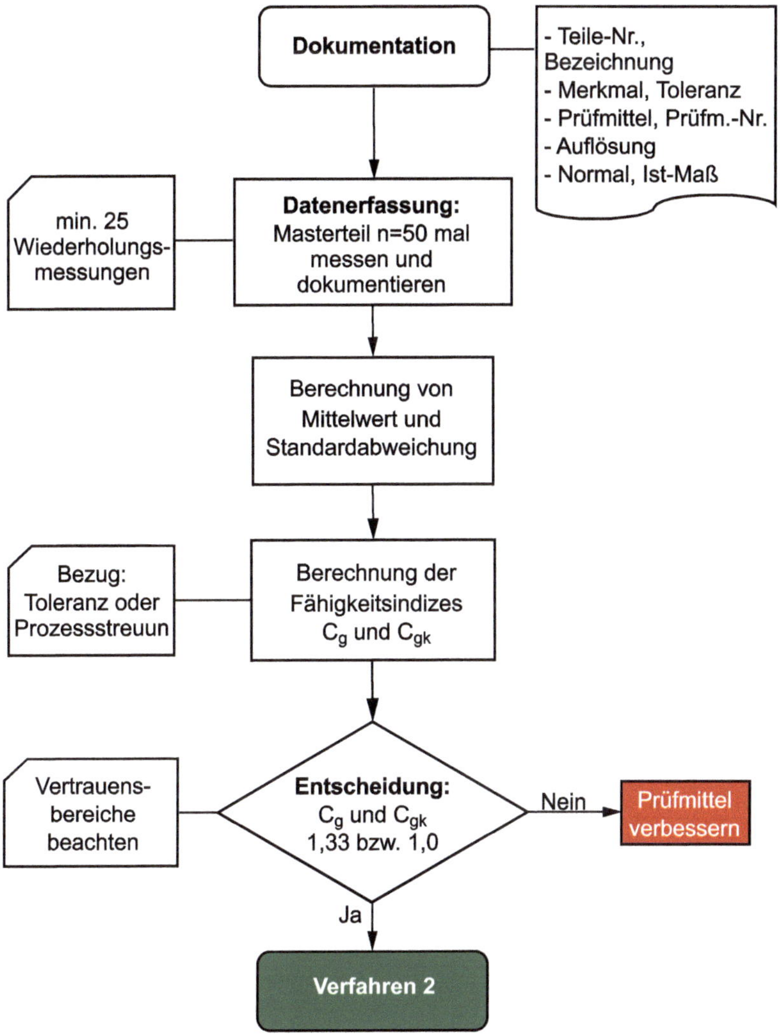

Bild 4.13 Ablauf bei Verfahren 1

Tabelle 4.1 Formblatt zur Erfassung und Auswertung der Werte

	Meßsystemanalyse Verfahren 1: Cg / Cgk - Studie	Seite 1/1

Akt. Dat.	Bearb.Name.	Abt./Kst./Prod.	Prüfort

Prüfmittel	Normal	Merkmal	
Bezeichnung	Bezeichnung	Bezeichnung	
Nummer	Nummer	Nummer	
Auflösung	Istwert	Nennm.	OSG
Prüfgrnd.	Einheit	Einheit	USG

Bem.

Bezugsgröße : T = ______ n = ______ Auflösung = ______

Bi = $|\bar{x}_g - x_m|$ = ______ s_g = ______

s_g = ______ $\bar{x}_g$ = ______

$$C_g = \frac{0.2 \cdot T}{4 \cdot s_g} = \_\_\_\_\_\_ = \_\_\_\_\_\_$$

1,33

$$C_{gk} = \frac{0.1 \cdot T - |\bar{x}_g - x_m|}{2 \cdot s_g} = \_\_\_\_\_\_ = \_\_\_\_\_\_$$

1,33

☐ fähig ☐ nicht fähig

Verfahren 1: Cg / Cgk - Studie

Auswertung:

- Bestimme den Mittelwert $\overline{x}_g$ und die Standardabweichung s_g der Messwertreihe.
- Anhand der auf dem Arbeitsblatt (Tabelle 4.1) angegebenen Formeln sind die Qualitätsfähigkeitskenngrößen C_g und C_{gk} zu berechnen.

HINWEIS: Zur Berechnung der Qualitätsfähigkeitskenngrößen C_g und C_{gk} sind mehrere Formeln bekannt. Daher ist bei der Angabe der Kennwerte die Berechnungsmethode zu dokumentieren.

- Das Ergebnis wird mit der vorgegebenen Mindestforderung verglichen.

HINWEIS: Je nach Berechnungsmethode für die Qualitätsfähigkeitskenngrößen C_g und C_{gk} sind unterschiedliche Grenzwerte in den verschiedenen Richtlinien enthalten.

- Die Beurteilung „fähig“ oder „nicht fähig“ ist zu dokumentieren und das Formblatt mit Datum und Unterschrift zu versehen.

4.2.5 Qualitätsfähigkeitskenngrößen C_g und C_{gk}

In Analogie der Definition der Qualitätsfähigkeitskenngrößen bei der Fertigungs-Prozessfähigkeit sind für Messsysteme die Qualitätsfähigkeitskenngrößen C_g und C_{gk} festgelegt. Da die Berechnungsmethoden bei unterschiedlichen Firmen entstanden sind, gibt es zur Bestimmung von C_g und C_{gk} keine einheitliche Formel. Die Grundstruktur ist zwar gleich, die Faktoren aber unterschiedlich.

Bild 4.14 verdeutlicht die Formeln zur Berechnung der Kenngrößen.

Je nach Firmenstandard (bzw. Zeitpunkt der Gültigkeit von Vorschriften) wird als Bezug ein festgelegter Prozentsatz der Merkmalstoleranz bzw. die 6- oder 8-facher Standardabweichung des Fertigungsprozesses σ_{Prozess} gewählt. Ebenso kann die Forderung nach dem kleinsten Wert für die Fähigkeitsindizes C_g und C_{gk} unterschiedlich sein (z. B. 1,0 (Ford Motor Co. 2013) bzw. 1,33 (General Motors Co. - GM Powertrain 2010)).

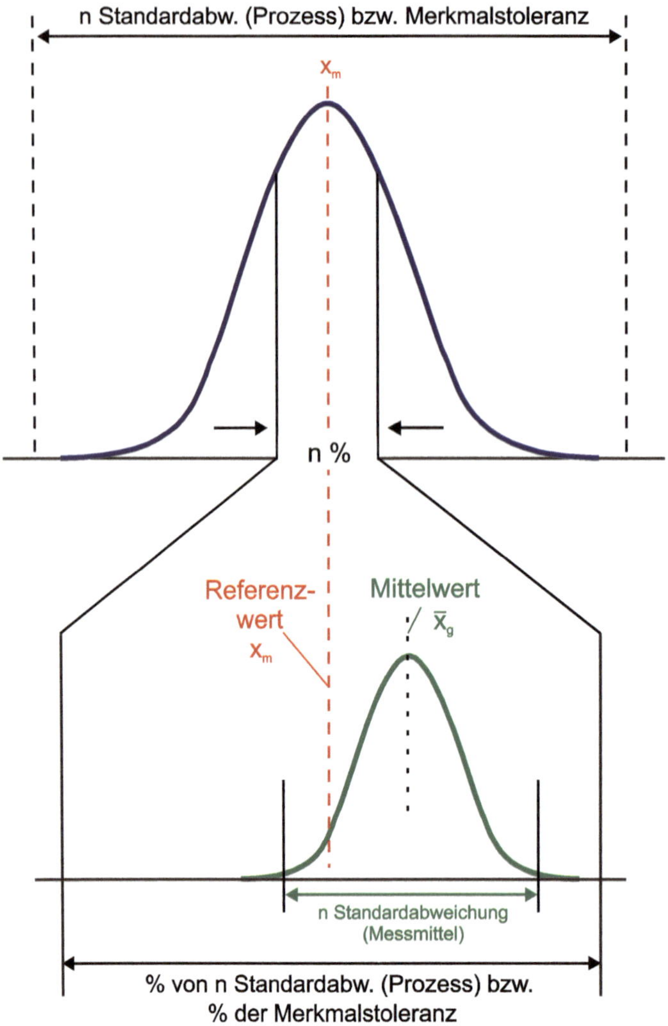

Bild 4.14 Berechnung der Fähigkeitsindizes

Im Folgenden sind exemplarisch verschiedene Berechnungsmethoden aufgeführt:

Nach GMPT SP-Q-MSS (General Motors Co. – GM Powertrain 2010) und Bosch Heft 10 (Robert Bosch GmbH 2019a):

$$C_g = \frac{0{,}2 \cdot T}{6 \cdot s_g} \qquad T = OSG - USG$$

$$C_{gk} = \frac{0{,}1 \cdot T - |Bi|}{3 \cdot s_g} \qquad Bi = \overline{x}_g - x_m$$

$$Bi = \overline{x}_g - x_m$$

x_m = Referenzwert des Normals bzw. Referenzteils

mit $x_g = \frac{1}{n}\sum_{i=1}^{n} x_i \qquad s_g = \sqrt{\frac{1}{n-1}\sum_{i=1}^{n}(x_i - \overline{x}_g)^2}$ und $i = 1, \ldots, n$

n = Anzahl der Messungen

Der Grenzwert für die Beurteilung der Eignung ist C_g und $C_{gk} \geq 1{,}33$.

Nach Ford EU 1880 (Ford Motor Co. 1997) und Ford PTS02-081ME (Ford Motor Co. 2013):

$$C_g = \frac{0{,}15 \cdot T}{6 \cdot s_g} \quad \text{und} \quad C_{gk} = \frac{0{,}075 \cdot T - |Bi|}{3 \cdot s_g}$$

Alternativ dazu kann statt der Toleranz T auch die Prozentstreubreite eingesetzt werden. Kann der Prozess durch das Modell der Normalverteilung (s. Dietrich/ Conrad (Dietrich, Conrad 2021)) beschrieben werden, entspricht die Prozessstreubreite $6\sigma_{\text{Prozess}}$. Damit ergeben sich folgende Formeln:

$$C_g = \frac{0{,}15 \cdot \sigma_{\text{Prozess}}}{s_g} \quad \text{und} \quad C_{gk} = \frac{0{,}45 \cdot \sigma_{\text{Prozess}} - |Bi|}{3 \cdot s_g}$$

Der Grenzwert für die Beurteilung der Eignung ist C_g und $C_{gk} \geq 1{,}0$.

Nach dem Leitfaden der Automobilindustrie (Q-DAS GmbH 2001):

$$C_g = \frac{0{,}2 \cdot T}{4 \cdot s_g} \quad \text{und} \quad C_{gk} = \frac{0{,}1 \cdot T - |Bi|}{2 \cdot s_g}$$

Der Grenzwert für die Beurteilung der Eignung ist C_g und $C_{gk} \geq 1{,}33$.

Warum $4s_g$ als Streubereich?

Zitat aus dem Leitfaden (Q-DAS GmbH 1999):

> *„In den bisher vorliegenden Richtlinien zur Berechnung der Fähigkeitsindizes C_g bzw. C_{gk} wurde in der Regel als Streubereich des Messsystems $6 \cdot s_g$ herangezogen. In dem vorliegenden Leitfaden wurde als Streubereich des Messsystems $4 \cdot s_g$ verwendet."*

Begründung:

1. *Insbesondere, wenn die Auflösung des Messsystems nicht wesentlich unter 5 % der Toleranz liegt, klassiert das Messverfahren quasi die Messwerte.*
2. *Umfangreiche praktische Versuche haben bestätigt, dass bei Messprozessen, sowohl in der industriellen Fertigungsüberwachung als auch bei Kalibrierungen in*

Laboratorien, die Messwertstreuung bei Wiederholmessungen mit einem Streubereich von $\pm 2s_g$ *vollständig abgedeckt ist. Das gilt bei Annahme einer Normalverteilung. Treten Werte außerhalb dieses Bereichs auf, sind diese auf eine defekte Messeinrichtung oder auf unzulässig in die Messung mit einbezogene Trends zurückzuführen.*

In einigen älteren Firmenrichtlinien findet man zur Berechnung der C_{gk}-Werte die Formel:

$$C_{gk} = \frac{0{,}1 \cdot T}{3 \cdot s_g + |Bi|}$$

HINWEIS: Die verschiedenen Richtlinien enthalten oft unterschiedliche Berechnungsformeln für C_g und C_{gk}. Daher können die Ergebnisse nicht untereinander verglichen werden: Für eine firmeninterne Vorgehensweise muss eine Berechnungsmethode ausgewählt und diese in einer Verfahrensanweisung bzw. Richtlinie verbindlich vorgeschrieben werden. Um die Ergebnisse für C_g und C_{gk} nachvollziehen zu können, muss die Berechnungsmethode in der Ergebnisdarstellung angegeben sein!

Bild 4.15 zeigt schematisiert den Zusammenhang zwischen der Streuung des Messgeräts und dem daraus resultierenden Fähigkeitsindex.

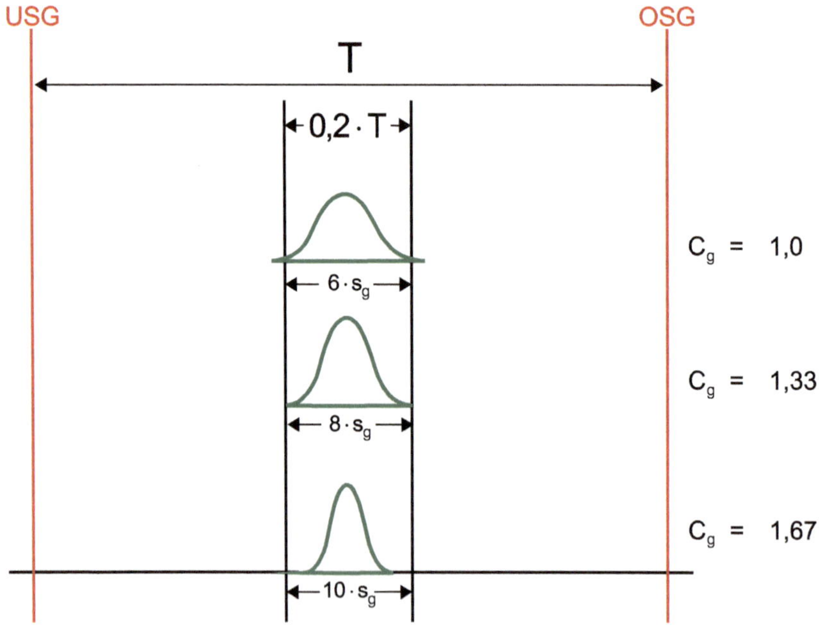

Bild 4.15 Verhältnis s_g zu C_g bei Bezugsgröße „Toleranz“

HINWEIS: Es ist nicht sinnvoll, die Messsystemstreuung nach Verfahren 1 anhand der Spannweite zu schätzen, da einerseits die Stichprobenumfänge zu klein sind und sich die Messwerte im Allgemeinen nur unwesentlich unterscheiden.

Darüber hinaus kann als Alternative zu C_g und C_{gk} die sogenannte Prozentstreubreite angegeben werden:

$$\text{Prozentstreubreite} = \frac{15}{C_g} \text{ bzw. } \frac{20}{C_g} \quad \text{für die Messsystemstreuung}$$

$$= \frac{15}{C_{gk}} \text{ bzw. } \frac{20}{C_{gk}} \quad \text{für die Messsystemstreuung und die systematische Messabweichung}$$

Fallbeispiel 1 für Verfahren 1: mit toleranzbezogener Berechnung

Mit einem Messverfahren wurde ein Normal mit dem Istwert x_m = 20,302 mm fünfzig Mal gemessen. Dabei ergaben sich folgende Werte.

x_i	x_i	x_i	x_i	x_i	x_i	x_i	x_i	x_i	x_i
20,303	20,296	20,311	20,298	20,311	20,308	20,313	20,303	20,306	20,302
20,301	20,301	20,297	20,295	20,309	20,302	20,303	20,310	20,296	20,303
20,304	20,300	20,295	20,301	20,308	20,294	20,308	20,304	20,306	20,307
20,303	20,307	20,302	20,307	20,304	20,302	20,298	20,309	20,299	20,303
20,306	20,305	20,304	20,312	20,298	20,304	20,306	20,305	20,300	20,305

Basierend auf einer vorgegebenen Toleranz von OSG = 20,45 und USG = 20,15 sind die Fähigkeitsindizes zu ermitteln. Die Prozessstreuung beträgt 0,05.

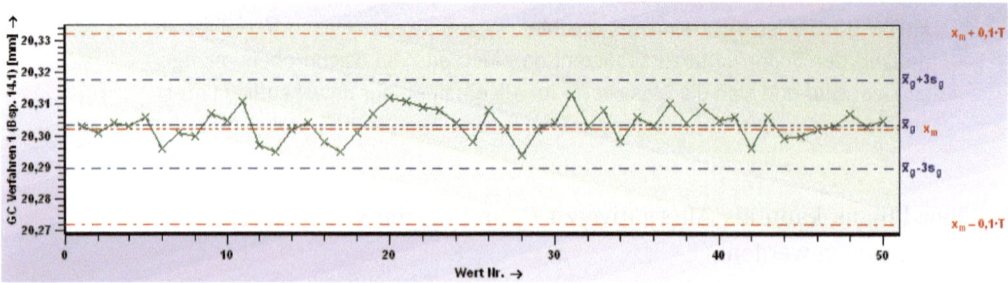

Zeichnungswerte			Gemessene Werte			Statistische Werte		
x_m	=	20,30200				$\bar{x}_g$	=	20,30348
USG	=	20,150	$x_{min\,g}$	=	20,294	s_g	=	0,0046565
OSG	=	20,450	$x_{max\,g}$	=	20,313	$\lvert Bi\rvert = \lvert\bar{x}_g - x_m\rvert$	=	0,00148
T	=	0,300	R_g	=	0,019			
			n_{ges}	=	50	n_{eff}	=	50

				Minimale Bezugsgrösse für fähiges Messsystem		
$C_g = \frac{0{,}2 \cdot T}{6 \cdot s_g}$	=	2,15	0 … 1,33	T_{min}	=	0,18558
$C_{gk} = \frac{0{,}1 \cdot T - \lvert\bar{x}_g - x_m\rvert}{3 \cdot s_g}$	=	2,04	0 … 1,33	T_{min}	=	0,20060
%RE	=	0,33%	0 … 5	T_{min}	=	0,020000

Messsystem fähig (RE, C_g, C_{gk})

GMPT EMS 3.2 (ARM): Type 1 Study

HINWEIS: Eine prozessbezogene Auswertung führt zu den gleichen Ergebnissen, da in diesem Fall $T = 6 \cdot \hat{\sigma}_{\text{Prozess}}$ ist.

Fallbeispiel 2 für Verfahren 1: mit prozessbezogener Berechnung

Mit einem Messverfahren wurde ein Normal mit dem Istwert x_m = 17,05 mm fünfzig Mal gemessen. Dabei ergaben sich folgende Werte:

x_i	x_i	x_i	x_i	x_i	x_i	x_i	x_i	x_i	x_i
17,05	17,05	17,05	17,04	17,05	17,04	17,03	17,04	17,04	17,05
17,06	17,04	17,05	17,04	17,04	17,04	17,05	17,06	17,03	17,07
17,04	17,06	17,07	17,06	17,05	17,06	17,05	17,05	17,05	17,06
17,06	17,05	17,05	17,05	17,03	17,04	17,06	17,07	17,06	17,06
17,04	17,04	17,05	17,06	17,05	17,04	17,05	17,04	17,05	17,05

Basierend auf einer Prozessstreuung von $\hat{\sigma}_{\text{Prozess}} = 0{,}07$ sind die Fähigkeitsindizes zu ermitteln. Die Toleranz ist 0,5 mm.

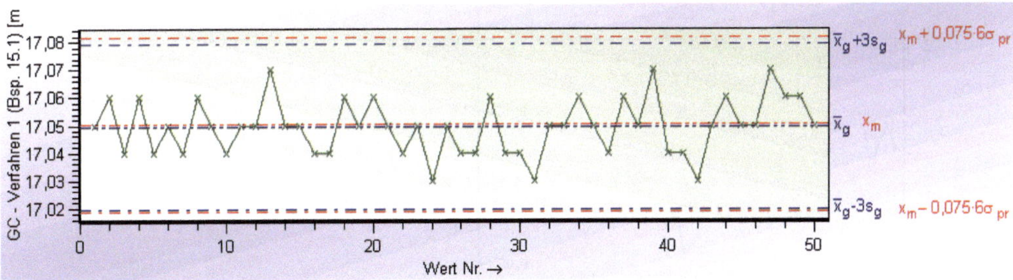

Zeichnungswerte			Gemessene Werte			Statistische Werte		
x_m	=	17,0500				$\bar{x}_g$	=	17,0494
USG	=	16,75	$x_{min\,g}$	=	17,03	s_g	=	0,0099816
OSG	=	17,25	$x_{max\,g}$	=	17,07	$\lvert Bi\rvert = \lvert\bar{x}_g - x_m\rvert$	=	0,000600
T	=	0,50	R_g	=	0,04			
			n_{ges}	=	50	n_{eff}	=	50

			Minimale Bezugsgrösse für fähiges Messsystem		
$C_g = \dfrac{0{,}15\cdot6\cdot\sigma_p}{6\cdot s_g}$	=	1,05	$6\cdot\sigma_{p\,min}$	=	0,40000
$C_{gk} = \dfrac{0{,}075\cdot6\cdot\sigma_p - \lvert\bar{x}_g - x_m\rvert}{3\cdot s_g}$	=	1,03	$6\cdot\sigma_{p\,min}$	=	0,40726
%RE	=	2,38%	$6\cdot\sigma_{p\,min}$	=	---

Messsystem bedingt fähig (RE, C_g, C_{gk})

prozessbezogen: Ford EU 1880A

HINWEIS: Im Vergleich dazu sind die Ergebnisse der toleranzbezogenen Auswertung

Messsystemfähigkeit C_g: 1,25 12,000%

Messsystemfähigkeit C_{gk}: 1,23 12,195%

Toleranz- bzw. prozessstreuungsbezogene Auswertung

Die Problematik einer toleranz- bzw. prozessstreuungsbezogenen Auswertung soll Bild 4.16 verdeutlichen.

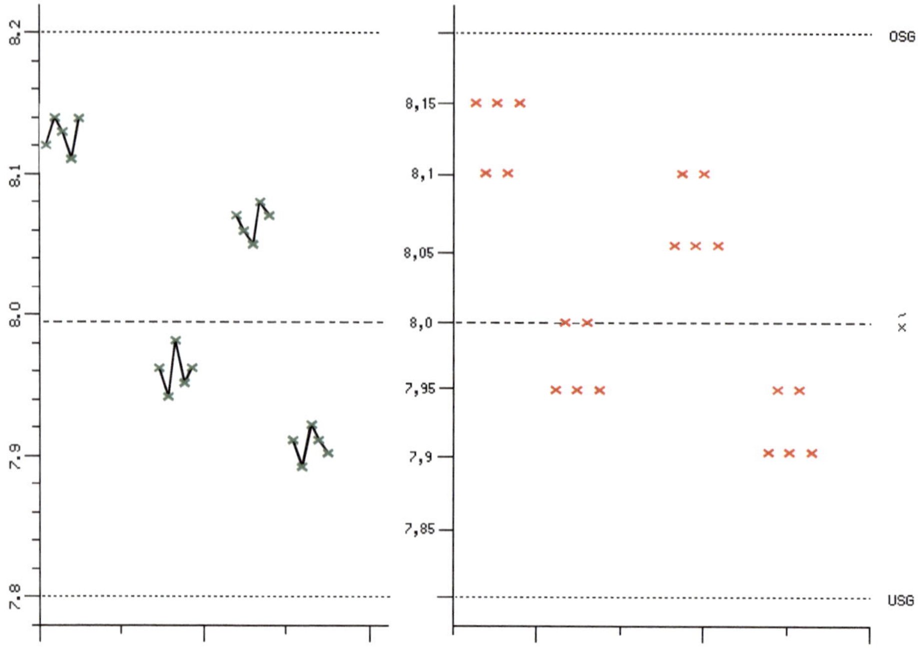

Bild 4.16 Prozess mit geringer innerer Streuung

Der dargestellte Prozessverlauf (Bild 4.16) zeigt eine sehr kleine Streuung innerhalb einer Stichprobe (s. Bild 4.16 linke Seite). Eine toleranzbezogene Fähigkeitsuntersuchung würde eine zu große Auflösung des Messmittels (s. Bild 4.16 rechte Seite) zulassen. Die Messwerte könnten nicht mehr in der gezeigten „Genauigkeit“ ermittelt werden. Dadurch wird das Prozessverhalten verfälscht. Die prozessbezogene Auswertung ist daher in solchen Fällen sinnvoll.

Diese Vorgehensweise beinhaltet allerdings zwei Problematiken:

1. Die Prozessstreuung ist oftmals nicht bekannt (z.B. bei neuen Prozessen) und kann daher nicht als Bezugsgröße herangezogen werden. Es sei denn, man führt spezielle Untersuchungen mit sehr genauen Messsystemen durch. Diese sind in der Regel sehr zeitaufwendig oder aufgrund fehlender Messsysteme nicht möglich.
2. Ändert sich die Prozessstreuung, muss diese auch bei der Fähigkeitsbeurteilung des Messsystems berücksichtigt werden. Daher wird eine Vergleichbarkeit der Beurteilung von Messsystemen über der Zeit nicht oder nur bedingt möglich.

Daher empfiehlt sich, als Bezugsgröße die Merkmalstoleranz heranzuziehen. Diese bleibt in der Regel über längere Zeiträume konstant, ist in der Teilezeichnung dokumentiert und fester Bestandteil in Lieferantenvereinbarungen.

Um eine eventuelle Fehlbeurteilung bei der Toleranz als Bezugsgröße zu vermeiden, ist eine Auflösung des Messsystems von 2 % (mindestens 5 %) der Merkmalstoleranz zu empfehlen.

Rückrechnung auf eine minimale Toleranz

Sind die Qualitätsfähigkeitskenngrößen C_g und C_{gk} berechnet und liegen diese über dem geforderten Grenzwert von z. B. 1,33, stellt sich die Frage: „Bis zu welcher kleinsten Toleranz T_{min} bezüglich C_g bzw. C_{gk} ist dieser Messprozess gerade noch geeignet?“

Für C_g berechnet sich T_{min}:

$$T_{min} = \frac{C_{g_{soll}}}{C_{g_{ist}}} \cdot T \qquad \text{mit } T = \text{Toleranz}$$

Liegt der Grenzwert bei $1{,}33\left(=\frac{4}{3}\right)$, kann für die Berechnung von T_{min} bezüglich C_{gk} die Formel

$$C_{gk} = \frac{0{,}1 \cdot T_{min} - |Bi|}{3 \cdot s_g} \stackrel{!}{=} \frac{4}{3} = 1{,}33$$

Grenzwert nach (Daimler AG 2008), (Robert Bosch GmbH 2019b)

nach T_{min} umgeformt werden. Daraus ergibt sich

$$T_{\min} \geq 40 \cdot s_g + 10 \cdot |Bi|$$

HINWEISE:

1. Je nach Rechengenauigkeit bzw. Anzahl der Nachkommastellen für die Grenzwerte kann es zu geringen Abweichungen beim Ergebnis kommen. Meist sind aber diese Ungenauigkeiten im Vergleich zu den Vertrauensbereichen der Kennwerte vernachlässigbar.
2. Ist der C_{gk}-Wert kleiner als die vorgegebene Grenze, kann umgekehrt die Frage beantwortet werden: „Wie groß müsste die Toleranz T mindestens sein, um die Forderung zu erfüllen?“ Dies ist insbesondere für Standardprüfmittel interessant. Damit kann mit relativ geringem Aufwand für jedes Standardprüfmittel eine Untersuchung nach Verfahren 1 durchgeführt und C_{gk} sowie T_{min} in der beschriebenen Form berechnet werden.
   Die Ergebnisse gelten allerdings nur für das untersuchte Messsystem und sind nur begrenzt auf andere Messsysteme übertragbar. Sinnvollerweise sollte man deshalb solche Untersuchungen nicht nur mit einem Messgerät machen, sondern sicherheitshalber mehrere auswählen. Vor allem sollten Geräte gleichen Typs, aber von unterschiedlichen Herstellern berücksichtigt werden. Der VDA Band 5 (VDA 2021) (s. Kapitel 7) bietet weitere Möglichkeiten auf Basis des MPE (Maximum Permissible Error).

Die systematische Messabweichung darf Grenzwert nicht überschreiten

Das Ergebnis des C_{gk}-Werts wird durch die systematische Messabweichung Bi und die Gerätestreuung s_g beeinflusst. Gerade die systematische Messabweichung als Bezug für die Rückführbarkeit darf nicht zu groß werden, zumal diese im Vergleich zur Gerätestreuung einfacher beeinflusst werden kann. In Abschnitt 4.2.3 ist ein Verfahren vorgestellt, das unabhängig von einer Merkmalstoleranz durch das Testverfahren einen Grenzwert vorgibt. Als Alternative dazu hat sich die Forderung

$$|Bi| \leq 10\,\% \text{ der Toleranz}$$

als sinnvoll herausgestellt. Ist diese errechnete Grenze kleiner als die Auflösung, so ist die Auflösung die Grenze für $|Bi|$.

BEISPIEL: Gegeben ist eine Toleranz von 20 µm. Das Messgerät hat eine Auflösung von 1 µm. In diesem Fall darf $|Bi|$ maximal 2 µm werden. Wird eine kleinere Toleranz von z. B. 8 µm mit diesem Messgerät gemessen, darf $|Bi|$ maximal 1 µm werden. ■

Diese Forderung ist als Alternative zu der Berechnung von Fähigkeitsindizes C_g und C_{gk} zu sehen, falls Bias und Wiederholstreuung getrennt bewertet werden sollen. Sind die üblichen Forderungen für C_g und C_{gk} erfüllt, so ist auch die obige Forderung an den Bias erfüllt.

Vertrauensbereich für C_g, C_{gk} beachten:

Statistische Kennwerte sollten gerade bei kleinen Stichprobenumfängen nur mit dem Vertrauensbereich ausgewiesen werden. So ergibt sich beispielsweise für den Datensatz aus Fallbeispiel 2 folgender Vertrauensbereich für:

$$C_g: 0{,}84 \leq 1{,}05 \leq 1{,}26 \qquad C_{gk}: 0{,}81 \leq 1{,}03 \leq 1{,}26$$

Die Beachtung des Vertrauensbereichs ist besonders wichtig, wenn die Ergebnisse in der Nähe eines Grenzwerts liegen. So sollte auf keinen Fall ein Messprozess verworfen werden, wenn ein C_{gk}-Wert knapp unter dem Grenzwert liegt. Umgekehrt sollte ein Messprozess nicht blindlings als geeignet angesehen werden, wenn ein C_{gk}-Wert knapp über dem Grenzwert liegt. In beiden Fällen sollten zusätzliche Betrachtungen die gewonnenen Ergebnisse untermauern.

4.2.6 Verfahren 1 für einseitig begrenzte Merkmale

In diesem Fall sind zwei Situationen zu unterscheiden. Zum einen können obere und untere Spezifikationsgrenzen bekannt sein (z.B. nullbegrenztes Merkmal), zum anderen kann ein Grenzwert fehlen.

Handelt es sich um ein natürlich/physikalisch/technisch begrenztes Merkmal, so gilt die Grenze (oft „natürlich nullbegrenzt") als zweite Toleranzgrenze. Somit kann man die Toleranz T berechnen ($T = OSG$, wenn nullbegrenzt, siehe Bild 4.2 bis Bild 4.18). Damit kann C_{gk} wie üblich berechnet werden (s. Bild 4.18). Für das Verständnis ist wichtig, dass das Ergebnis nicht von der absoluten Lage der Messwerte abhängt, sondern nur von der Abweichung zum Referenzwert. Im Gegensatz zur Bestimmung von Prozess- oder Maschinenfähigkeitsindizes ist der Fähigkeitsindex nicht vom Abstand des Mittelwerts zu den Spezifikationsgrenzen abhängig.

Bei der Berechnung der Fähigkeit wird die Normalverteilung der Messwerte zugrunde gelegt. Dies gilt auch für nicht normalverteilte Merkmale (s. Bild 4.17). Auf keinen Fall sollten Referenzteile auf oder in der Nähe der natürlichen Grenze liegen, damit Wiederholungsmessungen an diesen Normalen als normalverteilt angenommen werden können. Um andere Verteilungsformen weitestgehend auszuschließen, ist der Einstellmeister bei natürlichen Grenzen möglichst in die Mitte der Toleranz bzw. in die Nähe der spezifizierten Toleranzgrenze zu legen.

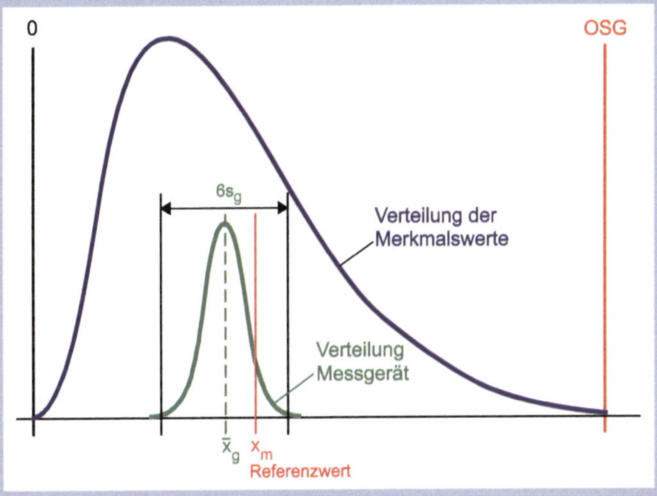

Bild 4.17 Messgerätestreuung für nicht normalverteilte Merkmalswerte

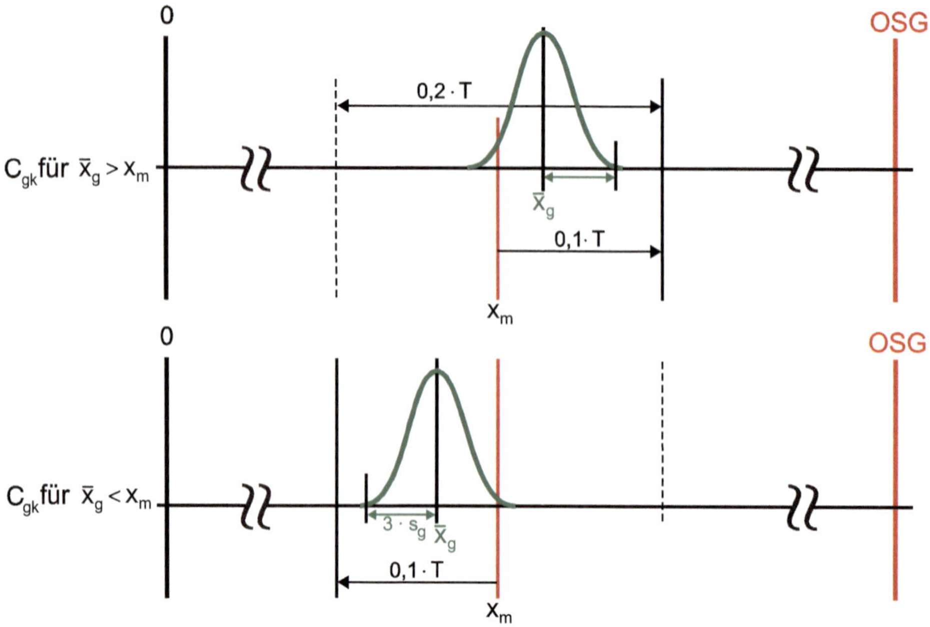

Bild 4.18 Bestimmung von C_{gk} für einseitiges Merkmal

Bild 4.19 verdeutlicht den Sachverhalt für ein nullbegrenztes Merkmal.

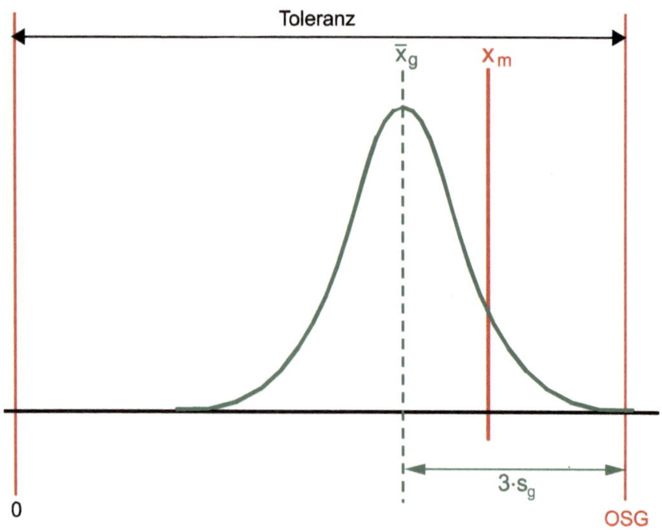

Bild 4.19 Fähigkeitsuntersuchung bei nullbegrenztem Merkmal

Analog zeigt sich der Sachverhalt bei einem einseitig oben begrenzten Merkmal.

Ist nur ein Grenzwert (z.B. untere Spezifikationsgrenze) festgelegt (d.h., gemessene Werte müssen größer als ein Mindestwert sein), dann ist keine Ermittlung von C_g bzw. C_{gk} möglich. Um sicherzustellen, dass keine Werte ober- bzw. unterhalb des Höchst- bzw. Mindestwertes liegen, kann je nach Festlegung als Grenzwert ein Abstand von $3s_g + |Bi| (\triangleq C_g = 1{,}0)$ bzw. von $4s_g + |Bi| (\triangleq C_g = 1{,}33)$ berücksichtigt werden.

Bild 4.20 verdeutlicht für C_g = 1,0 den Sachverhalt für eine obere Spezifikationsgrenze.

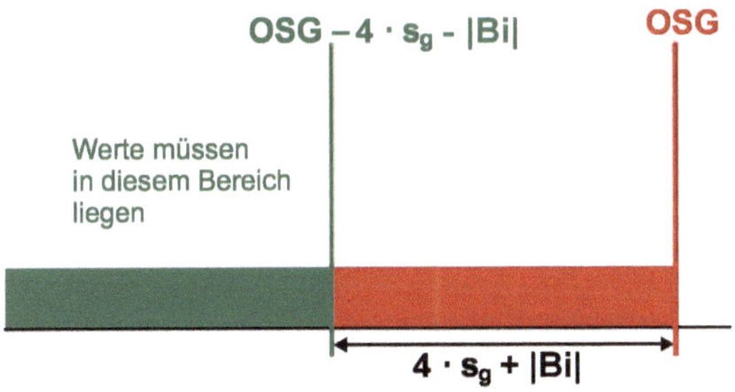

Bild 4.20 Fähigkeitsuntersuchung bei einem Grenzwert

Diese sogenannte Akzeptanzbedingung nach Bosch Heft 10 (Robert Bosch GmbH 2019a) ist keine Fähigkeitsbedingung im eigentlichen Sinne, sondern vielmehr eine Akzeptanzgrenze im Sinne der DIN EN ISO 14253-1 (DIN 2018a), allerdings nicht nach Vorgabe dieser Norm berechnet.

HINWEIS: Falls bekannt, kann die Fertigungs-Prozessstreuung als Bezugsgröße für die Auswertung verwendet werden. In diesem Fall kann der C_g bzw. C_{gk}-Wert in gewohnter Form bestimmt werden.

Der VDA Band 5 (VDA 2021) bietet weitere Möglichkeiten zur Berechnung von Eignungskennwerten bei einseitig begrenzten Merkmalen (s. Kapitel 7).

4.2.7 Verfahren 1 für mehrere Merkmale

In der Praxis werden häufig an einem Teil mehrere Merkmale gleichzeitig geprüft. Dabei ist es sinnvoll, alle Qualitätsfähigkeitskenngrößen und Kennwerte in einem zusammenzufassen. Damit erhält man z.B. bei Messvorrichtungen sofort einen Überblick, welche Merkmale in Ordnung sind und welche nicht. Ähnliche Informationen liefert der Box-Plot in normierter Form (Dietrich Schulze 2009b) in einer Gesamtübersicht (Bild 4.21).

In Bild 4.21 ist sofort zu erkennen, dass die Merkmale M2, M3 und M6 die Forderung (≥ 1,33) nicht erfüllen. Der Box-Plot in Bild 4.21b zeigt zusätzlich, dass bei den Merkmalen M3 und M6 die systematische Messabweichung groß ist. Eine noch detailliertere Form der Darstellung zeigt Bild 4.22. Diese enthält für andere Daten zusätzlich die wichtigsten numerischen Ergebnisse.

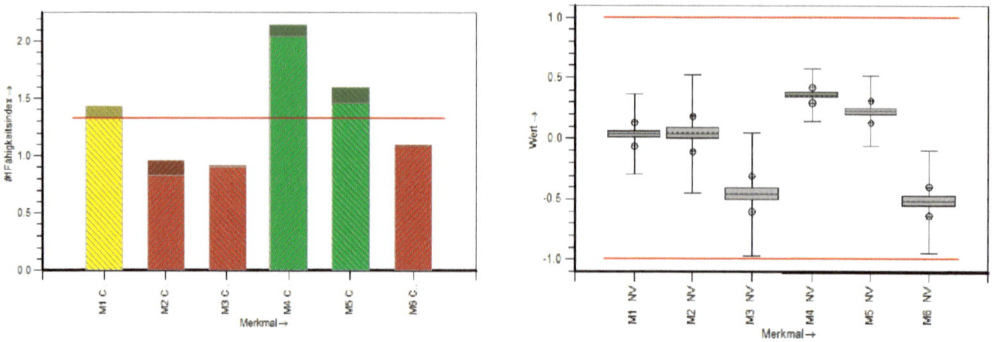

a) C-Werte b) Box-Plot

Bild 4.21 Ergebnisübersicht bei mehreren Merkmalen

Merkm.Nr	Merkm.Bez.	n_{eff}	T	$\bar{x}_g$	s_g	Index	Index			Werteverlauf Einzelwe
4711	Aussendruchmesser	50	0,060	6,00086	0,00098680	C_g 2,03	C_{gk} 1,64			
1	Verfahren 1	50	0,0200	56,830130	0,00042052	C_g 1,59	C_{gk} 1,48			
14.1	GC Verfahren 1 (Bsp. 14.1)	50	0,300	20,30348	0,0046565	C_g 2,15	C_{gk} 2,04			
15.1	GC - Verfahren 1 (Bsp. 15.1)	50	0,50	17,0494	0,0099816	C_g 1,67	C_{gk} 1,65			

Bild 4.22 Kennwerte für mehrere Merkmale

4.2.8 Linearität

Beim Einsatz des Messsystems ist dessen „Linearität" nachzuweisen. Bei der Untersuchung der Linearität sind folgende Situationen zu unterscheiden:

1. Das Messsystem enthält eine lineare Maßverkörperung. Dies ist in Form eines Zertifikates bzw. einer Überprüfung nachzuweisen.

   In diesem Fall ist keine separate Linearitätsstudie erforderlich. Die Beurteilung des Messsystems nach Verfahren 1 (s. Abschnitt 4.2.4) ist dann ausreichend.

2. Das Messsystem enthält keine lineare Maßverkörperung. Typische Beispiele sind elektronische/induktive Taster, pneumatische Messungen usw.

   In diesem Fall sollte die Linearität des Messsystems näher untersucht werden.

4.2.8.1 Begriffserklärung „Linearität“

Der Begriff „Linearität“ ist im Internationalen Wörterbuch der Metrologie (ISO 2007) nicht zu finden. Oftmals wird darunter ein „lineares Verhalten“ des Messgeräts im mathematischen Sinne verstanden (DIN 2008).

In (Dietrich 2001) findet man folgende Definition für „Linearität“.

> *„Konstant bleibender Zusammenhang zwischen der Ausgangsgröße und der Eingangs- (Mess-)größe eines Messmittels bei deren Änderung.“*

Eine weitere Festlegung ist in (AIAG 2010) zu finden. Linearität ist dort definiert als

> *„The change in bias over the normal operating range“ („Die Veränderung des Bias über den üblichen Arbeitsbereich“)*

VDA Band 5 bezeichnet die Linearität als

> *„... den über den Anwendungsbereich variablen Anteil des Bias“*

Aufgrund dieser vielfältigen Definitionen wird zunächst der Begriff „Linearität“ beschrieben, wie er im vorliegenden Dokument verstanden wird.

Mit einer Linearitätsuntersuchung soll die „systematische Messabweichung“ eines Messsystems über einen spezifizierten Bereich ermittelt werden. Anhand der Ergebnisse ist zu beurteilen, ob sich die systematische Messabweichung in einem Bereich bewegt, in dem das Messsystem als geeignet angesehen werden kann.

Die folgenden Bilder zeigen verschiedene Situationen mit Abweichungen von der Linearität. Es bedeuten:

....	Verbindungslinie der Mittelwerte
_____	ideale Position, bei der alle Messwerte dem jeweiligen Referenzwert entsprechen
•	Mittelwert der Messwertreihe am Normal i
$(x_m)_i$	Referenzwert des Normals i
x_i	Messwert

Folgende unterschiedliche Situationen sind zu betrachten:

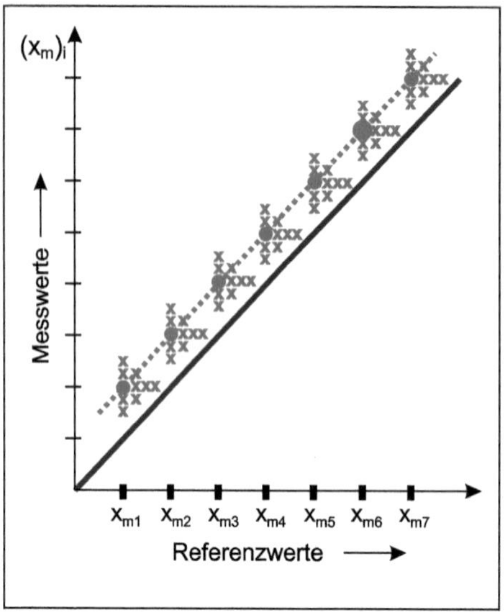

Die systematische Messabweichung ist unabhängig von den Referenzwerten über den spezifizierten Bereich konstant.

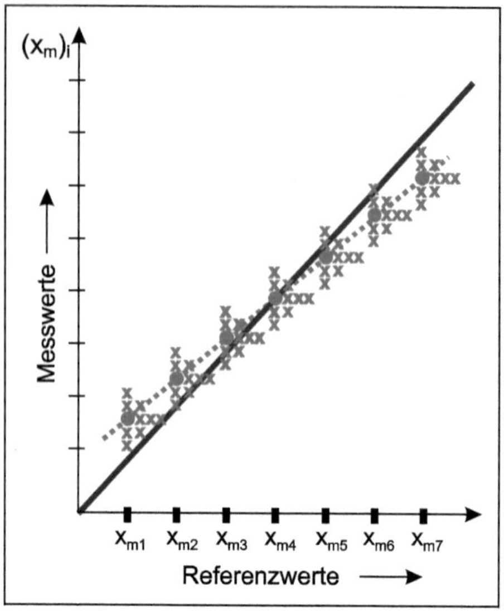

Die systematische Messabweichung ändert sich über den spezifizierten Bereich. Es besteht ein linearer Zusammenhang zwischen den Referenzwerten und der systematischen Messabweichung.

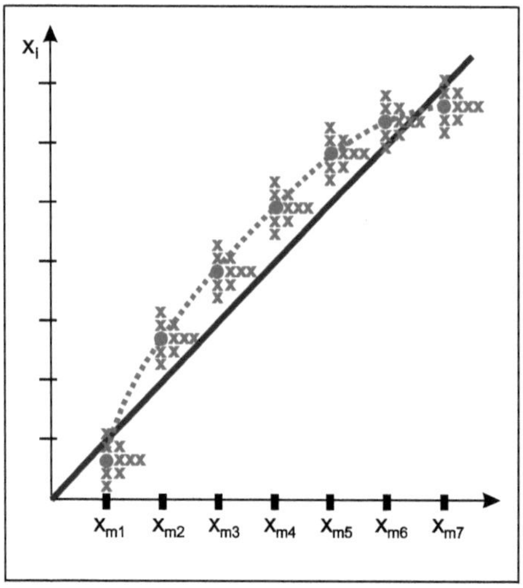

Es besteht kein linearer Zusammenhang zwischen den Referenzwerten und der systematischen Messabweichung.

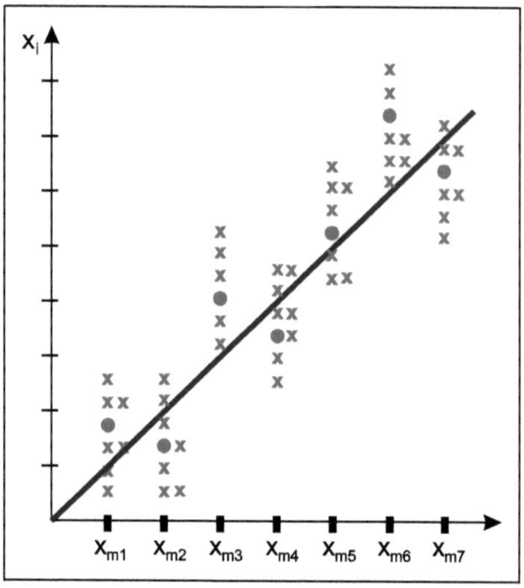

Die Streuung der Messwerte bei den einzelnen Referenzwerten ist signifikant.

Beurteilung der Linearität

Gemäß der oben beschriebenen Begriffsdefinition „Linearität" läuft die Beurteilung auf die Forderung hinaus:

„Die systematische Messabweichung *Bi* in den einzelnen Referenzpunkten über dem Einsatzbereich des Messgerätes muss ausreichend klein sein."

Die Frage: „Was ist ausreichend klein?" wurde bereits in Abschnitt 4.2.3 und Abschnitt 4.2.4 beantwortet. Die AIAG MSA (AIAG 2010) schlägt vor, eine Regressionsgerade durch die an den Referenzwerten aufgetragene systematische Messabweichung zu bestimmen und einen t-Test bezüglich der Steigung und des Achsenabschnitts durchzuführen. Anhand der errechneten Prüfgrößen ist zu entscheiden, ob die Linearität als akzeptabel angesehen werden kann. Für diese Beurteilung ist keine Referenzgröße wie die Prozessstreuung oder Toleranz erforderlich. Eine andere Variante ist im Leitfaden der Automobilindustrie (Q-DAS GmbH 2001) enthalten. Dort wird gefordert, dass der Betrag der systematischen Messabweichung $|Bi|$ in den einzelnen Referenzpunkten nicht größer als 5 % (10 %) der Referenzgröße (z. B. Toleranz) sein darf.

4.2.8.2 Durchführung der Linearitätsuntersuchung

Es ist ein Formblatt zu erstellen, in dem die Kopfdaten und die Ergebnisse sowie die Auswertung eingetragen werden können. In den Kopfdaten ist der Bezug zu dem zu messenden Teil herzustellen. Die einzelnen Referenzwerte und deren Unsicherheit sind festzuhalten. Das Messgerät und der Prüfer sind ebenfalls zu dokumentieren.

In Bild 4.23 ist der Ablauf in Form eines Flussdiagramms dargestellt.

Es sind fünf Normale oder Referenzteile auszuwählen. Diese müssen kalibriert werden und der Referenzwert bekannt sein. Die Messunsicherheit der Normale bzw. Referenzteile muss kleiner als 5 % der Toleranz sein. Bei der Auswahl der Referenzteile ist darauf zu achten, dass der gesamte Anwendungsbereich des Messgeräts abgedeckt ist. Dies kann beispielsweise die Merkmalstoleranz sein oder die Prozessstreubreite. Auf jeden Fall müssen Teile vom Randbereich enthalten sein.

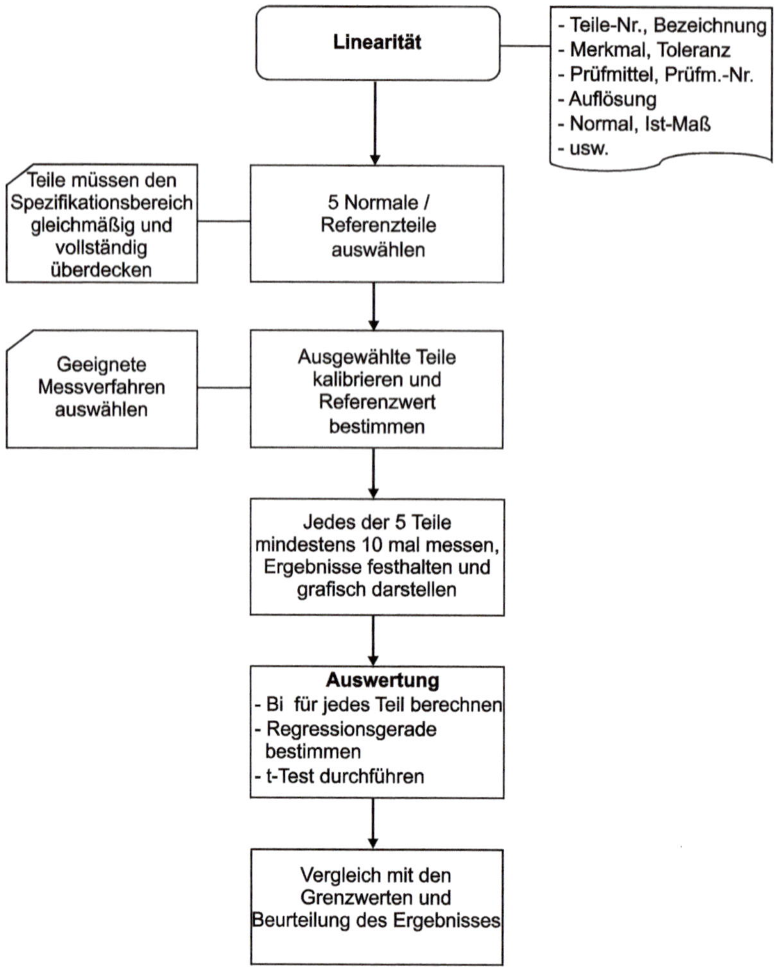

Bild 4.23 Ablauf Linearitätsuntersuchung

In Bild 4.24 ist für den Sonderfall „drei Referenzteile“ deren vorgeschlagene Lage dargestellt.

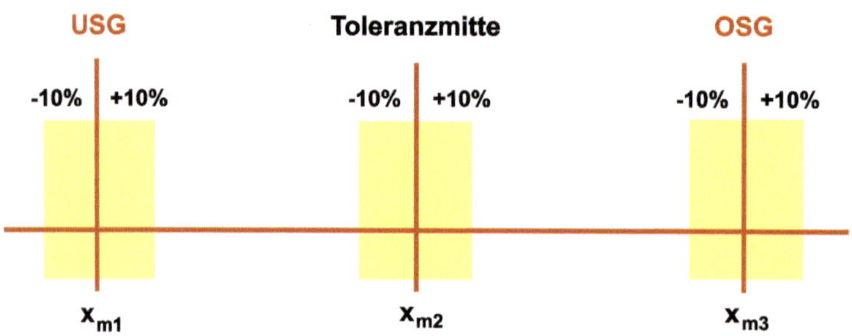

Bild 4.24 Lage der Referenzteile in einem Intervall von jeweils +/-10% der Toleranz

Anschließend wird jedes der fünf Referenzteile mit dem Messgerät mindestens zehnmal gemessen. Die AIAG MSA (AIAG 2010) sieht mindestens 10 Messungen vor. Die Messergebnisse sind in Form einer Tabelle festzuhalten und, wenn möglich, grafisch darzustellen. Die grafische Darstellung hat immer den Vorteil, dass Ausreißer bzw. größere Abweichungen sofort erkannt werden. In begründeten Fällen ist die entsprechende Messung zu wiederholen.

Zur Beurteilung der Ergebnisse werden die gemessenen Werte grafisch dargestellt. In diese Grafik wird eine Ausgleichsgerade und der dazugehörige Vertrauensbereich eingetragen.

Richtlinie zur Bestimmung der Linearität (Auszug aus AIAG MSA (AIAG 2010))

Durchführung der Untersuchung

Die Linearität kann anhand folgender Richtlinien ermittelt werden:

1. Es sind $g \geq 5$ Teile auszuwählen, deren Messwerte in Abhängigkeit von der Prozessstreuung den gesamten Arbeitsbereich (Messbereich) des Messmittels abdecken.
2. Jedes Teil ist mittels eines Messgeräts aus dem Messraum zu messen, um dessen Referenzwert zu bestimmen und zu bestätigen, dass der Arbeitsbereich (Messbereich) des Messmittels ausreichend abgedeckt ist.
3. Jedes Teil ist $m \geq 10$-mal mit dem Messmittel von einer Person zu messen, die üblicherweise das Messmittel verwendet. Die Teile sind zufällig auszuwählen, um eine Verzerrung der Messungen durch den Bewerter zu vermeiden.

Grafische Analyse der Ergebnisse

4. Die systematische Messabweichung eines jeden Messergebnisses und die mittlere systematische Messabweichung jedes Teils ist zu berechnen mit:

$$Bi_{i,j} = x_{i,j} - (\text{Referenzwert})_i$$

$$\overline{Bi}_i = \frac{\sum_{j=1}^{m} Bi_{i,j}}{m}$$

5. Nun sind die systematischen Messabweichungen und die mittleren systematischen Messabweichungen über die Referenzwerte in einer grafischen Darstellung in linearer Form darzustellen (Bild 4.28).
6. Im nächsten Schritt ist die Ausgleichsgerade und das Konfidenzband der Ausgleichsgerade zu berechnen und in die grafische Darstellung einzuzeichnen.

Für die Ausgleichsgerade ist folgende Gleichung anzusetzen:

$$\overline{y}_i = a \cdot x_i + b$$

mit

x_i = Referenzwert

$\overline{y}_i$ = Mittelwert der systematischen Messabweichung und

$$a = \frac{\sum xy - \left(\frac{1}{gm}\sum x \sum y\right)}{\sum x^2 - \frac{1}{gm}\left(\sum x\right)^2} = \text{Steigung}$$

$$b = \overline{\overline{y}} - a\overline{x} = \text{Achsenabschnitt}$$

Für ein gegebenes x_0 ergeben sich auf einem Konfidenzniveau α folgende Konfidenzschranken:

$$\text{mit} \quad s = \sqrt{\frac{\sum y_i^2 - b\sum y_i - a\sum x_i y_i}{gm-2}}$$

$$\text{unten} \quad b + ax_0 - \left[t_{gm-2,1-\alpha/2}\left(\frac{1}{gm} + \frac{\left(x_0 - \overline{x}\right)^2}{\sum\left(x_i - \overline{x}\right)^2}\right)^{\frac{1}{2}} \cdot s\right]$$

$$\text{oben} \quad b + ax_0 - \left[t_{gm-2,1-\alpha/2}\left(\frac{1}{gm} + \frac{\left(x_0 - \overline{x}\right)^2}{\sum\left(x_i - \overline{x}\right)^2}\right)^{\frac{1}{2}} \cdot s\right]$$

7. Die Standardabweichung der Variabilität der Wiederholbarkeit ist:

$$\sigma_{\text{repeatability}} = s$$

Bestimmen Sie, ob die Wiederholbarkeit akzeptabel ist, indem Sie die *%EV* berechnen:

$$\%EV = 100\left(\frac{EV}{TV}\right) = 100\left(\frac{\sigma_{\text{repeatability}}}{TV}\right)$$

mit
EV = Wiederholbarkeit
TV = Total Variation (erwartete Fertigungsprozessstreuung oder 1/6 der Toleranz)

8. Die Linie „systematische Messabweichung = 0“ ist einzuzeichnen und die grafische Darstellung ist in Bezug auf Indikatoren für spezielle Störungen und die Akzeptanz der Linearität zu untersuchen.

Damit die Linearität des Messsystems annehmbar ist, muss die Linie „systematische Messabweichung = 0“ (Bild 4.23) sich vollständig innerhalb des eingezeichneten Konfidenzbandes befinden.

Numerische Analyse der Ergebnisse

9. Bei einem bezüglich der Linearität als annehmbar eingestuften Messsystem muss folgende Hypothese wahr sein:
   H_0: a = 0 Steigung a = 0

Verwerfe nicht, falls:

$$|t| = \frac{|a|}{\left[\frac{s}{\sqrt{\sum (x_j - \bar{x})^2}}\right]} \leq t_{\text{gm}-2,1-\alpha/2}$$

Falls die oben genannte Hypothese wahr ist, dann hat das Messsystem für alle Referenzwerte die gleiche systematische Messabweichung.

Damit die Linearität annehmbar ist, muss diese systematische Messabweichung statistisch null sein.

H_0: b = 0 Achsenabschnitt (syst. Messabw.) $b = 0$

Verwerfe nicht, falls:

$$|t| = \frac{|b|}{\left[\sqrt{\frac{1}{\text{gm}} + \frac{\bar{x}^2}{\sum (x_i - \bar{x})^2}}\right] \cdot s} \leq t_{\text{gm}-2,1-\alpha/2}$$

HINWEIS: In Punkt 8 soll geprüft werden, ob die Wiederholbarkeit akzeptabel ist. Dabei ist zu beachten:

- Die AIAG MSA führt keinen Wert für *%EV* auf, der als Grenze für „akzeptabel“ genutzt werden kann. Oftmals bezieht man sich deshalb auf einen Grenzwert von 10 % aus Verfahren 2.
- Wie zuvor beim signifikanten Bias erwähnt, entsteht aber auch das Problem, dass diese Verfahren bei sehr geringer Streuung hoch sensibel werden und eine statistische Signifikanz für kleinste Abweichungen anzeigen, die in der realen Anwendung keine negativen Einflüsse haben.

Fallbeispiel Linearität

Für die Untersuchung der Linearität wurden an fünf Referenzteilen jeweils zwölf Messungen durchgeführt. Dabei ergaben sich folgende Messwerte:

n	$x_{g\,Ref.}$	$x_{A;1}$	$x_{A;2}$	$x_{A;3}$	$x_{A;4}$	$x_{A;5}$	$x_{A;6}$	$x_{A;7}$	$x_{A;8}$	$x_{A;9}$	$x_{A;10}$	$x_{A;11}$	$x_{A;12}$	$\bar{x}_{g\,i}$	s_j
1	2,0000	2,70	2,50	2,40	2,50	2,70	2,30	2,50	2,50	2,40	2,40	2,60	2,40	2,492	0,124
2	4,0000	5,10	3,90	4,20	5,00	3,80	3,90	3,90	3,90	3,90	4,00	4,10	3,80	4,125	0,447
3	6,0000	5,80	5,70	5,90	5,90	6,00	6,10	6,00	6,10	6,40	6,30	6,00	6,10	6,025	0,196
4	8,0000	7,60	7,70	7,80	7,70	7,80	7,80	7,80	7,70	7,80	7,50	7,60	7,70	7,708	0,100
5	10,0000	9,10	9,30	9,50	9,30	9,40	9,50	9,50	9,50	9,60	9,20	9,30	9,40	9,383	0,147

Die Messergebnisse können in Form eines Werteverlaufes (Bild 4.25) oder in Form eines Wertestrahls (Bild 4.26) dargestellt werden.

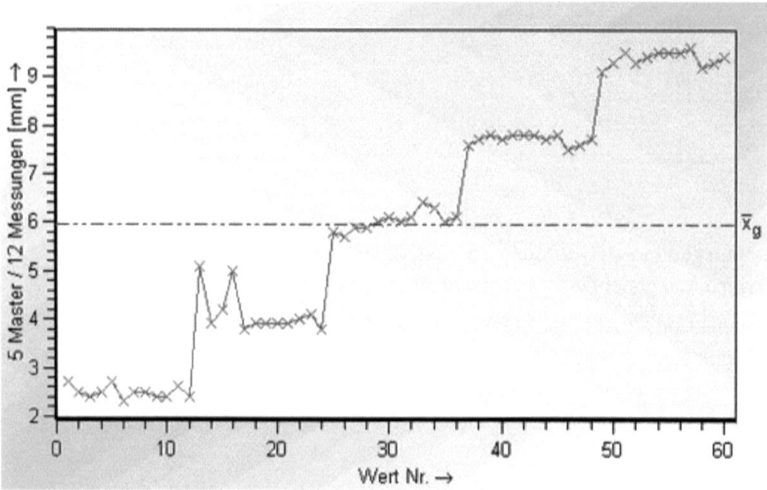

Bild 4.25 Werteverlauf

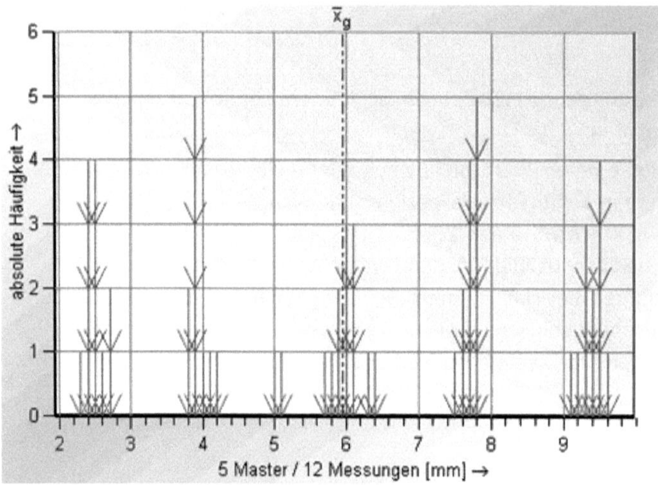

Bild 4.26 Wertestrahl

In Bild 4.27 sind die Einzelwerte und die Mittelwerte über dem jeweiligen Referenzpunkt eingetragen. Weiter sind in die Grafik die Regressionsgerade, die sich aus den Werten ergibt, und die „ideale Linie“ eingezeichnet. Eine deutliche Abweichung zwischen diesen beiden Linien ist zu erkennen, was auf ein Linearitätsproblem hindeutet.

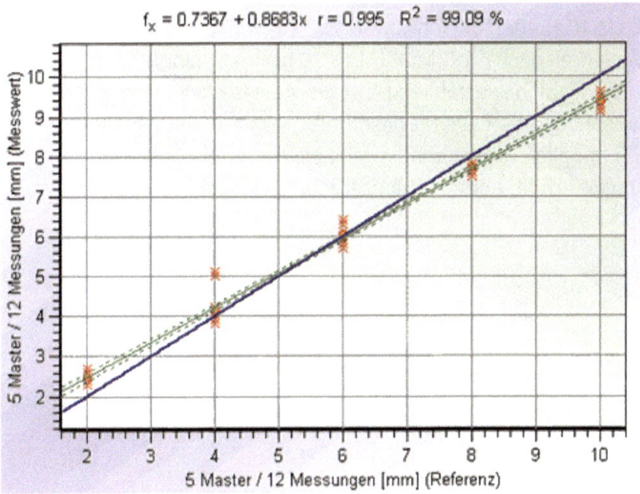

Bild 4.27 Messwerte über der Referenz

Wird anstatt der Urwerte die systematische Messabweichung über den Referenzwerten eingetragen, ergibt sich die in Bild 4.28 dargestellte Form.

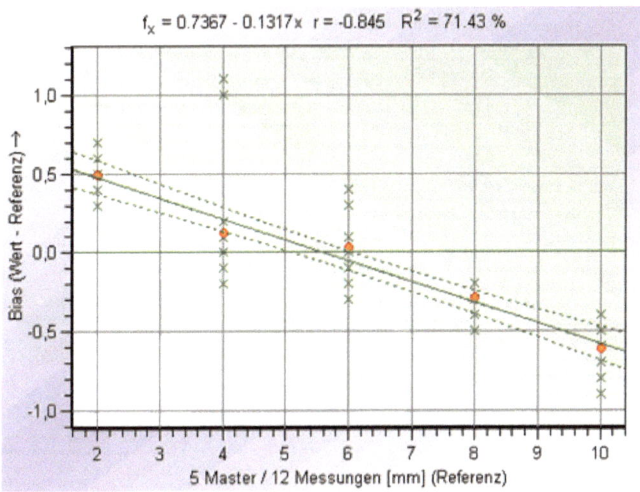

Bild 4.28 Systematische Messabweichung (Bias) über der Referenz

Die numerische Auswertung der Messwerte liefert die in Bild 4.29 dargestellten Ergebnisse.

Test	Testhypothese		Teststatistik
Test des Achsenabschnitts bei lin. Regression	H_0	Der Achsabschnitt der Regressionsgeraden ist 0	10,1575***
	H_1	Der Achsabschnitt der Regressionsgeraden ist ungleich 0	
Test der Steigung bei lin. Regression	H_0	Die Steigung der Regressionsgeraden ist 0	12,0426***
	H_1	Die Steigung der Regressionsgeraden ist ungleich 0	

Bild 4.29 Ergebnis t-Test

HINWEIS: In Bosch Heft 10 (Robert Bosch GmbH 2019a) wird darauf hingewiesen, dass dieses Verfahren nach AIAG MSA (AIAG 2010) Nicht-Linearitäten nicht sicher erkennt. Da nicht bewertet wird, ob die Ausgleichsgerade die Messpunkte auch in ausreichender Qualität beschreibt, was z. B. mithilfe des Bestimmtheitsmaßes R^2 möglich wäre, kann es sein, dass zwar die Ausgleichgerade alle Anforderungen erfüllt, aber die Messergebnisse nicht korrekt beschreibt (s. Bild 4.30).

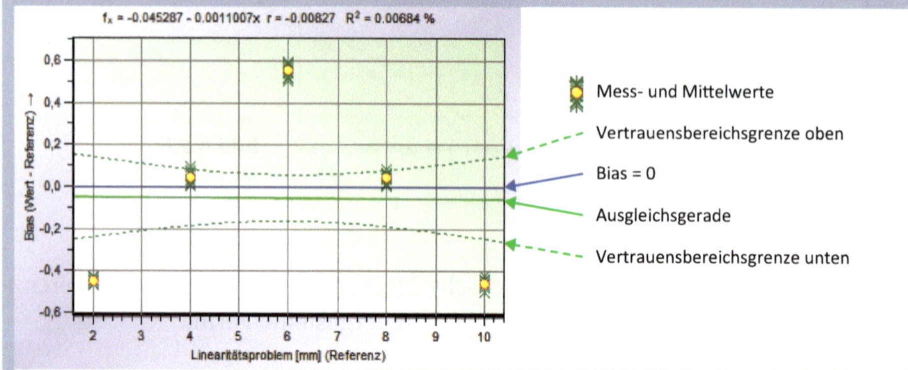

Geradengleichung = f_x = -0,0453 - 0,0011 x		%R^2 = 0,007%	
Test der Steigung bei lin. Regression			
α = 5%	H_0	Die Steigung der Regressionsgeraden ist 0	
	H_1	Die Steigung der Regressionsgeraden ist ungleich 0	
oberer kritischer Wert (α = 5 %)	2,01	Testergebnis : nicht signifikant	
oberer kritischer Wert (α = 1 %)	2,68	0,057302	
oberer kritischer Wert (α = 0,1 %)	3,51		
H_0 : Die Steigung der Regressionsgeraden ist 0			
Test des Achsenabschnitts bei lin. Regression			
α = 5%	H_0	Der Achsabschnitt der Regressionsgeraden ist 0	
	H_1	Der Achsabschnitt der Regressionsgeraden ist ungleich 0	
oberer kritischer Wert (α = 5 %)	2,01	Testergebnis : nicht signifikant	
oberer kritischer Wert (α = 1 %)	2,68	0,35542	
oberer kritischer Wert (α = 0,1 %)	3,51		
H_0 : Der Achsabschnitt der Regressionsgeraden ist 0			

Bild 4.30 Fehlerhafte Beurteilung der Linearität nach AIAG MSA (AIAG 2010)

Linearitätsuntersuchung nach Daimler (Daimler AG 2013) und dem Leitfaden aus der Automobilindustrie (Q-DAS GmbH 2001)

Ist die Toleranz vorgegeben, kann vereinfachend gefordert werden, dass die systematische Messabweichung bei allen fünf Referenzteilen kleiner sein muss als ±5 % der Toleranz. Bild 4.31 zeigt, dass bei diesem Beispiel die Forderung nicht eingehalten wird.

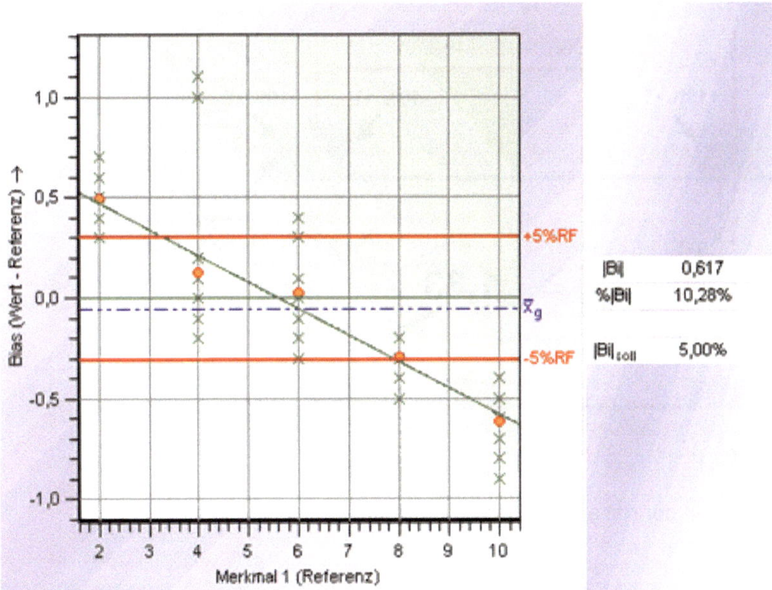

Bild 4.31 Grenzwerte bei Linearität

An den Randbereichen ist die Abweichung zu groß und damit ist ein Linearitätsproblem vorhanden. Dies wurde auch bei der numerischen Analyse bereits erkannt.

Linearitätsuntersuchung nach Bosch (Robert Bosch GmbH 2019a)

Die Forderung von $\%|Bi| \leq 5\ \%$ bei kleiner Wiederholstreuung kann dazu führen, dass zwar das Verfahren 1 erfüllt, am selben Referenzteil die Linearitätsforderung aber nicht erfüllt ist. In Bosch Heft 10 wird deshalb empfohlen, anstelle einer speziellen Linearitätsuntersuchung einfach ein Verfahren 1 pro Normal zu berechnen. Das heißt, basierend auf den vorliegenden Messwerten wird jeweils ein C_g und C_{gk} berechnet. Das Messsystem gilt als linear, wenn für alle Referenzteile die Vorgaben aus Verfahren 1 eingehalten sind.

Untersuchung an der Spezifikationsgrenze

Oftmals können aus wirtschaftlichen Gründen nicht mehrere Normale/Referenzteile zur Verfügung gestellt werden. Daher beschränkt man sich auf die Untersuchung an den Spezifikationsgrenzen. Damit sind jeweils ein Normal/Referenzteil in der Nähe der unteren bzw. der oberen Spezifikationsgrenze zur Verfügung zu stellen (s. Bild 4.32). Anschließend wird mit jedem Normal eine Fähigkeitsuntersuchung gemäß Verfahren 1 durchgeführt. Die Qualitätsfähigkeitskenngröße C_{gk} muss größer als 1,33 sein.

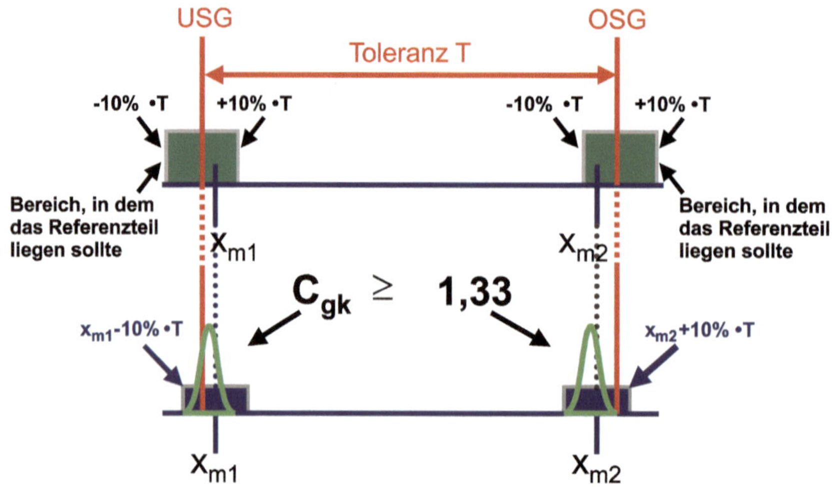

Bild 4.32 Verfahren 1 in der Nähe der Spezifikationsgrenzen

HINWEIS: Diese Vorgehensweise ist keine Linearitätsuntersuchung, sondern lässt nur eine Aussage über die Eignung an den jeweils betrachteten Stellen zu. Über andere Bereiche kann keine Aussage getroffen werden.

■ 4.3 Messprozessbezogene Verfahren

4.3.1 Spannweitenmethode (Short-Range-Methode)

Möchte man ohne großen Aufwand eine schnelle Abschätzung der Gesamtstreuung des Messprozesses, kann ein schnelles Verfahren, die sogenannte Spannweitenmethode, verwendet werden. Diese Methode liefert nur einen Gesamteindruck über das Messsystem. Sie erlaubt keine Differenzierung der ermittelten Streuung in Wiederholpräzision und Vergleichpräzision. Sie kann auch eingesetzt werden, um schnell nachzuweisen, ob sich die *Messsystemstreuung (%GRR)* signifikant verändert hat.

Wegen des geringen Stichprobenumfanges bei der Untersuchung ist die Mächtigkeit dieses Tests nicht sehr hoch.

Für die Durchführung der Spannweitenmethode sind zwei Prüfer (A und B) und fünf Teile erforderlich. Beide Prüfer messen jedes Teil einmal. Anschließend wird die Spannweite für jedes Teil zwischen den Messungen des Prüfers A und denen des Prüfers B ermittelt. Daraus lässt sich der Mittelwert ($\overline{R}$) berechnen.

Die Streuung des Messsystems „*GRR*" erhält man durch Division der mittleren Spannweite $\overline{R}$ durch den Korrekturfaktor d_2^* (s. Tabelle 14.1).

$$GRR = \frac{\overline{R}}{d_2^*}$$

mit

$$\overline{R} = \frac{1}{n}\sum_{i=1}^{n} R_i$$

$i = 1, 2, \ldots, n$

In dem Beispiel aus Bild 4.33 (aus AIAG MSA (AIAG 2010)) mit $r = 2$ (Anzahl der Prüfer) und $n = 5$ (Anzahl der Teile) ergibt sich $d_2^* = 1{,}19$ aus der Tabelle 14.1.

n	$x_{A;1}$	$x_{B;1}$	R_{gn}
1	0,85	0,80	0,05
2	0,75	0,70	0,05
3	1,00	0,95	0,05
4	0,45	0,55	0,10
5	0,50	0,60	0,10

→ $\overline{R}$

Bild 4.33 Fallbeispiel mit zwei Prüfern und fünf Teilen

Interessant ist die Frage: „Welcher prozentuale Anteil der Prozessstreuung (oder der Toleranz) wird durch die Streuung des Messsystems verbraucht?" Dazu wird die Messsystemstreuung GRR in das Verhältnis zur Prozessstreuung bzw. zur Toleranz gesetzt und als Prozentwert angegeben:

$$\%GRR = \frac{GRR}{\text{Prozess-Standardabweichung}} \cdot 100\ \% \ \text{ bzw. } \frac{GRR}{1/6\ \text{Toleranz}} \cdot 100\ \%$$

Die Prozess-Standardabweichung wurde aus vorhergehenden Studien ermittelt und ist 0,0777. Damit ergeben sich die in Bild 4.34 dargestellten Ergebnisse.

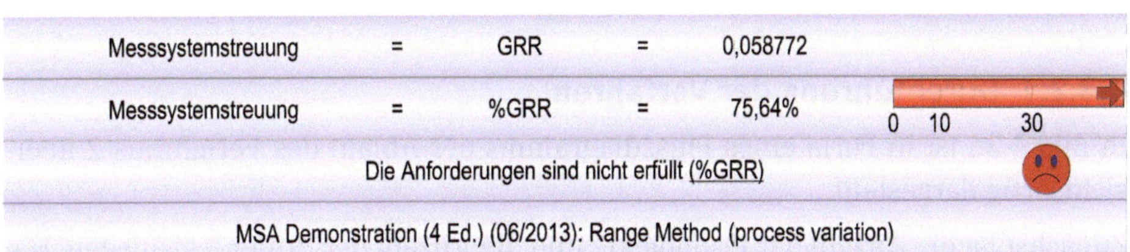

Bild 4.34 Fallbeispiel Spannweitenmethode mit Prozessstreuung als Bezugsgröße

Damit ist eine Messsystemstreuung *%GRR* von 75,7 % ermittelt. Daraus folgt, dass das Messsystem verbessert werden muss.

Wird anstatt der Prozessstreuung als Bezugsgröße die Toleranz ($T = 4{,}2 \rightarrow 1/6\,T = 0{,}7$) verwendet, erhält man das in Bild 4.35 dargestellte Resultat. Auch unter dieser Betrachtungsweise wäre das Messsystem nicht geeignet und ist zu verbessern.

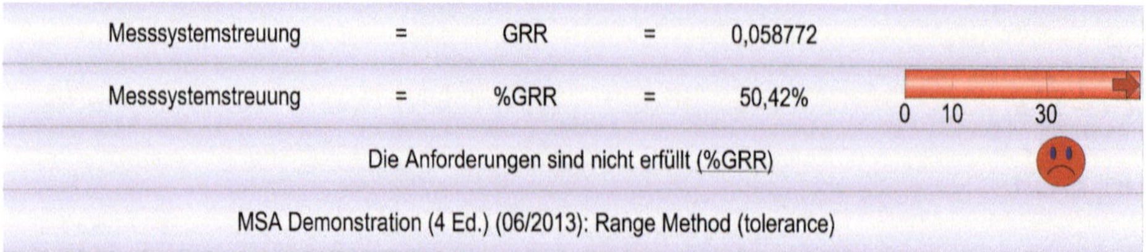

Bild 4.35 Fallbeispiel Spannweitenmethode mit Toleranz als Bezugsgröße

HINWEIS: Auch wenn der Kennwert der (Short-)Range-Methode mit *GRR* bezeichnet wird und somit die „Gage Repeatability und Reproducibility“ enthalten sollte, wird nur die Reproducibility (Vergleichpräzision) bewertet. Darüber hinaus ist diese Reproducibility weder um die Repeatability (Wiederholpräzision) bereinigt, noch wird die Repeatability explizit hinzugerechnet. Das Verfahren stellt also keinen zu empfehlenden Nachweis der Fähigkeit dar, sondern ist nur zum groben Abschätzen der Reproducibility geeignet.

4.3.2 Verfahren 2: *%GRR* mit Bedienereinfluss

Das Verfahren 2 wird auch als *%GRR*-Methode oder als GRR-Study (Gage Repeatability & Reproducibility, s. AIAG MSA (AIAG 2010)) bezeichnet. Es ist von den bisher beschriebenen Verfahren das Umfassendste, da dabei die meisten Einflussfaktoren zum Tragen kommen und deren Auswirkungen berücksichtigt werden. Wie die Abkürzung GRR schon ausdrückt, wird die Wiederhol- und Vergleichpräzision des Messprozesses bestimmt und zu dem Kennwert *%GRR* verrechnet. Anhand dessen wird entschieden, ob der Messprozess für die vorgesehenen Messaufgaben geeignet, bedingt geeignet oder nicht geeignet ist.

4.3.2.1 Durchführung der Verfahren

In Bild 4.36 ist in Form eines Flussdiagramms der Ablauf des Verfahrens 2 übersichtsartig dargestellt.

Zunächst ist die Anzahl der Prüfobjekte und die Anzahl der Prüfer festzulegen. Die ausgewählten Prüfobjekte müssen repräsentativ sein für die Streubreite des zu überwachenden Fertigungsprozesses. Sinnvoller ist jedoch meist, statt der Fertigungsprozessstreubreite die Merkmalstoleranz zu verwenden. Solange die Bezugsgröße (Total Variation, TV) für *%GRR* nicht aus der Teilestreuung im Verfahren 2 selbst ermittelt wird, sollten die Prüfobjekte die gesamte Merkmalstoleranz überdecken, unabhängig von der tatsächlichen Fertigungsprozessstreuung. Prüfobjekte außerhalb der Spezifikationsgrenzen sind zulässig. Weiter ist die Anzahl der Wiederholmessungen eines Prüfers an jedem Prüfobjekt zu bestimmen. Dabei sind mindestens 2 Wiederholungsmessungen durchzuführen. Es gilt die Regel (Q-DAS GmbH 2001): Anzahl der Prüfobjekte (n) mal Anzahl der Prüfer (k) mal Anzahl der Wiederholungsmessungen (r) sollte mindestens 30 sein ($n \cdot k \cdot r \geq 30$).

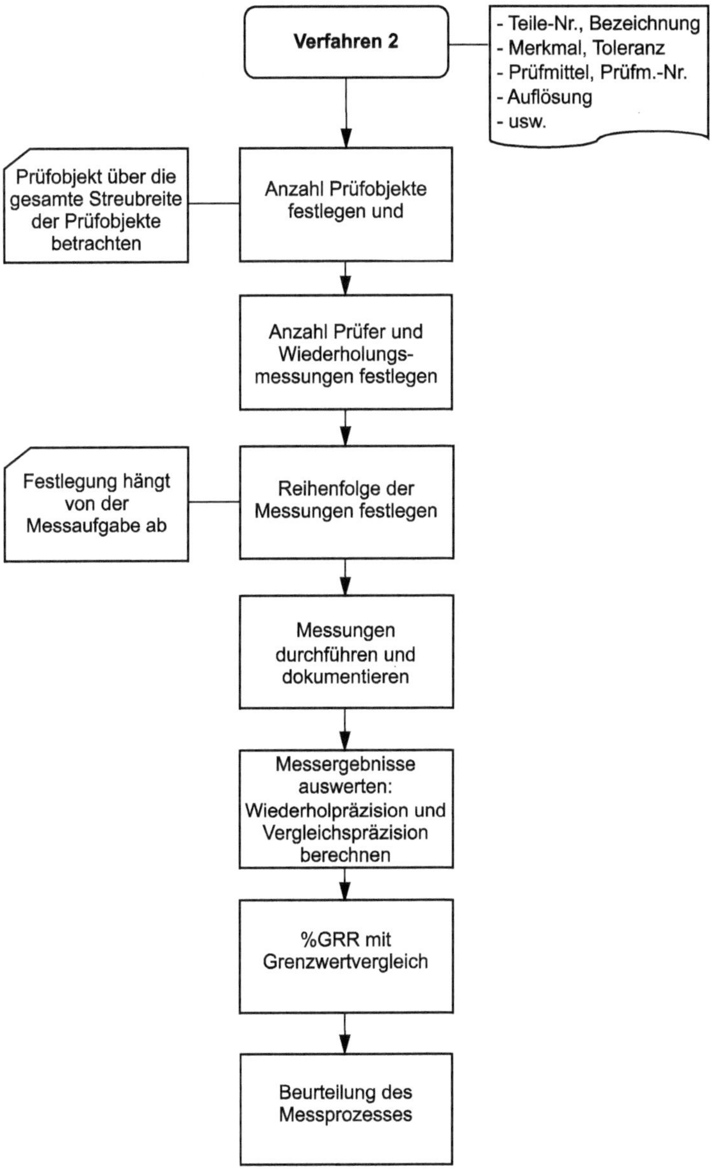

Bild 4.36 Ablauf Verfahren 2

Die Schritte im Einzelnen:

- Werden die Prüfernamen nicht explizit festgehalten, werden sie mit A, B, C bezeichnet oder nummeriert.
- Die Produktionsteile sind für den Prüfer nicht erkennbar in zufälliger Reihenfolge mit Identnummern zu kennzeichnen und die Messposition am Bauteil zu markieren.
- Das zu verwendende Messmittel ist vor dem Gebrauch zu kalibrieren und zu justieren.
- Anschließend misst der erste Prüfer die ausgewählten Prüfobjekte. Die Reihenfolge kann zufällig oder entsprechend der (zufälligen) Nummerierung aufsteigend sein. Die gemessenen Ergebnisse sind in das vorbereitete Formblatt einzutragen.
- Anschließend messen die weiteren Prüfer die gleichen Prüfobjekte an den markierten Messpositionen. Die Prüfer sollten die Messergebnisse ihrer Vorgänger nicht einsehen können.
- Die Messergebnisse sind zu dokumentieren, ebenso alle Störungen oder besondere Einflüsse im Messablauf.
- Dieser Messzyklus wird entsprechend der festgelegten Anzahl der Wiederholungsmessungen wiederholt. Die Messergebnisse sind in die entsprechende Position des Formblatts einzutragen, ohne dass die Prüfer ihre vorherigen Messergebnisse einsehen können. In diesen nachfolgenden Durchgängen sollte die Reihenfolge der Teile variieren, wenn befürchtet wird, dass die Prüfer sich an vorhergehende Ergebnisse erinnern und dann auch unbewusst Ergebnisse beeinflusst werden. Allerdings ist dann wichtig, dass die Wiederholmessungen den richtigen Teilen zugeordnet werden.
- Aus technischen oder wirtschaftlichen Gründen kann die Art der Vorgehensweise variieren. So kann beispielsweise jeder Prüfer die Wiederholungsmessungen auch sofort ausführen. Wichtig ist dabei dann, dass das Prüfobjekt jeweils aus der Messvorrichtung genommen wird. Je nach konkretem Ablauf ist zu beachten, dass verschiedene Schwankungseinflüsse in unterschiedlichen Komponenten sichtbar oder auch nicht erkannt werden.
- Nach diesem Durchlauf ist das Formblatt (s. Bild 4.37) vollständig ausgefüllt.

4.3.2.2 Grafische Darstellung der Ergebnisse

Neben der numerischen Analyse der Messergebnisse sollte immer auch eine grafische Betrachtung stehen. Die grafische Beurteilung ist auf jeden Fall heranzuziehen, wenn geforderte Grenzwerte nicht eingehalten werden können. Störeinflüsse, Verbesserungsmöglichkeiten, Schwachstellen oder Ausreißer sind in grafischen Darstellungen besser erkennbar.

Die Haupteinflussgrößen beim Verfahren 2 sind die Wiederholbarkeit und, neben den Umgebungsbedingungen, der Teile- und der Prüfereinfluss. Um die Auswirkungen der einzelnen Einflüsse bei Bedarf besser erkennen zu können, stehen mehrere Grafiken zur Verfügung. Im Folgenden wird ein und dieselbe Messwertreihe (s. Bild 4.37) aus verschiedenen Blickrichtungen dargestellt. Die Messwertreihe ist der AIAG MSA (AIAG 2010) entnommen. Dabei messen die Prüfer zehn Teile jeweils drei Mal.

n	$x_{A;1}$	$x_{A;2}$	$x_{A;3}$	R_{gj}	$x_{B;1}$	$x_{B;2}$	$x_{B;3}$	R_{gj}	$x_{C;1}$	$x_{C;2}$	$x_{C;3}$	R_{gj}
1	0,29	0,41	0,64	0,35	0,08	0,25	0,07	0,18	0,04	-0,11	-0,15	0,19
2	-0,56	-0,68	-0,58	0,12	-0,47	-1,22	-0,68	0,75	-1,38	-1,13	-0,96	0,42
3	1,34	1,17	1,27	0,17	1,19	0,94	1,34	0,40	0,88	1,09	0,67	0,42
4	0,47	0,50	0,64	0,17	0,01	1,03	0,20	1,02	0,14	0,20	0,11	0,09
5	-0,80	-0,92	-0,84	0,12	-0,56	-1,20	-1,28	0,72	-1,46	-1,07	-1,45	0,39
6	0,02	-0,11	-0,21	0,23	-0,20	0,22	0,06	0,42	-0,29	-0,67	-0,49	0,38
7	0,59	0,75	0,66	0,16	0,47	0,55	0,83	0,36	0,02	0,01	0,21	0,20
8	-0,31	-0,20	-0,17	0,14	-0,63	0,08	-0,34	0,71	-0,46	-0,56	-0,49	0,10
9	2,26	1,99	2,01	0,27	1,80	2,12	2,19	0,39	1,77	1,45	1,87	0,42
10	-1,36	-1,25	-1,31	0,11	-1,68	-1,62	-1,50	0,18	-1,49	-1,77	-2,16	0,67

Bild 4.37 Messwertreihe für Verfahren 2

Die einfachste Form der grafischen Visualisierung ist die Darstellung der Werte nach Prüfern getrennt. Bild 4.38 zeigt diesen Verlauf. So sind unter 1 A die Abweichungen der ersten 3 Messungen des Prüfers A an Prüfobjekt 1 vom Gesamtmittelwert aller 9 Messungen dieses Teils dargestellt. Bereits an dieser Darstellung kann man signifikante Unterschiede zwischen den Prüfern feststellen.

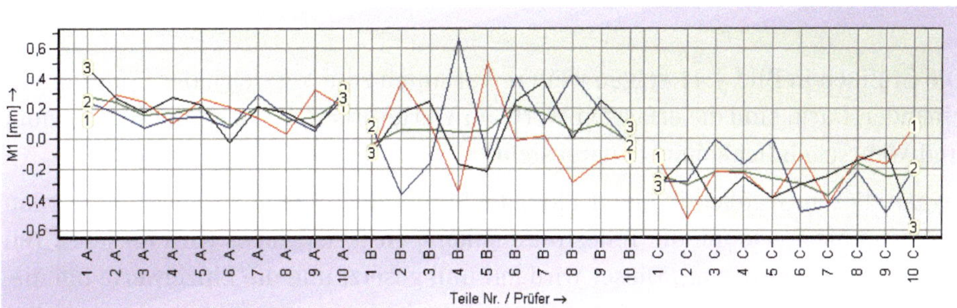

Bild 4.38 Werteverlauf prüferbezogen

Meist ist diese Darstellung für die Bewertung der Stör- und Einflussgrößen völlig ausreichend.

Will man in erster Linie die Prüfer untereinander vergleichen, kann der oben gezeigte Werteverlauf in Form von Mittelwerten der je drei Wiederholmessungen nicht nur nebeneinander (Bild 4.39), sondern auch überlagert dargestellt werden.

In Bild 4.40 sind für die Prüfer A, B, C farblich getrennt die Mittelwerte der Messergebnisse eingetragen. Durch die Mittelwertbildung werden Daten verdichtet.

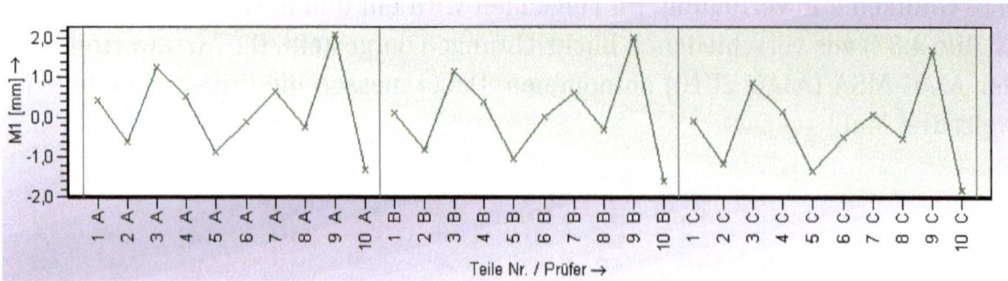

Bild 4.39 Mittelwert Prüfer nebeneinander

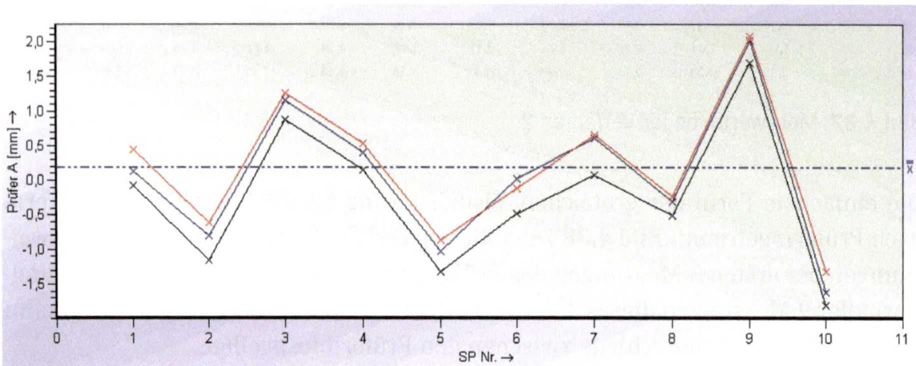

Bild 4.40 Mittelwert Prüfer überlagert

Die Grafiken in Bild 4.41 zeigen weitere Varianten zum Vergleich der Prüfer untereinander. Darin sind die erfassten Werte im Werteverlauf, Wertestrahl, Histogramm und Wahrscheinlichkeitsnetz dargestellt.

Da mit diesen Grafiken in erster Linie die Streuung der Bediener beurteilt werden soll, sind die Werte um die Teilestreuung kompensiert, d.h., es wird für jedes Teil der Mittelwert bestimmt. Dieser wird auf null gesetzt und die Einzelwerte um diesen Mittelwert korrigiert. In jeder Darstellung ist im oberen Bild die Summe aller Werte eingetragen, in den darunter liegenden sind die Werte für die Prüfer A, B und C dargestellt. Zur Beurteilung der Prüferstreuung sind die Grafiken Wertestrahl und Histogramm besonders hilfreich. Dabei ist zu beachten, dass zur besseren Interpretierbarkeit in den Histogrammen auch die Wahrscheinlichkeitsdichte („Normalverteilung“) dargestellt wird. Es ist deutlich zu erkennen, dass die Prüfer eine unterschiedliche systematische Messabweichung haben. Diese ist bei Prüfer B am kleinsten, allerdings ist dessen Streuung größer als die der beiden anderen Prüfer A und C.

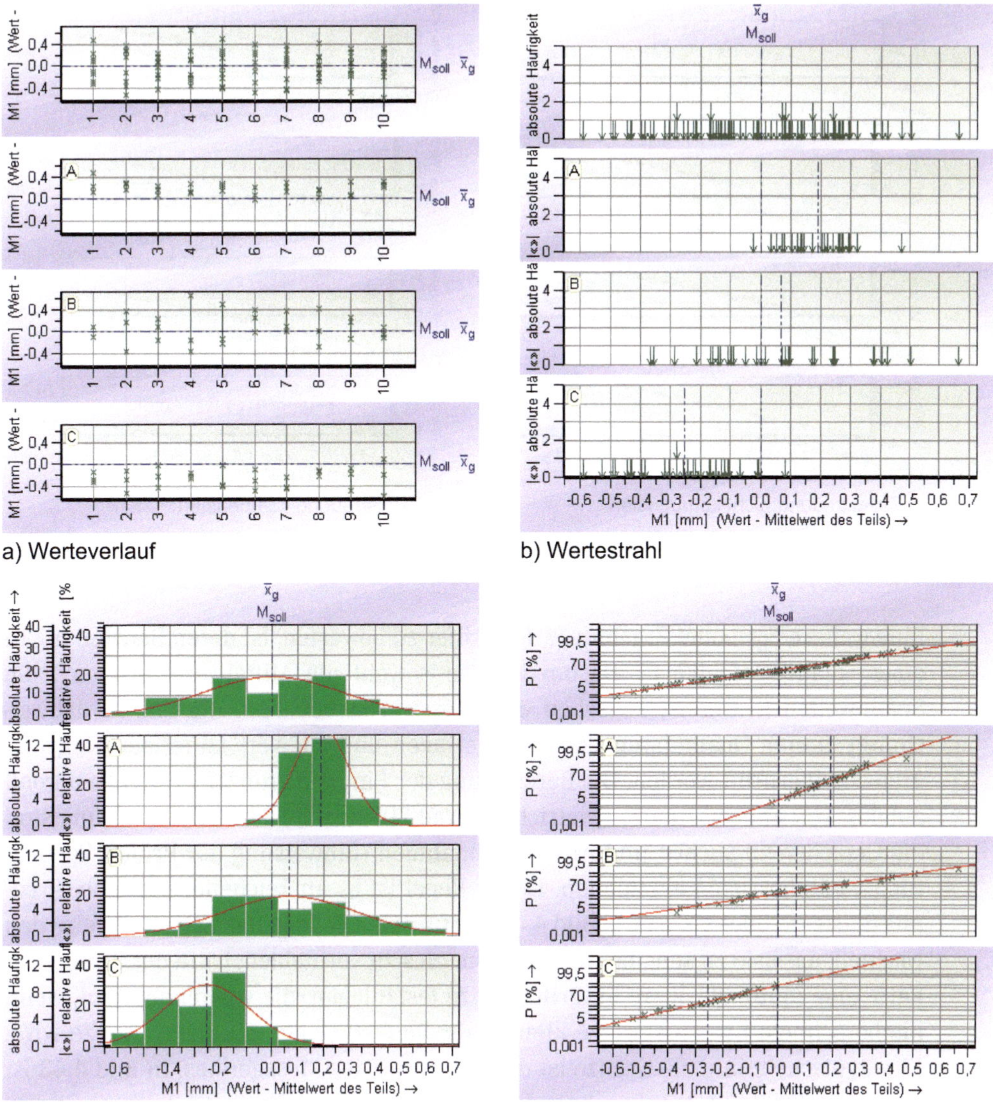

a) Werteverlauf
b) Wertestrahl
c) Histogramm
d) Wahrscheinlichkeitsnetz

Bild 4.41 Vergleich der Prüfer

Die Werte der Prüfer können auch über die Referenzen aufgetragen werden. Diese Form der Darstellung enthält Bild 4.42.

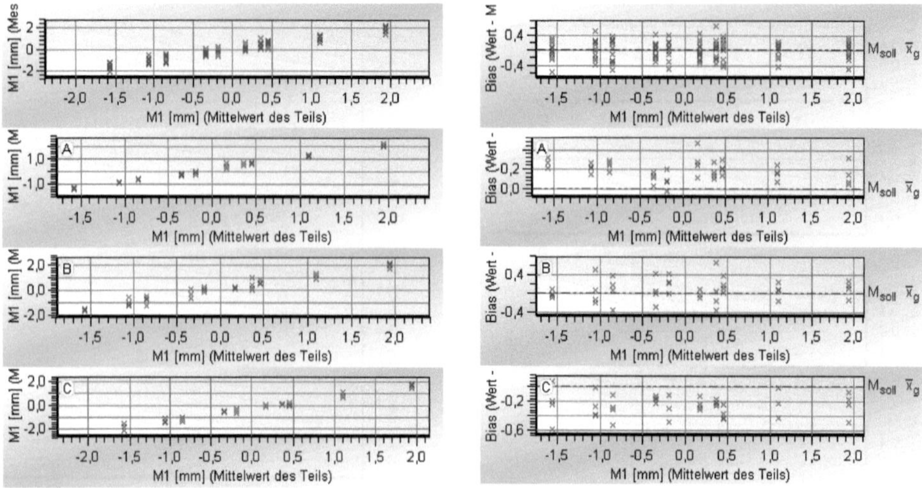

a) Teilestreuung nicht kompensiert

b) Teilestreuung kompensiert

Bild 4.42 Referenz zu Prüfer

Eine weitere Form, die Ergebnisse der Prüfer zu bewerten, ist deren Beurteilung in einer Qualitätsregelkarte. Darum können sowohl die Mittelwerte als auch die Spannweiten (Differenz zwischen den Messwertreihen bzw. die Standardabweichung) in eine Qualitätsregelkarte eingetragen und auf Verletzung der Eingriffsgrenzen überprüft werden. Die Berechnung der Eingriffsgrenzen erfolgt basierend auf der $\overline{x}$-R-Shewhartkarte (Dietrich, Conrad 2021). Bei Stabilitätsverletzung sind die Ursachen zu suchen und Abstellmaßnahmen (Einweisung der Prüfer, Vorrichtung verändern etc.) einzuleiten. In der Regel ist es ausreichend, nur eine Streuungskarte (*R*- oder *s*-Karte, s. Bild 4.43) zu führen. Die Regelkarte hat teilweise den Nachteil, dass sie zu sensibel reagiert. Um dies zu vermeiden, ist in der Streuungskarte eine minimale obere Eingriffsgrenze festzulegen, die verwendet wird, wenn die berechnete Eingriffsgrenze kleiner als die festgelegte minimale Grenze wird. Eine typische minimale Grenze ist die Auflösung des Messgerätes. In Bild 4.43 ist eine $\overline{x}$-R-Karte mit dem Ergebnis der drei Prüfer (überlagert und nebeneinander) gezeigt.

Liegen signifikante Unterschiede zwischen den Prüfern vor, sind Abstellmaßnahmen einzuleiten. Dies können Hinweise bezüglich der Handhabung oder eine Verbesserung der Messvorrichtung sein (s. Kapitel 1).

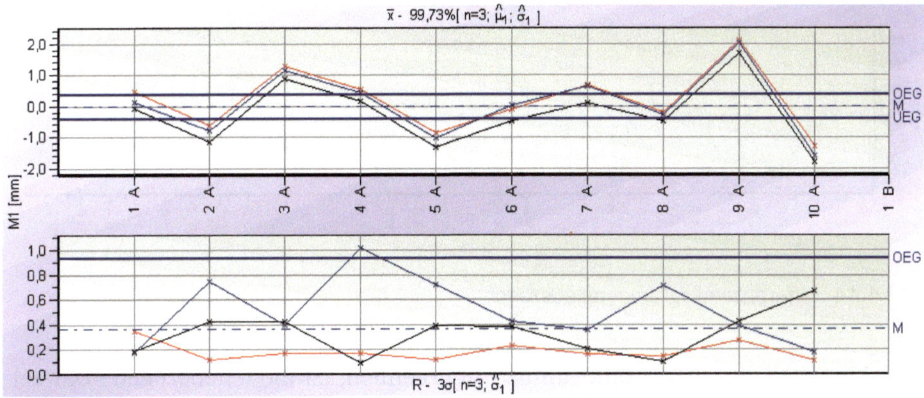

a) überlagert

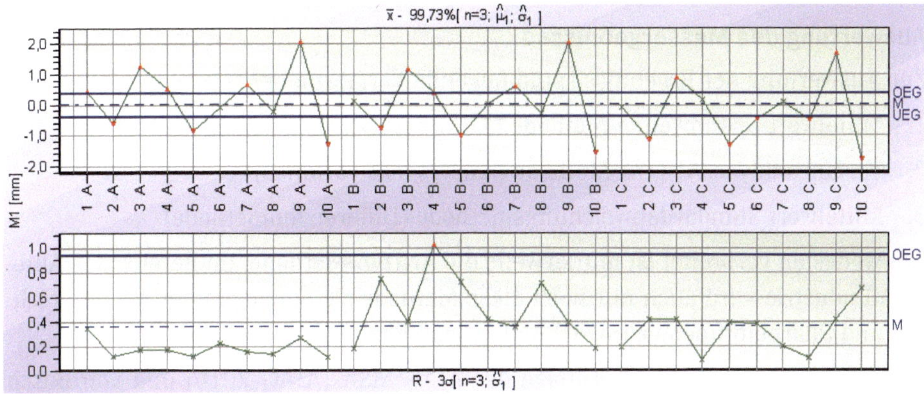

b) nebeneinander

Bild 4.43 $\overline{x}$-R-Karte

Ungleichheiten am Teil (innere Teilestreuung)

Zur Bestimmung der Streuung des Systems werden, wie oben erläutert, Produktionsteile verwendet. Diese können aufgrund des Herstellungsprozesses Verformungen haben. Dadurch ergibt sich bei Messungen eines Merkmals am gleichen Teil an unterschiedlichen Positionen eine zusätzliche Streuungskomponente, die nicht dem Messgerät anzulasten ist und daher kompensiert werden sollte. Eine messtechnische und rechnerische Kompensation ist zwar genauer, aber sowohl vom Messaufwand als auch der Auswertung her erheblich aufwendiger. Daher ist über deren Einsatz im Einzelfall zu entscheiden. Um diesen Einfluss zu vermeiden, sollte die Messposition am Werkstück gekennzeichnet werden. Bei Wiederholungsmessungen ist dann die gleiche Position zu verwenden.

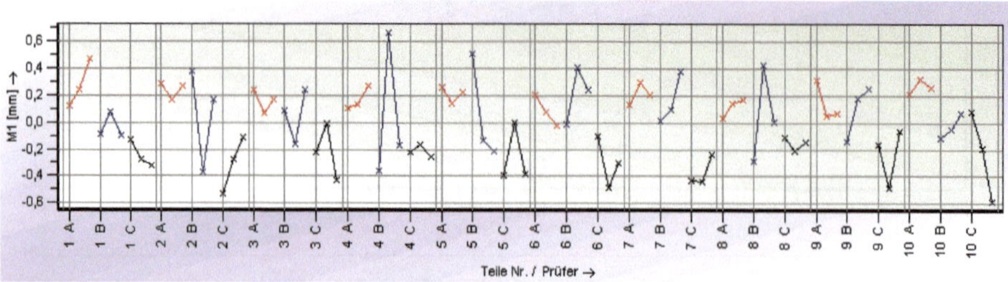

Bild 4.44 Differenzendiagramm teilebezogen

Die einfachste Form, den Teileeinfluss zu erkennen, ist die teilebezogene Darstellung (Bild 4.44).

Auswertung des Messergebnisses

Zur Auswertung der Ergebnisse sind folgende Verfahren bekannt:

1. Mittelwert-Spannweiten-Methode (ARM = **A**verage and **R**ange **M**ethod)
2. Varianzanalyse/ANOVA-Methode (**An**alysis **o**f **Va**riance)
3. Mittelwert-Standardabweichungsmethode (Differenzenmethode)

Am weitesten verbreitet ist mittlerweile die ANOVA-Methode. Im Bereich der Automobilindustrie wird auch nur noch diese Methode akzeptiert, in der Medizintechnik und Pharmabranche ist ANOVA als „Good Practice“ üblich.

Seit dem Erscheinen der 4. Auflage der AIAG MSA (AIAG 2010) und von Bosch Heft 10 (Robert Bosch GmbH 2019a) im Jahr 2010 wird die ARM-Methode als nicht mehr zeitgemäß betrachtet. Grund ist, dass die Kennwerte mit den zu Beginn der 1990er-Jahre entwickelten Berechnungsmethoden, die noch für einfache Taschenrechner tauglich sein sollten, mit mehreren tabellierten Korrekturfaktoren ermittelt werden. Darüber hinaus kann die ARM-Methode keine Wechselwirkung (Interaction IA) zwischen Prüfer und Teil ausweisen.

Die Mittelwert-Standardabweichungsmethode hat mehrere Einschränkungen (z. B. nur zwei Messwertreihen pro Prüfer). Daher hat sie sich in der Praxis nicht durchgesetzt. Vorteil dieser Vorgehensweise ist, dass nicht nur Spannweiten, sondern explizit vorzeichenbehaftete Differenzen beurteilt werden. Damit kann bewertet werden, ob die Abweichungen eine bevorzugte Richtung aufweisen oder zufälliger Art sind.

Da sich die Berechnungsmethoden der drei Analyseverfahren voneinander unterscheiden, können konsequenterweise nicht dieselben Ergebnisse erwartet werden. Daher ist bei der Berechnung von *%GRR* immer auch die Berechnungsmethode anzugeben. Zusätzlich gibt es selbst innerhalb der Berechnungsmethoden je nach

Richtlinie noch signifikante Unterschiede. Um Ergebnisse innerhalb eines Unternehmens nachvollziehbar und vergleichbar zu machen, müssen unbedingt die Formeln definiert und in einer Verfahrensanweisung bzw. Richtlinie dokumentiert werden.

Bild 4.45 zeigt schematisiert, wie die beiden statistischen Kennwerte $\bar{\bar{R}}$ und $R_{\bar{X}}$ für die ARM-Auswertung bestimmt werden.

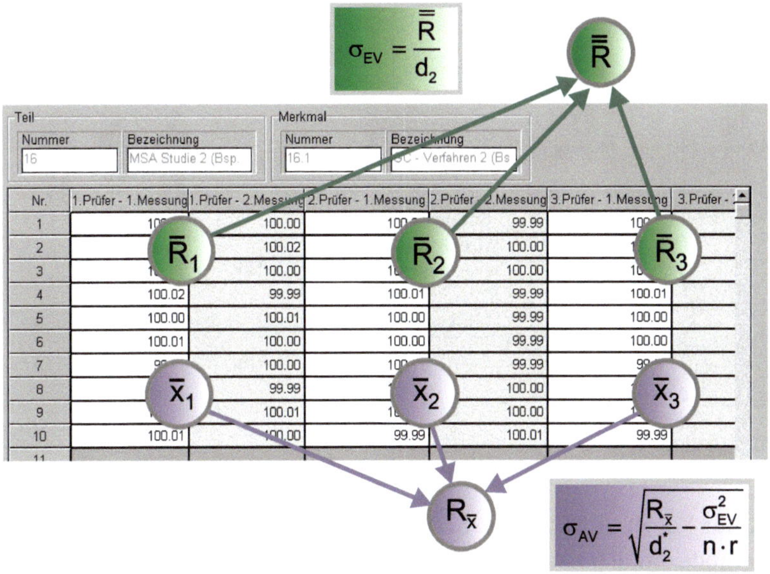

Bild 4.45 Bestimmung von $\bar{\bar{R}}$ und $R_{\bar{X}}$

4.3.2.3 Numerische Auswertung der Versuchsdaten

Die Aufgabe der numerischen Auswertung ist die Zerlegung der im Versuch beobachteten Gesamtstreuung in einzelne Streukomponenten (Bild 4.46). Das ist notwendig, da nicht alle Streukomponenten dem Messsystem angelastet werden können. Die dem Messsystem zuordenbaren Streukomponenten werden mit einer Referenzgröße verglichen. Aus dem Vergleich lassen sich Schlüsse über die Eignung des Messsystems ziehen, in dem Sinne, ob die Streuung des Messsystems ausreichend klein oder zu groß ist.

Für die numerische Streuungszerlegung sind zwei Auswerteverfahren üblich:

- Mittelwert-Spannweiten-Methode (ARM, **A**verage **R**ange **M**ethod)
- Varianzanalyse oder ANOVA (ANOVA, **An**alysis **o**f **Va**riance)

Beide Verfahren ermöglichen die Schätzung der Streukomponenten:

1. Wiederholpräzision s_{EV} (Geräteeinfluss)
2. Vergleichpräzision s_{AV} (Bedienereinfluss)
3. Teilestreuung s_{PV} (Teileeinfluss)

Mit der Varianzanalyse kann zusätzlich eine Wechselwirkungskomponente – Bediener mit Teil – berechnet werden.

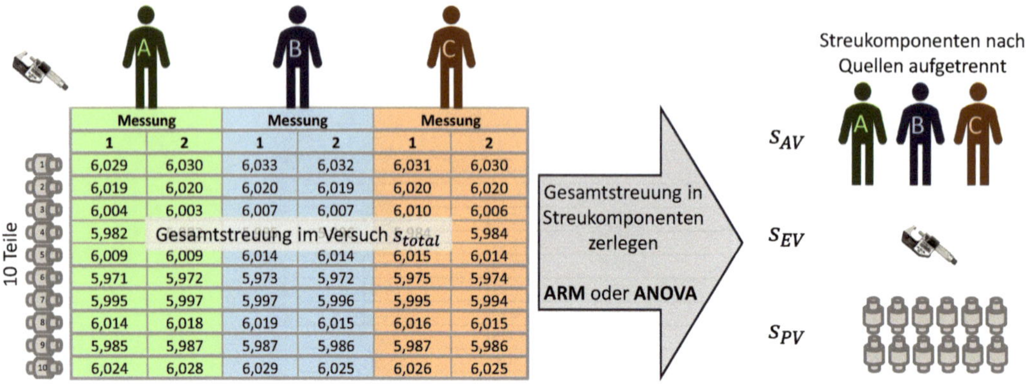

Teil	Messung (A) 1	Messung (A) 2	Messung (B) 1	Messung (B) 2	Messung (C) 1	Messung (C) 2
1	6,029	6,030	6,033	6,032	6,031	6,030
2	6,019	6,020	6,020	6,019	6,020	6,020
3	6,004	6,003	6,007	6,007	6,010	6,006
4	5,982	[illegible]	[illegible]	[illegible]	[illegible]	5,984
5	6,009	6,009	6,014	6,014	6,015	6,014
6	5,971	5,972	5,973	5,972	5,975	5,974
7	5,995	5,997	5,997	5,996	5,995	5,994
8	6,014	6,018	6,019	6,015	6,016	6,015
9	5,985	5,987	5,987	5,986	5,987	5,986
10	6,024	6,028	6,029	6,025	6,026	6,025

Bild 4.46 Gesamtstreuung

Jedes Verfahren hat Vor- und Nachteile. So ist das Rechenschema der Mittelwert-Spannweiten-Methode einfach nachvollziehbar und damit leicht von Hand oder mit dem Taschenrechner durchführbar. Allerdings lassen sich damit nicht alle Streukomponenten ermitteln, es fehlt die Wechselwirkung. Das Verfahren der Varianzanalyse ist mathematisch weitaus exakter und weist zusätzlich die Wechselwirkung aus. Allerdings ist der Aufwand für den Rechengang deutlich höher, sodass dieser praktisch nur noch mit Computereinsatz zu bewältigen ist.

Durch die unterschiedliche Berechnung und auch die unterschiedliche Berücksichtigung der Wechselwirkungseinflüsse sind die Ergebnisse für die berechneten Streukomponenten bei beiden Auswerteverfahren unterschiedlich. Das heißt: Wertet man dieselben Messwerte zunächst mit dem Auswerteverfahren ARM und anschließend mit dem Verfahren ANOVA aus, so erhält man unterschiedliche Ergebnisse für die Eignungskennwerte. Aus diesem Grund sollte das verwendete Auswerteverfahren stets in der Ergebnisdarstellung angegeben werden.

Die Spannweiten-Mittelwert-Methode ARM (ARM = Average Range Method)

In Bild 4.45 ist anhand eines Zahlenbeispiels dargestellt, wie die Standardabweichungen der Streukomponenten Wiederholpräzision s_{EV} (EV = Equipment Variation) und Vergleichpräzision s_{AV} (AV = Appraiser Variation) ermittelt werden.

Ermittlung der Wiederholpräzision s_{EV}

Betrachtet werden wieder die Messergebnisse in Bild 4.45. Die erste Spalte mit der Überschrift „Nr." enthält die Nummer des geprüften Teiles. In diesem Beispiel sind 10 Teile verwendet worden. Anhand der weiteren Spaltenüberschriften wie „Prüfer 1 - 1. Messung", „Prüfer 1 - 2. Messung" usw. erkennt man, dass jeder Prüfer jedes Teil zweimal wiederholt gemessen hat. Mit den zwei Wiederholmessungen von Prüfer 1 am Teil 1 bildet man die Spannweite R (R = Range), indem man von dem größeren Messwert den kleineren Messwert abzieht. Diesen Vorgang wiederholt man für die Teile 2 bis 10.

Anschließend addiert man die 10 Spannweiten von Prüfer 1 und teilt die Summe durch 10. Das Ergebnis ist der Mittelwert der Spannweiten $\overline{R}_1$ von Prüfer 1. Der gesamte Vorgang - (1) Berechnen der Spannweite je Teil und (2) Ermitteln des Spannweitenmittelwertes - wird auch für die Prüfer 2 und 3 durchgeführt, sodass am Ende für jeden Prüfer genau ein Spannweitenmittelwert existiert (in Bild 4.45 $\overline{R}_1$, $\overline{R}_2$ und $\overline{R}_3$).

Addiert man diese drei Spannweitenmittelwerte und teilt die Summe durch 3, so erhält man den Mittelwert der Spannweitenmittelwerte $\overline{\overline{R}}$.

Der letzte Schritt besteht darin, anhand des Mittelwertes der Spannweitenmittelwerte einen Schätzwert für die Standardabweichung der Wiederholpräzision zu berechnen. Für diesen Zweck haben Mathematiker sogenannte d_2-Faktoren tabelliert. Dividiert man den Mittelwert der Spannweitenmittelwerte $\overline{\overline{R}}$ durch d_2, so erhält man den Schätzwert für die Standardabweichung der Wiederholpräzision s_{EV}.

$$\overline{\overline{R}} = \frac{\sum_{i=1}^{k} \overline{R}_i}{k} \qquad k = \text{Anzahl der Prüfer}$$

$$s_{EV} = EV = \frac{\overline{\overline{R}}}{d_2}$$

Leider ist der Wert von d_2 nicht konstant, sondern abhängig von der Anzahl der Wiederholungen r, der Anzahl der Prüfer k und der Anzahl der Teile n. Praktisch relevante Werte für d_2 können den Tabelle im Anhang entnommen werden. Für das Beispiel mit r = 2 Wiederholungen, k = 3 Prüfern und n = 10 Teilen findet man in der Tabelle den Wert d_2 = 1,12838. Die betreffende Tabellenzelle befindet sich im Kreuzungspunkt der letzten Zeile d_2 mit der zweiten Spalte und enthält zwei Werte. Der obere Wert ist zu nehmen.

In der AIAG MSA (AIAG 2010) wurde für s_{EV} die Bezeichnung Equipment Variation EV gewählt. Das ist unglücklich, da nicht mehr erkennbar ist, dass es sich bei diesem Wert um eine Standardabweichung der Wiederholpräzision handelt. In früheren Ausgaben der AIAG MSA war *EV* ein erweiterter Streubereich, also $EV = 5{,}15 \cdot s_{EV}$ für den 99-%-Streubereich oder $EV = 6 \cdot s_{EV}$ für den 99,73-%-Streubereich.

Bedienereinfluss – Ermittlung der Vergleichpräzision s_{AV}

Wie anhand von Bild 4.44 erkennbar ist, hat jeder Prüfer 20 Messungen durchgeführt. Addiert man die 20 Messungen von Prüfer 1 und teilt die Summe durch 20, erhält man den Gesamtmittelwert für den Prüfer 1 $\overline{x}_1$. Dieser Vorgang wird für die Prüfer 2 und 3 wiederholt, sodass am Ende von jedem Prüfer ein Gesamtmittelwert vorliegt (siehe in Bild 4.45 $\overline{x}_1$, $\overline{x}_2$ und $\overline{x}_3$).

Von diesen drei Gesamtmittelwerten bestimmt man den größten und kleinsten Wert ($\overline{x}_{max}$ und $\overline{x}_{min}$) und nutzt diese zur Berechnung der Spannweite der Prüfermittelwerte $R_{\overline{x}}$.

$$R_{\overline{x}} = \overline{x}_{max} - \overline{x}_{min}$$

In der AIAG MSA (AIAG 2010) wird die Spannweite der Prüfermittelwerte $R_{\overline{x}}$ unglücklicherweise mit $\overline{x}_{diff}$ bezeichnet. Diese Benennung führt leicht zur Verwechslung mit Lagekennwerten und lässt nicht erkennen, dass $\overline{x}_{diff}$ eine Spannweite ist. Insofern sollte diese Bezeichnung vermieden werden.

Zwei weitere Arbeitsschritte sind notwendig, um aus dieser Spannweite einen Schätzwert für die Standardabweichung der Vergleichpräzision zu erhalten. Zunächst wird die Spannweite der Prüfermittelwerte $R_{\overline{x}}$ durch den Faktor d_2^* geteilt. Aus Tabelle 6.1 im Anhang 6 entnimmt man für $k = 3$ Prüfer den Wert $d_2^* = 1{,}91155$. Die betreffende Tabellenzelle befindet sich im Kreuzungspunkt der ersten Zeile mit der dritten Spalte und enthält zwei Werte. Der untere ist der gesuchte d_2^*-Wert.

Der letzte Arbeitsschritt zur Bestimmung des Schätzwertes für die Standardabweichung der Vergleichpräzision s_{AV} ist die Korrektur („das Herausrechnen") des Einflusses der Wiederholpräzision auf die Vergleichpräzision:

$$s_{AV} = AV = \sqrt{\left(\frac{R_{\overline{x}}}{d_2^*}\right) - \frac{\sigma_{EV}^2}{n \cdot r}}$$

n = Anzahl der Prüfobjekte

r = Anzahl der Wiederholmessungen

> **HINWEIS:** Sollte sich unter der Wurzel ein negativer Wert ergeben, so wird *AV* = 0 gesetzt.

Analog zur Wiederholpräzision EV lässt die in der AIAG MSA gewählte Bezeichnung Appraiser Variation AV nicht erkennen, dass es sich um einen Schätzwert für die einfache Standardabweichung der Vergleichpräzision handelt. Auch hier wurde in älteren Ausgaben oftmals ein erweiterter Streubereich statt einer Standardabweichung angegeben.

Teileeinfluss – Ermittlung der Teilestreuung s_{PV}

Zu jedem Teil existieren nach dem Beispiel in Bild 4.45 sechs Messwerte, nämlich zwei Wiederholmessungen von jedem der drei Prüfer. Addiert man die sechs Werte von Teil 1 und teilt die Summe durch sechs, so erhält man den Mittelwert von Teil 1. Diesen Vorgang muss man für alle 10 Teile durchführen.

Aus diesen 10 Teilemittelwerten wird der kleinste und größte Wert herausgesucht und damit die Spannweite der Teilemittelwerte R_p ermittelt.

Um einen Schätzwert für die Standardabweichung der Teile zu erhalten, teilt man die Spannweite der Teilemittelwerte R_p durch den zugehörigen d_2^*-Wert.

$$s_{PV} = PV = \frac{R_p}{d_2^*}$$

Für das Beispiel aus Bild 4.45 erhält man aus Tabelle 6.1 im Anhang 6 mit n = 10 Teilen $d_2^* = 3{,}17905$. In der Zelle im Kreuzungspunkt der ersten Zeile mit der zehnten Spalte befinden sich zwei Werte. Der untere ist der gesuchte d_2^*-Wert.

Ermittlung der Messsystemstreuung *GRR*

Von den drei zuvor ermittelten Streukomponenten werden zwei dem Messsystem zugeordnet:

Wiederholpräzision s_{EV}

Vergleichpräzision s_{AV}

Deshalb werden diese beiden Streuungskomponenten zu einer Standardabweichung der Messsystemstreuung *GRR* (*GRR* = Gage Repeatability and Reproducibility) zusammengefasst:

$$s_{GRR} = \sqrt{s_{EV}^2 + s_{AV}^2}$$

„Übersetzt" in die Schreibweise nach AIAG MSA: $GRR = \sqrt{EV^2 + AV^2}$

ANOVA-Methode

Die „ANOVA"-Methode (Varianzanalyse) ist seitens der Messwerterfassung mit der ARM identisch. Die Auswertung ist wesentlich komplexer und kann in der betrieblichen Praxis nicht mehr manuell erfolgen. Das „ANOVA"-Verfahren ist bei vorhandenem Rechnerprogramm (z. B. solara.MP® der Q-DAS® GmbH, Weinheim) der ARM vorzuziehen. Es ist aus mathematischer Sicht das genauere Verfahren und in der Lage, die Streuungskomponenten in folgenden Gruppen separat auszuweisen:

- Wiederholpräzision (Messgeräteeinfluss)
- Vergleichpräzision (Bedienereinfluss)

- Wechselwirkung (Bediener × Teil)
- Teilestreuung

Die separate Ausweisung der einzelnen Streuungskomponenten lässt bessere Rückschlüsse auf Fehlerursachen zu. Dadurch können Verbesserungsmaßnahmen leichter abgeleitet werden. Die Interpretation der Ergebnisse ist mit der ARM-Methode vergleichbar.

Die „mathematischen" Zusammenhänge sind in Abschnitt 15.3 beschrieben.

Mittelwert-Standardabweichungsmethode

Die Vorgehensweise zur Ermittlung der Messdaten ist mit der Mittelwert-Spannweitenmethode identisch.

Die Kennwerte berechnen sich aus:

$\Delta = x_{1i} - x_{2i}$ mit $i = 1, \ldots, 10$

Δ = Differenz aus 1. und 2. Messwertreihe eines Prüfers

Aus den Differenzen ΔA, ΔB und ΔC kann für jeden Bediener A, B und C die Standardabweichung s und daraus der Fähigkeitskennwert *GRR* bestimmt werden:

$$\bar{s} = \frac{\bar{s}_\Delta}{\sqrt{2}} = \frac{\frac{1}{3}\left(s_{\Delta\mathrm{A}} + s_{\Delta\mathrm{B}} + s_{\Delta\mathrm{C}}\right)}{\sqrt{2}}$$

mit $s_{\Delta\mathrm{A}}, s_{\Delta\mathrm{B}}, s_{\Delta\mathrm{C}}$: Standardabweichungen der Differenzen des jeweiligen Prüfers

$$s_v = \sqrt{\frac{1}{2}\left[\left(\bar{x}_\mathrm{A} - \bar{\bar{x}}\right)^2 + \left(\bar{x}_\mathrm{B} - \bar{\bar{x}}\right)^2 + \left(\bar{x}_\mathrm{C} - \bar{\bar{x}}\right)^2\right]}$$

mit $\bar{x}_\mathrm{A}, \bar{x}_\mathrm{B}, \bar{x}_\mathrm{C}$
Mittelwert aus den Ergebnissen des jeweiligen Prüfers

$$GRR = \sqrt{\bar{s}^2 + s_v^2}$$

und $\bar{\bar{x}}$: Gesamtmittelwert aus $\bar{x}_\mathrm{A}, \bar{x}_\mathrm{B}, \bar{x}_\mathrm{C}$

HINWEIS: Die Methode ist nur bei zwei Messungen pro Prüfer anwendbar!

Die Messsystemstreuung in Bezug zu einer Referenzgröße betrachten – *%GRR*

Die Messsystemstreuung s_{GRR} ist nur ein Zwischenergebnis, das aus den erfassten Messwerten ermittelt wurde. Um die Eignung für den konkreten Einsatzfall beurteilen zu können, ist die Messsystemstreuung im Verhältnis zu einer Referenzgröße *RF* (*RF* = Reference Figure) zu betrachten.

In der AIAG MSA sind zwei Referenzgrößen gleichberechtigt nebeneinander wählbar (AIAG MSA 4th Edition, Chapter III, Section B, S. 123, erster Absatz), wobei die Referenzgröße *RF* in der AIAG MSA durchgängig als *TV* (Total Variation) bezeichnet wird.

- Prozessstreubreite des Fertigungsprozesses, für den die Fähigkeit des Messsystems nachgewiesen wird. Diese Prozessstreubreite kann mit 3 verschiedenen Methoden geschätzt werden:
  - aus der Streuung der repräsentativ ausgewählten Teile der *GRR*-Studie

    $$TV = \sqrt{PV^2 + GRR^2}$$

  - aus bekannten „historischen" Daten ähnlicher Fertigungsprozesse

    $$TV = \sigma_{p_{\text{historisch}}}$$

  - aus dem für den Fertigungsprozess geforderten Prozessleistungsindex P_p (bzw. Prozessfähigkeitsindex C_p)

    $$TV = \frac{T}{6P_p}$$

- Toleranz des Merkmals, für das die Fähigkeit des Messsystems nachgewiesen wird

  $$TV = \frac{T}{6}$$

HINWEIS: Da die AIAG MSA ab der 4. Auflage (AIAG 2010) nur noch Standardabweichungen vergleicht und nicht mehr erweiterte Streubereiche wie zuvor, muss in allen Bezügen mit der Toleranz *T* diese durch den ehemaligen Erweiterungsfaktor 6 dividiert werden. Deshalb findet man in diesen Bezügen die Toleranz als *T*/6.

Damit ergibt sich der prozentuale Fähigkeitsindex *%GRR* mit der Referenzgröße *RF* = *TV* (Total Variation) zu

$$\%GRR = \frac{s_{GRR}}{s_{TV}} \cdot 100\,\% = \frac{GRR}{TV} \cdot 100\,\%$$

Im besonderen Fall der Referenzgröße *RF* = *TV* aus der Toleranz *T* des Merkmals, das mit dem Messsystem gemessen wird, gilt

$$\%GRR = \frac{s_{GRR}}{\left(\frac{OSG - USG}{6}\right)} \cdot 100\,\% = \frac{s_{GRR}}{\left(\frac{T}{6}\right)} \cdot 100\,\% = \frac{6 \cdot s_{GRR}}{T} \cdot 100\,\% = \frac{6 \cdot GRR}{T} \cdot 100\,\%$$

HINWEIS: Die Autoren empfehlen, wie in weiten Bereichen der Industrie üblich, die Toleranz als Standard-Referenzgröße zu wählen. Damit werden alle Fähigkeiten sowohl für das Messsystem als auch für die Maschine und den Prozess auf die Merkmalstoleranz bezogen und es entsteht ein in sich schlüssiges Bewertungssystem.

Der Bezug auf die Fertigungsstreuung ist gerechtfertigt, wenn das Messsystem nur für einen kurzzeitigen Einsatz wie zum Beispiel in einem Six-Sigma-Verbesserungsprojekt auf Eignung geprüft wird.

In der Praxis hat sich gezeigt, dass oft keine Teile zur Verfügung stehen, die repräsentativ für die Prozessstreuung sind. Ebenso oft ist es schwer, einen plausiblen Wert für die Prozessstreuung zu finden. Darüber hinaus muss bei einer Änderung der Fertigungsprozessstreuung eine neue Fähigkeitsanalyse durchgeführt werden. Das wiederum bedeutet, dass gerade bei der Prozessoptimierung nach gelungener Optimierung die Fähigkeit erneut nachgewiesen werden muss. Dieser wiederholte Fähigkeitsnachweis entfällt, wenn durchweg die Merkmalstoleranz zugrunde gelegt wird.

Dem Argument, dass bei der Referenzgröße *RF* = Toleranz eine kleine Prozessstreuung nicht ausreichend sicher erkannt werden würde, ist dadurch Rechnung getragen, dass die Anforderungen üblicherweise so abgestimmt sind, dass für Maschinen- und Prozessfähigkeiten bis zu einem Fähigkeitsindex von 2 das Messsystem einsetzbar ist. Diese Anforderung bedeutet faktisch „null Fehler“. Höhere Anforderungen werden aus wirtschaftlichen Gründen nur selten gestellt und Prozessoptimierungen auch nur sehr selten durchgeführt.

Die Gesamtstreuung TV als Referenzgröße

Für das Verständnis dieser Referenzgröße ist es hilfreich, sich Bild 1.3 und Bild 1.4 aus Abschnitt 1.1.1 noch einmal anzuschauen. Dort ist bildhaft die folgende Beziehung dargestellt:

$$\sigma_{TV} = \sqrt{\sigma^2_{\text{"Wahre" Teilestreuung}} + \sigma^2_{\text{Messsystem}}}$$

Die Gesamtstreuung σ_{TV} erhält man, indem man zunächst die Varianz der Teile und die Varianz des Messsystems addiert. Aus der Summe der beiden Varianzen wird schließlich die Wurzel gezogen. Es setzt sich die Gesamtstreuung also aus den beiden Komponenten „wahre“ Teilestreuung und Streuung des Messsystems zusammen.

Gemäß der Schreibweise in der AIAG MSA und der Schreibweise in diesem Buch gilt:

> Total Variation *TV* = einfache Standardabweichung der Gesamtstreuung σ_{TV}, nachfolgend auch vereinfachend s_{TV} geschrieben

Wie zuvor erwähnt, gibt es zur Ermittlung der Gesamtstreuung σ_{TV} vier verschiedene Methoden:

1. Ermittlung der Gesamtstreuung aus den Versuchsdaten (nach AIAG MSA bevorzugte Methode)
2. Berechnung der Gesamtstreuung aus einem Vorgabewert für die Prozessstreuung
3. Berechnung der Gesamtstreuung auf der Grundlage eines Vorgabewertes für C_p bzw. C_{pk}
4. Berechnung der Gesamtstreuung aus der Toleranz (und der Annahme $P_p = 1$)

Ermittlung der Gesamtstreuung aus den Versuchsdaten

Bei dieser bevorzugt anzuwendenden Methode wird die Prozessstreuung aus den Messwerten des Versuches berechnet. Die im Versuch verwendeten Teile sollten die übliche Teilestreuung des Prozesses widerspiegeln, zum Beispiel dadurch, dass man die Teile aus verschiedenen Chargen entnimmt.

Die einfache Standardabweichung der Gesamtstreuung s_{TV} wird aus den beiden Komponenten Messsystemvarianz s^2_{GRR} und Teilevarianz s^2_{PV} aus den Versuchsdaten berechnet; zum Beispiel mit der ANOVA-Methode (siehe Abschnitt 4.3.2.1).

$$s_{TV} = \sqrt{s_{GRR}^2 + s_{PV}^2}$$

Berechnung der Gesamtstreuung aus einem Vorgabewert für die Prozessstreuung

Ersatzweise kann auch ein Wert für die Prozessstreuung vorgegeben werden, wenn - noch - keine Teile verfügbar sind, mit denen man das Ausmaß der Prozessstreuung abschätzen könnte. In diesem Fall kann anhand ähnlicher Produkte bzw. Prozesse die Prozessstreuung (im Falle eine Normalverteilung $6 \cdot s_{\mathrm{TV}}$) plausibel abgeschätzt werden.

Bild 4.47 zeigt ein Beispiel für die Abschätzung der Prozessstreuung mit einer Breite von sechs Standardabweichungen (im Bild die Distanz von $\overline{x} - 3s$ bis $\overline{x} + 3s$) aus einem Histogramm eines normalverteilt streuenden Merkmals.

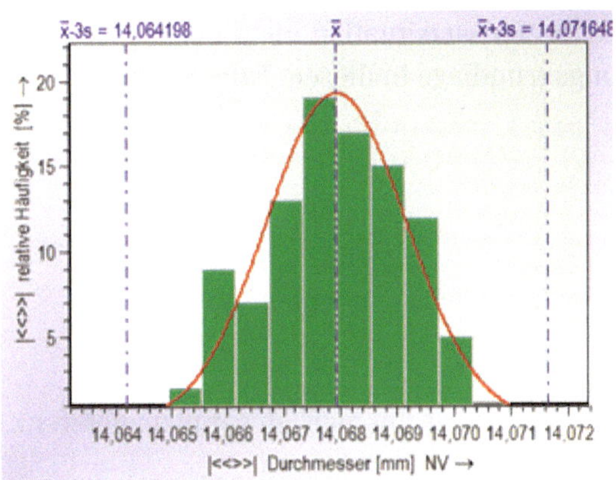

Bild 4.47
Abschätzung der Prozessstreuung

In der AIAG MSA geht man davon aus, dass die Fertigungsprozessstreuung als Gesamtbreiten bekannt ist, ohne weiter auf Verteilungsmodelle einzugehen. Aus dem nun bekannten Wert für die Prozessstreuung wird die einfache Standardabweichung der Gesamtstreuung σ_{TV} berechnet:

$$\sigma_{TV} = \frac{\text{(bekannte) Prozessstreuung}}{6}$$

Dieser Formel liegen die beiden Annahmen zugrunde, dass das Merkmal normalverteilt streut und dass die Prozessstreuung als 6-fache Standardabweichung der Gesamtstreuung vorgegeben wurde. Ist das Merkmal nicht normalverteilt, entsteht nur ein grober Schätzer für σ_{TV}, wodurch aber die Berechnungen zu älteren Vorgaben kompatibel sind, bei denen mit der 6-fachen Messsystemstreuung gerechnet wurde.

Berechnung der Gesamtstreuung auf der Grundlage eines Vorgabewertes für die Prozessfähigkeit

Diese Möglichkeit ist in der AIAG MSA für den Fall vorgesehen, dass weder Teile noch Prozesse existieren, anhand derer die Prozessstreuung plausibel abgeschätzt werden könnte. In diesem Fall kann der Ziel- oder Sollwert für die Prozessfähigkeit gewählt werden.

Durch Umstellen der Formel $P_p = \frac{OSG - USG}{\text{Prozessstreuung}} = \frac{OSG - USG}{6 \cdot \sigma_{TV}}$ erhält man die Beziehung für die einfache Standardabweichung der Gesamtstreuung σ_{TV}:

$$\sigma_{TV} = \frac{OSG - USG}{6 \cdot P_p}$$

Berechnung der Gesamtstreuung aus der Toleranz (und der Annahme $P_p = 1$)

Gemäß den Erläuterungen in der MSA ist diese Variante zu verwenden, wenn das Prozesspotenzial $P_p < 1$ bzw. bei einseitiger Toleranz der kritische Prozessfähigkeitsindex $P_{pk} < 1$ ist.

Willkürlich und mit der zuvor gegebenen Einsatzsituation nicht im Einklang stehend ist die Festlegung der Berechnungsgrundlage in diesem Fall:

$$P_p = 1 = \frac{OSG - USG}{6 \cdot s_{TV}}$$

Und daraus ergibt sich durch Umstellen

$$s_{TV} = \frac{OSG - USG}{6}$$

Dennoch ist diese Bezugsgröße die in der Industrie am meisten genutzte Referenz, wie zuvor schon begründet.

Grenzwerte für *%GRR*

Das Ergebnis wird unabhängig von der Bezugsgröße mit vorgegebenen Grenzwerten verglichen. Die typischen Grenzwerte für *%GRR* sind:

0 ≤ *%GRR* ≤ 10 %	**Messgerät geeignet**
10 < *%GRR* ≤ 30 %	Messgerät bedingt geeignet. Ob es akzeptabel ist, hängt von der Bedeutung der Messaufgabe und den Kosten des Messsystems ab.
30 % < *%GRR*	Messgerät nicht geeignet. Fehler sind zu analysieren.

Diese Grenzwerte sind in der AIAG MSA (AIAG 2010) eher als zu diskutierende Empfehlungen vorgeschlagen, werden in der Industrie aber oft als harte Forderungen genutzt. Dabei gilt der Bereich 10 < *%GRR* ≤ 30 % mit Urteil „bedingt fähig" per se erst einmal als „nicht fähig". Durch eine Risikoanalyse kann dann bewertet werden, ob der Messprozess für dieses Merkmal noch verwendbar ist, und damit als „bedingt fähig" deklariert werden. Eine sehr gute Vorgehensweise angelehnt an eine FMEA ist in Bosch Heft 10 (Robert Bosch GmbH 2019a) zu finden.

Praktische Erfahrungen haben gezeigt, dass nur wenige Messprozesse die Forderung *%GRR* ≤ 10 % erfüllen. Konsequenterweise fallen die meisten Messverfahren in die zweite Klasse. Als Argumente wurden in der Regel wirtschaftliche Gründe aufgeführt und keine weiteren Maßnahmen ergriffen. Hier stellt sich die Frage, wieso man eine solche Grenze haben muss, die sowieso kaum oder wenig Beachtung findet.

Daher wurden im Q-DAS® Leitfaden (Q-DAS GmbH 2001) die Grenzen anders gewählt, vor allen Dingen gibt es nur noch eine Grenze. Allerdings wird unterschieden, ob es sich um ein neues Messverfahren oder um ein vorhandenes Messverfahren handelt. Bei neuen Messverfahren liegt die Grenze für *%GRR* bei 20 % und bei vorhandenen Messverfahren bei 30 %. Diese Festlegung ist sinnvoll, da an neue Messverfahren höhere Anforderungen gestellt werden müssen als an schon länger laufende. Diese Vorgehensweise wurde in vielen firmenspezifischen Richtlinien übernommen und findet sich dort in den verschiedensten Variationen wieder.

Von den Großkonzernen wurden die Grenzwerte der AIAG MSA (AIAG 2010) vielfach abgeschwächt. Ansonsten wären viele der vorhandenen Messprozesse als nicht mehr geeignet einzustufen.

Sowohl in der GMPT Richtlinie SP-Q-MSS (General Motors Co. - GM Powertrain 2010) als auch in der Ford Richtlinie EU1880 (Ford Motor Co. 1997) wurden die folgenden Grenzwerte gewählt:

***%GRR* ≤ 20 %**	**Messsystem geeignet**
20 % < *%GRR* ≤ 30 %	Messsystem bedingt geeignet
%GRR > 30 %	nicht geeignet

Anzahl der unterscheidbaren Datenkategorien (*ndc*)

Erstmals tauchte mit der 3. Ausgabe der AIAG MSA (AIAG 2010) in einer Richtlinie zur Beurteilung von Prüfprozessen der Kennwert *ndc* auf. Die Forderung nach Verfahren 2 oder 3 in diesem Leitfaden lautet:

> *„Die Anzahl der unterscheidbaren Kategorien (ndc - number of distinct categories), die durch das Messsystem unterschieden werden können, ist zu berechnen. Dies ist die Anzahl der nicht überlappenden Konfidenzintervalle bei 97 %, welche die erwartete Produktstreuung umfasst:*
>
> *ndc = 1,41(PV / GRR) mit PV = Teilestreuung (part variation) und*
>
> *GRR = Wiederhol- und Vergleichpräzision des Messprozesses (Gage Repeatability and Reproducibility)*
>
> *Der sich aus dieser Berechnung für ndc ergebende Wert wird auf die nächste ganze Zahl abgerundet und sollte größer oder gleich fünf sein.“*

Diese Anzahl der unterscheidbaren Datenkategorien ist eine andere Betrachtung des *%GRR*-Wertes und in der AIAG MSA im Sinne „eine weitere Kennzahl für die Variabilität des Messsystems“ beschrieben. Leider sind in der Beschreibung auch einige Unzulänglichkeiten zu finden.

- Als Referenz wurde in der 3. Auflage der AIAG MSA auf ein Buch von Lyday und Wheeler von 1984 verwiesen (Wheeler, Lyday 1984). Der dort aufgeführte „Klassifikations-Kehrwert“, der in der AIAG MSA als *ndc* interpretiert wird, wurde allerdings in der 2. Auflage dieses Buches (Wheeler, Lyday 1989) durch einen „Diskriminations-Kehrwert“ ersetzt, weil die Autoren die Berechnung als falsch ansahen. Wheeler hat der in seinen Augen fehlerhaften Verwendung des schon 1989 korrigierten Klassifikations-Kehrwerts als *ndc* in der AIAG MSA widersprochen (Wheeler 2011) und wird deshalb in der 4. Auflage der AIAG MSA nicht mehr als Autor genannt. Dennoch wird die Berechnung weiterhin auf Basis des Kennwerts aus dem Jahr 1984 durchgeführt.
- Der Faktor 1,41 wird als ein 97-%-Konfidenzintervall interpretiert, entsteht allerdings aus der Tatsache, dass die beiden zu vergleichenden Teile- und Messsystemstreuungen in der Grafik unter einem Winkel von 45° aufgetragen sind. Die Projektion der Streukomponenten auf eine gemeinsame Achse führt zu diesem Korrekturfaktor von $\sqrt{2} = 1{,}41$.
- Der Kennwert *ndc* soll auf die „nächste ganze Zahl“ abgerundet werden, kann aber nicht kleiner eins sein. Also wird der Kennwert aufgerundet, falls $ndc < 1$ ist. Die AIAG MSA verweist deshalb darauf, dass manche Software konsequent aufrunden wird, nicht nur bei $ndc < 1$ (AIAG 2010, S. 123).
- Die Anzahl der unterscheidbaren Messwertklassen wird im Glossar der AIAG MSA (AIAG 2010, S. 214) auch „effektive Auflösung“ genannt. Dieser Vergleich ist kritisch, weil diese effektive Auflösung auf keinen Fall mit der

Auflösung der Anzeige nach ISO/IEC Guide 99 (ISO 2007) verwechselt werden darf. Selbst wenn man das Streumaß GRR als effektive Auflösung interpretiert, so beschreibt der Kennwert *ndc* die **Anzahl** der „Auflösungsschritte". Eine effektive Auflösung ist nach Definition der AIAG MSA der kleinste Input, der ein brauchbares Ausgangssignal für die Messung ergibt („Smallest input that results in a usable output signal of measurement") (AIAG 2010, S. 5) und der zudem immer als Maßeinheit angegeben wird („Always reported as a unit of measure") (AIAG 2010, S. 6). Beide Anforderungen entsprechen nicht dem Kennwert *ndc*.

Das folgende Beispiel erläutert das Thema „Datenkategorie-*ndc*".

Bei Verfahren 3 werden beispielsweise an 25 Teilen jeweils zwei Wiederholmessungen durchgeführt. Trägt man die Messergebnisse gegeneinander auf, so ergibt sich z. B. die in Bild 4.48 gezeigte Darstellungsweise.

Plausibilitätserklärung: Der (elliptische) Streubereich ist gestrichelt umrahmt. Die Länge dieses Bereichs auf der x- oder y-Achse ist ein ungefähres Maß für die Teilestreuung *PV*, die Breite des Streubereichs hingegen ein ungefähres Maß für *GRR*. Will man *GRR* nun mit *PV* vergleichen, so muss *GRR* auf eine der Achsen projiziert werden, d. h. durch $\sqrt{2} = 1{,}41$ geteilt werden. Mit *GRR* im Nenner entsteht die bekannte Formel

$$ndc = \frac{PV}{GRR/\sqrt{2}} = \sqrt{2} \cdot \frac{PV}{GRR} = 1{,}41 \cdot \frac{PV}{GRR}$$

Der Kennwert *ndc* gibt also die Anzahl der Quadrate mit Kantenlänge GRR an, die notwendig sind, um die Streubreite PV zu überdecken. Eine Anzahl $ndc \geq 5$ entspricht also 5 oder mehr solcher Quadrate. Die Streuung des Messprozesses ist dann genügend klein im Verhältnis zur Streuung des Fertigungsprozesses.

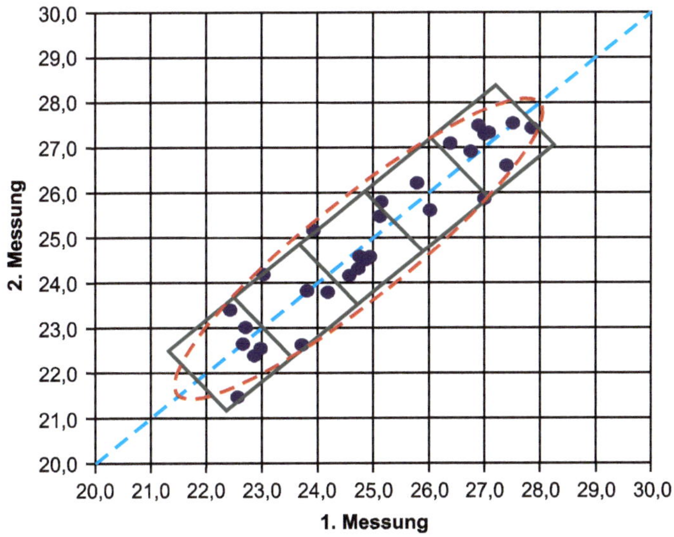

Bild 4.48
Erläuterung *ndc*

Bei der Berechnung des Kennwerts *ndc* ist darüber hinaus zu berücksichtigen, dass die Teilestreuung *PV* nicht immer mit der tatsächlichen Streuung der verwendeten Versuchsteile gleichzusetzen ist. In der AIAG MSA (AIAG 2010, S. 121 ff.) wird beschrieben, dass *PV* immer in Abhängigkeit der verwendeten Bezugsgröße TV zu berechnen ist. Ist der Bezug *TV* zum Beispiel die Merkmalstoleranz *T*, so ist *PV* zu berechnen mit

$$PV = \sqrt{TV^2 - GRR^2} = \sqrt{T^2 - GRR^2}$$

Nutzt man nun sowohl für GRR als auch für den Kennwert *ndc* den gleichen Bezug, so kann der Kennwert *ndc* direkt aus *%GRR* errechnet werden. Die Herleitung ist in (Conrad 2012; 2014) zu finden.

$$ndc = \sqrt{2 \cdot \left(\frac{1}{(\%GRR)^2} - 1 \right)}$$

Daraus folgt:

%GRR	*ndc*
10 %	14
27 %	5
30 %	4

Somit sind Forderungen für *%GRR* und *ndc* redundant, aber nicht gleichlaufend (Bild 4.49).

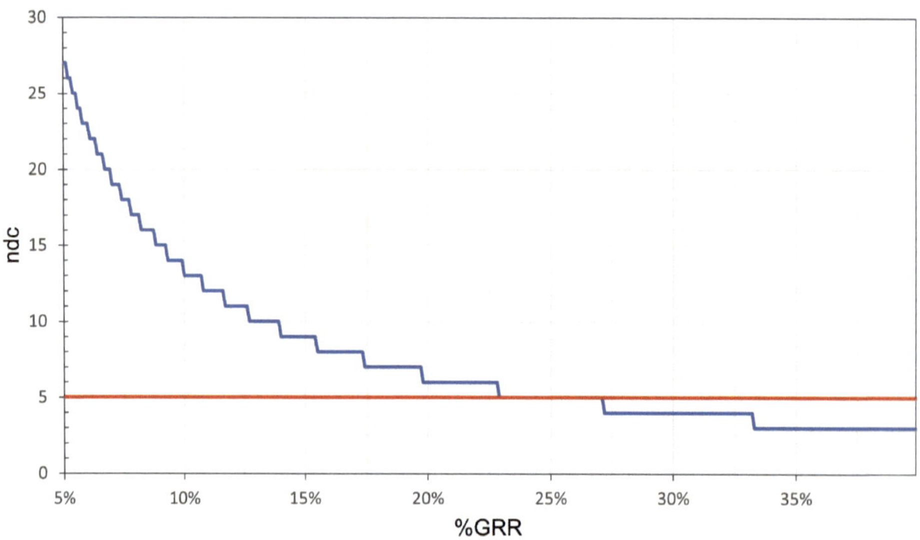

Bild 4.49 Anzahl unterscheidbarer Messwertklassen *ndc* (abgerundet) in Abhängigkeit vom Fähigkeitskennwert *%GRR*

Fallbeispiel 1 für Verfahren 2: Auswertung nach AIAG MSA (AIAG 2010)

Bezugsgröße: Prozessstreuung

Das folgende Beispiel wurde den Ford-Testbeispielen (Ford Motor Co., Q-DAS GmbH 1991) entnommen. Die 60 Messwerte in der nachfolgenden Tabelle wurden von 3 Werkern an 10 Teilen je zweimal gemessen. Die Prozessstreuung beträgt σ_{Prozess} = 0,06 mm.

n	$x_{A;1}$	$x_{A;2}$	$\bar{x}_{gj}$	s_{gj}	$x_{B;1}$	$x_{B;2}$	$\bar{x}_{gj}$	s_{gj}	$x_{C;1}$	$x_{C;2}$	$\bar{x}_{gj}$	s_{gj}
1	100,01	100,00	100,005	0,007	100,00	99,99	99,995	0,007	100,01	99,98	99,995	0,021
2	100,01	100,02	100,015	0,007	99,99	100,00	99,995	0,007	100,00	100,00	100,000	0,000
3	100,01	100,00	100,005	0,007	100,01	100,00	100,005	0,007	100,01	99,99	100,000	0,014
4	100,02	99,99	100,005	0,021	100,01	99,99	100,000	0,014	100,01	100,00	100,005	0,007
5	100,00	100,01	100,005	0,007	100,00	99,99	99,995	0,007	100,00	100,01	100,005	0,007
6	100,01	100,00	100,005	0,007	100,00	99,99	99,995	0,007	100,00	99,99	99,995	0,007
7	99,99	100,00	99,995	0,007	100,00	99,99	99,995	0,007	99,99	100,00	99,995	0,007
8	100,01	99,99	100,000	0,014	100,01	100,00	100,005	0,007	100,00	99,99	99,995	0,007
9	100,01	100,01	100,010	0,000	100,00	100,00	100,000	0,000	100,00	99,99	99,995	0,007
10	100,01	100,00	100,005	0,007	99,99	100,01	100,000	0,014	99,99	100,00	99,995	0,007

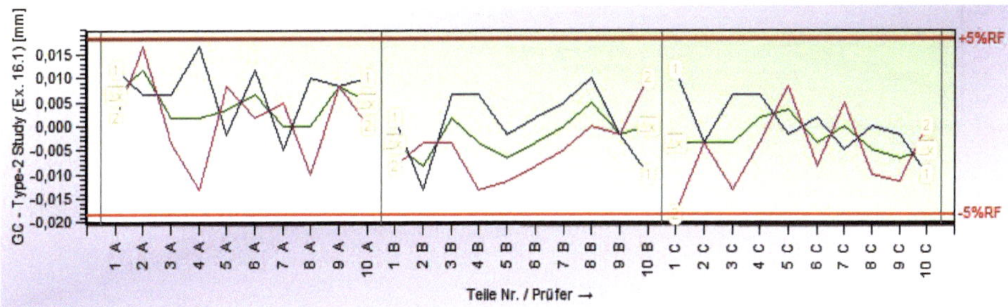

Teilnr.	16	Teilebez.	MSA Type-2 Study (Ex. 16)
Merkm.Nr.	16.1	Merkm.Bez.	GC - Type-2 Study (Ex. 16.1)

	Varianz	Standardabw.	Vertrauensniveau 1-α = 95,000%			
Wiederholpräzision	0,000072361	0,0085065	EV = 0,0070938 ≤ **0,0085065** ≤ 0,010627	%EV	=	14,18%
Vergleichspräzision	0,000011632	0,0034106	AV =0,00045433 ≤ **0,0034106** ≤ 0,024462	%AV	=	5,68%
Wechselwirkung	[pooling]	[pooling]	IA =	%IA	=	---
Prüfsystemstreuung	0,000083993	0,0091648	GRR = 0,0085368 ≤ **0,0091648** ≤ 0,025905	%GRR	=	15,27%
Teilestreuung	0,00000	0,00000	PV = 0,00000 ≤ **0,00000** ≤ 0,0037157	%PV	=	0,00%
Gesamtstreuung	0,000083993	0,0091648	TV = 0,009164772532			

Versuchsplan			Bezugsgröße		
Anzahl Messungen	=	2	Prozessstreuung	=	0,06
Anzahl Prüfer	=	3	Toleranz	=	0,40
Anzahl Teile	=	10	geforderter Cp-Wert	=	

Auflösung	%RE	=	16,67%	0 5
Zahl d. unterscheidb. Messwertklassen (ndc)	ndc	=	9	0 5
Prüfsystemstreuung	%GRR	=	15,27%	0 10 30
Minimale Bezugsgröße für fähiges Prüfsystem =	$6 \cdot \sigma_{p\,min(\%GRR)}$	=	0,5498849964	
Minimale Bezugsgröße für bedingt fähiges Prüfsystem =	$6 \cdot \sigma_{p}'{}_{min(\%GRR)}$	=	0,1832949988	

Prüfsystem bedingt fähig (min,%GRR,ndc)

© MSA (4 Ed.) ANOVA (SC2023): Type 2 - ANOVA (process variation)

Fallbeispiel 2 für Verfahren 2: Auswertung nach MSA (AIAG 2010)

Bezugsgröße: Teilestreuung

Das folgende Beispiel wurde dem AIAG MSA Reference Manual (AIAG 2010) entnommen. Die 90 Messwerte in der nachfolgenden Tabelle wurden von 3 Werkern an 10 Teilen je dreimal vermessen. Bezugsgröße ist die Teilestreuung.

n	$x_{A;1}$	$x_{A;2}$	$x_{A;3}$	$\bar{x}_{gj}$	s_{gj}	$x_{B;1}$	$x_{B;2}$	$x_{B;3}$	$\bar{x}_{gj}$	s_{gj}	$x_{C;1}$	$x_{C;2}$	$x_{C;3}$	$\bar{x}_{gj}$	s_{gj}
1	0,29	0,41	0,64	0,447	0,178	0,08	0,25	0,07	0,133	0,101	0,04	-0,11	-0,15	-0,073	0,100
2	-0,56	-0,68	-0,58	-0,607	0,064	-0,47	-1,22	-0,68	-0,790	0,387	-1,38	-1,13	-0,96	-1,157	0,211
3	1,34	1,17	1,27	1,260	0,085	1,19	0,94	1,34	1,157	0,202	0,88	1,09	0,67	0,880	0,210
4	0,47	0,50	0,64	0,537	0,091	0,01	1,03	0,20	0,413	0,542	0,14	0,20	0,11	0,150	0,046
5	-0,80	-0,92	-0,84	-0,853	0,061	-0,56	-1,20	-1,28	-1,013	0,395	-1,46	-1,07	-1,45	-1,327	0,222
6	0,02	-0,11	-0,21	-0,100	0,115	-0,20	0,22	0,06	0,027	0,212	-0,29	-0,67	-0,49	-0,483	0,190
7	0,59	0,75	0,66	0,667	0,080	0,47	0,55	0,83	0,617	0,189	0,02	0,01	0,21	0,080	0,113
8	-0,31	-0,20	-0,17	-0,227	0,074	-0,63	0,08	-0,34	-0,297	0,357	-0,46	-0,56	-0,49	-0,503	0,051
9	2,26	1,99	2,01	2,087	0,150	1,80	2,12	2,19	2,037	0,208	1,77	1,45	1,87	1,697	0,219
10	-1,36	-1,25	-1,31	-1,307	0,055	-1,68	-1,62	-1,50	-1,600	0,092	-1,49	-1,77	-2,16	-1,807	0,337

Die Messwerte sind nachfolgend grafisch dargestellt.

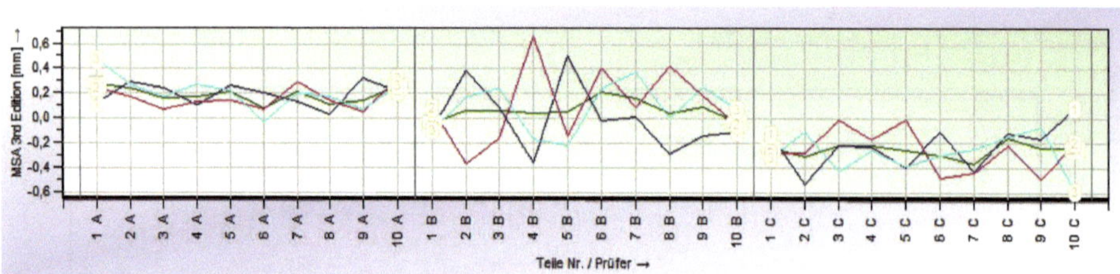

	Varianz	Standardabw.	Vertrauensniveau 1-α = 95,000%	
Wiederholpräzision	0,039973	0,19993	EV = 0,17288 ≤ **0,19993** ≤ 0,23709	%EV = 18,42%
Vergleichspräzision	0,051455	0,22684	AV = 0,11096 ≤ **0,22684** ≤ 1,44326	%AV = 20,90%
Wechselwirkung	[pooling]	[pooling]	IA =	%IA = —
Prüfsystemstreuung	0,091429	0,30237	GRR = 0,23011 ≤ **0,30237** ≤ 1,45727	%GRR = 27,86%
Teilestreuung	1,08645	1,04233	PV = 0,68821 ≤ **1,04233** ≤ 1,93122	%PV = 96,04%
Gesamtstreuung	1,17788	1,08530	TV = 1,0852995632	

Versuchsplan			Bezugsgröße		
Anzahl Messungen	=	3	Prozessstreuung	=	0
Anzahl Prüfer	=	3	Toleranz	=	—
Anzahl Teile	=	10	geforderter Cp-Wert	=	

Auflösung	%RE	=	0,92%	0 … 5
Zahl d. unterscheidb. Messwertklassen (ndc)	ndc	=	5	0 … 5
Prüfsystemstreuung	%GRR	=	27,86%	0 … 10 … 30

Minimale Bezugsgröße für fähiges Prüfsystem	=	$TV_{min(\%GRR)}$	=	3,0237152232
Minimale Bezugsgröße für bedingt fähiges Prüfsystem	=	$TV'_{min(\%GRR)}$	=	—

Prüfsystem bedingt fähig (min,%GRR,ndc)

≥ MSA (4 Ed.) ANOVA (SC2023): Type 2 - ANOVA (total variation)

Fallbeispiel 3 für Verfahren 2: Auswertung nach AIAG MSA (AIAG 2010)

Bezugsgröße: Toleranz

Das folgende Beispiel wurde dem Bosch Heft 10 (Robert Bosch GmbH 2019a) entnommen. Die 60 Messwerte in der nachfolgenden Tabelle wurden von 3 Werkern an 10 Teilen je zweimal gemessen. Die Spezifikationsgrenzen sind: *USG* = 5,97 und *OSG* = 6,03.

n	$x_{A;1}$	$x_{A;2}$	$\bar{x}_{gj}$	s_{gj}	$x_{B;1}$	$x_{B;2}$	$\bar{x}_{gj}$	s_{gj}	$x_{C;1}$	$x_{C;2}$	$\bar{x}_{gj}$	s_{gj}
1	6,029	6,030	6,0295	0,0007	6,033	6,032	6,0325	0,0007	6,031	6,030	6,0305	0,0007
2	6,019	6,020	6,0195	0,0007	6,020	6,019	6,0195	0,0007	6,020	6,020	6,0200	0,0000
3	6,004	6,003	6,0035	0,0007	6,007	6,007	6,0070	0,0000	6,010	6,006	6,0080	0,0028
4	5,982	5,982	5,9820	0,0000	5,985	5,986	5,9855	0,0007	5,984	5,984	5,9840	0,0000
5	6,009	6,009	6,0090	0,0000	6,014	6,014	6,0140	0,0000	6,015	6,014	6,0145	0,0007
6	5,971	5,972	5,9715	0,0007	5,973	5,972	5,9725	0,0007	5,975	5,974	5,9745	0,0007
7	5,995	5,997	5,9960	0,0014	5,997	5,996	5,9965	0,0007	5,995	5,994	5,9945	0,0007
8	6,014	6,018	6,0160	0,0028	6,019	6,015	6,0170	0,0028	6,016	6,015	6,0155	0,0007
9	5,985	5,987	5,9860	0,0014	5,987	5,986	5,9865	0,0007	5,987	5,986	5,9865	0,0007
10	6,024	6,028	6,0260	0,0028	6,029	6,025	6,0270	0,0028	6,026	6,025	6,0255	0,0007

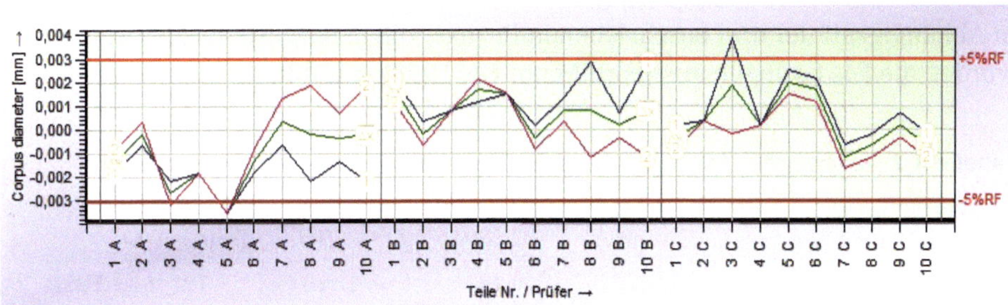

	Varianz	Standardabw.	Vertrauensniveau 1-α = 95,000%			
Wiederholpräzision	0,0000023556	0,0015348	EV =0,0012799 ≤ **0,0015348** ≤ 0,0019174	%EV	=	15,35%
Vergleichspräzision	0,00000086806	0,00093169	AV =0,00035980 ≤ **0,00093169** ≤ 0,006229	%AV	=	9,32%
Wechselwirkung	[pooling]	[pooling]	IA =	%IA	=	—
Prüfsystemstreuung	0,0000032236	0,0017954	GRR =0,0015827 ≤ **0,0017954** ≤ 0,0064169	%GRR	=	17,95%
Teilestreuung	0,00038084	0,019515	PV = 0,012607 ≤ **0,019515** ≤ 0,036405	%PV	=	195,15%
Gesamtstreuung	0,00038406	0,019598	TV = 0,020			

Versuchsplan			Bezugsgröße		
Anzahl Messungen	=	2	Prozessstreuung	=	0
Anzahl Prüfer	=	3	Toleranz	=	0,060
Anzahl Teile	=	10	geforderter Cp-Wert	=	

Auflösung	%RE	=	1,67%	0 5
Zahl d. unterscheidb. Messwertklassen (ndc)	ndc	=	7	0 5
Prüfsystemstreuung	%GRR	=	17,95%	0 10 30

Minimale Bezugsgröße für fähiges Prüfsystem	=	$T_{min\,(\%GRR)}$	=	0,1077262400
Minimale Bezugsgröße für bedingt fähiges Prüfsystem	=	$T'_{min\,(\%GRR)}$	=	0,03590874667

Prüfsystem bedingt fähig (min,%GRR,ndc)

© MSA (4 Ed.) ANOVA (SC2023): Type 2 - ANOVA (tolerance)

Vergleich der Bezugsgröße

In der detailliert beschriebenen ANOVA-Methode wird als Bezugsgröße zur Beurteilung der Eignung in erster Linie die sogenannte Gesamtstreuung (*TV* = Total Variation) herangezogen, die sich aus Wiederholpräzision und Vergleichpräzision (*GRR*) und Teilestreuung (*PV* = Part Variation) zusammensetzt. Die Teilestreuung selbst ist damit durch die Auswahl der Teile bestimmt. Es wird gefordert, dass die Teile die gesamte Spannweite der möglichen Produktstreuung widerspiegeln, wie sie in der Fertigung auftreten kann. Ist dies nicht möglich oder werden die Teile falsch ausgewählt, repräsentieren diese die tatsächliche Prozessstreuung nicht. Dadurch wird das Ergebnis verfälscht. Andernfalls spiegelt das Ergebnis nicht mehr die Güte des Messsystems wider, da die Auswahl der Teile das Ergebnis in starkem Maße beeinflusst.

Um diese Problematik zu umgehen, ist es sinnvoller, als Bezugsgröße die Merkmalstoleranz aus der Werkstückzeichnung oder, falls bekannt, die Fertigungs-Prozessstreuung zu verwenden.

Die Brisanz liegt also in der Wahl der Bezugsgröße. Zur Verdeutlichung des Sachverhalts sind in Tabelle 4.2 die Ergebnisse aus zwei unterschiedlichen Datensätzen in Abhängigkeit der drei beschriebenen Bezugsgrößen dargestellt. Als Grenzwerte wurden die Forderungen aus (Ford Motor Co. 1997) gewählt.

Tabelle 4.2 Kennwerte in Abhängigkeit der Bezugsgröße

Kennwerte	%GRR Gesamtstreuung	%GRR Prozessstreuung	%GRR Toleranz	Fallbeispiel
Wiederholpräzision Vergleichpräzision Messsystem GRR	92,82 37,21 100,0	14,18 5,68 15,27	12,76 5,12 13,75	Test_16 aus EU883 Toleranz = 0,4 Prozessstreuung = 0,06 Gesamtstreuung = 0,009
Ergebnis	nicht geeignet	geeignet	geeignet	
Wiederholbarkeit Nachvollziehbarkeit Messsystem GRR	18,42 20,90 27,86	39,99 45,37 60,47	29,99 34,03 45,36	MSA Beispiel aus AIAG MSA, 4. Ausgabe Toleranz = 4 Prozessstreuung = 0,5 Gesamtstreuung = 1,09
Ergebnis	bedingt geeignet	nicht geeignet	nicht geeignet	

Das Ergebnis zeigt die Auswirkungen der unterschiedlichen Bezugsgrößen deutlich. Ein und dasselbe Messsystem ist je nach Bezugsgröße geeignet bzw. nicht geeignet. Wie kommt die Diskrepanz bei dem vorliegenden Fallbeispiel zustande? Die Daten in Test_16 streuen im Verhältnis zur Toleranz wenig, bei den Daten aus der AIAG MSA ist die Streuung groß.

Die Autoren empfehlen daher, als Bezugsgröße die Merkmalstoleranz zu verwenden. Ein Vorteil ist hierbei die Vergleichbarkeit von Fähigkeitsstudien (an gleichen Teilen) über einen längeren Zeitraum.

Ziel eines Unternehmens muss es daher sein, aus der Verfahrensvielfalt das für das Unternehmen geeignete Verfahren auszuwählen und unternehmensweit festzuschreiben. Nur so werden Ergebnisse miteinander vergleichbar. Die Festlegung sollte auch aufgrund rationeller und wirtschaftlicher Gesichtspunkte vorgenommen werden. Der Aufwand dieser Studien ist wegen der Vielfalt der Messsysteme in einem Unternehmen nicht unerheblich.

4.3.3 Verfahren 3: *%GRR* ohne Bedienereinfluss

Ein Sonderfall des 2. Verfahrens liegt dann vor, wenn der Bediener die Messeinrichtung nicht beeinflussen kann (z.B. durch automatisches Handling). In diesem Fall erfolgt eine Untersuchung an der automatischen Messeinrichtung mit einer höheren Anzahl an Teilen (im Allgemeinen 25 Teile) bei mehrmaliger Versuchsdurchführung (im Allgemeinen 2 Messreihen). Eine Wiederholung durch mehrere Bediener entfällt damit.

Bei der Festlegung der Anzahl der Prüfobjekte (n) und der Anzahl der Wiederholungen (r) gilt die Regel: „Das Produkt $n \cdot r$ sollte größer als 30 sein!“ Stehen, aus welchen Gründen auch immer, weniger Prüfobjekte zur Verfügung, muss die Anzahl der Wiederholungen erhöht werden. Die Streuung der Prüfobjekte sollte die Prozessstreubreite bzw. die Toleranz vollständig überdecken.

Ansonsten gelten die gleichen Regeln wie bei Verfahren 2. Für diese Auswertung können ebenfalls die drei in Abschnitt 4.3.1 beschriebenen Berechnungsmethoden von Verfahren 2 verwendet werden:

- ARM, Average Range Method
- ANOVA
- Differenzenmethode (im Falle zweier Messreihen)

Da eine Vergleichpräzision AV nicht ermittelt wird, entspricht der GRR daher der Wiederholpräzision *EV*. Bezüglich der Bezugsgröße zur Berechnung von *%GRR* gelten die gleichen Regeln wie bei Verfahren 2.

Im folgenden Fallbeispiel ist ein Datensatz (Tabelle 4.3) aus Bosch Heft 10 (Robert Bosch GmbH 2019a) mit der Berechnungsmethode ANOVA ausgewertet.

Fallbeispiele

Es wurden 25 Prüfobjekte je zweimal gemessen. Es ergaben sich die in Tabelle 4.3 dargestellten Messwerte. In der Tabelle sind zusätzlich die Differenz zwischen zwei Messungen pro Prüfobjekt und die Spannweite eingetragen.

Tabelle 4.3 Messwerte für Verfahren 3

n	$x_{A.1}$	$x_{A.2}$	$\bar{x}_{gj}$	R_{gj}	s_{gj}
1	6,029	6,030	6,0295	0,001	0,0007
2	6,019	6,020	6,0195	0,001	0,0007
3	6,004	6,003	6,0035	0,001	0,0007
4	5,982	5,982	5,9820	0,000	0,0000
5	6,009	6,009	6,0090	0,000	0,0000
6	5,971	5,972	5,9715	0,001	0,0007
7	5,995	5,997	5,9960	0,002	0,0014
8	6,014	6,018	6,0160	0,004	0,0028
9	5,985	5,987	5,9860	0,002	0,0014
10	6,024	6,028	6,0260	0,004	0,0028
11	6,033	6,032	6,0325	0,001	0,0007
12	6,020	6,019	6,0195	0,001	0,0007
13	6,007	6,007	6,0070	0,000	0,0000
14	5,985	5,986	5,9855	0,001	0,0007
15	6,014	6,014	6,0140	0,000	0,0000
16	5,973	5,972	5,9725	0,001	0,0007
17	5,997	5,996	5,9965	0,001	0,0007
18	6,019	6,015	6,0170	0,004	0,0028
19	5,987	5,986	5,9865	0,001	0,0007
20	6,029	6,025	6,0270	0,004	0,0028
21	6,017	6,019	6,0180	0,002	0,0014
22	6,003	6,001	6,0020	0,002	0,0014
23	6,009	6,012	6,0105	0,003	0,0021
24	5,987	5,987	5,9870	0,000	0,0000
25	6,006	6,003	6,0045	0,003	0,0021

Die Einzelwerte sind in der Darstellung der Differenzen (Bild 4.50) und Abweichungen (Bild 4.51) eingetragen. An einem Prüfobjekt ist eine größere Differenz zu erkennen.

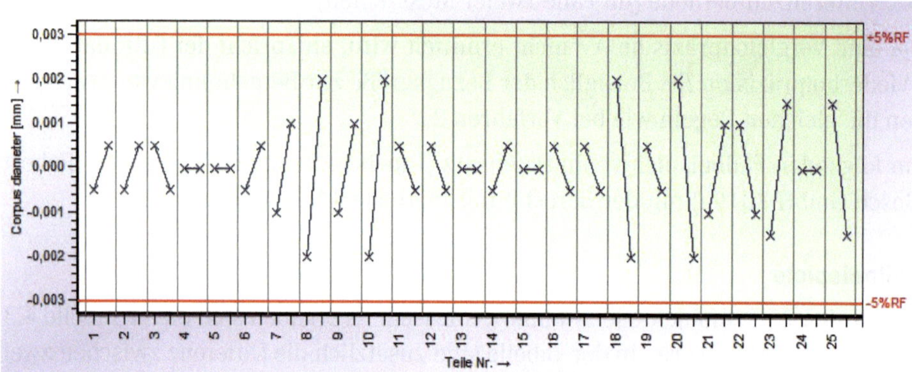

Bild 4.50 Differenzen pro Prüfobjekt

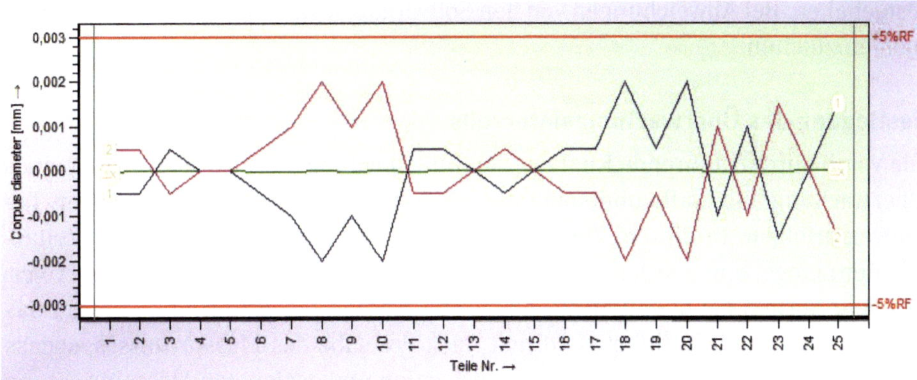

Bild 4.51 Abweichungen pro Prüfobjekt

Die Ergebnisse sind in Bild 4.52 dargestellt.

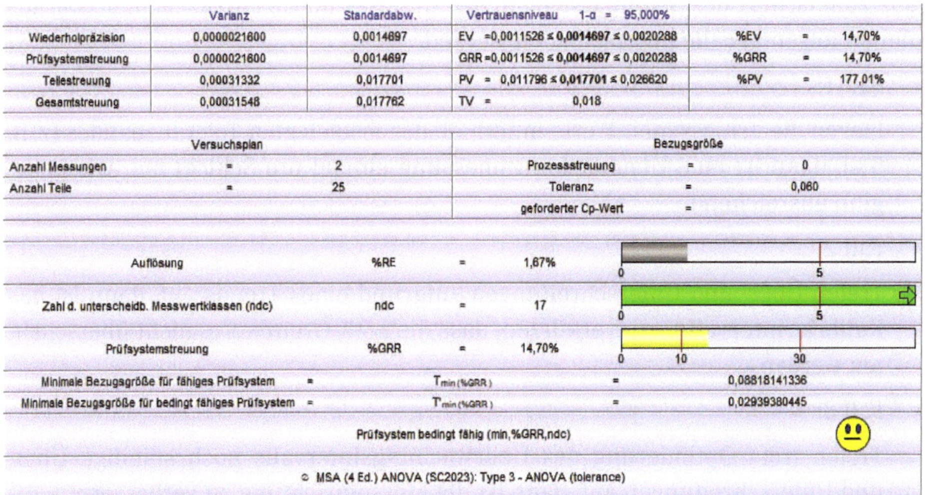

	Varianz	Standardabw.	Vertrauensniveau 1-α = 95,000%	
Wiederholpräzision	0,0000021600	0,0014697	EV =0,0011526 ≤ **0,0014697** ≤ 0,0020288	%EV = 14,70%
Prüfsystemstreuung	0,0000021600	0,0014697	GRR =0,0011526 ≤ **0,0014697** ≤ 0,0020288	%GRR = 14,70%
Teilestreuung	0,00031332	0,017701	PV = 0,011796 ≤ **0,017701** ≤ 0,026620	%PV = 177,01%
Gesamtstreuung	0,00031548	0,017762	TV = 0,018	

Versuchsplan			Bezugsgröße		
Anzahl Messungen	=	2	Prozessstreuung	=	0
Anzahl Teile	=	25	Toleranz	=	0,060
			geforderter Cp-Wert	=	

Auflösung	%RE	=	1,67%
Zahl d. unterscheidb. Messwertklassen (ndc)	ndc	=	17
Prüfsystemstreuung	%GRR	=	14,70%

Minimale Bezugsgröße für fähiges Prüfsystem	=	$T_{min(\%GRR)}$	=	0,08818141336
Minimale Bezugsgröße für bedingt fähiges Prüfsystem	=	$T_{min(\%GRR)}$	=	0,02939380445

Prüfsystem bedingt fähig (min,%GRR,ndc)

© MSA (4 Ed.) ANOVA (SC2023): Type 3 - ANOVA (tolerance)

Bild 4.52 ANOVA-Methode

■ 4.4 Überprüfung der Messbeständigkeit

Ein verwendeter Messprozess kann sich mit der Zeit verändern und muss daher überwacht werden. Die DIN EN ISO 9001 (DIN 2015) spricht dabei in Kapitel 7.1.5.1 von der fortlaufenden Eignung. Auch die IATF 16949 (IATF, VDA 2016) verweist explizit auf dieses Kapitel. Dazu wird der Messprozess von Zeit zu Zeit mit einem Normal/Referenzteil überprüft, die Ergebnisse werden ausgewertet und festgehalten. Bei Abweichungen von den Sollvorgaben sind Verbesserungsmaßnahmen einzuleiten.

Festlegung des Überwachungsintervalls

Die vorab durchzuführende Kurzzeit-Stabilitätsprüfung dient zur Festlegung eines Überwachungsintervalls und sollte nach Möglichkeit über mindestens einen Tag hinweg erfolgen. In diesem Zeitraum sollten 25 Stichproben (in gleichen Zeitabständen) eingeplant werden. Für die Untersuchung kann das im Verfahren 1 verwendete Normal als Stabilitätsteil eingesetzt werden (C_{gk}-Ermittlung). Erfolgt das „Einmessen" des Stabilitätsteils direkt nach Freigabe des Messprozesses, sodass man zu diesem Zeitpunkt von einer funktionalen und geeigneten Messeinrichtung ausgehen kann, so kann auch ein langzeitstabiles Serienteil als Stabilitätsteil genutzt werden. Ein kalibrierter Referenzwert ist dann nicht notwendig.

Zur Überwachung der Messbeständigkeit wird die Struktur einer üblichen Qualitätsregelkarte genutzt (Bild 4.53). Zunächst ist ein Toleranzband von ±5 % der Toleranz zum Istwert des Stabilitätsteils in die Mittelwertkarte einzuzeichnen. Daraus können folgende Fälle unterschieden werden.

- Fall 1:

  Liegen die gemessenen Werte innerhalb des festgelegten Toleranzbandes (z. B. 5 %), dann ist eine Überwachungsmessung einmal pro Schicht am Arbeitsbeginn ausreichend.

- Fall 2:

  Treten Über- und Unterschreitungen aufgrund eines Trends auf, dann ist das Kalibrierintervall so zu verkürzen, dass die ±5-%-Grenzwerte nicht überschritten werden.

- Fall 3:

  Treten trotz Optimierung des Überwachungsintervalls noch ständige Über- und Unterschreitungen auf, dann ist die Messeinrichtung zu verbessern.

- Fall 4:

  Für kleinste Toleranzen kann es auch erforderlich werden, grundsätzlich vor jeder Messung zu kalibrieren. Für diesen Fall entfällt die Stabilitätsprüfung.

Aus dem Verlauf der Messwerte, die in zeitlicher Reihenfolge ermittelt werden, ergeben sich Aussagen über das notwendige Kalibrier- und Justierintervall.

> **HINWEIS:** Stellt man bereits nach den ersten Stichproben fest, dass die gemessenen Werte chaotisch hin- und herspringen oder ein deutlicher Trend erkennbar ist, dann sollte die Untersuchung abgebrochen und die Ursachen sollten beseitigt werden. Die Untersuchung ist eventuell in einem kürzeren Zeitraum zu wiederholen.

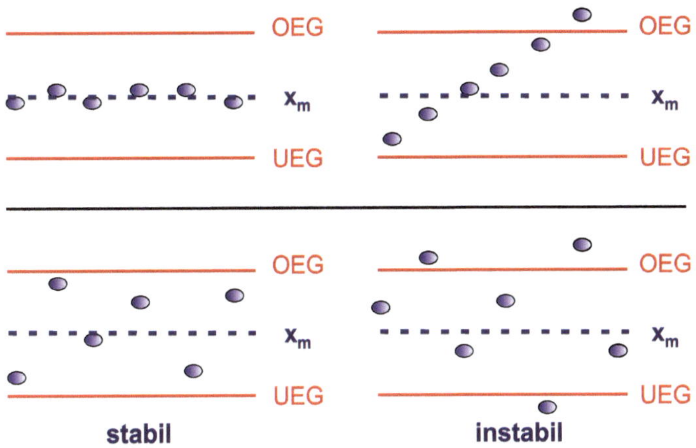

Bild 4.53 Beurteilung der Stabilität

Durchführung der kontinuierlichen Stabilitätsüberwachung

Die Messbeständigkeit/Stabilität kann mit der Methodik einer Qualitätsregelkarte überwacht werden. Dazu werden die Eingriffsgrenzen gemäß „Shewhart" berechnet (Dietrich, Conrad 2021). Aus organisatorischen Gründen vermeidet man vielfach den Begriff der „Qualitätsregelkarte" und nutzt bevorzugt den Begriff „Messbeständigkeitskarte", auch wenn im Hintergrund die gleichen Berechnungsmethoden stehen.

- Der Istwert des Stabilitätsteils sollte in der Mitte der Toleranz des zu messenden Merkmals liegen.
- In festgelegten Zeitabständen wird das Stabilitätsteil gemessen, wenn möglich mehrfach (z. B. $n = 3$). Die Messwerte werden in das Messblatt eingetragen.
- Sind keine Mehrfachmessungen (Stichprobenmessungen) möglich, empfiehlt es sich, eine Auswertung mit gleitenden Mittelwerten und Standardabweichungen aus den jeweils 3 letzten Stichproben durchzuführen.
- Die Stichprobenkennwerte (z. B. $\bar{x}$, R oder s) werden in zeitlicher Reihenfolge in die Spuren der Regelkarte eingetragen.
- Die Messbeständigkeitskarte wird mithilfe von für die Qualitätsregelkarte üblichen Methoden auf Stabilität überwacht (siehe (Dietrich, Conrad 2021)).

Berechnung der Eingriffsgrenzen der Messbeständigkeitskarte

Für die Berechnung der Eingriffsgrenzen sind Schätzer für Lage und Streuung der Regelkarte notwendig.

Als Mittelwert kann entweder

- der Mittelwert eines Vorlaufs,
- der Referenzwert des Normals oder
- der Mittelwert aus Verfahren 1

übernommen werden.

Als Schätzwert $\hat{\sigma}$ für die Streuung kann

- die Standardabweichung eines Vorlaufs (z. B. Streuung der Kurzzeit-Stabilität),
- s_g aus Verfahren 1 oder
- 2,5 % der Toleranz

verwendet werden.

Worin ist der Vorschlag von 2,5 % der Toleranz begründet?

Gemäß Verfahren 1 (s. Abschnitt 4.2.5) ist ein Prüfmittel fähig, wenn $C_g \geq 1{,}33\left(\triangleq \frac{4}{3}\right)$ ist. Die Gleichung für C_g kann nach s_g als Schätzwert umgestellt werden.

$$C_g = \frac{0{,}2 \cdot T}{6 \cdot s_g} \overset{!}{\geq} \frac{4}{3}$$

$$s_g \leq \frac{0{,}2 \cdot T \cdot 3}{6 \cdot 4}$$

$$s_g \leq 0{,}025 \cdot T \triangleq 2{,}5\,\%\text{ von } T$$

Solange diese Forderung bezüglich s_g eingehalten wird, bleibt das Prüfmittel im Sinne von Verfahren 1 fähig. Da in der Praxis allerdings oft eine leicht höhere Streuung zu erwarten ist, ähnlich wie in Verfahren 2, muss die Messbeständigkeitskarte nach einer Anlaufphase möglicherweise angepasst werden.

Tabelle 4.4 enthält Messwerte einer Stabilitätsuntersuchung. Der Datensatz ist dem Bosch Heft 10 (Robert Bosch GmbH 2010) entnommen mit einer Toleranz von 0,06 mm. Dieser wird in Bild 4.54 in Form einer Qualitätsregelkarte dargestellt. Die Berechnung der Eingriffsgrenzen erfolgt über:

$\bar{x}$-Karte

$$OEG = x_m + 3 \cdot \frac{\hat{\sigma}}{\sqrt{n}} \quad UEG = x_m - 3 \cdot \frac{\hat{\sigma}}{\sqrt{n}} \quad \text{für } P = 99{,}73\,\%$$

$$x_m = \text{Referenzteil des Normals } 6{,}002 \quad \text{und} \quad n = 3$$

$$\hat{\sigma} = 2{,}5\,\%\text{ der Toleranz} \Rightarrow \hat{\sigma} = 0{,}0015$$

$$OEG_{\bar{x}} = 6{,}002 + 3 \cdot \frac{0{,}0015}{\sqrt{3}} = 6{,}0046$$

$$UEG_{\bar{x}} = 6{,}002 - 3 \cdot \frac{0{,}0015}{\sqrt{3}} = 5{,}9994$$

s-Karte

$$OEG_s = B'_{\text{Eob}} \cdot \hat{\sigma} = 2{,}3 \cdot 0{,}0015 = 0{,}00386$$

$$UEG_s = B'_{\text{Eun}} \cdot \hat{\sigma} = 0{,}07 \cdot 0{,}0015 = 0{,}000055$$

$$B'_{\text{Eob}} \text{ und } B'_{\text{Eun}} \quad \text{s.}[39]$$

Tabelle 4.4 Fallbeispiel Stabilität

Teilnr.		0 433 171 914		Teilebez.		Hole type nozzle			
Merkm.Nr.		1		Merkm.Bez.		Corpus diameter			
j	x_i	j	x_i	j	x_i	j	x_i	j	x_i
1	6,002	4	6,004	7	6,003	10	6,003	13	6,002
2	6,001	5	6,004	8	6,002	11	6,001	14	6,001
3	6,001	6	6,003	9	6,002	12	6,004	15	6,002
j	x_i	j	x_i	j	x_i	j	x_i	j	x_i
16	6,000	19	6,001	22	6,001	25	6,000	28	6,004
17	6,001	20	6,001	23	6,002	26	6,000	29	6,004
18	5,999	21	6,000	24	6,002	27	6,001	30	6,003
j	x_i	j	x_i	j	x_i	j	x_i	j	x_i
31	6,002	34	6,003	37	6,002	40	6,002	43	6,004
32	6,001	35	6,001	38	6,001	41	6,000	44	6,003
33	6,002	36	6,001	39	6,002	42	6,001	45	6,003
j	x_i	j	x_i	j	x_i	j	x_i	j	x_i
46	6,003	49	6,002	52	6,002	55	6,001	58	6,003
47	6,002	50	6,002	53	6,002	56	6,002	59	6,003
48	6,001	51	6,000	54	6,002	57	6,001	60	6,002
j	x_i	j	x_i	j	x_i	j	x_i	j	x_i
61	6,004	64	6,002	67	6,004	70	6,005	73	6,002
62	6,003	65	6,000	68	6,003	71	6,004	74	6,001
63	6,004	66	6,001	69	6,002	72	6,004	75	6,001

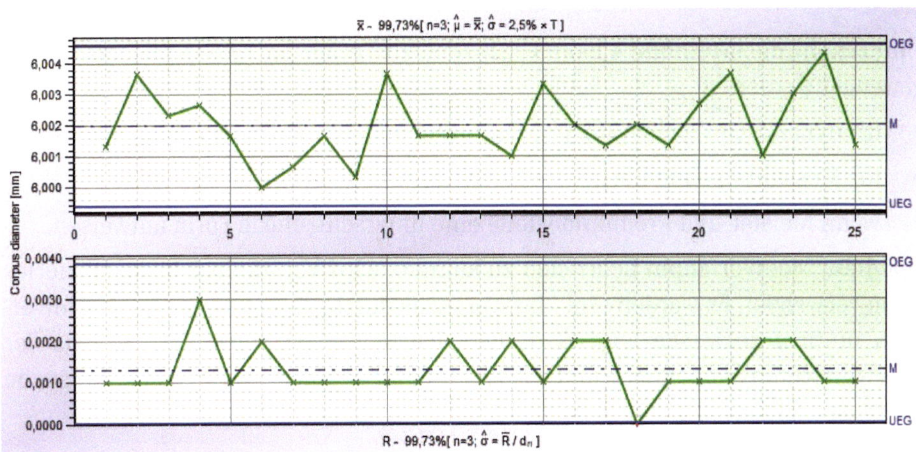

Bild 4.54 Qualitätsregelkarte zur Beurteilung der Stabilität

4.5 Weitere Verfahren

Wie bereits zuvor erwähnt, können die bisher beschriebenen Verfahren nicht auf alle praxisrelevanten Messprozesse eins zu eins angewandt werden. Daher haben Firmen für bestimmte Anwendungsfälle weitere Verfahren entwickelt und diese mit Nummern versehen. Da diese Verfahren aber unabhängig voneinander entstanden sind, können die im Folgenden aufgeführten Verfahren bei verschiedenen Firmen eine ganz andere Bedeutung haben.

In Bosch Heft 10 [39] sind folgende Verfahren näher beschrieben:

- Verfahren 4: Linearität
- Verfahren 5: Stabilität/Messbeständigkeit
- Verfahren 6: Prüfentscheide bei diskretisierten kontinuierlichen Merkmalen
- Verfahren 7: Prüfentscheide bei diskretisierten und diskreten kontinuierlichen Merkmalen

Die nachfolgend beschriebenen Verfahren 4 und 5 sind der Ford Richtlinie (Ford Motor Co. 1997) entnommen.

4.5.1 Verfahren 4 nach Ford EU 1880

Untersuchungs-Methode 4 kann ergänzend zu Verfahren 1 beim Lieferanten angewendet werden

- für dynamische Messsysteme/Messmittel mit statischem Einstellmeister,
- für Messmittel ohne Einstellmeister und,
- wenn Meister und Produktionsteile eine unterschiedliche Form aufweisen.

Um diese Messverfahren beurteilen zu können, wird Verfahren 2 in modifizierter Form verwendet. Es werden fünf Messversuche durchgeführt, wobei ein Teil je Versuch fünfmal gemessen wird. Zwischen den Versuchen muss das Teil aus der Messvorrichtung genommen und wieder eingelegt werden, innerhalb der Versuche bleibt das Teil unverändert in Position.

Folgende Vorgehensweise ist zu wählen:

- Kalibriere und justiere die Messeinrichtung vor dem ersten Versuch, sofern ein Einstellmeister für die Einrichtung vorgesehen ist.
- Messe dasselbe Teil 5-mal. Trage die Ergebnisse in die entsprechende Spalte des Arbeitsblattes ein.
- Wiederhole diesen Messversuch noch 4-mal, wobei das Produktionsteil vor jedem Versuch aus der Messeinrichtung genommen und wieder eingelegt werden muss. Trage die Ergebnisse in dasselbe Arbeitsblatt ein.

- Für jeden Versuch *i* wird eine Spannweite R_i und ein Mittelwert $\overline{x}_i$ berechnet.
- Aus den 5 Spannweiten R_i wird eine mittlere Spannweite $\overline{R}$ berechnet.
- Aus den 5 Mittelwerten $\overline{x}_i$ wird die Spannweite $\overline{x}_{\text{Diff}}$ der Mittelwerte berechnet.
- Berechne und bewerte die Gesamtstreuung des Messsystems.

Aus diesen Ergebnissen errechnet sich:

Wiederholpräzision $EV = \overline{R} \cdot K_1$ mit $K_1 = 2{,}54$ für $n = 5$

Vergleichpräzision $AV = \overline{x}_{\text{Diff}} \cdot K_2$ mit $K_2 = 2{,}42$ für $n = 5$

Gesamtstreuung der Messsysteme $R\&R = \sqrt{EV^2 + AV^2}$

Die Faktoren K_1 und K_2 sind der Tabelle 14.1 zu entnehmen. Für $n = 5$ ergibt sich:

K_1 = 2,18 für Vertrauensniveau 99 %
= 2,54 für Vertrauensniveau 99,73 %

K_2 = 2,08 für Vertrauensniveau 99 %
= 2,42 für Vertrauensniveau 99,73 %

> **HINWEIS:** In der Richtlinie EU 1880 (Ford Motor Co. 1997) war leider der Faktor K_1 fehlerhaft angegeben (irrtümlich $K_1 = 2{,}58$ für 99,73 % Vertrauensniveau).

Das Ergebnis ist ins Verhältnis zu einer vorgegebenen Bezugsgröße zu setzen und mit den üblichen Annahmekriterien zu vergleichen.

> **HINWEIS:** Dieses Verfahren 4 wird noch analog der ARM-Methode berechnet und wurde von neueren Richtlinien nicht mehr aufgegriffen. Dennoch ist es ein interessantes Verfahren, um z. B. bei Rauheitsmessungen die Streuung bei der wiederholten Messung einer Spur und die Streuung zwischen verschiedenen Spuren zu vergleichen. Ähnliches gilt für dynamische Messungen, bei denen nach Entnahme der Bauteile eine Repositionierung problematisch ist. Leider wurde die Berechnungsmethode nicht in eine ANOVA übertragen, was aber problemlos möglich wäre.

Fallbeispiel: Messsystem ohne Einstellmeister

Mithilfe einer elektronischen Messvorrichtung wird ein Durchmesser an einem Pleuel gemessen. Die Spezifikation des Merkmals ist 56,830 ± 0,01 mm. Der Pleuel wurde in die Messvorrichtung gelegt und ohne Entnahme 5-mal gemessen. Anschließend wurde die Messvorrichtung entladen und mit demselben Pleuel noch viermal beladen. Die gleiche Messung wurde wiederholt. Es ergaben sich folgende Messwerte:

Messung Nr.	Wiederholungen mit Be- und Entladen				
	1	2	3	4	5
1	56,8340	56,8330	56,8340	56,8343	56,8341
2	56,8337	56,8333	56,8339	56,8346	56,8339
3	56,8336	56,8335	56,8337	56,8352	56,8344
4	56,8343	56,8335	56,8342	56,8346	56,8341
5	56,8338	56,8328	56,8337	56,8348	56,8343
$\overline{x}_i$	56,83388	56,83322	56,83390	56,83470	56,83416
R_i	0,00070	0,00070	0,00050	0,00090	0,00050

Die Auswertung dieser Werte ergibt basierend auf der Toleranz als Referenzgröße:

Mittlere Spannweite $\overline{R}$ = 0,00066 mm

Differenz der Mittelwerte $\overline{x}_{\text{Diff}}$ = 0,0015 mm

EV = 0,00168 mit K_1 = 2,54 $\%EV$ = 8,39 %

AV = 0,03582 mit K_2 = 2,42 $\%AV$ = 17,91 %

GRR = 0,03966 $\%GRR$ = 19,77 %

Bild 4.55, Bild 4.56 und Bild 4.57 zeigen die Ergebnisse.

Teilnr.	GPT02-188MT	Teilebez.	Connecting Rod - MSA Type-4 Study		
Merkm.Nr.	1	Merkm.Bez.	Diameter big eye - GC Type-4 Study		
1	56,8340	56,8330	56,8340	56,8343	56,8341
2	56,8337	56,8333	56,8339	56,8346	56,8339
3	56,8336	56,8335	56,8337	56,8352	56,8344
4	56,8343	56,8335	56,8342	56,8346	56,8341
5	56,8338	56,8328	56,8337	56,8348	56,8343

Bild 4.55 Einzelwerttabelle Verfahren 4 nach Ford EU 1880

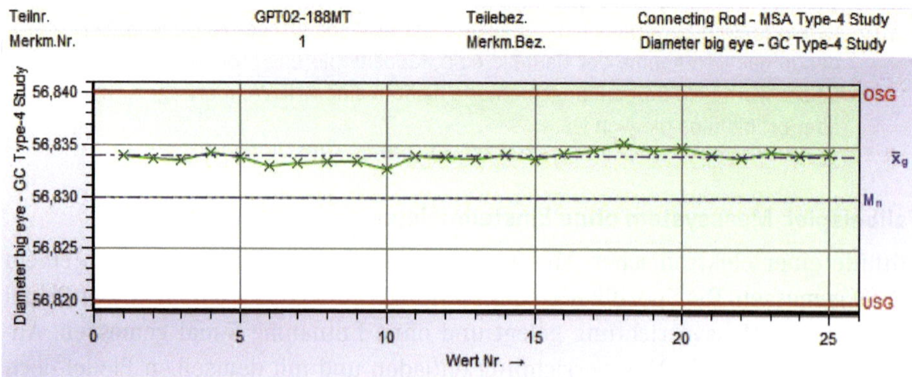

Bild 4.56 Werteverlauf Verfahren 4 nach Ford EU 1880

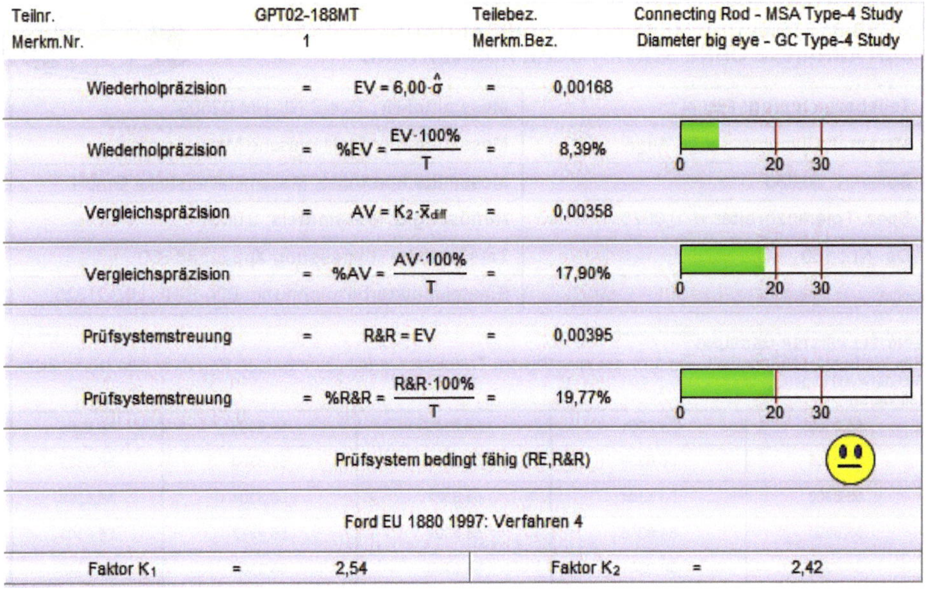

Bild 4.57 Ergebnisdarstellung Verfahren 4 nach Ford EU 1880

4.5.2 Verfahren 5 nach Ford EU 1880

Die Ford Richtlinie EU 1880 (Ford Motor Co. 1997) argumentiert in Anhang E zu Ausnahmen von Messsystemanalysen, dass erfahrungsgemäß die technische Durchführbarkeit einer Messsystemfähigkeitsuntersuchung bei Toleranzen von 15 Mikrometern oder vergleichbarer Größe an anderen Merkmalen an ihre Grenzen stößt, was dazu führen kann, dass das Ergebnis einer Untersuchungs-Methode nicht akzeptabel ist.

In diesem Fall soll die Untersuchungs-Methode 1 ohne statistische Ausweitung, wie nachfolgend beschrieben, durchgeführt werden, was üblicherweise als Verfahren 5 benannt wurde:

- Führe 50 Messungen mit dem Einstellmeister durch. Alle Werte müssen wiederholbar und genau sein und innerhalb von 10 % der Produktionsteil-Toleranz liegen (±5 % bezogen auf die tatsächliche Abmessung des Meisters).
- Führe zusätzlich 25 Messungen mit einem Produktionsteil durch. Alle Werte müssen innerhalb von 15 % der Prozess-/Produktionsteil-Toleranz liegen.

Sind die Bedingungen eingehalten, so gilt das Messsystem als akzeptabel.

Anhand des folgenden Fallbeispiels kann die Vorgehensweise und Bewertung des Ergebnisses leicht nachvollzogen werden.

MESS-SYSTEM- UND MESSMITTELFÄHIGKEITSUNTERSUCHUNG ZUR ABNAHME OHNE STATISTISCHE AUSWERTUNG

Teilebezeichnung: Pleuel	**Messmittel-Nr.:** 024-Z-NK-HM-02609
Merkmal: Durchmesser gr. Auge	**Messmitteltyp:** Elektronische Messvorrichtung
Sollwert: 56,830	**Messmittelhersteller:** Messmittelhersteller GmbH
Spez. Toleranzbreite: +/- 0,0075	**Auflösung d. Messmittels:** 0,0001
Op.-Nr.: 150	**Tatsächliche Abmessung $X_{Meister}$:** 56,830
	Einstellmeisterbezeichnung: 024-S-NK-HM-01325

EINSTELLMEISTER-MESSUNG
Alle Werte müssen innerhalb von 10% der spezifizierten Toleranzbreite (d.h. innerhalb +/- 5% relativ zum tatsächlichen Meisterwert) liegen.
(50 Werte)

56,8306	56,8301	56,8305	56,8300	56,8295
56,8305	56,8299	56,8303	56,8300	56,8302
56,8306	56,8304	56,8301	56,8304	56,8299
56,8293	56,8305	56,8301	56,8297	56,8303
56,8303	56,8301	56,8305	56,8304	56,8298
56,8305	56,8298	56,8304	56,8297	56,8299
56,8304	56,8302	56,8300	56,8307	56,8298
56,8301	56,8298	56,8302	56,8293	56,8296
56,8301	56,8301	56,8303	56,8296	56,8307
56,8295	56,8298	56,8307	56,8304	56,8302

Obere Fähigkeitsgrenze (Einstellmeister):	**$X_{Meister}$ + (0,5 * 0,1 * Spez. Toleranzbreite) =**	56,8310
Untere Fähigkeitsgrenze (Einstellmeister):	**$X_{Meister}$ - (0,5 * 0,1 * Spez. Toleranzbreite) =**	56,8290

TEILEMESSUNG -
Die Spannweite zwischen Maximal- und Minimalwert muss weniger als 15% der Toleranzbreite betragen.
(25 Werte)

56,8340	56,8330	56,8340	56,8343	56,8341
56,8337	56,8333	56,8339	56,8346	56,8339
56,8336	56,8335	56,8337	56,8350	56,8344
56,8343	56,8335	56,8342	56,8346	56,8341
56,8338	56,8328	56,8337	56,8348	56,8343

R =	0,0022
Fähigkeitstoleranz (Teilemessung): 0,15 * Spez. Toleranzbreite =	0,002250

Ergebnis:

X	**In Ordnung**
	Nicht in Ordnung

Datum: 2. September 1997
Prüfung: Hr. Schmidt / NW/PN-211

HINWEIS: Wenn die Berechnung rechnergestützt erfolgt, hat das Formblatt möglicherweise ein anderes Layout. Die Grundlagen und Berechnungen müssen jedoch identisch sein.

4.6 Vorgehensweise nach CNOMO

In Frankreich ist eine Auswertung nach CNOMO E41.36.110.N (CNOMO 1991) „Zulassung der Funktionsfähigkeit von Messmitteln“ weit verbreitet. Diese Vorgehensweise verbindet die oben beschriebenen Verfahren 1 und 2. Bei dieser Messsystemanalyse erfolgt die Überprüfung des Messsystems in drei Phasen:

Vorbereitende Phase

Phase 1: im Messlabor mit Eichnormal (analog zu Verfahren 1)

Phase 2: im Messlabor mit Werkstücken (analog zu Verfahren 2)

Abnahme beim Hersteller/im Werk

Phase 3: im Messlabor/Fertigungsbereich mit mehreren Werkstücken und 5 Wiederholungen pro Werkstück (analog zu Verfahren 2)

Die gewonnenen Ergebnisse werden miteinander verrechnet und zur Beurteilung der Eignung mit Grenzwerten verglichen. Im Gegensatz zu Verfahren 2 erfolgt die Untersuchung nur mit einem Prüfer.

Bestimmung der Kennwerte

In der jeweiligen Phase werden folgende Kennwerte berechnet:

Phase 1: Wiederholpräzision des Messmittels mit Normal

Das Normal wird fünfmal gemessen und aus den Daten werden die Kennwerte

Mittelwert $\bar{y}_e$

Varianz V_e

Unsicherheit $I_e = 2\sqrt{V_e}$

bestimmt. I_e muss die Forderungen aus Tabelle 4.5 erfüllen.

Phase 2: Wiederholpräzision des Messmittels mit Werkstück

Das Werkstück wird fünfmal gemessen und aus den Daten werden die Kennwerte

Mittelwert $\bar{y}_r$

Varianz V_r

Unsicherheit $I_r = 2\sqrt{V_r}$

bestimmt. I_r muss die Forderungen aus Tabelle 4.5 erfüllen.

Phase 3:

Mindestens 5 Werkstücke werden mindestens fünfmal gemessen (y_{ij}). Dieselben Werkstücke werden im Feinmesslabor gemessen (x_i). Bei n-maligem Vermessen im Feinmesslabor wird für jedes Werkstück der Mittelwert genommen und gleichzeitig die Messunsicherheit im Feinmesslabor durch $\sqrt{n}$ geteilt.

Für die Differenzen ($y_{ij} - x_i$) wird der Mittelwert X und die Varianz V_g berechnet:

$$I_g = \text{Unsicherheit des Prüfmittels}$$
$$= |x| + 2\sqrt{(V_g + V_e)}$$

Die Messunsicherheit im Feinmesslabor, die Auflösung des Mittels I_g und der berechnete Fähigkeitsindex $CMC = T/(2 \cdot I_g)$ müssen die Forderungen nach Tabelle 4.5 erfüllen.

Die Bezugsgröße ist in allen Fällen die Toleranz T, die Forderungen (außer bei besonderen Spezifikationen des Mittels) sind Tabelle 4.5 zu entnehmen. Q steht dabei für den Qualitätsindex.

Tabelle 4.5 Grenzwerte für die Eignung von Messmitteln

Kenngröße	Forderung für $T > 16$ µm und $Q > 5$	Forderung für $T \leq 16$ µm oder $Q \leq 5$
Auflösung	$\leq T/20$	$\leq T/10$
$\pm I_e$	$\leq \pm T/20$	$\leq \pm T/10$
$\pm I_r$	$\leq \pm T/8$	$\leq \pm T/4$
$\pm I_{feinmess}$	$\leq \pm T/16$	$\leq \pm T/8$
$\pm I_g$	$\leq \pm T/8$	$\leq \pm T/4$
CMC	≥ 4	≥ 2

Fallbeispiel CNOMO

Das folgende Beispiel ist der hier beschriebenen CNOMO-Norm E41.36.110.N entnommen. Die Spezifikationsgrenzen sind OSG = 10,025 mm und USG = 9,975 mm. Für die Überprüfung mit dem Eichnormal (Phase 1) ergeben sich die Messwerte: 2, 1, 2, 1, 1. Dies ergibt I_e = 1,0954.

Das Messmittel lieferte mit dem Werkstück (Phase 2) die Werte: 50, 49, 48, 50, 49, 48, 50, 47, 49, 50. Daraus errechnet sich: I_r = 2,1082.

Das Formular (Bild 4.58) enthält die Messwerte und die Ergebnisse der Phase 3.

Werkstück 1 bis 5, gemessen auf dem Prüfmittel

Messung	Werkstück1	Werkstück2	Werkstück3	Werkstück4	Werkstück5
Nummer	Werkstück y_{1j}	Werkstück y_{2j}	Werkstück y_{3j}	Werkstück y_{4j}	Werkstück y_{5j}
Werkstück y_{i1}	9.99000	10.00000	10.02000	9.99500	10.00200
Werkstück y_{i2}	9.98900	10.00100	10.02200	9.99700	10.00300
Werkstück y_{i3}	9.99100	10.00200	10.02000	9.99800	10.00400
Werkstück y_{i4}	9.99200	10.00000	10.01800	9.99700	10.00200
Werkstück y_{i5}	9.99000	10.00100	10.02100	9.99700	10.00500
Wert Feinmeßtechnik, $I_f = 0$			IT/16 = 0.003125		
x_i	9.98700	10.00200	10.01900	9.99900	10.00200
Differenzen:					
$d_{i1} = y_{i1} - x_i$	0.00300	-0.00200	0.00100	-0.00400	0.00000
$d_{i2} = y_{i2} - x_i$	0.00200	-0.00100	0.00300	-0.00200	0.00100
$d_{i3} = y_{i3} - x_i$	0.00400	0.00000	0.00100	-0.00100	0.00200
$d_{i4} = y_{i4} - x_i$	0.00500	-0.00200	-0.00100	-0.00200	0.00000
$d_{i5} = y_{i5} - x_i$	0.00300	-0.00100	0.00200	-0.00200	0.00300

Mittelwert der mittleren Differenzen:	$J =$	$\frac{1}{25} \Sigma_i \Sigma_j d_{ij}$	= 0.00048
Globale Varianz der Differenzen:	$V_g =$	$\frac{1}{24} \Sigma_i \Sigma_j (d_{ij} - J)^2$	= 0.00000526
Globale Standardabweichungen der Differenzen:	$s_g =$	$\sqrt{V_g}$	= 0.0022935
Wiederholbarkeitsvarianz auf dem Eichnormal:	$V_e =$		= 0.0000003
Standardabweichung der Wiederholbarkeit auf dem Eichnormal:	$s_e =$	$\sqrt{V_e}$	= 0.00054772
Meßunsicherheit:	$I_g =$	$\lvert J \rvert + 2\sqrt{V_g + V_e}$	= 0.0051959
Funktionsfähigkeit des Prüfmittels:		C_{mc}	= 4.81146

4

Meßsystem fähig

Bild 4.58 CNOMO-Formular

Vergleicht man die Ergebnisse mit den Grenzwerten aus Tabelle 4.5, so ist das Messsystem als geeignet anzusehen.

5 Eignungsnachweis von attributiven Prüfprozessen

5.1 Lehren

Bei dem Eignungsnachweis für Prüfprozesse konzentrieren sich die Verfahren hauptsächlich auf variable Merkmale. Ist aus wirtschaftlichen oder technischen Gründen eine Prüfung mit anzeigenden Messgeräten nicht möglich, werden häufig Lehren (Bild 5.1) eingesetzt. Man spricht dann von einem sogenannten attributiven Prüfprozess. Auch Lehren haben aufgrund ihrer Fertigungstoleranz eine Unsicherheit und unterliegen natürlich auch der Abnutzung. Darüber hinaus kann der Prüfprozess wesentlich durch den Bediener beeinflusst werden.

Daher muss hier die Frage gestellt werden: „Ist der attributive Prüfprozess für die konkrete Messaufgabe geeignet?“

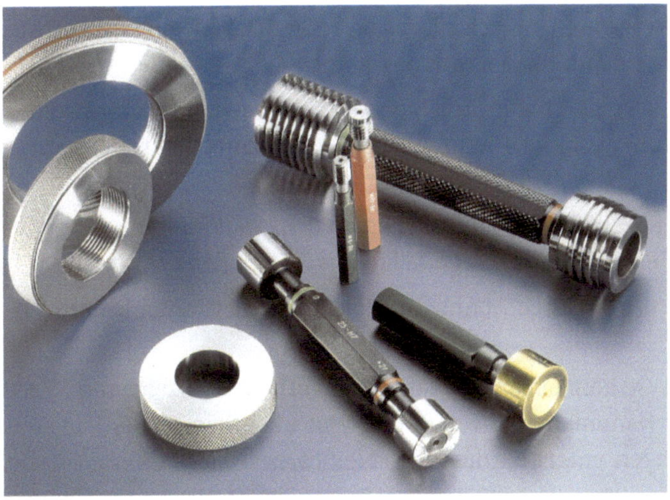

Bild 5.1
Lehrdorne und -ringe

Bei einer Prüfung mit Lehren steht als Ergebnis der Prüfung nur die Aussage: „gut oder schlecht“ bzw. „gut, Nacharbeit, schlecht“ zur Verfügung. Daher können die für variable Prüfprozesse verwendeten Auswerteverfahren nicht übertragen werden.

5.2 Lehren oder Messen

Im Sinne einer Philosophie der ständigen Verbesserung oder Null-Fehler-Strategie ist das attributive Prüfen mit Grenzlehren nicht geeignet. Das Hauptproblem liegt darin, dass erst nach Überschreiten der Grenzwerte eine Reaktion erfolgen kann, d. h., es ist bereits Nacharbeit oder Ausschuss gefertigt worden. Gesetzt den Fall, man würde keine Schlechtteile finden, könnte man nicht feststellen, „wie gut" der Fertigungsprozess ist. Hält er die Grenzen „gerade nur so" ein oder ist der Prozess weit davon entfernt, überhaupt Schlechtteile zu produzieren? Selbst attributive Regelkarten können nur bewerten, ob der Fehleranteil stabil bleibt. Lehren ist also nicht vereinbar mit dem Gedanken einer Prozessfähigkeit oder Prozessstabilität. Wo immer möglich, muss daher das Ziel sein, das attributive Prüfen durch ein anzeigendes Messgerät zu ersetzen.

Erfahrungsgemäß wird der höhere Anschaffungspreis durch eine deutlich verbesserte Fertigungsqualität sowie durch den geringeren Überwachungsaufwand in kurzer Zeit amortisiert.

Das Messen bringt gegenüber dem Lehren folgende Vorteile:

- Die Qualität des Erzeugnisses kann durch Messen besser überwacht und geregelt werden. Durch Messen sieht man, an welcher Stelle der Toleranz die Teile liegen, und kann z. B. mittels Prozessregelung den Idealwert (z. B. Toleranzmitte) anstreben, d. h. bessere Qualität erzeugen. Außerdem sind mit SPC Veränderungen des Prozesses rechtzeitig erkennbar, sodass im Gegensatz zum Lehren bereits weit vor dem Überschreiten von Toleranzgrenzen, also vorbeugend und fehlervermeidend, reagiert werden kann.
- Die Messsicherheit wird durch gleichmäßige Messkraft der Geräte erhöht, das persönliche Maßgefühl ausgeschaltet und damit Toleranzüberschreitungen infolge unsachgemäßer Lehrenbehandlung vermieden.
- Die zulässigen Toleranzen lassen sich besser ausnutzen, weil Toleranzeinengungen durch Lehren-Herstelltoleranzen entfallen.
- Toleranzüberschreitungen durch Abnutzungstoleranzen der festen Lehren entfallen.
- Lehrenbestand und Gemeinkosten werden verringert, weil anzeigende Messzeuge einen großen Nennmaß- und Toleranzbereich abdecken. Außerdem sind häufige Überprüfungen aufgrund des Verschleißes, wie beim Gebrauch von Lehren, nicht erforderlich.
- Abnutzungserscheinungen spielen keine große Rolle, weil anzeigende Geräte jederzeit nachgestellt werden können.

- Die Vorteile des Messens wirken sich besonders bei kleineren Toleranzen aus. Deshalb empfiehlt es sich, Toleranzen von IT 9 und kleiner zu messen und nur gröbere Toleranzen mit festen Lehren zu prüfen. Bei lehrender Prüfung ist z. B. die Krafteinwirkung durch den Bediener zu hoch.
- Aus der Kenntnis der Messunsicherheit können adäquate Schutzabstände berechnet werden, sodass Konformitätsprüfungen nach DIN EN ISO 14253-1 (DIN 2018a) durchgeführt werden können.

Diesen Aussagen stehen die Vorteile der Lehren gegenüber.

Vorteile des Lehrens:

- schnelle, einfache Handhabung
- Formprüfung möglich
- genormte Prüfmittel, niedriger Anschaffungspreis

Trotz der wenigen Vorteile der Lehren ist die attributive Prüfung weit verbreitet. Daher werden in den nächsten Abschnitten Vorschläge für die Eignungsnachweise erörtert.

5.3 Voraussetzungen für eine erfolgreiche attributive Prüfung

Ein wesentlicher Nachteil bei attributiven Prüfungen ist die Tatsache, dass das Prüfergebnis im hohen Maße von der individuellen Handhabung des jeweiligen Prüfers abhängig ist. Darum sind beim Gebrauch der Lehren folgende Hinweise zu beachten:

- Alle Lehren sind ohne wesentliche Kräfte zu handhaben.
- Die Gutlehre muss sich ohne Zwang in das Werkstück einführen lassen.
- Die Ausschussseite darf nur anschnäbeln.
- Bei Rachenlehren tritt aufgrund deren U-Form und durch die Keilwirkung der zu prüfenden Welle eine Aufbiegung auf. Daher wird bis 100 mm Nennmaß das Eigengewicht der Rachenlehre als Messkraft empfohlen.

Bei Berücksichtigung folgender Punkte ist ein nachweislich verbessertes und stabileres Ergebnis zu erwarten:

- umfassende Schulung und Einweisung
- ausreichende Übung mit Lernkontrolle
- regelmäßige Wiederholung

- Motivation des Prüfers durch den Vorgesetzten zur:
  - Sorgfalt im Umgang mit den Prüfobjekten und Prüfmitteln sowie
  - Sauberkeit und Ordnung am Arbeitsplatz
- Schaffung eines geeigneten Umfeldes:
  - ergonomisch gestalteter Arbeitsplatz (Ablagen für Prüfmittel, An- und Ablieferungsbereiche im Griff- und Sichtbereich des Mitarbeiters, ...)
  - ausreichende Beleuchtung
  - niedriger Lärmpegel
  - Vermeiden von Zugluft und zu großen Temperaturschwankungen
  - Vermeiden von starken Dauerbelastungen wie ständigem Heben und Wegtragen von schweren Prüfobjekten

Gerade zuletzt genannte Punkte sind sogar gesetzlich definiert und somit eine Grundvoraussetzung, die vom Arbeitgeber zu gewährleisten ist.

Die zuvor aufgeführten Punkte sind zum Teil indirekt in Normen beschrieben (Motivation) oder werden direkt gefordert (Schulung, Lernkontrolle) und müssen somit auch nachgewiesen werden. Das heißt, es muss festgelegt sein, welche Qualifikation für den jeweiligen Arbeitsschritt erforderlich ist, und es muss ein Nachweis geführt werden, dass die Ausführenden eine umfassende Schulung erhalten haben (Thema: Arbeitsplatzführerschein). Der Erfolg der Schulung (Wirksamkeitsprüfung) ist nachzuweisen und zu dokumentieren.

5.4 Untersuchung von attributiven Prüfprozessen

5.4.1 Einleitung

Bei der Untersuchung von attributiven Prüfprozessen ist zwischen sogenannten diskreten Merkmalen und diskretisierten Merkmalen zu unterscheiden.

Diskrete Merkmale sind Zählmerkmale attributiver Beurteilungen. Das heißt, es werden entweder fehlerhafte Einheiten oder Fehler pro Einheit gezählt (Dietrich, Conrad 2021). Im einfachsten Fall werden die untersuchten Einheiten in die Kategorie „gut" oder „schlecht" eingeordnet. Bei komplexeren Prüfaufgaben sind mehrere Kategorien möglich (z. B. Notenvergabe).

Für die Beurteilung der attributiven Prüfprozesse muss optimalerweise ein Vergleich mit Referenzdaten möglich sein. Im Falle diskreter Prüfprozesse sind die

Referenzbeurteilungen ebenfalls attributiv und entstehen vielfach durch Referenzprüfer oder Referenzteams, die ein Referenzlos erstellen. Bei der Beurteilung der Prüfprozesse kann dann nur bewertet werden, inwieweit die Prüferentscheidungen mit den Referenzentscheidungen übereinstimmen. Eine Messunsicherheit oder ein Streubereich kann nicht bestimmt werden.

Im dem besonderen Fall der diskretisierten Merkmale können anstelle der attributiven Bewertungen auch Referenzwerte ermittelt werden, da die attributiven Merkmale prinzipiell auch messbar sind. Das ist z. B. der Fall, wenn messbare Größen aus Gründen der Taktzeit vereinfachend gelehrt werden. Da in diesem Fall die Prüfergebnisse mit Messwerten verglichen werden können, kann tatsächlich ein Unsicherheitsbereich bestimmt werden.

In der 4. Ausgabe der AIAG MSA (AIAG 2010) sind vier Methoden zur Untersuchung von attributiven Prüfsystemen enthalten:

- Testen von Hypothesen mit Kreuztabellen (Cohens Kappa)
- Beurteilung der Effektivität
- Signalerkennung
- analytische Methode

Im Allgemeinen will man feststellen, wie exakt ein oder mehrere Prüfer fehlerhafte und gute Teile einstufen können. Insbesondere sind die Übergangsbereiche (Grauzonen) interessant, in denen die Prüfer zu widersprüchlichen Entscheidungen kommen, also gute Teile als fehlerhaft einstufen und fehlerhafte Teile als gut einstufen. Im Detail wird diese Grauzone nur bei der Signalerkennung und bei der analytischen Methode tatsächlich berechnet. Die Effektivität und die Kreuztabellen berechnen andere Kennwerte und bewerten andere Kriterien.

Den Autoren ist allerdings die Anwendung der analytischen Methode in der industriellen Praxis nicht bekannt. Sie wird wegen des enormen Aufwands nicht durchgeführt und deshalb hier auch nicht weiter beschrieben.

In der aktuellen AIAG MSA (AIAG 2010) ist die in der 2. Ausgabe der MSA noch enthaltene Vorgehensweise der „Short-Method“ seit der 3. Auflage entfallen.

Dennoch wird diese Methode hier vorgestellt, da sie in der Industrie weit verbreitet und deshalb auch im VDA Band 5 (VDA 2021) wieder aufgenommen wurde. Dies geschah weniger aus dem Gedanken heraus, dass diese Methode doch anwendbar sei, sondern um Vor- und Nachteile zu beschreiben und vor allem, um vor dem unbedachten Einsatz zu warnen. Die Short Method ist als Eignungsnachweis nicht ausreichend, kann aber im Sinne einer schnellen fortlaufenden Stabilitätsprüfung genutzt werden. Deshalb wird diese Methode nachfolgend auch beschrieben (Abschnitt 5.4.6).

Das Szenario

Die AIAG MSA (AIAG 2010) stellt die Methoden im Zusammenhang mit einem „Szenario" dar. Dadurch umgeht die AIAG eine konkrete Forderung nach dem Einsatz definierter Methoden und legt den Fokus auf die Sinnhaftigkeit einzelner Verfahren im Vergleich untereinander. Auch der VDA Band 5 (VDA 2021) beschreibt nur die gängigen Methoden mit Vor- und Nachteilen, ohne konkrete Forderungen zu stellen. Begründet wird das durch die unterschiedlichen Aussagen der Methoden, weshalb für jeden Prüfprozess zuerst bewertet werden muss, welche Information relevant ist (Schlupf, Vergleichbarkeit der Prüfer, Wiederholbarkeit der Einrichtung, ...). Dazu passend muss die richtige Methode gewählt werden. In dem Szenario der AIAG MSA liegt ein Fertigungsprozess mit einer Prozessfähigkeit von P_p, P_{pk} = 0,5 vor. Die Teile dieses Prozesses müssen aussortiert werden. Zur Aussortierung wird eine Lehre verwendet. Um Fehlentscheidungen an den Spezifikationsgrenzen so weit möglich zu vermeiden, muss die Eignung der Lehre nachgewiesen werden. Bild 5.2 zeigt die drei Bereiche I, II und III. Eindeutigkeit herrscht in den Bereichen I und III. Der sogenannte „Graubereich" II ist im vorliegenden Fall zu finden. Wie bei variablen Merkmalen ist die Frage zu beantworten: „Ist der Unsicherheitsbereich, bei dem Fehlentscheidungen möglich sind, akzeptabel oder nicht?" Dazu ist auch für ein attributives Messsystem ein %*GRR*-Wert zu berechnen und mit den Forderungen zu vergleichen.

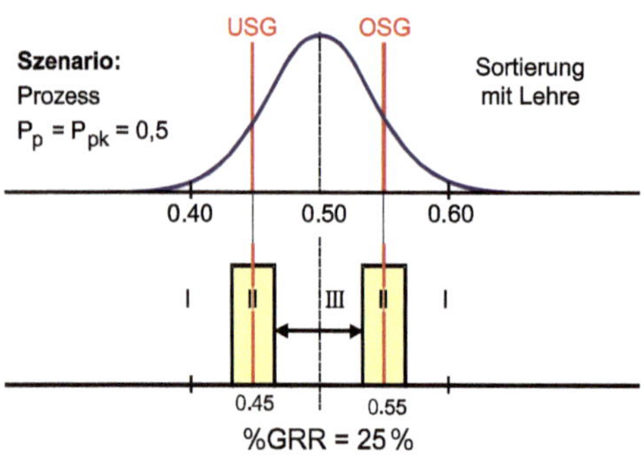

Bild 5.2
Darstellung der Zonen I, II und III

In der **Zone I** lautet das Prüfergebnis der Prüfer übereinstimmend „schlecht". Bei den beiden **Zonen II** treten widersprüchliche Prüfentscheidungen auf - die Teile werden mal als „gut" und mal als „schlecht" eingestuft. Schließlich sind in der mittleren **Zone III** die Prüfentscheidungen übereinstimmend gut. Kritisch sind also Merkmalswerte in der Nähe der Spezifikationsgrenzen, da die Teile dann nicht eindeutig als „gut" oder „schlecht" eingestuft werden können.

Durchführung der Prüfung

Dazu werden dem Prozess 50 Teile entnommen. Die Teile müssen den Prozess repräsentieren. Dazu gehören nicht nur Teile innerhalb, sondern auch außerhalb der Spezifikationsgrenzen. Die Teile sind mit einem geeigneten Messgerät mit bekannter Messunsicherheit zu vermessen. Der Istwert des jeweiligen Teils ist festzuhalten. Anschließend überprüfen drei Prüfer die jeweiligen Teile mit der ausgewählten Lehre und halten die Ergebnisse in codierter Form fest. Folgende Codierung wird verwendet (Bild 5.3):

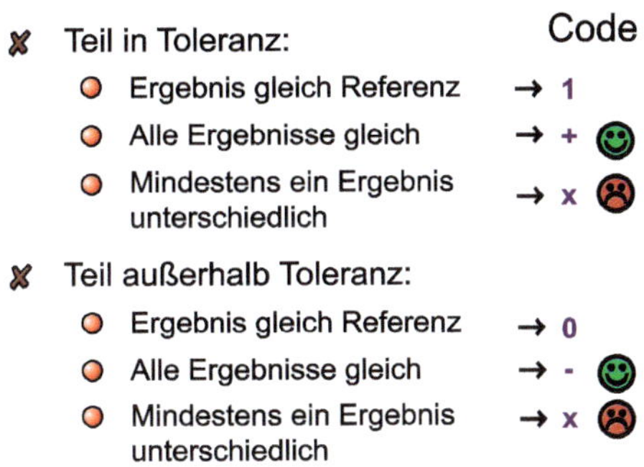

Bild 5.3 Codierung

Nach Durchführung der Prüfung ergibt sich das in Bild 5.4 auszugsweise dargestellte Ergebnis.

Part	A-1	A-2	A-3	B-1	B-2	B-3	C-1	C-2	C-3	Ref.	Ref.-Value	Code
1	1	1	1	1	1	1	1	1	1	1	0,476901	+
2	1	1	1	1	1	1	1	1	1	1	0,509015	+
3	0	0	0	0	0	0	0	0	0	0	0,576459	-
4	0	0	0	0	0	0	0	0	0	0	0,566152	-
5	0	0	0	0	0	0	0	0	0	0	0,570360	-
6	1	1	0	1	1	0	1	0	0	1	0,544951	X
7	1	1	1	1	1	1	1	0	1	1	0,465454	X
8	1	1	1	1	1	1	1	1	1	1	0,502295	+
9	0	0	0	0	0	0	0	0	0	0	0,437817	-
10	1	1	1	1	1	1	1	1	1	1	0,515573	+
11	1	1	1	1	1	1	1	1	1	1	0,488905	+
12	0	0	0	0	0	0	0	1	0	0	0,559918	X
13	1	1	1	1	1	1	1	1	1	1	0,542704	+
14	1	1	0	1	1	1	1	0	0	1	0,454518	X
15	1	1	1	1	1	1	1	1	1	1	0,517377	+
16	1	1	1	1	1	1	1	1	1	1	0,531939	+
17	1	1	1	1	1	1	1	1	1	1	0,519694	+
18	1	1	1	1	1	1	1	1	1	1	0,484167	+
19	1	1	1	1	1	1	1	1	1	1	0,52046[illegible]	
20	1	1	1	1	1	1	1	1	1	1	0,4[illegible]	

+ (Zeile 2)   - (Zeile 5)   X (Zeile 12)

Bild 5.4 Attributive Ergebnisse

In Tabelle 5.1 und Tabelle 5.2 sind die Prüfergebnisse und die Referenzwerte dargestellt. Tabelle 5.1 enthält die Werte unsortiert. In Tabelle 5.2 sind die gleichen Ergebnisse nach Größe der Referenzwerte sortiert. Die drei Prüfer wurden mit A, B und C codiert. Die Spalte x_{A1} enthält somit die Ergebnisse des Prüfers A im ersten

Prüfdurchgang. Mit x_{A2} sind die Ergebnisse des Prüfers A im zweiten Prüfdurchgang überschrieben usw.

Tabelle 5.1 Prüfergebnisse unsortiert

n	Ref. i	$x_{A;1}$	x_{A2}	x_{A3}	$x_{B;1}$	x_{B2}	x_{B3}	$x_{C;1}$	x_{C2}	x_{C3}	
1	0,476901	+	+	+	+	+	+	+	+	+	☺
2	0,509015	+	+	+	+	+	+	+	+	+	☺
3	0,576495	−	−	−	−	−	−	−	−	−	☺
4	0,566152	−	−	−	−	−	−	−	−	−	☺
5	0,570360	−	−	−	−	−	−	−	−	−	☺
6	0,544951	−	+	−	+	+	+	+	−	+	☹
7	0,465454	+	+	+	+	+	+	+	−	+	☹
8	0,502295	+	+	+	+	+	+	+	+	+	☺
9	0,437817	−	−	−	−	−	−	−	−	−	☺
10	0,515573	+	+	+	+	+	+	+	+	+	☺
11	0,488905	+	+	+	+	+	+	+	+	+	☺
12	0,559918	−	−	−	−	−	−	−	+	−	☹
13	0,542704	+	+	+	+	+	+	+	+	+	☺
14	0,454518	+	+	−	+	+	+	+	−	−	☹
15	0,517377	+	+	+	+	+	+	+	+	+	☺
16	0,531939	+	+	+	+	+	+	+	+	+	☺
17	0,519694	+	+	+	+	+	+	+	+	+	☺
18	0,484167	+	+	+	+	+	+	+	+	+	☺
19	0,520496	+	+	+	+	+	+	+	+	+	☺
20	0,477236	+	+	+	+	+	+	+	+	+	☺
21	0,452310	+	+	−	+	−	+	−	+	−	☹
22	0,545604	−	−	+	−	+	−	+	+	−	☹
23	0,529065	+	+	+	+	+	+	+	+	+	☺
24	0,514192	+	+	+	+	+	+	+	+	+	☺
25	0,599581	−	−	−	−	−	−	−	−	−	☺
26	0,547204	−	+	−	−	−	−	−	−	+	☹
27	0,502436	+	+	+	+	+	+	+	+	+	☺
28	0,521642	+	+	+	+	+	+	+	+	+	☺
29	0,523754	+	+	+	+	+	+	+	+	+	☺
30	0,561457	−	−	−	−	−	+	−	−	−	☹
31	0,503091	+	+	+	+	+	+	+	+	+	☺
32	0,505850	+	+	+	+	+	+	+	+	+	☺
33	0,487613	+	+	+	+	+	+	+	+	+	☺
34	0,449696	−	−	+	−	−	+	−	+	+	☹
35	0,498698	+	+	+	+	+	+	+	+	+	☺
36	0,543077	+	+	−	+	+	+	+	−	+	☹
37	0,409238	−	−	−	−	−	−	−	−	−	☺
38	0,488184	+	+	+	+	+	+	+	+	+	☺
39	0,427687	−	−	−	−	−	−	−	−	−	☺
40	0,501132	+	+	+	+	+	+	+	+	+	☺
41	0,513779	+	+	+	+	+	+	+	+	+	☺
42	0,566575	−	−	−	−	−	−	−	−	−	☺
43	0,462410	+	+	+	+	+	+	+	+	−	☹
44	0,470832	+	+	+	+	+	+	+	+	+	☺
45	0,412453	−	−	−	−	−	−	−	−	−	☺
46	0,493441	+	+	+	+	+	+	+	+	+	☺
47	0,486379	+	+	+	+	+	+	+	+	+	☺
48	0,587893	−	−	−	−	−	−	−	−	−	☺
49	0,483803	+	+	+	+	+	+	+	+	+	☺
50	0,446697	−	−	−	−	−	−	−	−	−	☺

Tabelle 5.2 Prüfergebnisse nach Referenzwerten absteigend sortiert

n	Ref. i	$x_{A;1}$	$x_{A;2}$	$x_{A;3}$	$x_{B;1}$	$x_{B;2}$	$x_{B;3}$	$x_{C;1}$	$x_{C;2}$	$x_{C;3}$	
25	0,599581	−	−	−	−	−	−	−	−	−	☺
48	0,587893	−	−	−	−	−	−	−	−	−	☺
3	0,576495	−	−	−	−	−	−	−	−	−	☺
5	0,570360	−	−	−	−	−	−	−	−	−	☺
42	0,566575	−	−	−	−	−	−	−	−	−	☺
4	0,566152	−	−	−	−	−	−	−	−	−	☺
30	0,561457	−	−	−	−	−	+	−	−	−	☹
12	0,559918	−	−	−	−	−	−	−	+	−	☹
26	0,547204	−	+	−	−	−	−	−	−	+	☹
22	0,545604	−	−	+	−	+	−	+	+	−	☹
6	0,544951	−	+	−	+	+	+	+	−	+	☹
36	0,543077	+	+	−	+	+	+	+	−	+	☹
13	0,542704	+	+	+	+	+	+	+	+	+	☺
16	0,531939	+	+	+	+	+	+	+	+	+	☺
23	0,529065	+	+	+	+	+	+	+	+	+	☺
29	0,523754	+	+	+	+	+	+	+	+	+	☺
28	0,521642	+	+	+	+	+	+	+	+	+	☺
19	0,520496	+	+	+	+	+	+	+	+	+	☺
17	0,519694	+	+	+	+	+	+	+	+	+	☺
15	0,517377	+	+	+	+	+	+	+	+	+	☺
10	0,515573	+	+	+	+	+	+	+	+	+	☺
24	0,514192	+	+	+	+	+	+	+	+	+	☺
41	0,513779	+	+	+	+	+	+	+	+	+	☺
2	0,509015	+	+	+	+	+	+	+	+	+	☺
32	0,505850	+	+	+	+	+	+	+	+	+	☺
31	0,503091	+	+	+	+	+	+	+	+	+	☺
27	0,502436	+	+	+	+	+	+	+	+	+	☺
8	0,502295	+	+	+	+	+	+	+	+	+	☺
40	0,501132	+	+	+	+	+	+	+	+	+	☺
35	0,498698	+	+	+	+	+	+	+	+	+	☺
46	0,493441	+	+	+	+	+	+	+	+	+	☺
11	0,488905	+	+	+	+	+	+	+	+	+	☺
38	0,488184	+	+	+	+	+	+	+	+	+	☺
33	0,487613	+	+	+	+	+	+	+	+	+	☺
47	0,486379	+	+	+	+	+	+	+	+	+	☺
18	0,484167	+	+	+	+	+	+	+	+	+	☺
49	0,483803	+	+	+	+	+	+	+	+	+	☺
20	0,477236	+	+	+	+	+	+	+	+	+	☺
1	0,476901	+	+	+	+	+	+	+	+	+	☺
44	0,470832	+	+	+	+	+	+	+	+	+	☺
7	0,465454	+	+	+	+	+	+	+	−	+	☹
43	0,462410	+	+	+	+	+	+	+	+	−	☹
14	0,454518	+	+	−	+	+	+	+	−	−	☹
21	0,452310	+	+	−	+	−	+	−	+	−	☹
34	0,449696	−	−	+	−	−	+	−	+	+	☹
50	0,446697	−	−	−	−	−	−	−	−	−	☺
9	0,437817	−	−	−	−	−	−	−	−	−	☺
39	0,427687	−	−	−	−	−	−	−	−	−	☺
45	0,412453	−	−	−	−	−	−	−	−	−	☺
37	0,409238	−	−	−	−	−	−	−	−	−	☺

In der Spalte „Code“ sind weitere Symbole aufgeführt:

X Symbol für ein Teil, das innerhalb der **Grauzone II** liegt. Die Prüferentscheidungen waren widersprüchlich.

\+ Symbol für ein Teil, das innerhalb der **Zone III** liegt. Anhand der Referenzwerte erfolgte die Referenz-Einstufung der Teile als „gut“ und alle Prüfer haben diese übereinstimmend als **„gut“** eingestuft.

– Symbol für ein Teil, das innerhalb der **Zone I** liegt. Anhand der Referenzwerte erfolgte die Referenz-Einstufung der Teile als „schlecht“ und alle Prüfer haben diese übereinstimmend als **„schlecht“** eingestuft.

In den folgenden Abschnitten werden drei Bewertungsmethoden beschrieben:

- Test von Hypothesen (Abschnitt 5.4.2)
- Beurteilung der Effektivität (Abschnitt 5.4.4)
- Methode der Signalerkennung (Abschnitt 5.4.5)

In der AIAG MSA (AIAG 2010) wird darauf hingewiesen, dass für die Methoden „Test von Hypothesen“ und „Beurteilung der Effektivität“ die Entscheidungskriterien und Grenzwerte nicht durch theoretische Herleitungen begründet sind:

> **HINWEIS:** Der Originaltext in der AIAG MSA (AIAG 2010) zu dem Thema lautet:
> *„Es gibt kein theorie-basiertes Entscheidungskriterium bezüglich annehmbarer Risiken. Die oben genannten Richtlinien sind Erfahrungswerte und wurden basierend auf einzelnen Überzeugungen, was noch als annehmbar betrachtet werden kann, entwickelt. Die endgültigen Entscheidungskriterien sollten auf dem Einfluss (d. h. Risiken) auf den weiteren Prozess und auf den Endkunden basieren. Dies wird eine Fall-zu-Fall-Entscheidung und keine auf statistischen Grundsätzen basierende Entscheidung sein.“*

5.4.2 Testen von Hypothesen (Cohens Kappa)

Bei attributiven Prüfungen stehen oft keine Referenzwerte zur Verfügung. In diesem Fall können Referenzbewertungen eines hoch qualifizierten Referenzprüfers oder eines Referenzteams zum Einsatz kommen. Dem Hinweis, dass diese Referenzbewertungen unsicher sind, muss entgegengehalten werden, dass natürlich auch Referenzwerte mit einer Unsicherheit behaftet sind. Allerdings lässt sich bei Referenzbewertungen diese Unsicherheit nicht beziffern und auch nicht bei der Entscheidung zur Verwendbarkeit des Referenzteils berücksichtigen.

Ein Ansatz für die Beurteilung eines attributiven Prüfprozesses besteht darin, mehrere Prüfer dieselben Teile prüfen zu lassen. Wenn alle Prüfer sehr oft zu gleichen Ergebnissen kommen, spricht das dafür, dass die Prüfmethode geeignet sein könnte, zwischen guten und schlechten Teilen zu unterscheiden.

Aufbauend auf diesem Grundgedanken ist das Ziel, den Grad der Übereinstimmung von Prüfer-Entscheidungen anhand einer Maßzahl zu beurteilen. Die sogenannte Kreuztabelle ist ein Hilfsmittel zur Bestimmung der gesuchten Maßzahl.

Dabei wird eine Korrektur in Bezug auf zufällige Übereinstimmungen durchgeführt. Das heißt, die Maßzahl bewertet nur Übereinstimmungen, die die zu erwartende Anzahl rein zufälliger Übereinstimmungen überschreiten.

Nachfolgend wird zunächst der Aufbau und der Zweck einer Kreuztabelle und anschließend die Ableitung der Maßzahl aus der Kreuztabelle beschrieben.

Aufbau einer Kreuztabelle für zwei Prüfer

Betrachtet man die Prüfergebnisse der Prüfer A und B in Tabelle 5.2, so kann man zählen, wie oft

- beide Prüfer „gut“ entschieden haben,
- Prüfer A „gut“ und Prüfer B „schlecht“ entschieden hat,
- Prüfer A „schlecht“ und Prüfer B „gut“ entschieden hat und
- beide Prüfer „schlecht“ entschieden haben.

Es ergeben sich im angegebenen Beispiel insgesamt 150 zu vergleichende „Entscheidungspaare“, d. h. je Prüfer 50 Entscheidungen des ersten Prüfdurchgangs (Spalte x_{A1} mit Spalte x_{B1}) sowie jeweils 50 Entscheidungen des zweiten (Spalte x_{A2} mit Spalte x_{B2}) und dritten Prüfdurchgangs (Spalte x_{A3} mit Spalte x_{B3}) (Bild 5.5).

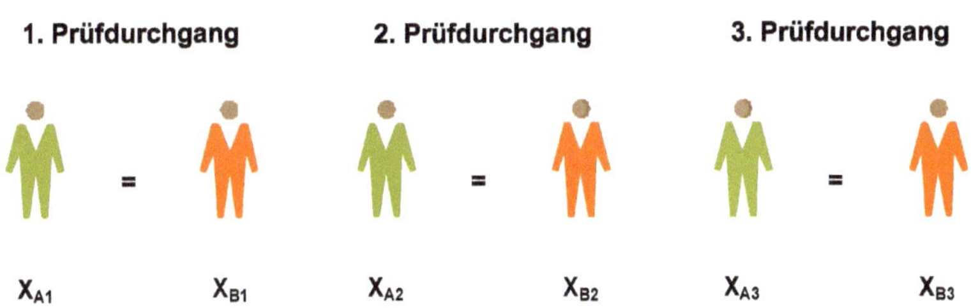

Bild 5.5 Vergleich von Prüfer A mit Prüfer B

Die Häufigkeitszählungen sind übersichtlich in der Kreuztabelle (Tabelle 5.3) dargestellt:

Tabelle 5.3 Beobachtete Häufigkeiten

		Entscheidungen Prüfer A		Gesamt Zeile
		schlecht	gut	
Entscheidungen Prüfer B	schlecht	44	6	50
	gut	3	97	100
Gesamt Spalte		47	103	150

Beobachtete Anteile

Um den beobachteten Anteil für jede der vier Entscheidungskombinationen zu berechnen, bestimmt man die relativen Häufigkeiten der Zellen. Die relative Häufigkeit für jede Tabellenzelle bestimmt man, indem man den Zellwert durch die Gesamtanzahl der Fälle dividiert. Diese relativen Häufigkeiten heißen „beobachtete Anteile“ (Tabelle 5.4).

Tabelle 5.4 Beobachtete Anteile

		Entscheidungen Prüfer A	
		schlecht	gut
Entscheidungen Prüfer B	schlecht	44/150 = **0,2933**	6/150 = **0,04**
	gut	3/150 = **0,02**	97/150 = **0,6467**

Übereinstimmung durch Zufall – erwarteter Anteil

Man muss sich bewusst sein, dass ein gewisser Grad an Übereinstimmung allein durch den Zufall zustande kommt. Es gilt also zu klären, wie groß der Anteil an Übereinstimmungen von beiden Prüfern wäre, wenn diese nur ein Zufallsprodukt wären.

Man kann sich das so vorstellen, dass die Prüfer zufällig auf „gut“ oder „schlecht“ entscheiden, ohne das Produktmerkmal tatsächlich bewertet zu haben. Der Bezug zum Experiment entsteht dadurch, dass die tatsächliche Anzahl von „gut“- und „schlecht“-Entscheidungen zugrunde gelegt wird.

Die allein durch Zufall entstehenden Übereinstimmungen bezeichnet man als „erwarteten Anteil“.

1. Zunächst sind die Zeilensummen durch die Anzahl der Fälle (Prüfentscheidungen) zu dividieren.
2. Anschließend sind die Spaltensummen durch die Anzahl aller Fälle zu dividieren.

3. Im dritten Schritt sind die erwarteten Anteile zu bestimmen. Das Rechenschema ist in Tabelle 5.5 erkennbar.

Tabelle 5.5 Erwartete Anteile

		Entscheidungen Prüfer A		Gesamt Zeile
		schlecht	gut	
Entscheidungen Prüfer B	schlecht	$p_{1.1} = p_{1.} \cdot p_{.1} \approx$ **0,104**	$p_{1.2} = p_{1.} \cdot p_{.2} \approx$ **0,229**	$p_{1.}$=50/150≈0,33
	gut	$p_{2.1} = p_{2.} \cdot p_{.1} \approx$ **0,209**	$p_{2.2} = p_{2.} \cdot p_{.2} \approx$ **0,458**	$p_{2.}$=100/150≈0,67
Gesamt Spalte		$p_{.1}$ = 47/150 ≈ 0,31	$p_{.2}$ = 103/150 ≈ 0,69	150/150=1

Erwartete Häufigkeit

Aus den erwarteten Anteilen können die erwarteten Häufigkeiten berechnet werden: Man multipliziert die erwarteten Anteile mit der Gesamtanzahl *N* der Fälle (Tabelle 5.6).

Tabelle 5.6 Erwartete Häufigkeiten

		Entscheidungen Prüfer A		Gesamt Zeile
		schlecht	gut	
Entscheidungen Prüfer B	schlecht	$p_{1.1} \cdot N$ = 0,104·150 ≈ **15,7**	$p_{1.2} \cdot N$ = 0,229·150≈ **34,3**	$p_{1.} \cdot N$ = 50
	gut	$p_{2.1} \cdot N$ =0,209·150 ≈ **31,3**	$p_{2.2} \cdot N$ = 0,458·150≈ **68,7**	$p_{2.} \cdot N$ =100
Gesamt Spalte		$p_{.1} \cdot N$ = 47	$p_{.2} \cdot N$ = 103	150

Grad der Übereinstimmung von Prüferentscheidungen

Um den Grad der Übereinstimmung der Entscheidungen von beiden Prüfern zu beurteilen, bedient man sich folgender Überlegung:

1. Man bildet zunächst die Summe der beobachteten Anteile von den Fällen, bei denen beide Prüfer zu gleichen Entscheidungen gekommen sind.

   Die übereinstimmenden Fälle sind:

   - Prüfer A entscheidet „gut" und Prüfer B entscheidet „gut".
   - Prüfer A entscheidet „schlecht" und Prüfer B entscheidet „schlecht".

   Die Summe der beobachteten Anteile dieser beiden Fälle bezeichnen wir als P_0.

2. Wenn alle Beobachtungen in den beiden Feldern links oben (beide Prüfer entscheiden „schlecht") und rechts unten (beide Prüfer entscheiden „gut") liegen, dann ist der Grad der Übereinstimmung von beiden Prüfer-Entscheidungen maximal. Das heißt, die Summe der beobachteten Anteile P_0 ist in diesem Fall $P_0 = 1$ bzw. 100 %.

3. Diese Überlegung macht man sich bei der Bildung des Indexwertes κ (Kappa) zunutze:

   $$\kappa = \frac{P_o - P_e}{1 - P_e} \qquad \text{Index Kappa nach Cohen}$$

   Zunächst kann man P_e ignorieren – es ist weiter unten beschrieben.

4. Unabhängig davon, welchen Wert P_e hat, ist der berechnete Wert vom Index Kappa genau dann gleich eins, wenn der Wert $P_o = 1$ ist – also dann, wenn die Übereinstimmung zwischen beiden Prüfer-Entscheidungen vollkommen ist. Damit ist der Index Kappa eine Maßzahl für den Grad der Übereinstimmung der Entscheidungen beider Prüfer.

Summe der beobachteten Anteile P_o

Bezogen auf das Zahlenbeispiel berechnet man die Summe der beobachteten Anteile P_o aus den Werten der Tabelle der beobachteten Anteile (Tabelle 5.7):

Tabelle 5.7 Beobachtete Anteile

		Entscheidungen Prüfer A	
		schlecht	gut
Entscheidungen Prüfer B	schlecht	44/150 = **0,2933**	6/150 = **0,04**
	gut	3/150 = **0,02**	97/150 = **0,6467**

P_o = beob. Anteil Übereinstimmung „gut" + beob. Anteil Übereinstimmung „schlecht"
$\boldsymbol{P_o}$ = 0,2933 + 0,6467 = **0,94**

Summe der erwarteten Anteile P_e

Auf die gleiche Weise, wie die Summe der beobachteten Anteile P_o gebildet wurde, wird die Summe der erwarteten Anteile P_e berechnet. Mit dem einzigen Unterschied, dass die Berechnung auf der Grundlage der Tabelle der erwarteten Anteile beruht (Tabelle 5.8):

Tabelle 5.8 Erwartete Anteile

		Entscheidungen Prüfer A		Gesamt Zeile
		schlecht	gut	
Entscheidungen Prüfer B	schlecht	$p_{1.1} = p_{1.} \cdot p_{.1} \approx$ **0,104**	$p_{1.2} = p_{1.} \cdot p_{.2} \approx$ **0,229**	$p_{1.}$=50/150≈0,33
	gut	$p_{2.1} = p_{2.} \cdot p_{.1} \approx$ **0,209**	$p_{2.2} = p_{2.} \cdot p_{.2} \approx$ **0,458**	$p_{2.}$=100/150≈0,67
Gesamt Spalte		$p_{.1}$ = 47/150 ≈ 0,31	$p_{.2}$ = 103/150 ≈ 0,69	150/150=1

P_e = erw. Anteil Übereinstimmung „schlecht" + erw. Anteil Übereinstimmung „gut"
$\boldsymbol{P_e}$ = 0,104 + 0,458 = **0,562**

Index Kappa berechnen

Mit den beiden Kennwerten beobachtete Anteilssumme P_o und erwartete Anteilssumme P_e bestimmt man den Index Kappa:

$$\kappa = \frac{P_o - P_e}{1 - P_e} = \frac{0{,}94 - 0{,}562}{1 - 0{,}562} \approx 0{,}86$$

Interpretation der Zahlenwerte von Kappa

Der Index Kappa kann maximal den Wert 1 annehmen und folgendermaßen interpretiert werden:

- +1: vollständige Übereinstimmung zwischen den Prüfern
- > 0: Die Prüfer erkennen Fehler, da sie besser übereinstimmen, als aus reinem Zufall zu erwarten wäre. Um zu entscheiden, ob die Übereinstimmungen ausreichend sind, muss ein Grenzwert festgelegt werden (siehe unten, „Grenzwert für Kappa").
- 0: Die beobachteten Übereinstimmungen zwischen den Prüfern entsprechen dem Verhältnis, das aus reinem Zufall zu erwarten wäre. Man kann also nicht davon ausgehen, dass die Prüfer Fehler erkennen können.
- < 0: Die beobachteten Übereinstimmungen sind schlechter als rein zufällige Entscheidungen. Dieses Ergebnis könnte dadurch entstehen, dass ein Prüfer konsequent falsch entscheidet, z. B. aufgrund eines Missverständnisses in der Definition des Fehlerbildes.

Grenzwert für Kappa

Nun stellt sich die Frage, ab welchem Grenzwert für Kappa die Übereinstimmung der Prüferentscheidungen als akzeptabel einzustufen ist. In der AIAG MSA (AIAG 2010) wird $\kappa \geq 0{,}75$ als Wertebereich für eine gute Übereinstimmung angegeben. Dieser Grenzwert ist empirisch festgelegt.

HINWEIS: Wenn der Wert des Index Kappa hoch ist, dann besteht die Möglichkeit, dass die Einstufungen der Teile durch die Prüfer den wahren Zustand der Teile widerspiegeln (gut und schlecht) – allerdings ist diese Schlussfolgerung keineswegs sicher! Andererseits, wenn der Grad der Übereinstimmung gering ist, ist die Art der Prüfung ungeeignet.

Letztendlich enthält der einzelne Zahlenwert von Kappa immer noch keine ausreichende Information. Ist der Zahlenwert von Kappa nur zufällig oder signifikant von null verschieden? Um diese Frage zu beantworten, benötigt man die Angabe des Vertrauensbereiches von Kappa. Eine Näherungsformel zur Bestimmung des Vertrauensbereiches von Kappa findet man z. B. in (Fleiss 1981).

Übereinstimmung mit der Referenzentscheidung

Analog zum Vergleich der Prüfer kann nun jeder Prüfer noch mit der Referenzentscheidung verglichen werden. Man erhält somit pro Prüfer einen weiteren Kappa-Wert. Dieser Kappa-Wert darf nicht als Kennzahl für die Anzahl richtiger Entscheidungen interpretiert werden (s. Abschnitt 5.4.4). Er beschreibt, wie die zuvor berechneten Kappa-Werte, nur den Grad der Übereinstimmungen, die das zufällige Maß überschreiten.

5.4.3 Kappa-Koeffizient nach Fleiss

Warum einen weiteren Kappa-Koeffizienten? Die Bestimmung eines **Kappa-Koeffizienten κ_C nach Jacob Cohen ist nur für den Vergleich der Urteile von genau zwei Prüfern möglich**. Das in der AIAG MSA (AIAG 2010) vorgestellte Beispiel betrachtet die Analyse eines attributiven Prüfprozesses mit 50 Objekten und *drei* Prüfern mit je drei Prüfdurchgängen (Tabelle 5.9).

Tabelle 5.9 Das Aufbauschema des Fallbeispiels aus der AIAG MSA besteht aus neun Spalten mit Prüferurteilen

Objekt	A-1	A-2	A-3	B-1	B-2	B-3	C-1	C-2	C-3
1	Gut	Gut	Gut	Gut	Gut	Gut	Gut	Gut	Gut
⋮	⋮	⋮	⋮	⋮	⋮	⋮	⋮	⋮	⋮
50	Schlecht	Schlecht	Schlecht	Schlecht	Schlecht	Schlecht	Schlecht	Schlecht	Schlecht

Das Problem, dass man den Kappa-Koeffizienten nach Cohen immer nur für die Urteile von **zwei** Prüfern berechnen kann, wurde in der AIAG MSA durch die Auswahl ganz bestimmter Paarkombinationen „gelöst“:

(1) A-1 mit B-1, (2) A-1 mit C-1, (3) B-1 mit C-1, (4) A-2 mit B-2, (5) A-2 mit C-2, (6) B-2 mit C-2, (7) A-3 mit B-3, (8) A-3 mit C-3, (9) B-3 mit C-3.

Bei der Betrachtung fragt man sich, warum nicht auch weitere Kombinationen betrachtet wurden, wie z.B. A-1 mit B-2 oder A-1 mit C-3. Jedoch stößt man dabei schnell an rein praktische Grenzen. Für die neun Prüferurteil-Spalten hätte man insgesamt 72 Paarkombinationen zu bilden:

$$\binom{9}{2} = \frac{9!}{(9-2)!} = \frac{9!}{7!} = 9 \cdot 8 = 72$$

Die Berechnung und Begutachtung von 72 Kappa-Koeffizienten ist nun doch für den praktischen Gebrauch etwas zu stattlich!

Als Ausweg aus diesem Dilemma bietet sich daher der Kappa-Koeffizient κ_F nach Joseph L. Fleiss an. Dieser stellt eine Verallgemeinerung des Kappa-Koeffizienten

κ_C nach Jacob Cohen für den Vergleich der Urteile bei zwei oder mehr Prüfern dar (Fleiss 1971). Die praktische Anwendung der Fleiss-Kappa-Methode ist in (VDA 2021) und (Robert Bosch GmbH 2019a) dargestellt.

HINWEIS: Zur Demonstration des Rechenganges wird im Folgenden ein Mini-Datensatz mit $N = 8$ Prüfobjekten verwendet. In praktischen Anwendungen sollten im Regelfall $N = 100$ Prüfobjekte, mindestens aber $N = 50$ Prüfobjekte verwendet werden.

Das Grundprinzip zur Bestimmung des Kappa-Koeffizienten κ_F nach Joseph L. Fleiss

In diesem fiktiven Einführungsbeispiel hatten *drei* Prüfer *acht* Prüfobjekte zu beurteilen. Jedes Prüfobjekt war in eine der *zwei* Urteilskategorien *Gut* oder *Schlecht* einzustufen.

Tabelle 5.10 Ergebnis einer Sichtprüfung, bei der acht Prüfobjekte von drei Prüfern in die Urteilskategorien Gut und Schlecht einzustufen waren

Prüfobjekt *i*	Urteil Prüfer 1	Urteil Prüfer 2	Urteil Prüfer 3	Anzahl Guturteile $n_{i.\text{Gut}}$	Anzahl Schlechturteile $n_{i.\text{Schlecht}}$
1	Gut	Gut	Gut	3	0
2	Gut	Gut	Gut	3	0
3	Gut	Schlecht	Schlecht	1	2
4	Gut	Gut	Gut	3	0
5	Schlecht	Gut	Gut	2	1
6	Schlecht	Schlecht	Schlecht	0	3
7	Schlecht	Schlecht	Schlecht	0	3
8	Gut	Schlecht	Gut	2	1

In den folgenden neun Schritten wird die Berechnung des Kappa-Koeffizienten κ_F, die Bestimmung der Standardabweichung des Kappa-Koeffizienten und die Durchführung der Signifikanzprüfung anhand des Fallbeispiels aus Tabelle 5.10 demonstriert.

Schritt 1: Bestimme die Anzahl der Gut- und Schlechturteile

Für jedes Prüfobjekt (= jede Zeile) wird die **Anzahl Guturteile** $n_{i.\text{Gut}}$ und die **Anzahl Schlechturteile** $n_{i.\text{Schlecht}}$ gezählt. Für das Beispiel findet man diese Zählungen in den letzten zwei Spalten der Tabelle 5.10.

Schritt 2: Bestimme die maximal mögliche Anzahl übereinstimmender Urteilspaare

Jedes Prüfobjekt wurde von drei Prüfern bewertet. Die Urteile der Prüfer werden stets paarweise miteinander verglichen. Da im Beispiel die Urteile von drei Prüfern paarweise verglichen werden müssen, ergeben sich insgesamt sechs Paarkombinationen:

(1) Prüfer 1 mit Prüfer 2; (2) Prüfer 1 mit Prüfer 3; (3) Prüfer 2 mit Prüfer 1;

(4) Prüfer 2 mit Prüfer 3; (5) Prüfer 3 mit Prüfer 1; (6) Prüfer 3 mit Prüfer 2

Ganz allgemein berechnet man anhand der *Anzahl Prüfer m* die maximal mögliche Anzahl paarweise übereinstimmender Prüferentscheidungen gemäß der folgenden Beziehung:

$$\begin{pmatrix} m \\ 2 \end{pmatrix} = \frac{m!}{(m-2)!} = \frac{1 \times 2 \times \cdots \times (m-2) \times (m-1) \times m}{1 \times 2 \times \cdots \times (m-2)} = (m-1) \times m$$

Mit dieser Formel erhält man für die Beispieldaten selbstverständlich den gleichen Wert wie zuvor durch Auszählen: $(m - 1) \times m = 2 \times 3 = 6$

Schritt 3: Bestimme die Anzahl der tatsächlich übereinstimmenden Urteilspaare

Das hier beschriebene Vorgehen für das willkürlich ausgewählte Prüfobjekt $i = 3$ aus dem Fallbeispiel muss für alle Prüfobjekte durchgeführt werden.

Aus der Tabelle 5.10 entnimmt man für das Objekt $i = 3$ die Anzahl Guturteile $n_{3.\text{Gut}} = 1$ und die Anzahl Schlechturteile $n_{3.\text{Schlecht}} = 2$. Wie viele Paare übereinstimmender Urteile sind damit beobachtet worden? Dazu müssen alle Paarkombinationen der Prüferurteile betrachtet werden:

(1) Prüfer 1 mit Prüfer 2: Gut - Schlecht ⇒ keine Übereinstimmung

(2) Prüfer 1 mit Prüfer 3: Gut - Schlecht ⇒ keine Übereinstimmung

(3) Prüfer 2 mit Prüfer 1: Schlecht - Gut ⇒ keine Übereinstimmung

(4) Prüfer 2 mit Prüfer 3: Schlecht - Schlecht ⇒ Übereinstimmung Kategorie Schlecht

(5) Prüfer 3 mit Prüfer 1: Schlecht - Gut ⇒ keine Übereinstimmung

(6) Prüfer 3 mit Prüfer 2: Schlecht - Schlecht ⇒ Übereinstimmung Kategorie Schlecht

Im Ergebnis gab es für das Prüfobjekt $i = 3$ keine Übereinstimmungen in der Urteilskategorie *Gut* und zwei Übereinstimmungen in der Urteilskategorie *Schlecht*.

Allgemein berechnet man die tatsächliche Anzahl übereinstimmender Urteilspaare für ein einzelnes Prüfobjekt i gemäß der folgenden Beziehung:

$$\binom{n_{i.\text{Gut}}}{2} = n_{i.\text{Gut}} \times (n_{i.\text{Gut}} - 1) \text{ und } \binom{n_{i.\text{Schlecht}}}{2} = n_{i.\text{Schlecht}} \times (n_{i.\text{Schlecht}} - 1)$$

Speziell für das Prüfobjekt $i = 3$ aus dem Fallbeispiel erhält man mit dieser Formel das gleiche Ergebnis wie zuvor durch Auszählen der Kombinationen:

$$\binom{n_{3.\text{Gut}}}{2} = 1 \times 0 = 0 \text{ und } \binom{n_{3.\text{Schlecht}}}{2} = 2 \times 1 = 2$$

Die Ergebnisse für die Anzahl der tatsächlich übereinstimmenden Urteilspaare des Fallbeispiels sind in den letzten zwei Spalten der Tabelle 5.11 enthalten.

Tabelle 5.11 Die für jedes Prüfobjekt ermittelte Anzahl der tatsächlich übereinstimmenden Urteilspaare befindet sich in den letzten zwei Spalten der Tabelle.

Prüfobjekt *i*	Anzahl Guturteile $n_{i.\text{Gut}}$	Anzahl Schlechturteile $n_{i.\text{Schlecht}}$	Anzahl Urteilspaare Gut	Anzahl Urteilspaare Schlecht
1	3	0	6	0
2	3	0	6	0
3	1	2	0	2
4	3	0	6	0
5	2	1	2	0
6	0	3	0	6
7	0	3	0	6
8	2	1	2	0

Schritt 4: Bestimme den Anteil übereinstimmender Prüferurteile

Teilt man die *tatsächliche Anzahl übereinstimmender Urteilspaare* aus Schritt 3 durch die *maximal mögliche Anzahl übereinstimmender Urteilspaare* aus Schritt 2, so erhält man den *Anteil der übereinstimmenden Urteilspaare* p_i für das Prüfobjekt *i*:

$$p_i = p_{i.\text{Gut}} + p_{i.\text{Schlecht}}$$

$$\text{mit } p_{i.\text{Gut}} = \frac{n_{i.\text{Gut}}(n_{i.\text{Gut}} - 1)}{m \times (m-1)} \text{ und } p_{i.\text{Schlecht}} = \frac{n_{i.\text{Schlecht}}(n_{i.\text{Schlecht}} - 1)}{m \times (m-1)}$$

Wieder wird das Vorgehen exemplarisch nur für das *Prüfobjekt i = 3* aus dem Fallbeispiel gezeigt, der Vorgang muss aber für jedes Prüfobjekt durchgeführt werden.

$$p_{3.\text{Gut}} = \frac{n_{3.\text{Gut}}(n_{3.\text{Gut}} - 1)}{m \times (m-1)} = \frac{0}{6} = 0$$

und

$$p_{3.\text{Schlecht}} = \frac{n_{3.\text{Schlecht}}\left(n_{3.\text{Schlecht}} - 1\right)}{m \times \left(m - 1\right)} = \frac{2}{6} = 0{,}\overline{33}$$

Damit beträgt der Anteil übereinstimmender Urteilspaare für das *Prüfobjekt i = 3*

$$p_3 = p_{3.\text{Gut}} + p_{3.\text{Schlecht}} = 0 + 0{,}\overline{33} = 0{,}\overline{33}$$

Analog ist das Vorgehen für die übrigen Prüfobjekte. In den letzten drei Spalten der Tabelle 5.12 sind die *Anteile übereinstimmender Urteilspaare* – sowohl einzeln für jede Kategorie ($p_{i.\text{Gut}}$; $p_{i.\text{Schlecht}}$) als auch in Summe (p_i) – dargestellt.

Tabelle 5.12 Erweiterung der Tabelle 5.11 um die Ergebnisspalten für die *beobachteten Anteile übereinstimmender Entscheidungen*

Prüfobjekt i	Anzahl Gutteile $n_{i.\text{Gut}}$	Anzahl Schlechtteile $n_{i.\text{Schlecht}}$	Anzahl Urteilspaare Gut	Anzahl Urteilspaare Schlecht	$p_{i.\text{Gut}}$	$p_{i.\text{Schlecht}}$	p_i
1	3	0	6	0	1,00	0,00	1,00
2	3	0	6	0	1,00	0,00	1,00
3	1	2	0	2	0,00	0,33	0,33
4	3	0	6	0	1,00	0,00	1,00
5	2	1	2	0	0,33	0,00	0,33
6	0	3	0	6	0,00	1,00	1,00
7	0	3	0	6	0,00	1,00	1,00
8	2	1	2	0	0,33	0,00	0,33
Σ	**14**	**10**	**22**	**14**			

Schritt 5: Durchschnittlicher Anteil übereinstimmender Urteilspaare

Der durchschnittliche Anteil übereinstimmender Urteilspaare $\overline{p}$ ist der Mittelwert aller p_i-Werte.

Somit berechnet man für das Fallbeispiel mit den Daten der letzten Spalte der Tabelle 5.12 den Mittelwert:

$$\overline{p} = \frac{1+1+0{,}\overline{33}+1+0{,}\overline{33}+1+1+0{,}\overline{33}}{8} = \frac{6}{8} = \frac{3}{4} = 0{,}75$$

Praktisch gedeutet: Zwei zufällig ausgewählte Prüfer werden bei der Prüfung dieser Objekte zu 75 % in ihren Urteilen übereinstimmen.

Nun muss uns klar sein, dass es auch einen Anteil rein zufälliger Übereinstimmungen gibt. Im nächsten Schritt wird daher die Frage geklärt, welcher Anteil übereinstimmender Urteilspaare allein durch den Zufall zu erwarten ist.

Schritt 6: Bestimme den zu erwartenden Anteil zufällig übereinstimmender Urteilspaare

Der beste verfügbare Schätzwert für den zu erwartenden Anteil zufälliger Gut-Entscheidungen **eines einzelnen** Prüfers ist der Mittelwert der in Schritt 1 festgestellten Anzahl Guturteile:

$$\overline{p}_{\text{Gut}} = \frac{\left(\sum_{i=1}^{N} n_{i.\text{Gut}}\right)}{N \times m}$$

mit
m = Anzahl der Prüfer
N = Anzahl der Objekte.

Für das Fallbeispiel berechnet man:

$$\overline{p}_{\text{Gut}} = \frac{3+3+1+3+2+0+0+2}{8 \times 3} = \frac{14}{24} = 0{,}58\overline{33}$$

Analog erhält man den Schätzwert für den zu erwartenden Anteil zufälliger Schlecht-Entscheidungen **eines einzelnen** Prüfers:

$$\overline{p}_{\text{Schlecht}} = \frac{\left(\sum_{i=1}^{N} n_{i.\text{Schlecht}}\right)}{\left(N \times m\right)}$$

mit
m = Anzahl der Prüfer
N = Anzahl der Objekte

Mit den Daten aus dem Fallbeispiel erhält man:

$$\overline{p}_{\text{Schlecht}} = \frac{0+0+2+0+1+3+3+1}{8 \times 3} = \frac{10}{24} = 0{,}41\overline{66}$$

Wie groß ist die **Wahrscheinlichkeit**, dass **zwei** unabhängige **Prüfer bei zufälligem Urteil** übereinstimmend ***Gut* entscheiden**? Zur Beantwortung dieser Frage sind beide Wahrscheinlichkeiten miteinander zu multiplizieren (UND-Verknüpfung).

$$p_1 = \overline{p}_{\text{Gut}} \times \overline{p}_{\text{Gut}} = \overline{p}_{\text{Gut}}^2$$

Für die Beispieldaten erhält man den *zu erwartenden Anteil zufällig übereinstimmender Urteilspaare in der (ersten) Kategorie Gut*: $p_1 = 0{,}58\overline{33} \times 0{,}58\overline{33} \approx 0{,}34$.

Analog bestimmt man die Wahrscheinlichkeit, dass zwei unabhängige Prüfer bei zufälligem Urteil übereinstimmend *Schlecht* entscheiden:

$$p_2 = \overline{p}_{\text{Schlecht}} \times \overline{p}_{\text{Schlecht}} = \overline{p}_{\text{Schlecht}}^2$$

Anhand der Daten des Fallbeispiels berechnet man den *zu erwartenden Anteil zufällig übereinstimmender Urteilspaare in der (zweiten) Kategorie Schlecht*:

$$p_2 = 0{,}41\overline{66} \times 0{,}41\overline{66} \approx 0{,}17$$

Wie groß ist die Wahrscheinlichkeit, dass zwei unabhängige Prüfer bei zufälligen Urteilen in ihren Gut-Entscheidungen ODER ihren Schlecht-Entscheidungen übereinstimmen? Dazu addiert man beide Wahrscheinlichkeiten (ODER-Verknüpfung) und erhält den insgesamt ***zu erwartenden Anteil zufällig übereinstimmender Urteilspaare:***

$$p_e = \overline{p}_1^2 + \overline{p}_2^2$$

Für das Fallbeispiel berechnet man: $p_e \approx 0{,}34 + 0{,}17 = 0{,}51$.

Also ist zu erwarten, dass zwei unabhängige Prüfer bei **zufälligen Urteilen** 51 % übereinstimmende Urteilspaare erzielen werden!

Schritt 7: Kappa-Koeffizient κ_F nach Joseph L. Fleiss

Nun sind alle Zutaten für den Kappa-Koeffizienten κ_F parat. Es fehlt nur noch die Zubereitung:

$$\kappa_F = \frac{\overline{p} - p_e}{1 - p_e}$$

Der Term $1 - p_e$ im Nenner des Kappa-Koeffizienten κ_F repräsentiert den gesamten (Rest-)Anteil der Übereinstimmungen, der über das hinausgeht, was durch den Zufall (= P_e) zu erwarten gewesen wäre.

Der Term $\overline{p}_e - p_e$ im Zähler des Kappa-Koeffizienten κ_F ist der tatsächlich beobachtete (Rest-)Anteil an Übereinstimmung, der über den Zufall hinausgeht.

Somit liegt eine normierte Maßzahl für den Grad der Prüferübereinstimmung vor, die von den durch Zufall zu erwartenden Übereinstimmungen bereinigt worden ist.

Für das Fallbeispiel erhält man den Kappa-Koeffizienten

$$\kappa_F = \frac{0{,}75 - 0{,}51}{1 - 0{,}51} = 0{,}48$$

Allerdings gilt für Qualitätsprüfungen, dass der Kappa-Koeffizient κ_F den Mindestwert 0,7 erreicht bzw. überschritten haben sollte. Die Forderung lautet also:

$$\kappa_F \geq 0{,}7$$

Bleibt man unterhalb dieses Mindestwertes, so ist der Prüfprozess für Qualitätsprüfungen ungeeignet und muss verbessert werden. Dies kann beispielsweise durch das Verwenden von Vergleichsmustern für gute und schlechte Prüfobjekte und durch ein gemeinsames Training der Prüfer erreicht werden.

Schritt 8: Standardabweichung SE_k des Kappa-Koeffizienten κ_F

Die Formel zur Bestimmung der Standardabweichung wurde für die folgenden Bedingungen hergeleitet (Joseph L. Fleiss: Measuring Nominal Scale Agreement Among Many Raters, Psychological Bulletin, 1971, Vol. 76, No. 5, 380):

1. der **Umfang an Prüfobjekten ist groß**
2. die (Null-)Hypothese, *alle* ***Übereinstimmungen*** *sind rein* ***zufällig***, ist gültig

$$SE_k = \sqrt{\frac{2\left\{\left[\sum_{i=1}^{k} p_k\left(1-p_k\right)\right]^2 - \sum_{i=1}^{k} p_k\left(1-p_k\right)\left(1-2p_k\right)\right\}}{Nm(m-1)\left[\sum_{i=1}^{k} p_k\left(1-p_k\right)\right]^2}}$$

mit

N = Anzahl der Prüfobjekte

m = Anzahl der Prüfer

k = Anzahl der Urteilskategorien

Für das Fallbeispiel erhält man für die k = 2 Urteilskategorien *Gut* und *Schlecht*:

$$\left[\sum_{i=1}^{k} p_k\left(1-p_k\right)\right]^2 = \left[\overline{p}_{\text{Gut}}\left(1-\overline{p}_{\text{Gut}}\right) + \overline{p}_{\text{Schlecht}}\left(1-\overline{p}_{\text{Schlecht}}\right)\right]^2$$

$$\left[\sum_{i=1}^{k} p_k\left(1-p_k\right)\right]^2 = [0{,}58\overline{33}(1-0{,}58\overline{33}) + 0{,}41\overline{66}(1-0{,}41\overline{66})]^2 = [0{,}486\overline{11}]^2 = 0{,}97\overline{22}$$

$$\begin{aligned}\sum_{i=1}^{k} & p_k\left(1-p_k\right)\left(1-2p_k\right) \\ &= \overline{p}_{\text{Gut}}\left(1-\overline{p}_{\text{Gut}}\right)\left(1-2\times\overline{p}_{\text{Gut}}\right) + \overline{p}_{\text{Schlecht}}\left(1-\overline{p}_{\text{Schlecht}}\right)\left(1-2\times\overline{p}_{\text{Schlecht}}\right) \\ &= 0{,}58\overline{33}(1-0{,}58\overline{33})(1-2\times 0{,}58\overline{33}) + 0{,}41\overline{66}(1-0{,}41\overline{66})(1-2\times 0{,}41\overline{66}) = 0\end{aligned}$$

$$SE_k = \sqrt{\frac{2\times\{0{,}97\overline{22}\}}{8\times 3\times 2\times 0{,}97\overline{22}}} = \sqrt{\frac{1}{24}} \approx 0{,}2041$$

Schritt 9: Signifikanztest

Auf der Grundlage der Nullhypothese H_0, der Grad an Übereinstimmung geht **nicht** über den Zufall hinaus, lässt sich die standardnormalverteilte Prüfgröße z herleiten:

$$z = \frac{\kappa_F}{SE_k}$$

Für das Fallbeispiel erhält man die folgende Prüfgröße:

$$z \approx \frac{0{,}48}{0{,}2041} = 2{,}351$$

Die Wahrscheinlichkeit, eine Prüfgröße z zu erhalten, die so groß ist oder noch größer als der berechnete Wert z = 2,351, beträgt P = 1 - $G(z$ = 2,361) ≈ 1 - 0,99 = 0,01 oder P = 1 % (Ergebnis aufgerundet).

Da diese Wahrscheinlichkeit kleiner als das hier gewählte Signifikanzniveau α = 5 % ist, wird die Nullhypothese verworfen. Der Grad der Übereinstimmung ist – statistisch gesehen – zwar „überzufällig groß“, aber leider praktisch nicht ausreichend hoch für die Freigabe des Prüfprozesses.

Viele Statistik-Programme bieten die Berechnung des Kappa-Koeffizienten κ_F an. Bild 5.6 zeigt exemplarisch ein Auswertungsergebnis aus der Software solara.MP® für die Daten des Fallbeispiels:

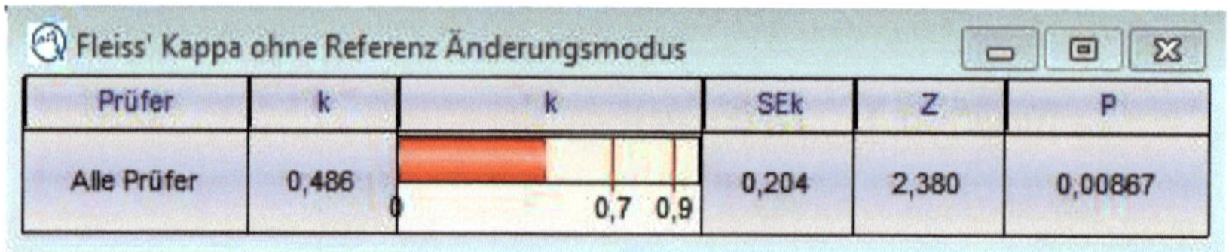

Bild 5.6 Auswertungsergebnis aus dem Programm solara.MP. Im Einzelnen: Kappa-Koeffizient, Standardabweichung des Kappa-Koeffizienten, die Prüfgröße *z* und der *P*-Wert

Übereinstimmung mit der Referenzentscheidung

Analog zu den obigen Fleiss-Kappa-Indizes können nun die Prüfer einzeln und auch gemeinsam mit der Referenzentscheidung verglichen werden. Dieser Kappa-Wert darf nicht als Kennzahl für die Anzahl richtiger Entscheidungen interpretiert werden (s. Abschnitt 5.4.4). Er beschreibt, wie die zuvor berechneten Kappa-Werte, nur den Grad der Übereinstimmungen, die das zufällige Maß überschreiten.

5.4.4 Beurteilung der Effektivität eines attributiven Prüfsystems

Die bisher durchgeführte Analyse erlaubt nur das Urteil, dass beide Prüfer in ihren Entscheidungen gut übereinstimmen. Aufgrund der Analyse kann man streng genommen nicht schließen, wie präzise das Prüfsystem gute von schlechten Teilen unterscheiden kann.

Im Beispiel der AIAG MSA (AIAG 2010) ist die Situation dargestellt, dass es alternativ eine Messmethode gibt, mit der die Messwerte der Teile bestimmt werden können. Anhand der Messwerte kann eine **Referenz-Einstufung der Teile** in „gut“ (Teil mit Merkmalswert innerhalb der Spezifikation) und „schlecht“ (Teil mit Merkmalswert außerhalb der Spezifikation) vorgenommen werden. Die Referenz-Messwerte und Referenz-Bewertungen sind in Tabelle 5.2 dargestellt.

Wenn derartige Referenzdaten verfügbar sind, kann eine Maßzahl für das attributive Prüfsystem bestimmt werden, welche ein Urteil über die Güte des Trennvermögens des attributiven Prüfsystems erlaubt – die Effektivität.

Zur Bestimmung der Effektivität wird gezählt, wie oft die Prüfer zu übereinstimmenden Entscheidungen gekommen sind, sowohl mit den eigenen Entscheidungen, den Entscheidungen anderer Prüfer als auch den Referenzentscheidungen. Die Effektivität ist definiert als das Verhältnis der Anzahl an korrekten Entscheidungen zur Anzahl aller möglichen Entscheidungen.

$$\text{Effektivität} = \frac{\text{Zahl der korrekten Entscheidungen}}{\text{Gesamtzahl der möglichen Entscheidungen}}$$

In dem Beispiel der MSA ist für vier Fälle die Effektivität bestimmt worden:

1. **Effektivität bei einem Prüfer ohne Referenz-Vergleich:** Die Entscheidungen eines Prüfers stimmen bei allen drei Wiederholprüfungen überein.
2. **Effektivität bei einem Prüfer mit Referenz-Vergleich:** Die Entscheidungen eines Prüfers stimmen in allen Wiederholprüfungen mit der Referenz-Einstufung überein.
3. **Effektivität bei allen Prüfern ohne Referenz-Vergleich:** Alle Entscheidungen der drei Prüfer stimmen untereinander überein.
4. **Effektivität bei allen Prüfern mit Referenz-Vergleich:** Alle Entscheidungen der Prüfer stimmen untereinander und mit der Referenz-Einstufung überein.

HINWEIS: Die Bestimmung der Effektivität für die Fälle 1 und 3 kann als alternative Beurteilungsmethode zu der Bestimmung von Cohens Kappa angesehen werden, ist aber nicht auf zufällige Übereinstimmungen normiert.

Meist werden Analysen der Effektivität nur in Bezug auf Referenzdaten für die Fälle 2 und 4 durchgeführt. Untersuchungen der Fälle 1 und 2 bieten im Vergleich zu den Kappa-Analysen keinen signifikanten Informationsgewinn.

5.4.4.1 Effektivität bei einem Prüfer ohne Referenz-Vergleich

Um die Effektivität bei einem Prüfer zu bestimmen, wird gezählt, wie oft ein Prüfer bei allen Wiederholprüfungen zu identischen Entscheidungen gekommen ist (Bild 5.7).

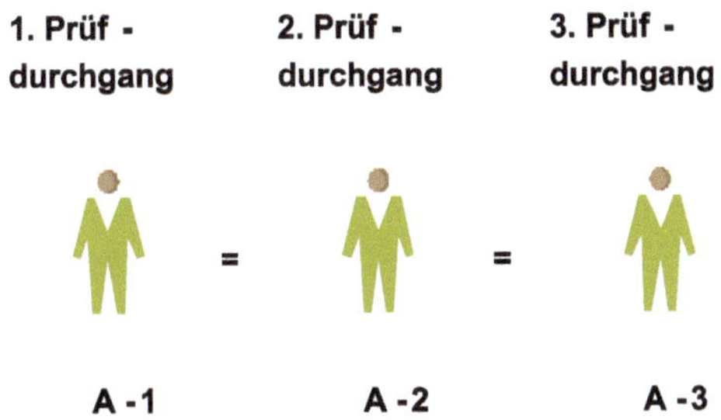

Bild 5.7
Übereinstimmung am Beispiel des Prüfers A bei allen drei Prüfdurchgängen

Mit Bezug auf Tabelle 5.2 zählt man für die Prüfer die folgende Anzahl übereinstimmender Entscheidungen (Tabelle 5.13):

Tabelle 5.13 Übereinstimmende Entscheidungen der Prüfer bei den Wiederholmessungen

	Prüfer A	Prüfer B	Prüfer C
Anzahl übereinstimmend „gut“	29	32	28
Anzahl übereinstimmend „schlecht“	13	13	12
Gesamt	**42**	**45**	**40**
Anzahl Entscheidungen gesamt	**50**	**50**	**50**
Prozentanteil übereinstimmender Entscheidungen	**84 %**	**90 %**	**80 %**

Berechnen von Vertrauensbereichen

Für den Prozentanteil an übereinstimmenden Entscheidungen lassen sich Vertrauensbereiche bestimmen. Grundlage für die Berechnung der Vertrauensbereichsgrenzen ist die *F*-Verteilung.

Zweiseitiger Vertrauensbereich zum Vertrauensniveau $1 - \alpha$:

$$p_{\text{ob}} = \frac{(x+1)\cdot F_{f_1;f_2;1-\alpha/2}}{n-x+(x+1)\cdot F_{f_1;f_2;1-\alpha/2}}$$

mit dem *F*-Wert (F_{ob}) für die Freiheitsgrade $f_1 = 2 \cdot (x + 1)$ und $f_2 = 2 \cdot (n - x)$.

$$p_{\text{un}} = \frac{x}{x+(n-x+1)\cdot F_{f_1;f_2;1-\alpha/2}}$$

mit dem *F*-Wert (F_{un}) für die Freiheitsgrade $f_1 = 2 \cdot (n - x + 1)$ und $f_2 = 2 \cdot x$.

Der Stichprobenumfang ist $n = 50$. Die Anzahl x ist die Anzahl richtiger Entscheidungen, die in der Tabelle übereinstimmender Entscheidungen der Prüfer bei Wiederholmessung in der Zeile Gesamt zu finden sind (Tabelle 5.14).

Tabelle 5.14 95-%-Vertrauensbereiche für die Effektivität der Prüfer

Prüfer	p_{un}	p	p_{ob}	F_{un}	F_{ob}	α	n	x	$2(n-x+1)$	$2x$	$2(x+1)$	$2(n-x)$
A	70,9 %	84,0 %	92,8 %	1,916547	2,408711	5 %	50	42	18	84	86	16
B	78,2 %	90,0 %	96,7 %	2,092456	3,157879	5 %	50	45	12	90	92	10
C	66,3 %	80,0 %	90,0 %	1,849862	2,187775	5 %	50	40	22	80	82	20

Test auf Gleichwertigkeit der Prüfer-Entscheidungen

Es werden jeweils die Vertrauensbereiche von zwei Prüfern miteinander verglichen. Wenn sich die Vertrauensbereiche überschneiden, ist von der Gleichwertigkeit der

Entscheidungen auszugehen (keine signifikanten Unterschiede zwischen den Prüfern). Aus der Tabelle ist erkennbar, dass die Prüfer-Entscheidungen als gleichwertig zu betrachten sind, weil die Vertrauensbereiche gegenseitig überlappen.

5.4.4.2 Effektivität bei einem Prüfer mit Referenz-Vergleich

Bei der Beurteilung der Effektivität bei einem Prüfer mit Referenz-Vergleich werden die Übereinstimmungen der Entscheidungen mit der Referenz-Einstufung verglichen (Bild 5.8). Das heißt, wie oft hat ein Prüfer bei allen drei Wiederholprüfungen das gleiche Ergebnis erhalten und wie oft stimmte dieses Ergebnis mit der Referenz-Einstufung überein. Basis für diese Zählung ist wieder die Tabelle 5.2.

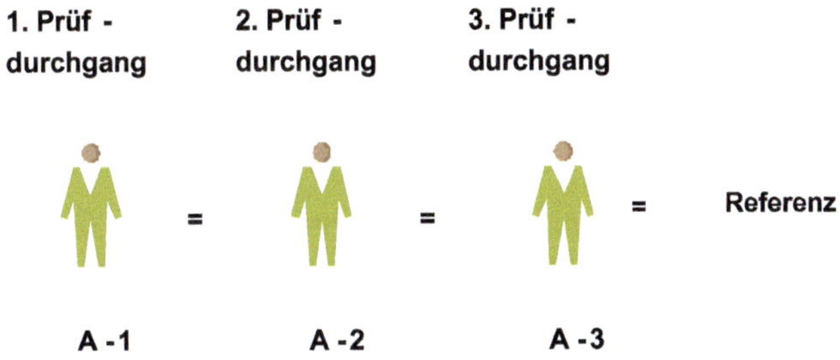

Bild 5.8 Übereinstimmende Entscheidungen am Beispiel des Prüfers A

Für die Berechnung der Grenzen des zweiseitigen Vertrauensbereiches gelten die im Abschnitt 5.4.4.1 angegebenen Formeln.

Berechnen der Vertrauensbereiche und Test auf Gleichwertigkeit der Prüfer-Entscheidungen

Wieder werden die Vertrauensbereiche von jeweils zwei Prüfern miteinander verglichen. Wenn sich die Vertrauensbereiche überschneiden, so gibt es keine signifikanten Unterschiede zwischen den Prüfer-Entscheidungen. Anhand Tabelle 5.15 ist erkennbar, dass sich die Vertrauensbereiche der drei Prüfer im Beispiel nicht signifikant unterscheiden.

Tabelle 5.15 Tabelle der 95-%-Vertrauensbereiche für die Effektivität Referenz zu Prüfer

Prüfer	p_{un}	p	p_{ob}	F_{un}	F_{ob}	α	n	x	$2(n-x+1)$	$2x$	$2(x+1)$	$2(n-x)$
A	70,9 %	84,0 %	92,8 %	1,916547	2,408711	0,05	50	42	18	84	86	16
B	78,2 %	90,0 %	96,7 %	2,092456	3,157879	0,05	50	45	12	90	92	10
C	66,3 %	80,0 %	90,0 %	1,849862	2,187775	0,05	50	40	22	80	82	20

5.4.4.3 Effektivität bei allen Prüfern ohne Referenz-Vergleich

In dem dritten Fall wird die Übereinstimmung der drei Prüfer untereinander verglichen. Man zählt, wie oft alle drei Prüfer bei allen drei Wiederholprüfungen zu denselben Entscheidungen gekommen sind.

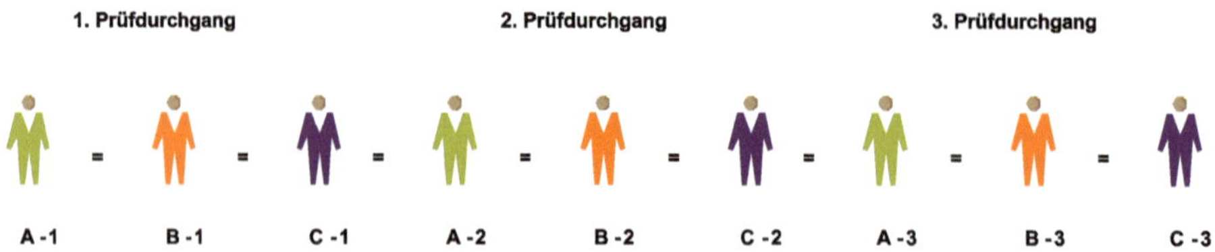

Grundlage für die nachfolgenden Berechnungen sind die Daten aus Tabelle 5.2.

Die Grenzwerte für den zweiseitigen Vertrauensbereich wurden nach den Formeln im Abschnitt 5.4.4.1 bestimmt.

Tabelle 5.16 Tabelle der 95-%-Vertrauensbereiche für die Effektivität der drei Prüfer

Prüfer	p_{un}	p	p_{ob}	F_{un}	F_{ob}	α	n	x	$2(n-x+1)$	$2x$	$2(x+1)$	$2(n-x)$
A, B und C	64,0 %	78,0 %	88,5 %	1,825047	2,110788	5 %	50	39	24	78	80	22

5.4.4.4 Effektivität bei allen Prüfern mit Referenz-Vergleich

Der vierte und letzte Fall ist die Bestimmung der Effektivität des Gesamtsystems, d. h., es werden die Fälle gezählt, bei denen alle drei Prüfer bei allen Wiederholprüfungen zu denselben Entscheidungen gekommen sind und die Entscheidungen mit der Referenz-Einstufung übereinstimmten. Wieder basieren die Berechnungen auf den Daten aus Tabelle 5.2.

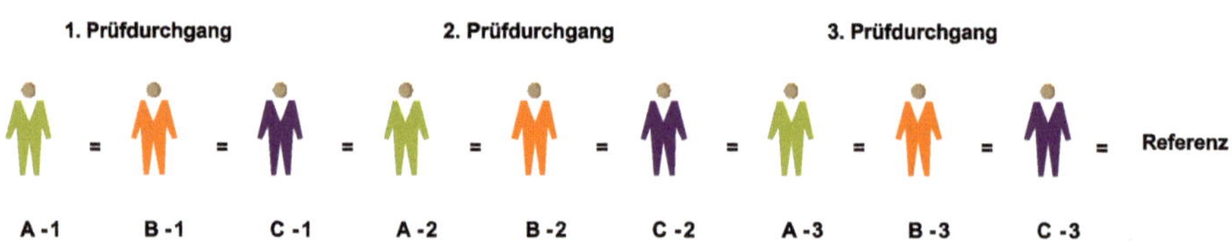

Die Berechnungen für die Grenzwerte des zweiseitigen Vertrauensbereiches sind in Tabelle 5.17 zusammengefasst:

Tabelle 5.17 Tabelle der 95-%-Vertrauensbereiche für die Effektivität des Systems

Prüfer	p_{un}	p	p_{ob}	F_{un}	F_{ob}	α	n	x	$2(n-x+1)$	$2x$	$2(x+1)$	$2(n-x)$
A, B und C	64,0 %	78,0 %	88,5 %	1,825047	2,110788	5 %	50	39	24	78	80	22

Für den Nachweis der Eignung des Prüfsystems sind in der AIAG MSA (AIAG 2010) die folgenden Annahmekriterien aufgeführt (Tabelle 5.18):

Tabelle 5.18 Richtwerte für die Einstufung in geeignete und nicht geeignete Prüfsysteme

Entscheidung Das Prüfsystem ist …	Effektivität	Anteil schlecht als gut	Anteil gut als schlecht
… für den Prüfer geeignet	≥ 90 %	≤ 2 %	≤ 5 %
… für den Prüfer eingeschränkt geeignet – Verbesserungen könnten notwendig sein	≥ 80 %	≤ 5 %	≤ 10 %
… für den Prüfer nicht geeignet – Verbesserungen sind notwendig	< 80 %	> 5 %	> 10 %

In der AIAG MSA (AIAG 2010) wird darauf hingewiesen, dass diese Annahmekriterien eine „Fall-zu-Fall"-Entscheidung verlangen. Die endgültigen Entscheidungskriterien sollten auf dem Einfluss (d. h. Risiken) auf den weiteren Prozess und auf den Endkunden basieren (s. Hinweis in Abschnitt 5.4.1).

5.4.5 Methode der Signalerkennung

Für die Methode der Signalerkennung benötigt man zwingend die Referenz-Messwerte. Ziel der Methode ist, die Breite des Graubereiches II (Bild 5.2), in dem die Prüfer zu keinen eindeutigen Entscheidungen kommen, zu bestimmen. Das folgende Zahlenbeispiel (Bild 5.9) ist wieder der AIAG MSA (AIAG 2010) entnommen und identisch mit den Daten aus Tabelle 5.1.

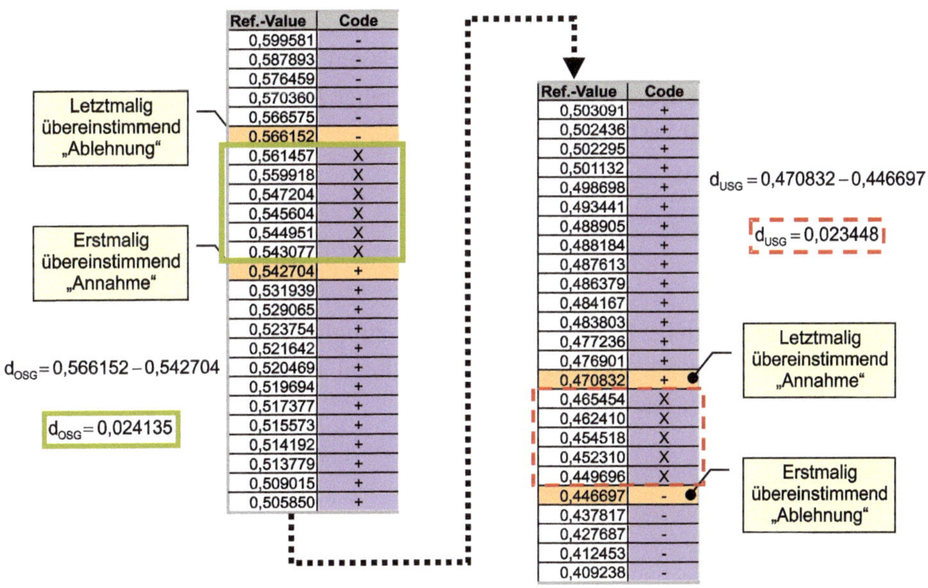

Bild 5.9 Tabelle zur Signal-Erkennung aus der AIAG MSA

Symbol-Erläuterung

In der Tabelle (Bild 5.9) sind die Referenz-Messwerte mit Codierungen eingetragen. Ein Plus-Zeichen bedeutet, dass alle drei Prüfer bei allen Prüfdurchgängen das Teil für gut befunden haben und dass dieses Ergebnis mit der Referenz-Einstufung übereinstimmt.

Ein Minus-Zeichen bedeutet, dass alle drei Prüfer bei allen Prüfdurchgängen das Teil für schlecht befunden haben und dass dieses Ergebnis mit der Referenz-Einstufung übereinstimmt.

Das Zeichen X steht für die Fälle, bei denen mindestens einer der Prüfer zu einem Prüf-Ergebnis gekommen ist, das nicht mit dem Referenz-Wert übereinstimmt.

Arbeitsschritte, um die Breite des Graubereiches zu bestimmen:

Schritt 1:

Die Tabelle ist nach der Spalte Messwerte zu sortieren. Im obigen Beispiel wurde absteigend sortiert – also vom größten Wert absteigend bis zum kleinsten Wert.

Schritt 2:

Bestimmung des Bauteils, bei dem alle Prüfer letztmalig übereinstimmend schlecht entschieden haben. Dies ist der Übergang von Symbol Minus zu Symbol X. Ausgewählt wird der Messwert für letztmalig Minus (Symbol: –).

0,566152	-
0,561457	X

Schritt 3:

Bestimmung des Bauteils, bei dem alle Prüfer erstmalig übereinstimmend gut entschieden haben. Dies ist der Übergang von Symbol X zu Symbol +. Ausgewählt wird der Messwert für erstmalig Plus (Symbol: +).

0,543077	X
0,542704	+

Schritt 4:

Bestimmung des Bauteils, bei dem alle Prüfer letztmalig übereinstimmend gut entschieden haben. Dies ist der Übergang von Symbol + zu Symbol X. Ausgewählt wird der Messwert für letztmalig +.

0,470832	+
0,465454	X

Schritt 5:

Bestimmung des Bauteils, bei dem alle Prüfer erstmalig übereinstimmend schlecht entschieden haben. Dies ist der Übergang von Symbol X zu Symbol –. Ausgewählt wird der Messwert für erstmalig –.

0,449696	X
0,446697	-

Schritt 6:

Berechnen der Spannweite d_{OSG}, also des Intervalls vom letzten Teil, das von allen Prüfern abgelehnt wurde, bis zum ersten Teil, das von allen Prüfern angenommen wurde.

$$d_{OSG} = 0{,}566152 - 0{,}542704 = 0{,}023448$$

Schritt 7:

Berechnen der Spannweite d_{USG}, also des Intervalls vom letzten Teil, das von allen Prüfern angenommen wurde, bis zum ersten Teil, das von allen Prüfern abgelehnt wurde.

$$d_{USG} = 0{,}470832 - 0{,}446697 = 0{,}024135$$

Schritt 8:

Berechnen des Mittelwertes beider Spannweiten.

$$d = \left(d_{OSG} + d_{USG}\right) / 2 = \left(0{,}023448 + 0{,}024135\right) / 2 = 0{,}0237915$$

Schritt 9:

Bestimmung der mittleren Breite des Graubereiches.

$$\%GRR = d \,/\, \text{Toleranz} = 0{,}237915 \,/\, 0{,}1 = 0{,}237915 \approx 0{,}24$$

Damit beträgt die Breite des Graubereiches II ungefähr 24 %.

In Bild 5.9 sind die einzelnen Schritte und die Ergebnisse zusammenfassend dargestellt. Das gleiche Ergebnis mit den einzelnen Beurteilungen der Prüfer enthält Tabelle 5.2.

Bild 5.10 zeigt den Werteverlauf der Referenzwerte mit dem errechneten Graubereich.

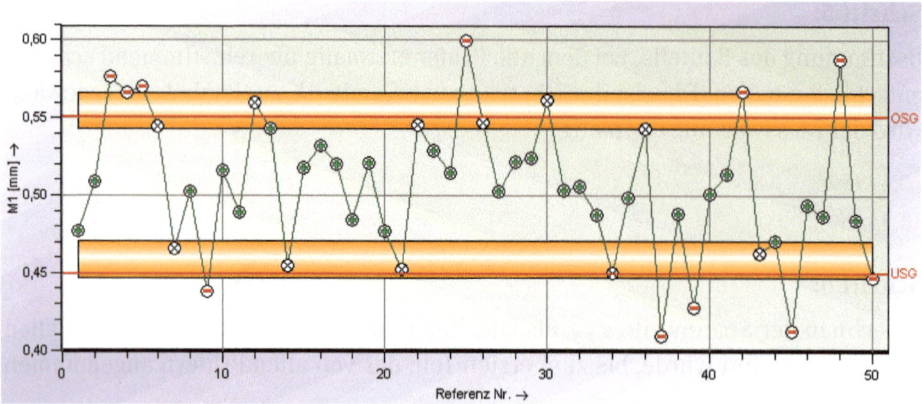

Bild 5.10 Werteverlauf mit überlagertem Graubereich

HINWEIS: Der Aufwand ist nicht unerheblich, da immerhin 450 Prüfungen durchzuführen und zu dokumentieren sind. Bei dem vorliegenden Beispiel aus der AIAG MSA (AIAG 2010) können die drei Bereiche I, II und III eindeutig identifiziert werden. Problematisch wird die Situation, wenn beispielsweise innerhalb des Graubereiches II trotzdem alle drei Prüfer zu dem gleichen Ergebnis kommen. In der AIAG MSA sind keine Hinweise zu finden, wie mit dieser Situation umzugehen ist.

Fallbeispiel: attributiver Prüfprozess

Insgesamt wurden 20 Prüfobjekte ausgewählt und vermessen. Zwei Prüfer prüfen die Prüfobjekte je zweimal. Die Ergebnisse sind in Bild 5.11 dargestellt.

Bei Auswertung nach der Signalerkennungsmethode ergibt sich das in Bild 5.12 und Bild 5.13 gezeigte Ergebnis.

n	Ref. 1	$x_{A;1}$	$x_{A;2}$	$x_{B;1}$	$x_{B;2}$
1	3,555	−	−	−	−
2	3,633	+	+	+	+
3	3,601	−	+	+	+
4	3,634	+	+	+	+
5	3,638	+	+	+	+
6	3,635	+	+	+	+
7	3,690	−	−	−	−
8	3,639	+	+	+	+
9	3,636	+	+	+	+
10	3,663	+	+	+	+
11	3,634	+	+	+	+
12	3,638	+	+	+	+
13	3,639	+	+	+	+
14	3,642	+	+	+	+
15	3,621	+	+	+	+
16	3,680	+	+	−	+
17	3,639	+	+	+	+
18	3,651	+	+	+	+
19	3,625	+	+	+	+
20	3,673	+	+	+	+

Bild 5.11 Ergebnis des attributiven Prüfprozesses

n	Ref. 1	$x_{A;1}$	$x_{A;2}$	$x_{B;1}$	$x_{B;2}$	
7	3,690	−	−	−	−	☺
16	3,680	+	+	−	+	☹
20	3,673	+	+	+	+	☺
10	3,663	+	+	+	+	☺
18	3,651	+	+	+	+	☺
14	3,642	+	+	+	+	☺
17	3,639	+	+	+	+	☺
8	3,639	+	+	+	+	☺
13	3,639	+	+	+	+	☺
12	3,638	+	+	+	+	☺
5	3,638	+	+	+	+	☺
9	3,636	+	+	+	+	☺
6	3,635	+	+	+	+	☺
11	3,634	+	+	+	+	☺
4	3,634	+	+	+	+	☺
2	3,633	+	+	+	+	☺
19	3,625	+	+	+	+	☺
15	3,621	+	+	+	+	☺
3	3,601	−	+	+	+	☹
1	3,555	−	−	−	−	☺

Bild 5.12 Ergebnis sortiert

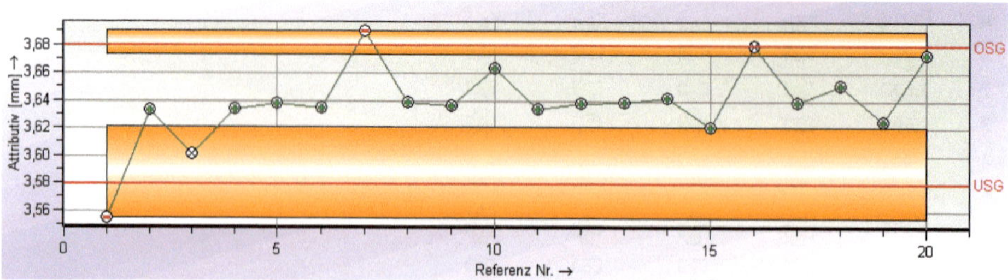

Bild 5.13 Graubereich überlagert

Es ist an diesem Beispiel sehr gut zu erkennen, dass die Methode der Signalerkennung unzureichende Ergebnisse liefert, wenn zu wenige Teile genutzt werden und insbesondere die Istwerte der Teile die Bereiche um die Spezifikationsgrenzen zu schlecht auflösen.

5.4.6 Bewertung von attributiven Prüfprozessen mithilfe der „Short Method“

Wie zuvor besprochen, ist die Short Method zum Eignungsnachweis von Messprozessen nicht geeignet. Allerdings kann mit der Short Method eine regelmäßige und relativ schnelle Stabilität bewertet werden, wenn sinnvolle Teile ausgesucht werden. Auch für Screening-Ansätze im Vorfeld genauerer Untersuchungen bei einer großen Anzahl von Prüfern kann die Short Method genutzt werden.

Bei der Short Method gemäß AIAG MSA 2. Ausgabe werden 20 Prüfobjekte ausgewählt. Diese müssen über den gesamten Einsatzbereich der Lehre streuen, um zwischen „i. O.“ und „n. i. O.“ unterscheiden zu können. Anschließend prüfen zwei Bediener die 20 Teile je zweimal. Die Bediener müssen unabhängig voneinander prüfen, um sich nicht gegenseitig zu beeinflussen. Dies gilt auch für die Wiederholungsmessungen eines Bedieners.

Bild 5.14 zeigt das Ergebnis einer solchen Untersuchung. Mit ▬ sind die Prüfungen „n. i. O.“ und mit ✚ sind die Prüfungen „i. O.“ dargestellt. Die Bedingungen für einen geeigneten Prüfprozess lauten: „Alle Ergebnisse müssen übereinstimmen“. Dies ist in den beschriebenen Fällen nicht gegeben. Der rote Smiley in der rechten Spalte zeigt, dass für die Prüfobjekte die Ergebnisse der Bediener unterschiedlich sind.

n	$x_{A;1}$	$x_{A;2}$	$x_{B;1}$	$x_{B;2}$	
1	+	+	+	+	☺
2	+	+	+	+	☺
3	−	+	+	+	☹
4	−	−	−	−	☺
5	+	+	+	+	☺
6	+	+	+	+	☺
7	−	−	−	−	☺
8	−	−	+	+	☹
9	+	+	+	+	☺
10	+	+	+	+	☺
11	+	+	+	+	☺
12	+	+	+	+	☺
13	+	−	+	+	☹
14	+	+	+	+	☺
15	+	+	+	+	☺
16	+	+	+	+	☺
17	+	+	+	+	☺
18	+	+	+	+	☺
19	+	+	+	+	☺
20	+	+	+	+	☺

Bild 5.14
Ergebnis der attributiven Prüfung

Die Vorgehensweise, einen Prüfprozess nur dann als geeignet einzustufen, wenn die Messunsicherheit nicht erkennbar ist, ist nicht akzeptabel. Durch eine „glückliche“ Zusammenstellung des Prüfloses ist diese Situation sehr einfach zu erreichen, wenn Teile weitab der Toleranzgrenzen liegen. Liegt allerdings ein Teil exakt auf der Toleranzgrenze, wird auch eine vernachlässigbar kleine Messunsicherheit mit einer gewissen Wahrscheinlichkeit zu unterschiedlichen Ergebnissen führen. Diese „unglückliche“ Zusammenstellung würde also Prüfprozesse mit vernachlässigbar kleiner Messunsicherheit als nicht geeignet einstufen. Sollte es möglich sein, die Teile vorab zu vermessen und sinnvoll zusammenzustellen, ist stattdessen auch die wesentlich sinnvollere und praktikablere Methode der Signalerkennung durchführbar und zu empfehlen.

Für eine Stabilitätsprüfung ist eine gezielte Auswahl einiger eindeutig guter und schlechter grenzlagiger Teile zu empfehlen. Werden diese Teile dann im Laufe der Zeit plötzlich nicht mehr eindeutig bestimmt, dann ist von einem veränderten Prüfprozess auszugehen.

Ein Vorschlag für ein Leerformular ist in Bild 5.15 dargestellt.

	Eignungsnachweis für attributive Prüfmittel (Lehren)	Seite:

Teile Bezeichnung:________________ Teile Nr.:________________

Änderungsdatum:________________

Merkmal Bezeichnung:________________ Nennwert / Abmaße:________________

Merkmal Nr.:________________ OGW / UGW:________________

Bereich:________________ Werkstatt:________________

Arbeitsgang Bez.:________________ Maschine Bez.:________________

Arbeitsgang Nr.:________________ Maschine Nr.:________________

Prüfmittel Bez.:________________ Prüfer **A** (Name/Nr.):________________

Prüfmittel Nr.:________________ Prüfer **B** (Name/Nr.):________________

Prüfbedingungen:________________

Bemerkungen:________________

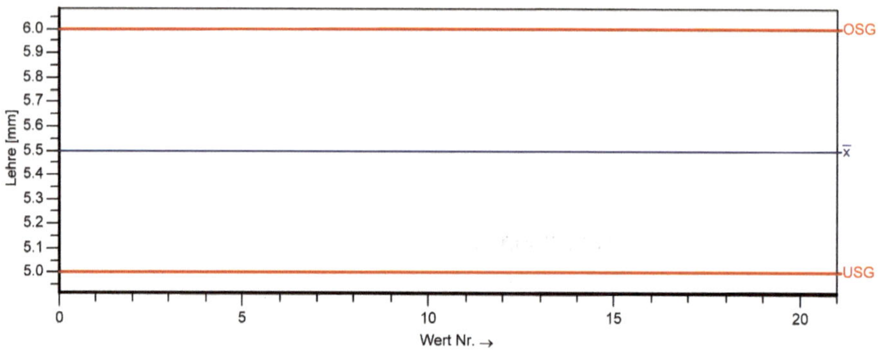

Teile Nr.		1	2	3	4	5	6	7	8	9	10	11	12	13	14	15	16	17	18	19	20
A	**1.**																				
	2.																				
B	**1.**																				
	2.																				

Prüfergebnis: <: kleiner Toleranz, =: in Toleranz, >: größer Toleranz

Anzahl der Übereinstimmungen:________________von________________möglichen.

Prüfmittel beeignet: ☐ ja ☐ nein → Maßnahmen:________________

Datum:____________ Abteilung:____________ Name:____________ Unterschrift:____________

Bild 5.15 Leerformular für die Short Method

6 Erweiterte Messunsicherheit als Eignungsnachweis für Messprozesse

6.1 Guide to the Expression of Uncertainty in Measurement

Die Grundlage zur Bestimmung der Messunsicherheit ist der 1995 erstmals erschienene „**G**uide to the Expression of **U**ncertainty in **M**easurement", auf Deutsch der „Leitfaden zur Bestimmung der Messunsicherheit", oder kurz „GUM" genannt. Dieses Papier ist auch als ISO/IEC Guide 98-3 (ISO 2008) und JCGM 100 (JCGM 2008) bekannt und gilt als internationale Basis zur Bestimmung der Messunsicherheit. Jegliche Ermittlung und Angabe der Messunsicherheit müssen konform zu den Vorgehensweisen und Forderungen des GUM sein, um auf internationaler Ebene anerkannt zu werden. Obwohl diese Schrift schon 1995 erstmals erschienen ist, wurde sie im industriellen Umfeld außerhalb der regulierten Bereiche und des Kalibrierwesens nur zaghaft umgesetzt. Trotz der normativen Forderung nach Kenntnis der Messunsicherheit waren auf Kunden-Lieferanten-Ebene Fähigkeitsnachweise nach AIAG MSA (AIAG 2010), dem Leitfaden aus der Automobilindustrie (Q-DAS GmbH 2001) und diversen firmenspezifischen Richtlinien üblich und wurden lange Zeit noch als ausreichend angesehen, obwohl diese Papiere keine Messunsicherheit berechnen. Nur auf regulierter Ebene war die Bestimmung der Messunsicherheit gefordert, das heißt im Wesentlichen im Eichwesen und im Kalibrierdienst. Mittlerweile hat sich die Situation durch die DIN EN ISO 14253-1 (DIN 2018a) und die DIN EN ISO 10012 (DIN 2004) geändert, ebenso durch die Bewertung der Mess- und Prüfprozesse über den Nachweis der Messunsicherheit im VDA Band 5 (VDA 2021). Für die Durchführung von Konformitätsprüfungen wird mittlerweile die Kenntnis und Berücksichtigung der Messunsicherheit des Messprozesses als unabdingbar vorausgesetzt.

6.1.1 Grundlagen

Zum Verständnis des Leitfadens ist es wichtig, die Entstehungsgeschichte und vor allem die Zielsetzung zu kennen. Interessanterweise bietet GUM weder konkrete Handlungsanweisungen zur Durchführung der Messunsicherheitsstudien noch einen Bewertungsmaßstab, um geeignete Messmittel von nicht geeigneten Messmitteln zu unterscheiden. Es sind einzig und alleine Methoden beschrieben, objektive Bestätigungen der Messunsicherheiten zu erhalten und zu dokumentieren. Dadurch kann das Papier aber neutral und allgemeingültig bleiben.

Schon 1977 ging vom Internationalen Komitee für Maß und Gewicht (CIPM) ein Auftrag für die Entwicklung einer Empfehlung zur Bestimmung der Messunsicherheit an das Internationale Büro für Maß und Gewicht (BIPM). Diese Empfehlung sollte in Zusammenarbeit mit den nationalen metrologischen Instituten entworfen werden. 1980 wurde die Empfehlung INC-1 „Angabe von experimentellen Unsicherheiten“ vorgelegt. 1981 wurde sie genehmigt und 1986 bestätigt. Danach ging ein Auftrag des CIPM an die ISO, einen detaillierten Leitfaden auf Basis dieser Empfehlung zu erarbeiten. 1993 wurde dann der Leitfaden zur Angabe der Unsicherheit beim Messen (**G**uide to the Expression of **U**ncertainty in **M**easurement, GUM) erstmals veröffentlicht. Der korrigierte Nachdruck von 1995 wurde im Jahr 1999 als Vornorm DIN V ENV 13005 übernommen. In der Automobilindustrie erschien 2001 im Hause Robert Bosch aus der Reihe Technische Statistik das Heft 8 „Messunsicherheit“, das insbesondere durch die Abgrenzung zum Heft 10 „Fähigkeit von Mess- und Prüfprozessen“ besondere Bedeutung erlangte. Eine erste verbandsweite Umsetzung der Forderung nach Bestimmung der Messunsicherheit gelang 2003 mit dem VDA Band 5 „Prüfprozesseignung“, der auf der Basis der nach GUM bestimmten Messunsicherheit eine Beurteilung von Prüfmittel und Prüfprozess versucht. Dieses Papier ist schon konkreter in den Vorgehensweisen, lässt allerdings noch immer einen sehr großen Spielraum bei der Auswahl der Methoden. Der VDA Band 5 wurde wortgleich als Volkswagen Konzernnorm 101 19 übernommen. 2010 erschien der VDA Band 5 in einer zweiten vollständig überarbeiteten Auflage, die eine wesentlich bessere Integration der Messsystemanalysen und eine deutlich geradlinigere Vorgehensweise enthält. Dennoch stellt der VDA Band 5 Näherungen dar, die im Rahmen flächendeckender Eignungsnachweise im industriellen Umfeld die Vorgehensweisen sehr vereinfachen, aber keine universelle Berechnung der Messunsicherheit ermöglichen. Das heißt, bei einigen komplexeren Messverfahren kann die Messunsicherheit nach GUM bestimmt und die Eignung nach VDA 5 bewertet werden. In der 3. Auflage wurde der VDA 5 (VDA 2021) um die Bereiche zu Planung und Management von Mess- und Prüfprozessen erweitert sowie in den Bereichen „Umgang mit nicht fähigen Mess- und Prüfprozessen“, „attributive Prüfprozesse“ und „fortlaufende Eignung/Stabilität“ deutlich vertieft.

6.1.2 Zielsetzung und Zweck des GUM

Die Zielsetzung des Internationalen Komitees für Maß und Gewicht (CIPM) war die Entwicklung eines Leitfadens

- zur Angabe von Messunsicherheiten und
- zu Regeln für die Angabe der Messunsicherheiten im Bereich der
  - Normung,
  - Kalibrierung sowie
  - Akkreditierung
    - von Laboratorien und
    - metrologischen Diensten.

Der Zweck des Leitfadens ist,

- vollständig darüber zu informieren, wie man zu Unsicherheitsangaben kommt, und
- eine Grundlage für den internationalen Vergleich von Messergebnissen zu liefern.

Schon aus dieser Zielsetzung und der Zweckbestimmung ist zu erkennen, dass eine stärkere Konkretisierung des GUM kontraproduktiv wäre. Damit ist das entstandene Papier aber nicht als Richtlinie oder Leitfaden im operativen Sinne zu verstehen. Man sucht vielmehr die ideale Methode zur Ermittlung und Angabe der Unsicherheit eines Messergebnisses, die

- universell,
- in sich konsistent und
- übertragbar ist.

Dabei bedeutet

- universell:

  Die Methode muss auf alle Arten von Messungen (Messverfahren und Messmethoden) anwendbar sein.

- in sich konsistent:

  Die zu ermittelnde Messunsicherheit muss sich vollständig aus den Einzelkomponenten, die zur Unsicherheit beitragen, herleiten lassen. Das Ergebnis darf nicht von der Gruppierung der Einzelkomponenten abhängig sein. Einzelkomponenten dürfen in Unterkomponenten zerlegt und auch zusammengefasst werden.

- übertragbar:

  Eine für ein Messergebnis ermittelte Messunsicherheit muss direkt als Teilkomponente zur Ermittlung der Messunsicherheit einer anderen Messung nutzbar sein.

Das heißt, im Hintergrund steht der Gedanke eines weitestgehend modularen Konzepts, bei dem jeder beliebige Streueinfluss auf eine Unsicherheitskomponente zurückgeführt wird, die in jeder beliebigen Art und Weise mit weiteren Unsicherheitskomponenten kombiniert werden und deren Ergebnis als Input für weitere Studien herangezogen werden kann. Daraus folgt eine Art Standardisierung oder Normierung der Komponenten und Betrachtungsweisen.

6.1.3 Anwendungsbereich

Den Anwendungsbereich dieser Methoden sieht man in Kapitel 1 nach eigenen Angaben „von der Werkstatt bis zur Grundlagenforschung …“, konkreter bei der

- Qualitätsprüfung und Qualitätssicherung,
- Einhaltung und Durchsetzung von Gesetzen und Vorschriften,
- Durchführung von Forschungsarbeiten,
- Kalibrierung von Normalen und Messgeräten,
- bei Prüfungen im Rahmen eines nationalen Kalibrierdienstes, um die Rückverfolgbarkeit auf nationale Normale zu ermöglichen, und
- bei der Entwicklung, Bewahrung und dem Vergleich internationaler und nationaler physikalischer Bezugsnormale einschließlich der Referenznormale.

Aber nicht nur konkrete praktische Messprozesse sind Ziel der Überlegungen, auch für Messergebnisse und Unsicherheiten, die nur theoretisch ermittelt werden und nur auf hypothetischen Daten beruhen können, sollen die Methoden anwendbar sein.

Allerdings weisen die Autoren des Guides explizit darauf hin:

Der Leitfaden will NICHT

- technikbezogene Anweisungen geben,
- diskutieren, wie die ermittelten Unsicherheiten für verschiedene Zwecke verwendet werden können,
- Schlussfolgerungen aufstellen über die Vereinbarkeit mit anderen ähnlichen Ergebnissen,
- Toleranzgrenzen für Herstellungsprozesse aufstellen,
- entscheiden, ob eine bestimmte Handlungsrichtung sicher eingeschlagen werden kann.

Damit ist also klar, dass sich der Guide to the Expression of Uncertainty in Measurement grundlegend von den in der Automobilindustrie üblichen Leitfäden ähnlich der AIAG MSA (AIAG 2010) oder den firmeninternen Leitfäden unterscheidet. Konsequenterweise zieht man in Abschnitt 1.4 auch die Schlussfolgerung:

„Es kann sich deshalb als notwendig erweisen, auf der Grundlage dieses Leitfadens weitere Normen zu entwickeln, die sich mit den speziellen Problemen des Messens oder den verschiedenen Anwendungen quantitativer Angaben der Unsicherheit befassen."

Diese Konkretisierungen sind mittlerweile z. B. in den oben erwähnten Verbandsrichtlinien und firmeneigenen Papieren zu finden, aber auch in Normen und Normenreihen wie ISO 10360 (Geometrische Produktspezifikation (GPS) - Annahmeprüfung und Bestätigungsprüfung für Koordinatenmessgeräte (KMG)), ISO 14253 (Geometrische Produktspezifikationen (GPS) - Prüfung von Werkstücken und Messgeräten durch Messen), ISO 15530 (Geometrische Produktspezifikation und -prüfung (GPS) -Verfahren zur Ermittlung der Messunsicherheit von Koordinatenmessgeräten (KMG)), VDI/VDE/2617 (Genauigkeit von Koordinatenmessgeräten - Kenngrößen und deren Prüfung) und 2618 (Prüfmittelüberwachung - Anweisungen zur Überwachung von Messmitteln für geometrische Größen), EA-4/02 M (Ermittlung der Messunsicherheit bei Kalibrierungen, ehemals DKD 3) (EA Laboratory Committee 2022) etc.

6.1.4 Der Inhalt des Leitfadens

Die Kapitel 1 bis 3 beschreiben den Anwendungsbereich, geben Definitionen und erklären die verwendeten Grundbegriffe. In Kapitel 4 geht es erstmals um die Ermittlung von Unsicherheiten im Sinne von „Standardunsicherheiten", die in Kapitel 5 mit weiteren Komponenten zur „kombinierten Standardunsicherheit" zusammengefasst werden. Mit der Angabe des Endergebnisses im Sinne der „Erweiterten Messunsicherheit" befasst sich Kapitel 6, während Kapitel 7 auf die Protokollierung der Methoden und Ergebnisse eingeht. Interessanterweise bietet Kapitel 8 auf einer ¾ Seite eine vollständige Zusammenfassung der Kapitel 4 bis 7.

In den Anhängen, die gut die Hälfte der Seiten des Leitfadens beanspruchen, findet man nochmals die Empfehlung INC-1 der Arbeitsgruppen und des CIPM von 1980 (A), danach allgemeine metrologische Begriffe (B), Grundbegriffe und Benennungen der Statistik (C) und Abhandlungen über die Bedeutung des „wahren" Wertes, der Messabweichung und der Unsicherheit (D). Auch Motiv und Grundlage für die Empfehlung INC-1 (1980) (E) werden nochmals dargelegt. Der Anhang „Praktische Anleitung zur Ermittlung von Unsicherheitskomponenten" (F) geht auf diverse Besonderheiten ein (z. B. Hysterese, Korrelationen, Asymmetrien, Messtechnik ...), bleibt allerdings auf recht mathematischem und allgemeinem Niveau. Ein weiterer Anhang widmet sich den Freiheitsgraden und dem Grad des Vertrauens (G). Erst die Beispiele (H) zeigen konkrete Anwendungen, wobei diese Anwendungen weniger praktischen Fragestellungen folgen als Möglichkeiten des Leitfadens aufzuzeigen. Die letzten beiden Anhänge sind das Verzeichnis der wichtigsten Formelzeichen (I) und das Literaturverzeichnis (J).

6.1.5 Definitionen und Begriffe

Die nachfolgenden Begriffe sind bewusst eher umgangssprachlich beschrieben, um das Verständnis zu erleichtern. Die exakten Definitionen sind in GUM (ISO 2008) und VIM (ISO 2007; Brinkmann 2012) zu finden.

Wahrer Wert

Der „wahre Wert" ist vom „richtigen Wert" zu unterscheiden. Der wahre Wert stimmt mit der Definition einer betrachteten speziellen Größe überein und ist das Ergebnis der idealen Messung. Dieser Wert ist aufgrund seiner Natur nicht ermittelbar, er ist das „unerreichbare Ideal". Für den Praktiker mag es schwer einsehbar sein, warum man diese Unterscheidung trifft. Sie ist allerdings letztlich die Begründung dafür, warum Messunsicherheiten angegeben werden müssen: Die Messunsicherheit schlägt die Brücke zwischen dem richtigen Wert und dem wahren Wert.

Richtiger Wert

Der umgangssprachlich fälschlicherweise oft als „wahr" bezeichnete „richtige Wert" ist der durch Vereinbarung anerkannte Wert, der einer betrachteten speziellen Größe zugeordnet wird. Dieser Wert ist mit einer Unsicherheit behaftet und der „beste Schätzwert" für den wahren Wert bei der Durchführung einer Messung. Er ist der „vereinbarte Wert", auf den man sich im Rahmen einer Messung als bestes und am ehesten korrektes Ergebnis geeinigt hat. Er kann z. B. durch ein Bezugsnormal realisiert werden, ist also der auf dem Normal „aufgeprägte" Wert oder der empfohlene Wert einer Naturkonstanten.

Messung

Die Messung ist der Prozess der Ermittlung des Wertes der Messgröße, *„also der speziellen Größe, die es zu messen gilt"*. Somit ist die Messung also der Messprozess. Die Messgröße ist zum Beispiel die Höhe eines 8-mm-Parallelendmaßes, die Messung ist die konkrete Ermittlung des richtigen Wertes von 8,0053 mm. Zur Beschreibung einer Messung muss spezifiziert sein:

- Messgröße (z. B. Dampfdruck einer Wasserprobe bei 20 °C)
- Messmethode (z. B. Substitutionsmethode, Differenzmethode, …)
- Messverfahren (z. B. Messanweisung, Prüfanweisung, …)

Messergebnis

Das Messergebnis ist der Schätzwert des wahren Wertes der Messgröße, also der im Rahmen der Messung ermittelte richtige Wert. Dieses Messergebnis ist nur vollständig, wenn die Messunsicherheit des Schätzwertes angegeben ist.

Messabweichung

Eine Messung ist im Allgemeinen mit einer Unvollkommenheit verbunden, die eine Messabweichung im Messergebnis hervorruft. Diese Messabweichung ist die Abweichung vom wahren Wert und kann ebenso wenig wie dieser wahre Wert genau bekannt sein. Die Messabweichung besteht aus zwei zentralen Komponenten:

- zufällige Messabweichung
  - nicht vorhersagbar
  - lässt sich durch Vergrößern der Anzahl der Beobachtungen verringern
  - Erwartungswert ist null
- systematische Messabweichung
  - bekannte Wirkung einer Einflussgröße kann durch Korrektion ausgeglichen werden
  - Erwartungswert nach Anbringen der Korrektion ist null

Messunsicherheit

Die Messunsicherheit ist nach GUM (ISO 2008) ein dem Messergebnis zugeordneter Parameter, der die Streuung der Werte kennzeichnet, die vernünftigerweise der Messgröße zugeordnet werden können. Nach ISO/IEC Guide 99 (VIM) (ISO 2007) ist die Messunsicherheit ein „nichtnegativer Parameter, der die Streuung der Werte kennzeichnet, die der Messgröße auf der Grundlage der benutzten Information beigeordnet ist“, nach ISO 3534-2 (DIN 2013) ein „Parameter, der mit einem Messergebnis oder einem Ermittlungsergebnis verbunden ist, und der die Streuung der Werte beschreibt, die der speziellen Größe begründet zugeschrieben werden kann (...)“. Verworfen wurden Definitionen wie „Maß für die mögliche Messabweichung des Schätzwertes der Messgröße, der als Messergebnis ermittelt wurde“ oder „Schätzwert zur Kennzeichnung eines Wertebereiches, innerhalb dessen der wahre Wert der Messgröße liegt“, weil in diesen Definitionen Bereiche von per Definition unbekannten Werten mit absoluter Sicherheit eingegrenzt werden, was logischerweise nicht möglich ist. Allerdings sind gerade die unvollkommenen und verworfenen Definitionen diejenigen, die das Verständnis in der Praxis am besten beschreiben.

Standardunsicherheit *u*

Die Standardunsicherheit ist die in Form einer Standardabweichung (Quadratwurzel der Varianz) ausgedrückte Unsicherheit des Ergebnisses einer Messung. Daraus ergibt sich, dass Messunsicherheiten immer als Halbbreiten angegeben werden, der damit zusammenhängende Streubereich also immer die doppelte Breite hat. Im Gegensatz dazu spricht man bei Fähigkeitsanalysen immer von Gesamt-Streubreiten.

Ermittlungsmethode A/B

Die Ermittlung der Messunsicherheit kann durch zwei verschiedene Methoden erfolgen:

- Ermittlungsmethode A
  - Methode zur Berechnung der Messunsicherheit durch statistische Analysen von Reihen von Beobachtungen
  - basiert auf der Wahrscheinlichkeitsdichte, die aus einer beobachteten Häufigkeitsverteilung abgeleitet wurde
  - „Eselsbrücke“: A wie Ausprobieren
- Ermittlungsmethode B
  - Methode zur Berechnung der Messunsicherheit mit anderen Mitteln als der statistischen Analyse von Reihen von Beobachtungen
  - basiert auf einer angenommenen Wahrscheinlichkeitsverteilung (A-priori-Verteilung)
  - „Eselsbrücke“: B wie Bekannt

Diese Methoden A und B haben auf die weitere Berechnung keinen Einfluss, sondern sollen lediglich Diskussionen erleichtern. In der Praxis zeigt sich allzu oft, dass aber gerade zu viel über diese Methodenzuordnung diskutiert wird, obwohl sie für das Ergebnis unerheblich ist.

Kombinierte Standardunsicherheit u_c

Die kombinierte Standardunsicherheit ist die Standardunsicherheit eines Messergebnisses, wenn dieses Ergebnis aus den Werten einer Anzahl anderer Größen gewonnen wird. Diese kombinierte Standardunsicherheit ist die Zusammenfassung diverser Unsicherheitskomponenten gewichtet mit sogenannten Sensitivitätskoeffizienten, die den jeweiligen Grad der Abhängigkeit der Messunsicherheit von der jeweiligen Einflusskomponente beschreiben(Bild 6.1).

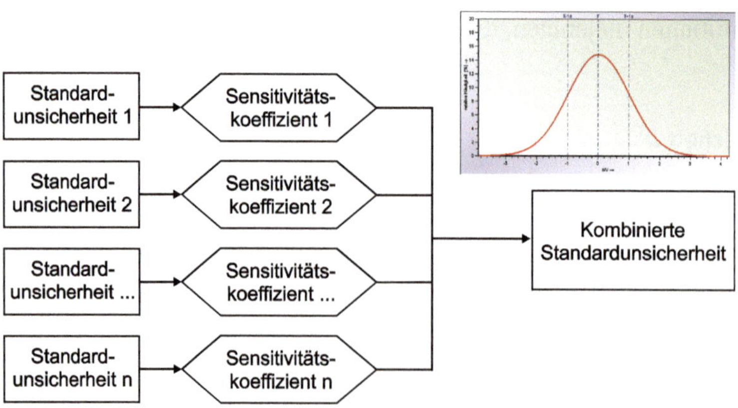

Bild 6.1 Abhängigkeiten der kombinierten Standardunsicherheit u_c

Erweiterte Messunsicherheit *U*

Die „Erweiterte Messunsicherheit" ist ein Kennwert, der einen Bereich um das Messergebnis kennzeichnet, von dem erwartet werden kann, dass er einen großen Anteil der Verteilung der Werte umfasst. Diese Angabe erfolgt laut Guide, „*… um Bedürfnissen von Industrie und Handel zu entsprechen …*", und ist mit einer „Überdeckungswahrscheinlichkeit" oder einem „Vertrauensniveau" verbunden. Üblich ist die Angabe des Bereiches, der etwa 95 % (95,45 %) der Verteilung der Werte umfasst, bei Normalverteilungen also der ±2*s*-Bereich (Bild 6.2).

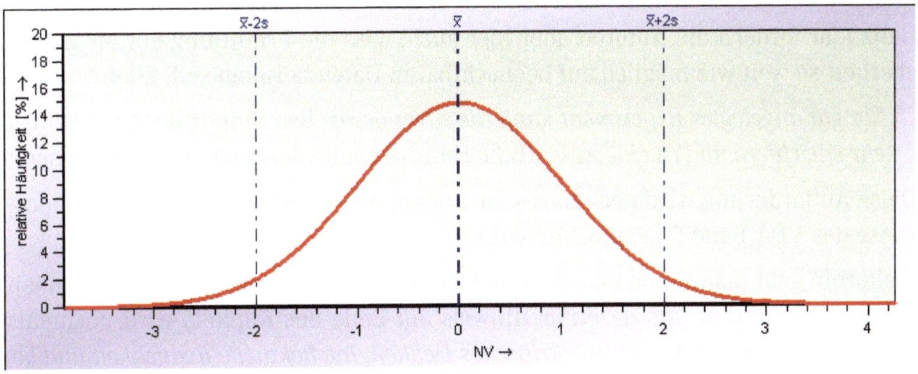

Bild 6.2 Streubereich der erweiterten Messunsicherheit

Erweiterungsfaktor *k*

Der Erweiterungsfaktor ist ein Zahlenfaktor, mit dem die kombinierte Standardunsicherheit multipliziert wird, um eine erweiterte Messunsicherheit zu erhalten (Bild 6.3). Typisch ist ein Wert zwischen 2 und 3, im obigen Beispiel der Angabe der erweiterten Messunsicherheit bei Annahme einer Normalverteilung also der Faktor 2. Bei einer endlichen Anzahl von Freiheitsgraden muss der Erweiterungsfaktor aus der Student-t-Verteilung berechnet werden, nur bei der Annahme unendlich vieler (in der Praxis: ausreichend vieler) Messungen kann der Erweiterungsfaktor aus der Normalverteilung ermittelt werden.

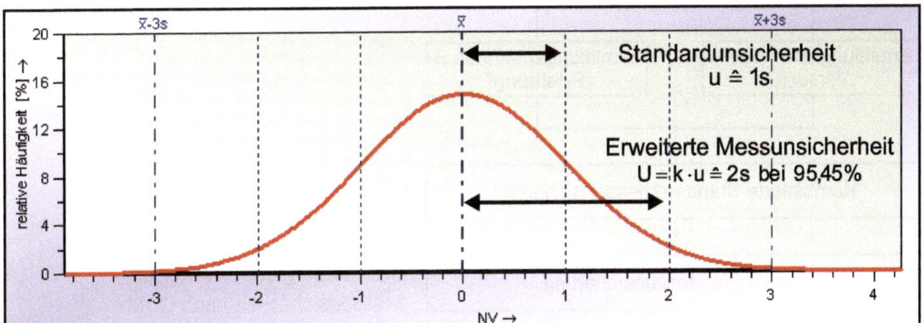

Bild 6.3 Erweiterungsfaktor

6.2 Ermittlung von Messunsicherheiten

In Kapitel 3.4 liefert der Leitfaden noch ein paar „praktische Überlegungen“, die indirekt Bedingungen für die Anwendung sind. Man geht davon aus, dass die Messung bis zu dem Grad mathematisch modelliert werden kann, wie dies aufgrund der geforderten Messgenauigkeit erforderlich ist. Dieses mathematische Modell kann ungenau sein, weshalb alle relevanten Größen maximal variiert werden müssen. Daraus wird oftmals abgeleitet, der GUM befürworte oder fordere gar eine komplette mathematisch-analytische Vorgehensweise.

Ganz klar fordern die Autoren aber hier auch, dass die Ermittlung der Messunsicherheit so weit wie möglich auf beobachtbaren Daten beruhen soll. Zitat:

> *„Ein gut angelegtes Experiment kann die zuverlässige Berechnung der Unsicherheit sehr erleichtern und ist eine wesentliche Voraussetzung für anspruchsvolles Messen.“*

Diese Aufforderung wird nochmals sehr wichtig, wenn nachfolgend die Vorgehensweise des VDA Band 5 besprochen wird.

Weiterhin geht man davon aus, dass in der endgültigen Messung alle Korrektionen angebracht wurden. Als dezenter Hinweis am Ende des Kapitels wird nochmals betont, der Leitfaden könne *„... kritisches Denken, intellektuelle Redlichkeit und berufliches Können nicht ersetzen.“*

Voraussetzung zur Ermittlung der Messunsicherheit ist die mathematische Modellierung des Messvorgangs. Daraus ergeben sich die zu ermittelnden Standardmessunsicherheiten, die jeweils nach Methode A oder B bestimmt werden. Aus diesen Standardmessunsicherheiten wird unter Berücksichtigung der funktionalen Abhängigkeiten die kombinierte Messunsicherheit ermittelt. Zur anschaulichen Beschreibung wird diese abschließend auf einen Streubereich erweitert, sodass als Endergebnis die erweiterte Messunsicherheit für ein Vertrauensniveau von z. B. 95 % angegeben wird.

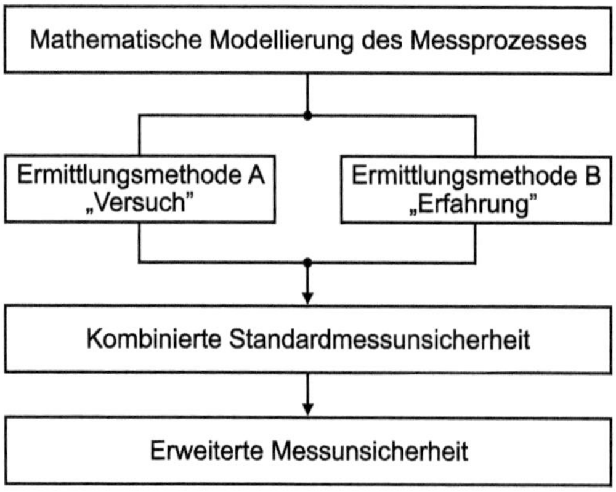

Bild 6.4
Bestimmung der erweiterten Messunsicherheit nach GUM

In der folgenden Beschreibung der Ein- und Ausgangsgrößen geben Großbuchstaben jeweils die theoretischen Größen an („wahrer Wert“), während Kleinbuchstaben für die jeweiligen Schätzer („richtiger Wert“) stehen.

6.2.1 Ermittlung der Standardunsicherheit

Der recht theoretisch klingende Ansatz hierzu lautet in (ISO 2008), dass jede Messgröße Y aus N Eingangsgrößen X_i durch eine Funktionsbeziehung f berechnet wird. Die Eingangsgrößen X_i können ihrerseits wiederum von anderen Größen abhängig sein.

$$Y = f\left(X_1, X_2, \ldots, X_N\right)$$

Die resultierende Funktionsbeziehung kann

- komplex sein,
- unter Umständen gar nicht explizit aufgeschrieben werden,
- experimentell ermittelt werden und
- als Algorithmus vorliegen, der numerisch ausgewertet werden muss.

Diese Funktion f muss jede Größe einschließlich Korrektionen und Korrektionsfaktoren enthalten, die eine signifikante Unsicherheitskomponente zum Messergebnis beitragen kann.

Um zu verdeutlichen, dass zwischen den theoretischen Größen und den tatsächlich dafür erhaltenen Messwerten unterschieden wird, schreibt der Guide nochmals explizit, dass der Ausgangsschätzwert y der Messgröße Y mit den Eingangsschätzwerten $x_1, x_2, \ldots, x_N$ für die Werte der N Größen $X_1, X_2, \ldots, X_N$ berechnet wird.

$$y = f\left(x_1, x_2, \ldots, x_N\right)$$

Im Falle einer Kalibrierung eines Parallelendmaßes mithilfe eines Längenkomparators wird im DKD-3-E1 Ergänzung 1 Beispiel S4 die Länge l_x des zu kalibrierenden Endmaßes bei der Bezugstemperatur angegeben mit (DAkkS 2010b):

$$l_x = l_s + \delta l_D + \delta l + \delta l_C - L\left(\bar{\alpha} \cdot \delta t + \delta\alpha \cdot \Delta\bar{t}\right) - \delta l_V$$

mit

l_s Länge des Referenzendmaßes bei der Bezugstemperatur t_0 = 20 °C gemäß seinem Kalibrierschein

δl_D Längenänderung des Referenzmaßes seit seiner letzten Kalibrierung infolge von Drift

δl beobachtete Längendifferenz zwischen dem unbekannten Endmaß und dem Referenzendmaß

δl_C Korrektion hinsichtlich einer Nichtlinearität und eines Offset des Längenkomparators

L nominelle Länge der Endmaße

$\bar{\alpha} = \frac{\left(\alpha_x + \alpha_s\right)}{2}$ Mittelwert der thermischen Ausdehnungskoeffizienten des zu kalibrierenden und des Referenzendmaßes

$\delta t = (t_x - t_s)$ Temperaturdifferenz zwischen dem zu kalibrierenden und dem Referenzendmaß

$\delta \alpha = (\alpha_x - \alpha_s)$ Differenz der thermischen Ausdehnungskoeffizienten zwischen dem zu kalibrierenden und dem Referenzendmaß

$\Delta \bar{t} = \frac{(t_x + t_s)}{2} - t_0$ Abweichung der mittleren Temperatur des zu kalibrierenden Endmaßes und des Referenzendmaßes von der Bezugstemperatur

δl_V Korrektion hinsichtlich nicht-zentrischer Antastung der Messflächen des zu kalibrierenden Endmaßes

Einen Eingangsschätzwert x_i und die ihm zugeordnete Standardunsicherheit $u(x_i)$ erhält man aus einer Verteilung möglicher Werte der Eingangsgröße X_i. So erhält man z. B. die Länge l_S des Referenzendmaßes aus dem im Kalibrierschein angegebenen „richtigen Wert", genauso wie die dieser Länge zugeordnete Standardunsicherheit aus der im Kalibrierschein angegebenen Kalibrierunsicherheit zu entnehmen ist.

Die geschätzte Standardabweichung, die dem Ausgangsschätzwert y zugeordnet ist, heißt kombinierte Standardunsicherheit $u_c(y)$. Hier bedeutet das also, die kombinierte Standardunsicherheit $u_c(l_x)$ ist die Standardabweichung der Länge l_x.

Ermittlung der Standardunsicherheit – Methode A

Diese Methode beschreibt die Ermittlung der Unsicherheit durch ein Experiment. Zur Beschreibung der Verteilung der Messwerte greift man vereinfachend exemplarisch auf die Normalverteilung zurück und ermittelt daraus die Schätzer (Bild 6.5). Meist ist der beste Schätzwert einer symmetrischen Zufallsgröße der arithmetische Mittelwert:

$$\bar{x} = \frac{1}{n} \cdot \sum_{i=1}^{n} x_i$$

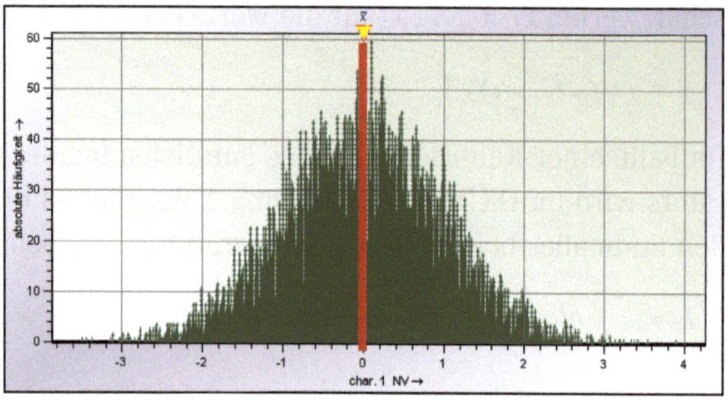

Bild 6.5 Mittelwert als Schätzwert (Erwartungswert)

Bei der Ermittlung des Schätzwertes für die Streuung ist wichtig zu unterscheiden, ob im konkreten Anwendungsfall eine einzelne Beobachtung ausschlaggebend sein wird oder ob die Unsicherheit des Schätzers, also des oben angegebenen Mittelwertes der einzelnen Beobachtungen, angegeben werden muss.

Geht man z.B. davon aus, dass im Messprozess jeweils eine Messung gemacht wird, und es soll die Unsicherheit dieser Messung beschrieben werden, so ist der beste Schätzwert die empirische Standardabweichung der Einzelwerte (Bild 6.6).

$$s_x = \sqrt{\frac{1}{n-1} \cdot \sum_{i=1}^{n} (x_i - \overline{x})^2}$$

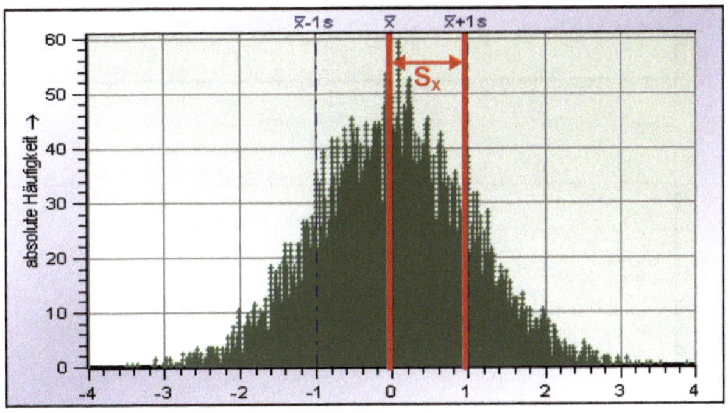

Bild 6.6 Streuung der Einzelwerte

Wurde allerdings mit diesem Versuch eine Einflussgröße abgeschätzt und man möchte den Grad der „Genauigkeit" dieser Schätzung beschreiben, so wählt man die empirische Standardabweichung des Mittelwertes (Bild 6.7).

$$s_{\overline{x}} = \frac{s_x}{\sqrt{m}}$$

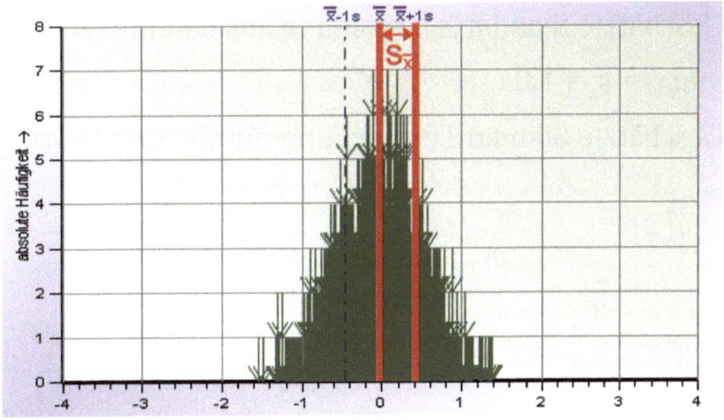

Bild 6.7 Streuung der Mittelwerte

Im Folgenden wird das Verhältnis der Streuungen der Einzel- und Mittelwerte am Beispiel eines Werteverlaufs für Einzel- und Mittelwerte verdeutlicht.

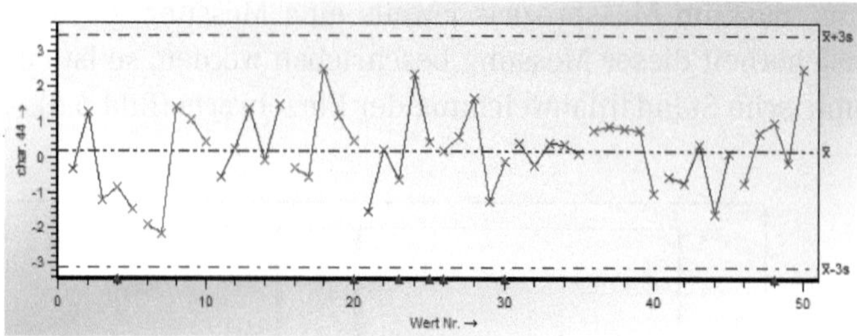

Statistische Werte	
$\bar{x}$	0,1892
s	1,09940
$\bar{s}$	1,06030
$s(\bar{x})$	0,43964

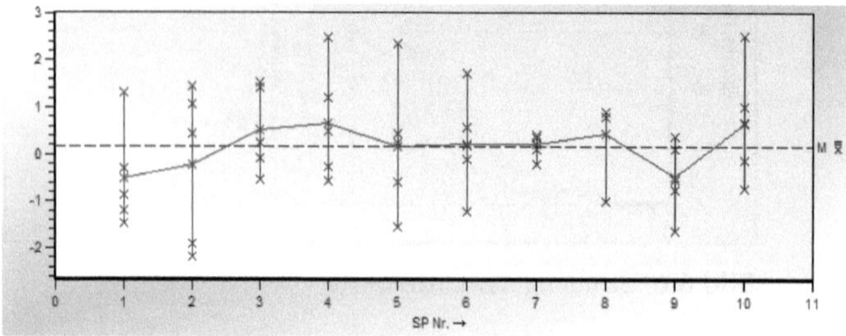

„Theoretische Werte“

n = 10 Stichproben mit

m = 5 Werten

Geschätzte Standardabweichung aus den Einzelwerten

$u(x) = s_x \approx 1{,}0$

Geschätzte Standardabweichung für die Mittelwerte der Fünfer-Stichprobe

$$u(\bar{x}) = s_{\bar{x}} = \frac{s_x}{\sqrt{m}}$$

$$u(\bar{x}) = \frac{1}{\sqrt{5}} \approx 0{,}447$$

Der konkrete Anwendungsfall entscheidet, welche Unsicherheitsbestimmung zu wählen ist!

Ermittlung der Standardunsicherheit – Methode B

Vielfach nennt man die Methode B einfach nur „Erfahrung“, die exakte Definition lautet allerdings „nicht Methode A“. Allgemein kann man sagen, Methode B schätzt die Standardunsicherheit durch eine wissenschaftliche Beurteilung, nicht durch einen Versuch.

Diese wissenschaftliche Beurteilung muss gegründet sein auf alle verfügbaren Informationen wie z. B.:

- Daten aus früheren Messungen
- Erfahrungen oder allgemeine Kenntnisse über Verhalten und Eigenschaften der relevanten Materialien und Messgeräte
- Angaben des Herstellers
- Daten von Kalibrierscheinen und anderen Zertifikaten
- Unsicherheiten, die Referenzdaten aus Handbüchern zugeordnet sind

Sind die abgeschätzten Unsicherheitsbereiche nicht mit einer Normalverteilung zu beschreiben, so können diese nicht direkt als Standardunsicherheiten angegeben werden. Vielfach sind die Unsicherheitsbereiche Fehlergrenzen, zwischen denen der wahre Wert zu vermuten ist. Ein Beispiel dafür ist der Auflösungsschritt eines Messgerätes. In diesen Fällen werden die Fehlergrenzen mithilfe von A-priori-Verteilungen über deren Varianzen in Standardabweichungsäquivalente umgewandelt. In der Praxis bedeutet das, dass die Fehlergrenzen a mit einem Verteilungsfaktor b multipliziert werden. Das Ergebnis ist die Standardunsicherheit u.

$$u = a \cdot b$$

BEISPIEL: Standardunsicherheit eines zur Kalibrierung herangezogenen Referenznormals:

Die Angabe des Herstellers ist eine erweiterte Messunsicherheit als Vielfaches der Standardabweichung

$$U = k \cdot u$$

- k kann explizit angegeben sein
- k kann einem angegebenen Vertrauensniveau entsprechen

Daraus kann durch einfache Umkehr der Berechnung wieder die Standardunsicherheit errechnet werden.

$$\Rightarrow u = \frac{U}{k}$$

Ist für U ein Wert von U = 53 µm mit k = 2 (bzw. 95,45 %) angegeben, so ist die Standardunsicherheit $u = U/k$ = 53 µm/2 = 26,5 µm.

Verteilungsfaktor *b* von A-priori-Verteilungen

Verteilung	Schema	Transformations-koeffizient b	Standardunsicherheit $u(x_B)$
Dreieck-verteilung	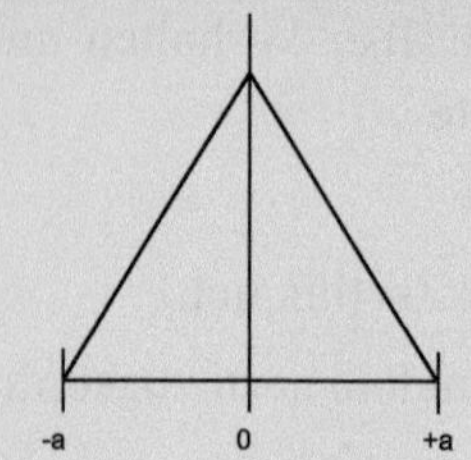	0,408	$u(x_B)=\frac{2a}{\sqrt{24}}=\frac{a}{\sqrt{6}}=0{,}41\cdot a$
Normal-verteilung	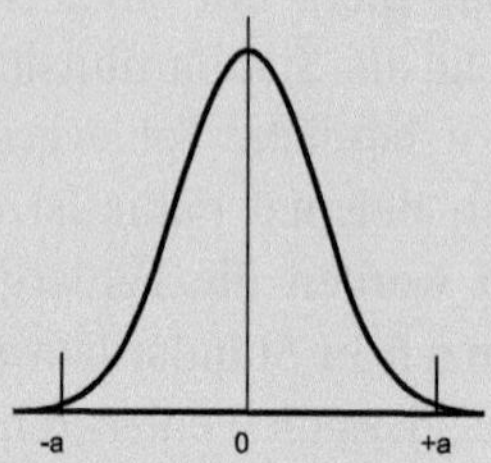	0,5	$u(x_B)=\frac{2a}{\sqrt{16}}=\frac{a}{2}=0{,}5\cdot a$
Rechteck-verteilung	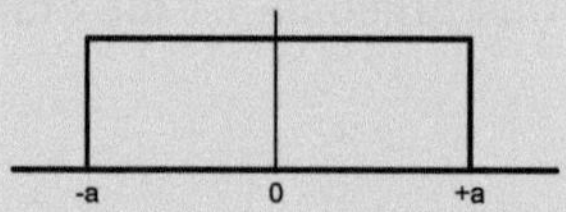	0,577	$u(x_B)=\frac{2a}{\sqrt{12}}=\frac{a}{\sqrt{3}}=0{,}577\cdot a$
Trapez-verteilung	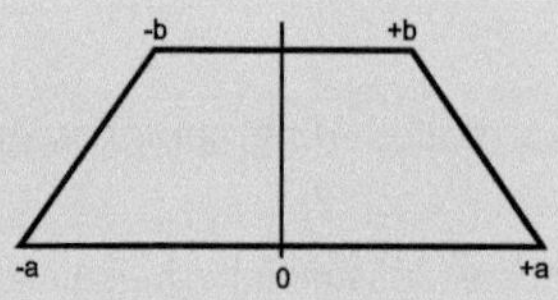	n. a.	$u(x_B)=\frac{1}{\sqrt{6}}\cdot\left(1+\frac{b^2}{a^2}\right)\cdot a$
U-Verteilung	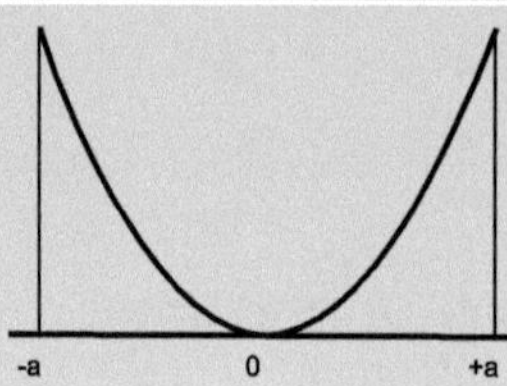	0,707	$u(x_B)=\frac{2a}{\sqrt{8}}=\frac{a}{\sqrt{2}}=0{,}71\cdot a$

Bild 6.8 Bestimmung von Standardunsicherheiten Typ B aus Fehlergrenzwerten

BEISPIEL: Entstammt die Unsicherheit einer Fehlergrenze ±*a*, z. B. einem Auflösungsschritt von 10 µm, so wird in diesem Fall als A-priori-Verteilung (Wahrscheinlichkeitsdichteverteilung innerhalb des Auflösungsschritts) die Rechteckverteilung mit $b = 0{,}577$ gewählt (Bild 6.8). Ein jedes Ergebnis innerhalb der Fehlergrenzen ist gleich wahrscheinlich. Damit ist die Standardunsicherheit $u = a \cdot b$. Dabei ist zu berücksichtigen, dass der Auflösungsschritt eine Ganzbreite $\pm a = 2a$ ist, die Unsicherheit hingegen als Halbbreite *a* angegeben wird. Aus einer Auflösung von 10 µm folgt somit ein Grenzwert a = 5 µm und eine Standardmessunsicherheit u von

$$u = 0{,}577 \cdot 5\ \mu\text{m} = 2{,}885\ \mu\text{m}$$

6.2.2 Ermittlung der kombinierten Standardunsicherheit

Unkorrelierte Eingangsgrößen

Bei der Zusammenfassung der Standardunsicherheiten werden die einzelnen Komponenten mit Sensitivitätsfaktoren/Empfindlichkeitskoeffizienten gewichtet und quadratisch addiert.

Die Sensitivitätsfaktoren c_i beschreiben die Veränderung des Ausgangsschätzwertes bei Variation der Eingangsschätzwerte und können als Steigung der Kennlinie, Verstärkung oder Linearitätsfaktor interpretiert werden.

$$c_i = \frac{\partial f}{\partial x_i}$$

Sie werden berechnet aus der ersten partiellen Ableitung der Funktionsgleichung f nach dem jeweiligen Einflussfaktor x_i, der die Standardunsicherheit $u(x_i)$ verursacht (s. Bild 6.9).

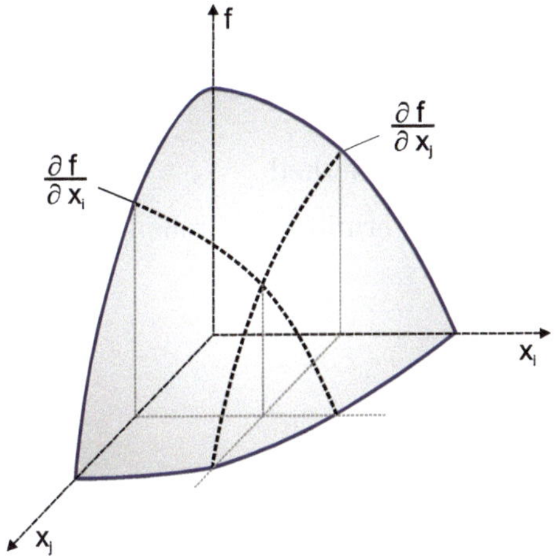

Bild 6.9
Partielle Ableitung des Sensitivitätskoeffizienten

Daraus folgt die kombinierte Messunsicherheit u_c

$$u_c^2(y) = \sum_{i=1}^{N}\left[c_i u(x_i)\right]^2 = \sum_{i=1}^{N}\left[\frac{\partial f}{\partial x_i}u(x_i)\right]^2 = \sum_{i=1}^{N}\left(\frac{\partial f}{\partial x_i}\right)^2 u^2(x_i)$$

Ist f signifikant nicht linear, müssen Glieder höherer Ordnung in der Taylor-Reihenentwicklung berücksichtigt werden.

BEISPIEL: Messung eines Gesamtwiderstandes R aus dem Verhältnis von Spannung U zu Strom I unter Berücksichtigung eines Basiswiderstandes R_0.

- Mathematische Modellierung

$$R = \frac{U}{I} + R_0$$

- Unsicherheit des Ergebnisses

$$u_c^2(R) = c_U^2 u^2(U) + c_I^2 u^2(I) + c_R^2 u^2(R_0)$$
$$= \left(\frac{\partial R}{\partial U}\right)^2 u^2(U) + \left(\frac{\partial R}{\partial I}\right)^2 u^2(I) + \left(\frac{\partial R}{\partial R_0}\right)^2 u^2(R_0) +$$
$$= \left(\frac{1}{I}\right)^2 u^2(U) + \left(-\frac{U}{I^2}\right)^2 u^2(I) + (1)^2 u^2(R_0)$$
$$u_c(R) = \sqrt{\frac{1}{I^2} u^2(U) + \frac{U^2}{I^4} u^2(I) + u^2(R_0)} = \frac{1}{I^2}\sqrt{u^2(U) + \frac{U^2}{I^2} u^2(I) + I^2 u^2(R_0)}$$

Korrelierte Eingangsgrößen

Korrelierte Eingangsgrößen entstehen, wenn zur Ermittlung verschiedener Größen beispielsweise

- dasselbe Messgerät,
- dasselbe physikalische Normal oder
- derselbe Referenzwert mit einer signifikanten Unsicherheit

herangezogen werden. Typisch ist z. B. auch, dass die ermittelten Größen gemeinsam abhängig sind von

- Umgebungstemperatur,
- Luftdruck und
- Luftfeuchte.

In der Berechnung der kombinierten Standardunsicherheit müssen dann die Kovarianzen (zweiter Summand) berücksichtigt werden

$$u_c^2(y) = \sum_{i=1}^{N} \left(\frac{\partial f}{\partial x_i}\right)^2 u^2(x_i) + 2\sum_{i=1}^{N-1} \sum_{j=i+1}^{N} \frac{\partial f}{\partial x_i} \frac{\partial f}{\partial x_j} u(x_i, x_j)$$

Mithilfe von Korrelationskoeffizienten r_{ij} lassen sich die Kovarianzen $u(x_i, x_j)$ ersetzen (normieren) und auf die bekannten Standardunsicherheiten zurückführen.

$$r_{ij} = r\left(x_i, x_j\right) = \frac{u\left(x_i, x_j\right)}{u\left(x_i\right) \cdot u\left(x_j\right)}$$

$$u_c^2\left(y\right) = \sum_{i=1}^{N} \left(\frac{\partial f}{\partial x_i}\right)^2 u^2\left(x_i\right) + 2\sum_{i=1}^{N-1} \sum_{j=i+1}^{N} \frac{\partial f}{\partial x_i} \frac{\partial f}{\partial x_j} u\left(x_i\right) \cdot u\left(x_j\right) \cdot r\left(x_i, x_j\right)$$

„Vermeidungsstrategien"

Die Abhängigkeit von Luftdruck und Luftfeuchte ist in der industriellen Messtechnik meist gering, die Korrelation kann somit vernachlässigt werden. Korrelationen können aber auch vermieden werden, indem gemeinsame Einflüsse als unabhängige Eingangsgrößen eingeführt werden. Eine beliebte Methode ist auch, statt zweier Absolutwerte die Differenzen zu betrachten, deren Schätzwerte gegen null gehen und die somit nur einen Beitrag zur Unsicherheit leisten.

6.2.3 Ermittlung der erweiterten Unsicherheit

Die Angabe der kombinierten Standardunsicherheit $u_c(y)$ bei einer vorausgesetzten resultierenden Normalverteilung ist im Grunde ausreichend. Die Standardabweichung beschreibt das Streuverhalten einer Normalverteilung vollständig. Dennoch ist die Interpretation dieses Kennwertes im Sinne einer Standardabweichung gewöhnungsbedürftig. Für die Praxis scheint es angebrachter, den Bereich zu nennen, in dem der wahre Wert mit einem gewissen Vertrauensniveau, z.B. mit 95%iger Wahrscheinlichkeit, liegt. Somit empfiehlt der Guide bei industriellen, kommerziellen und regulatorischen Anwendungen, Gesundheits- und Sicherheitsaspekten einen erweiterten Bereich anzugeben:

$$U = k \cdot u_c\left(y\right)$$

Der Faktor k kann einem Grad des Vertrauens entsprechen (90%, 95%, 95,45%, 99%, …) und muss gegebenenfalls die effektiven Freiheitsgrade bei der Bestimmung der kombinierten Standardunsicherheit berücksichtigen. Ist die Anzahl der Freiheitsgrade sehr groß, kann k aus den Quantilen der Normalverteilung ermittelt werden. Ist die Anzahl der Freiheitsgrade deutlich begrenzt, muss k aus den Quantilen der Student-t-Verteilung unter Berücksichtigung der Freiheitsgrade berechnet werden.

Bestimmung der Freiheitsgrade

Die Freiheitsgrade müssen für jede Unsicherheitskomponente bestimmt werden. Sie ergeben sich bei Modell A direkt aus Messungen oder beschreiben bei Modell B den Grad der Sicherheit/Zuverlässigkeit einer Aussage/Annahme. Freiheitsgrade werden im Endergebnis immer abgerundet.

Freiheitsgrade bei Ermittlungsmethode A:

Bekanntlich ist die Qualität einer statistisch gewonnenen Aussage abhängig von der Stichprobengröße. Je größer die Stichprobe, desto größer das Vertrauen. Diese Information kann mithilfe der Freiheitsgrade ausgedrückt werden. Diese Freiheitsgrade werden bei der Berechnung der erweiterten Messunsicherheit wieder wichtig, weil der Erweiterungsfaktor von den effektiven Freiheitsgraden abhängig sein kann. Die Definition der Freiheitsgrade nach DIN ISO 3534-1, 2.54 (DIN 2013) lautet:

> *„Anzahl der Ausdrücke in einer Summe, abzüglich der Anzahl von Nebenbedingungen, der diese Ausdrücke der Summe unterliegen.“*

Im Falle der Standardunsicherheit (Standardabweichung)

$$u(x) = s_x = \sqrt{\frac{1}{\nu_i} \cdot \sum_{i-1}^{n} (x_i - \overline{x})^2} = \sqrt{\frac{1}{n_i - 1} \cdot \sum_{i-1}^{n} (x_i - \overline{x})^2}$$

aus einer Stichprobe des Umfangs n ist die genannte Summe die Summe der Abweichungsquadrate, also n Glieder. Die einzige Nebenbedingung ist der mittlerweile als berechnet/bekannt vorauszusetzende Mittelwert. Damit gilt für den Freiheitsgrad $\nu_i = n_i - 1$.

Freiheitsgrade bei Ermittlungsmethode B:

Auch bei „theoretisch“ ermittelten Komponenten kann es sein, dass die Angaben nicht als absolut zuverlässig angesehen werden. Es kann sinnvoll sein, eine relative Unsicherheit $u_{rel\%}(x_i)$ anzunehmen (z. B. „Annahme der Grenzen a ist zu 25 % zuverlässig“),

$$u_{\mathrm{rel\%}}(x_i) = \frac{\Delta u(x_i)}{u(x_i)}$$

wobei diese Beschreibung der „Unsicherheit der Unsicherheit“ im GUM recht gewöhnungsbedürftig ist. Die Aussage „zu 25 % zuverlässig“ bedeutet, dass es eine 25 %ige Wahrscheinlichkeit gibt, dass die angegebenen Grenzen überschritten werden. Aus dieser Angabe lassen sich die Freiheitsgrade ν_i errechnen.

$$\nu_i = \frac{1}{2} \cdot \left(\frac{\Delta u(x_i)}{u(x_i)} \right)^{-2} = \frac{1}{2 \cdot u_{\mathrm{rel\%}}^2(x_i)}$$

Das heißt, je sicherer die Aussage, desto größer die Anzahl der effektiven Freiheitsgrade. Ist die Aussage „absolut sicher“, dann ist $\nu_i = \infty$.

BEISPIEL: Eine angegebene Fehlergrenze wird als „zu 25 % zuverlässig“ angesehen.

$$u_{\mathrm{rel\%}}(x_i) = 25\% = 0{,}25$$

Daraus errechnen sich die Freiheitsgrade

$$\nu_i = \frac{1}{2} \cdot (0{,}25)^{-2} = \frac{1}{2 \cdot (0{,}25)^2} = \frac{1}{0{,}125} = 8$$

Bestimmung der effektiven Freiheitsgrade

Aus den Freiheitsgraden der Komponenten lassen sich für die kombinierte Standardmessunsicherheit die „effektiven Freiheitsgrade“ nach der Welch-Satterthwaite-Formel berechnen.

$$\nu_{\text{eff}} = \frac{u_c^4(y)}{\sum_{i=1}^{N} \frac{u_i^4(y)}{\nu_i}} = \frac{u_c^4(y)}{\frac{u_1^4(y)}{\nu_1} + \frac{u_2^4(y)}{\nu_2} + \ldots + \frac{u_N^4(y)}{\nu_N}} \leq \sum_{i=1}^{N} \nu_i$$

Rundungsregeln

- Freiheitsgrade werden abgerundet
- Unsicherheiten werden aufgerundet

BEISPIEL: Wunsch ist, U für ein Intervall mit einem Grad des Vertrauens von ca. 99,73 % bei $\nu_{\text{eff}}(l)$ = 16,67 ≈ 16 Freiheitsgraden anzugeben. Zunächst müssen die Quantile der Student-t-Verteilung für $\nu_{\text{eff}}(l)$ = 16,7 ≈ 16 Freiheitsgrade ermittelt werden (Bild 6.10):

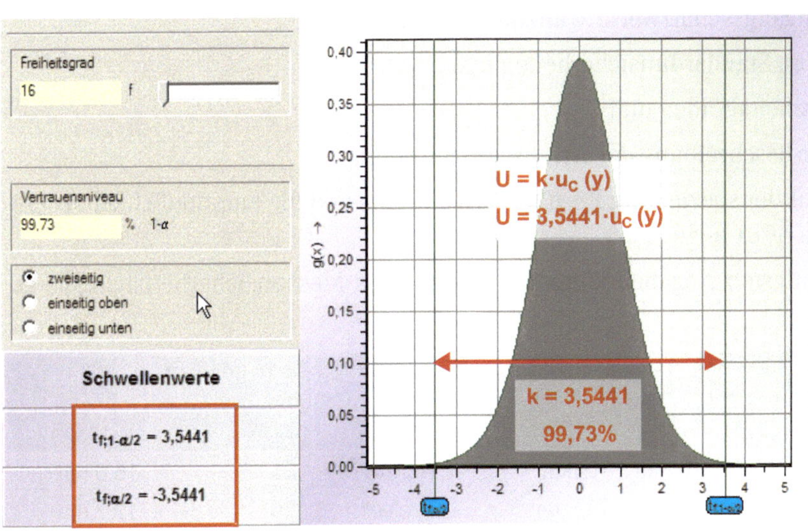

Bild 6.10 t-Quantile für 99,73 % Vertrauensbereich

BEISPIEL: Die Quantile liegen bei $t_{16;0,00135} = -3,5441$ und $t_{16;0,99865} = +3,5441$. Der Erweiterungsfaktor k ist somit $k \approx 3,54$.

6.2.4 Protokollierung der Unsicherheit

Bei der Protokollierung der Messunsicherheit müssen alle Schritte der Datenanalyse nachvollziehbar sein. Es wird gefordert, dass

- die Methoden klar beschrieben werden,
- alle Unsicherheitskomponenten aufgelistet werden,
- alle Auswertungen vollständig dokumentiert sind,
- alle Korrektionen und Konstanten angegeben sind.

Es gilt der Grundsatz: *„Habe ich ausreichende Informationen in hinreichend klarer Form angegeben, sodass mein Ergebnis aktualisiert werden kann, sobald neue Informationen oder Daten verfügbar vorliegen?"*

Dazu gehört,

- die Definition der Messgröße Y vollständig zu beschreiben,
- den Schätzwert y der Messgröße Y und ihre kombinierte Standardunsicherheit $u_c(y)$ mit Einheiten anzugeben,
- gegebenenfalls auch die relative Standardunsicherheit anzugeben,
- die geschätzten effektiven Freiheitsgrade anzugeben,
- den Erweiterungsfaktor k für die erweiterte Messunsicherheit U anzugeben,
- alle Eingangsschätzwerte x_i anzugeben mit
    - ihren Standardunsicherheiten $u(x_i)$,
    - Freiheitsgraden und
    - der Beschreibung der Art ihrer Ermittlung,
- die Funktionsbeziehung $Y = f(X_1, X_2, X_3, \ldots, X_N)$ und die Empfindlichkeitskoeffizienten $\partial f / \partial x$ anzugeben.

Diese wichtigsten Angaben können in Form eines Messunsicherheitsbudgets gelistet werden:

Größe X_i	Schätzwert x_i	Standardmessunsicherheit $u(x_i)$	Verteilung	Sensitivitätskoeffizient c_i	Unsicherheitsbeitrag $u_i(y)$
l_S	50,000020 mm	15 nm	Normal	1,0	15,0 nm
δl_D	0 mm	12,2 nm	Dreieck	1,0	12,2 nm
δl	-0,000094 mm	5,37 nm	Normal	1,0	5,37 nm

Größe X_i	Schätzwert x_i	Standardmessunsicherheit $u(x_i)$	Verteilung	Sensitivitätskoeffizient c_i	Unsicherheitsbeitrag $u_i(y)$
δl_C	0 mm	18,5 nm	Rechteck	1,0	18,5 nm
δt	0 °C	0,0289 °C	Rechteck	−575 nm °C^{-1}	−16,6 nm
$\delta\alpha \cdot \Delta\overline{t}$	0	0,236 × 10^{-6}	-	50 mm	−11,8 nm
δl_V	0 mm	3,87 nm	Rechteck	−1,0	−3,87 nm
l_X	49,999926 mm				34,3 nm

6.2.5 Angabe des Ergebnisses

Zur Angabe des vollständigen Ergebnisses listet der Guide verschiedene Schreibweisen auf, die anhand eines Massenormals mit Nennwert 100 g, einem richtigen Wert von 100,02147 g und einer kombinierten Messunsicherheit von 0,35 mg verdeutlicht werden:

- Angaben mit erweiterter Messunsicherheit
  - m_s = (100,02147 ± 0,00079) g mit
  - Standardmessunsicherheit u_c = 0,35 mg
  - Erweiterungsfaktor k = 2,26
  - Freiheitsgrade v = 9
- Angaben mit kombinierter Messunsicherheit
  - m_s = 100,02147 g mit u_c = 0,35 mg
  - m_s = 100,02147(35) g
  - m_s = 100,02147(0,00035) g
- Die Schreibweise m_s = (100,02147 ± 0,00035) g mit der kombinierten Standardunsicherheit u_c sollte vermieden werden.

6.3 Beispiel GUM H.1 Endmaß-Kalibrierung

Laut GUM dienen die Beispiele des GUM-Anhangs H, so auch das hier vorgestellte Beispiel H.1, eher der Illustration und weniger der Abbildung realer Verhältnisse. Die Beispiele und Zahlenwerte wurden ausgewählt, um die Prinzipien des Leitfadens zu verdeutlichen. Unter diesen Gesichtspunkten haben wir dieses Beispiel hier neu strukturiert und zusammengefasst.

6.3.1 Messaufgabe

Ein Endmaß der Nennlänge 50 mm soll durch Vergleich mit einem bekannten Normal derselben Nennlänge kalibriert werden. Das direkte Ergebnis ist die Differenz *d* zwischen den beiden Längen

$$d = 1(1+\alpha\Theta) - l_S(1+\alpha_S\Theta_S)$$

mit

l = Messgröße, Länge des zu kalibrierten Endmaßes bei 20 °C
l_s = Länge des bekannten Normals (Kalibrierschein, 20 °C)
α, α_S = Wärmeausdehnungskoeffizient, Endmaß und Normal
Θ, Θ_S = Abweichungen der Temperatur von 20 °C, Endmaß und Normal

Ungünstig bei diesem mathematischen Modell ist die Korrelation von α, α_S; Θ, Θ_S. Eine Lösung ist, zwei Hilfsgrößen einzuführen:

- Temperaturdifferenz zwischen Endmaß und Normal $\delta\Theta$
- Differenz der Wärmeausdehnungskoeffizienten $\delta\alpha$

Die Differenzen $\delta\alpha$, $\delta\Theta$ werden dabei als null geschätzt, nicht jedoch deren Unsicherheiten.

Dadurch folgt das mathematische Modell mit unkorrelierten Größen

$$l = l_S + d - l_S[\delta\alpha \cdot \Theta + \alpha_S\delta\Theta]$$

mit

l_S = Länge des bekannten Normals (Kalibrierschein, 20 °C)
α_S = Wärmeausdehnungskoeffizient Normal
$\delta\alpha$ = Differenz der Wärmeausdehnungskoeffizienten (= 0)
Θ_S = Abweichungen der Temperatur des Normals von 20 °C
$\delta\Theta$ = Temperaturdifferenz zwischen Endmaß und Normal (= 0)

6.3.2 Standardunsicherheiten

Folgende Unsicherheiten sind zu ermitteln (in Klammern die Kapitel aus GUM):

- Unsicherheit $u(l_S)$ der Kalibrierung des Normals (H.1.3.1)
- Unsicherheit $u(d)$ der gemessenen Längendifferenz (H.1.3.2)
- Unsicherheit $u(\alpha_S)$ des Wärmeausdehnungskoeffizienten (H.1.3.3)
- Unsicherheit $u(\Theta)$ der Temperaturabweichung des Endmaßes (H.1.3.4)
- Unsicherheit $u(\delta\alpha)$ der Differenz der Ausdehnungskoeffizienten (H.1.3.5)
- Unsicherheit $u(\delta\Theta)$ der Temperaturdifferenz der Maße (H.1.3.6)

6.3.2.1 Unsicherheit $u(l_S)$ der Kalibrierung des Normals

(H.1.3.1) Dem Kalibrierschein des bekannten Normals können folgende Daten entnommen werden:

- erweiterte Messunsicherheit U = 0,075 mm
- Erweiterungsfaktor k = 3
- effektive Freiheitsgrade ν_{eff} = 18 (aus H.1.6)
- richtiger Wert l_s = 50,000623 mm bei 20 °C (aus H.1.5)

Die Standardmessunsicherheit $u(l_S)$ berechnet sich folgendermaßen

$$u(l_S)=\frac{U}{k}=\frac{0{,}075\ \mu\text{m}}{3}=25\ \text{nm}$$

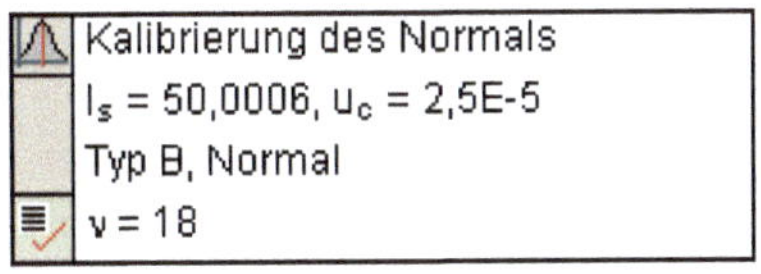

6.3.2.2 Unsicherheit $u(d)$ der gemessenen Längendifferenz

(H.1.3.2) Die gemessene Längendifferenz ergibt sich aus der Summe der empirisch ermittelten mittleren Abweichung d_q, den zufälligen und den systematischen Komparatorabweichungen d_1 und d_2.

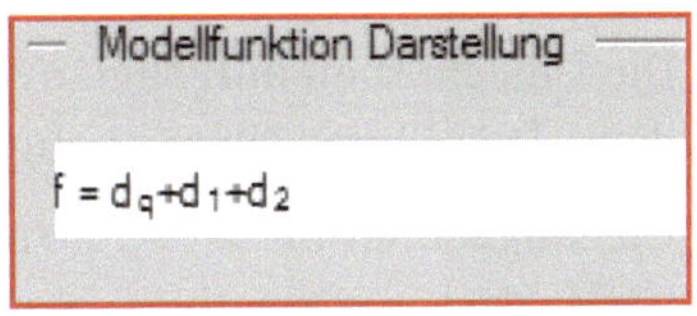

Die Unsicherheit $u(d)$ der gemessenen Längendifferenz setzt sich zusammen aus

- Unsicherheiten aus mehrmaligen Beobachtungen $u(\bar{d})$
- zufälligen Komparatoreinflüssen $u(d_1)$
- systematischen Komparatoreinflüssen $u(d_2)$

Unsicherheiten aus mehrmaligen Beobachtungen

Die zusammengefasste empirische Standardabweichung wurde aus 25 mehrmaligen unabhängigen Beobachtungen der Längendifferenz bestimmt:

$$s(d)=13\text{nm} \quad \text{mit } \nu=24 \text{ Freiheitsgraden}$$

In dem hier durchgeführten Vergleich wurden 5 Beobachtungen vorgenommen. Der beste Schätzwert ist der arithmetische Mittelwert aus den fünf Messungen:

$$\bar{d}=215\ \text{nm}$$

Die dem arithmetischen Mittelwert zugeordnete Standardmessunsicherheit berechnet sich zu $u(\bar{d})=s(\bar{d})=\frac{13\ \text{nm}}{\sqrt{5}}=5{,}8\ \text{nm}$

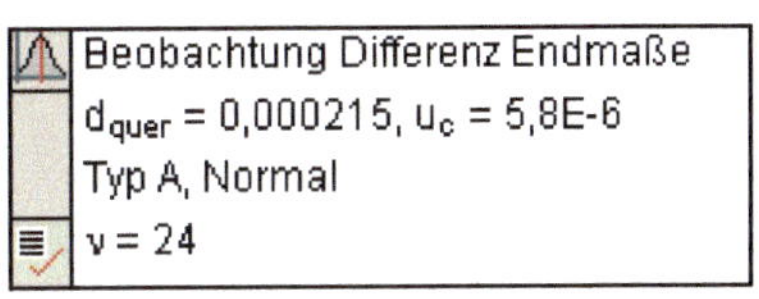

Unsicherheiten aus zufälligen Komparatoreinflüssen

Aus dem Kalibrierschein des Komparators folgt:

- Die Unsicherheit aufgrund zufälliger Abweichungen ist ±0,01 mm mit einem Grad des Vertrauens von 95 %.
- Die Angabe erfolgt auf der Grundlage von 6 Messungen, d. h. $\nu = 5$ Freiheitsgrade.
- Der Erweiterungsfaktor k ergibt sich aus der Student-t-Verteilung $k = t_{95}(5) = 2{,}57$.

$$u(d_1) = \frac{10\ \text{nm}}{2{,}57} = 3{,}9\ \text{nm}$$

Zufällige Komparatoreinflüsse
$d_1 = 0$, $u_c = 3{,}89017\text{E-}6$
Typ B, Normal
$\nu = 5$

Unsicherheiten aus systematischen Komparatoreinflüssen

Aus dem Kalibrierschein des Komparators folgt:

- Die Unsicherheit aufgrund systematischer Abweichungen ist mit 0,02 mm auf dem „Drei-Sigma-Niveau" angegeben.
- Die Angabe ist bis zu 25 % zuverlässig. Das bedeutet in der Terminologie der GUM, dass die relative Unsicherheit $u_{\text{rel}\,\%} = \Delta u(x_i)/u(x_i)$ der Angabe 25 % beträgt. Daraus folgt ein Freiheitsgrad von $\nu_{\text{eff}} = 8$ (vgl. Abschnitt 6.2.3, Ermittlungsmethode B).
- Der Erweiterungsfaktor ist mit $k = 3$ angegeben.

$$u(d_2) = \frac{20\ \text{nm}}{3} = 6{,}7\ \text{nm}$$

Systematische Komparatoreinflüsse
$d_2 = 0$, $u_c = 6{,}66667\text{E-}6$
Typ B, Normal
$\nu = 8$

Die Unsicherheit $u(d)$ der gemessenen Längendifferenz setzt sich zusammen aus

- Unsicherheiten aus mehrmaligen Beobachtungen $u(\overline{d}) = 5{,}8\ \text{nm}$
- zufälligen Komparatoreinflüssen $u(d_1) = 3{,}9\ \text{nm}$
- systematischen Komparatoreinflüssen $u(d_2) = 6{,}7\ \text{nm}$

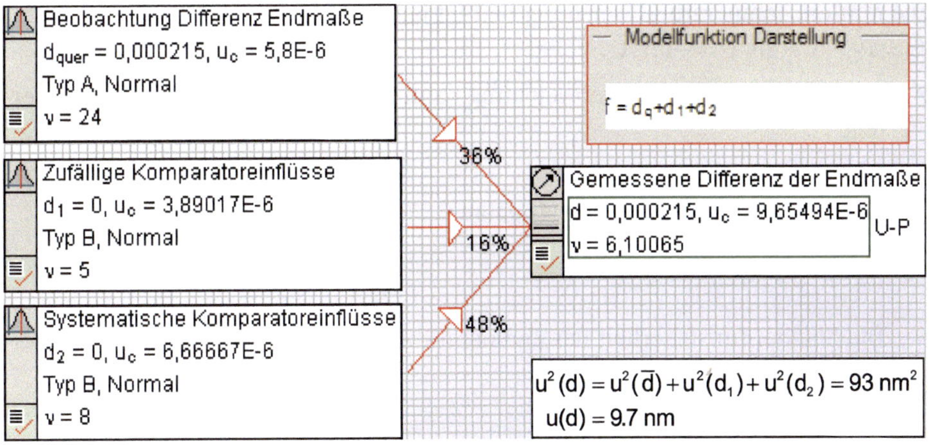

6.3.2.3 Unsicherheit $u(\alpha_S)$ des Wärmeausdehnungskoeffizienten

(H.1.3.3) Angaben aus der Literatur:

- Wärmeausdehnungskoeffizient $\alpha_S = 11{,}5 \cdot 10^{-6}\,°C^{-1}$
- Für die Unsicherheit wird eine Rechteckverteilung mit den Grenzen $\pm 2 \cdot 10^{-6}\,°C^{-1}$ angenommen.

Daraus folgt für die Unsicherheit:

$$u(\alpha_S) = \frac{2 \cdot 10^{-6}\,°C^{-1}}{\sqrt{3}} = 1{,}15 \cdot 10^{-6}\,°C^{-1}$$

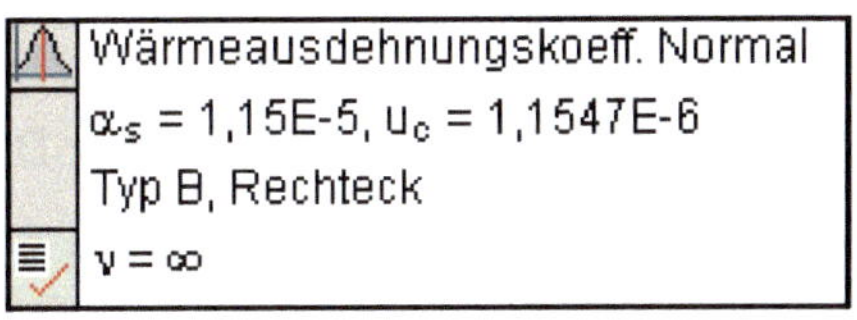

6.3.2.4 Unsicherheit $u(\Theta)$ der Temperaturabweichung des Endmaßes

(H.1.3.4) Die Temperatur der Prüfhalterung ist mit (19,5 ± 0,5) °C angegeben. Der Absolutwert der Temperatur wurde im Laufe der Messungen nicht überwacht. Stattdessen wird nachfolgend die mittlere Temperatur geschätzt. Diese Schätzung unterliegt ebenso einer Unsicherheit.

- Die Maximalverschiebung $\Delta = 0{,}5\,°C$ ist die maximale Amplitude einer zyklischen Temperaturschwankung wegen Thermostatregelung.
- Eine zyklische Schwankung wird mit einer U-Verteilung beschrieben:

$$u(\Delta) = \frac{(0{,}5\,°C)}{\sqrt{2}} = 0{,}35\,°C$$

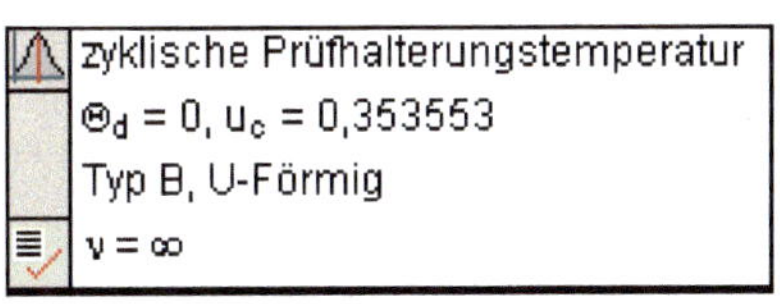

Die mittlere Temperaturabweichung beträgt laut Angabe
$\bar{\Theta} = 19{,}9\,°\mathrm{C} - 20\,°\mathrm{C} = -0{,}1\,°\mathrm{C}$.

- Der Wert der Temperaturabweichung kann mit $\bar{\Theta} = -0{,}1\,°\mathrm{C}$ gleichgesetzt werden.
- Unsicherheit der mittleren Temperaturabweichung (laut Angabe):

  $$u(\bar{\Theta}) = 0{,}2\,°\mathrm{C}$$

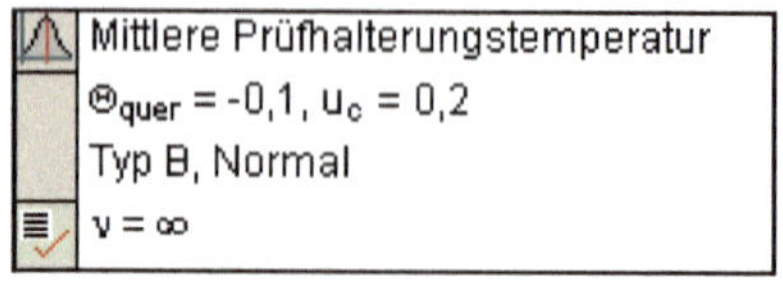

- Die Standardunsicherheit der Temperaturabhängigkeit folgt aus der quadratischen Summe.

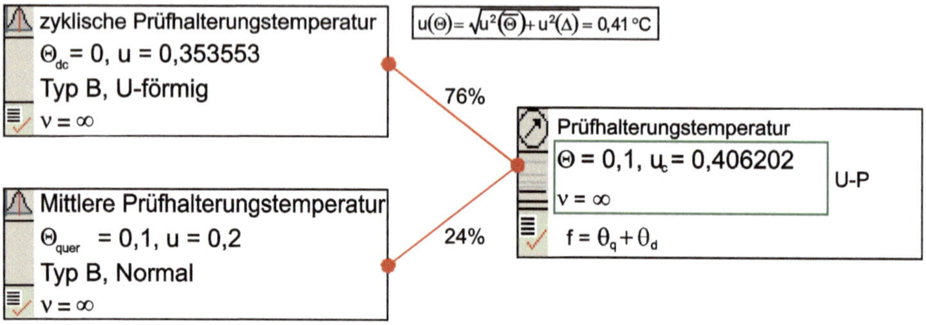

6.3.2.5 Unsicherheit $u(\delta\alpha)$ der Differenz der Ausdehnungskoeffizienten

(H.1.3.5) Schätzung aus Erfahrung:

- Die Differenz der Erwartungswerte kann als $\delta\alpha = 0\,°\mathrm{C}^{-1}$ angenommen werden, da die Endmaße aus gleichem Material bestehen. Unterschiede sind rein zufälliger Natur und somit Teil der Unsicherheit.
- Unsicherheitsgrenzen $\pm a(\delta\alpha) = 1 \cdot 10^{-6}\,°\mathrm{C}^{-1}$
- Die Angabe der Unsicherheit ist zuverlässig mit 10%, d.h. $\nu = 50$ (s. Abschnitt 6.2.3).

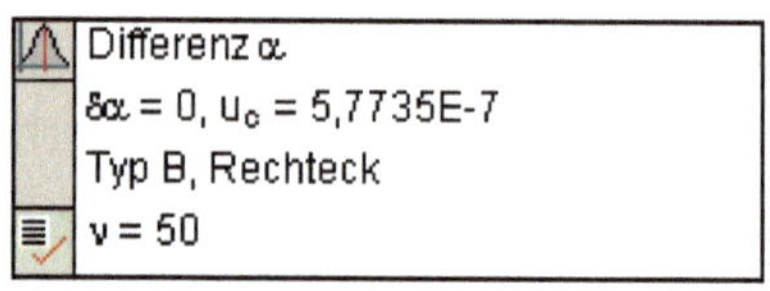

- Es wird eine Rechteckverteilung angenommen:

$$u(\delta\alpha) = \frac{1 \cdot 10^{-6}\,°\mathrm{C}^{-1}}{\sqrt{3}} = 0{,}58 \cdot 10^{-6}\,°\mathrm{C}^{-1}$$

6.3.2.6 Unsicherheit $u(\delta\Theta)$ der Temperaturdifferenz der Maße

(H.1.3.6)

- Erwartet wird die gleiche Temperatur, d. h. $\delta\Theta = 0$ für beide Endmaße.
- Jedoch könnte die Temperaturdifferenz mit gleicher Wahrscheinlichkeit innerhalb der geschätzten Grenzen $\pm a(\delta\Theta)$ von ±0,05 °C liegen.
- Dieses Intervall wird als nur zu 50 % zuverlässig angesehen, d. h., der effektive Freiheitsgrad ist $\nu(\delta\Theta) = 2$ (nach Abschnitt 6.2.3 Freiheitsgrade nach Ermittlungsmethode B).

Damit ergibt sich die Standardunsicherheit bezüglich der Maße zu

$$u(\delta\Theta) = \frac{0{,}05\,°\mathrm{C}^{-1}}{\sqrt{3}} = 0{,}029\,°\mathrm{C}^{-1}$$

Temperaturdifferenz
$\delta\Theta = 0$, $u_c = 0{,}0288675$
Typ B, Rechteck
$\nu = 2$

6.3.2.7 Kombinierte Standardunsicherheit

Mathematische Modellierung

Aus dem mathematischen Modell (vgl. Abschnitt 6.3.1)

$$l = l_S + d - l_S\left[\delta\alpha \cdot \Theta + \alpha_S \delta\Theta\right]$$

folgt für die kombinierte Standardunsicherheit $u_c(l)$

$$\begin{aligned}
u_c^2(l) &= c_{l_s}^2 u^2(l_s) + c_d^2 u^2(d) + c_{\alpha_s}^2 u^2(\alpha_s) + c_\Theta^2 u^2(\Theta) + c_{\delta\alpha}^2 u^2(\delta\alpha) + c_{\delta\Theta}^2 u^2(\delta\Theta) \\
&= \left(\frac{\partial l}{\partial l_s}\right)^2 u^2(l_s) + \left(\frac{\partial l}{\partial d}\right)^2 u^2(d) + \left(\frac{\partial l}{\partial \alpha_s}\right)^2 u^2(\alpha_s) + \left(\frac{\partial l}{\partial \Theta}\right)^2 u^2(\Theta) + \left(\frac{\partial l}{\partial(\delta\alpha)}\right)^2 u^2(\delta\alpha) + \\
&\quad \left(\frac{\partial l}{\partial(\delta\Theta)}\right)^2 u^2(\delta\Theta) \\
&= 1^2 \cdot u^2(l_s) + 1^2 \cdot u^2(d) + 0 \cdot u^2(\alpha_s) + 0 \cdot u^2(\Theta) + (-l_S\Theta)^2 \cdot u^2(\delta\alpha) + (-l_S\alpha_S)^2 \cdot u^2(\delta\Theta) \\
u_c^2(l) &= u^2(l_s) + u^2(d) + (-l_S\Theta)^2 \cdot u^2(\delta\alpha) + (-l_S\alpha_S)^2 \cdot u^2(\delta\Theta)
\end{aligned}$$

Effektive Freiheitsgrade

Die effektiven Freiheitsgrade ergeben sich nach der Welch-Satterthwaite-Formel zu

$$\nu_{\text{eff}}(l) = \frac{u_c^4(y)}{\sum_{i=1}^{N} \frac{u_i^4(y)}{\nu_i}} = 16{,}7 \approx 16$$

Kombinierte Standardunsicherheit

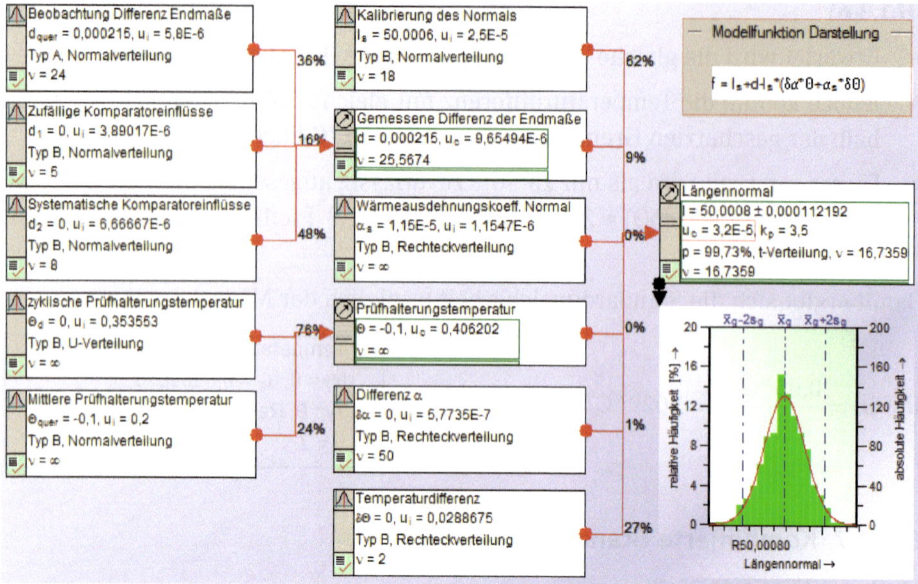

Für die kombinierte Standardunsicherheit erhält man einen Wert von

$$u_c(l) = 31{,}655610^{-6}\ \text{mm}$$

Erweiterte Messunsicherheit

Die erweiterte Messunsicherheit U soll für ein Intervall mit einem Grad des Vertrauens von ca. 99,73 % angegeben werden. Für $\nu_{\text{eff}}(l) = 16{,}7 \approx 16$ müssen die Quantile der Student-t-Verteilung bestimmt werden.

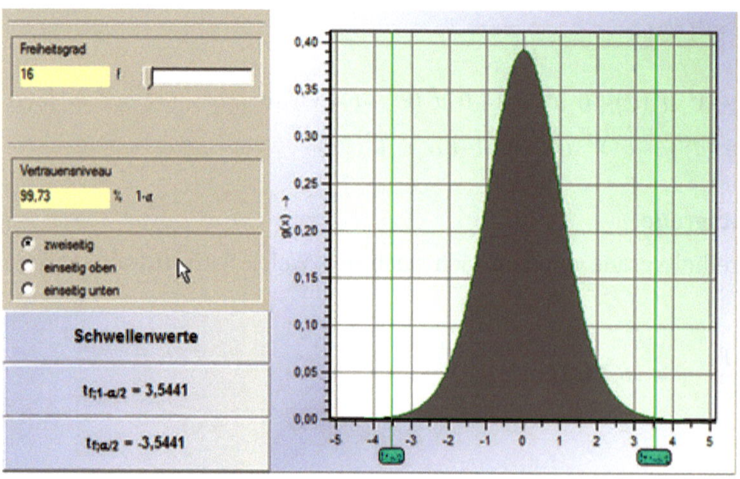

Für den Erweiterungsfaktor folgt somit $k = t_{99,73\,\%} = 3{,}54$

$$\begin{aligned} U_{99,73\%} &= k \cdot u_c(l) \\ &= t_{\nu_{\text{eff}}} \cdot u_c(l) \\ &= 3{,}5441 \cdot 31{,}6556 \text{ nm} \\ U_{99,73\%} &= 112{,}19 \text{ nm} \end{aligned}$$

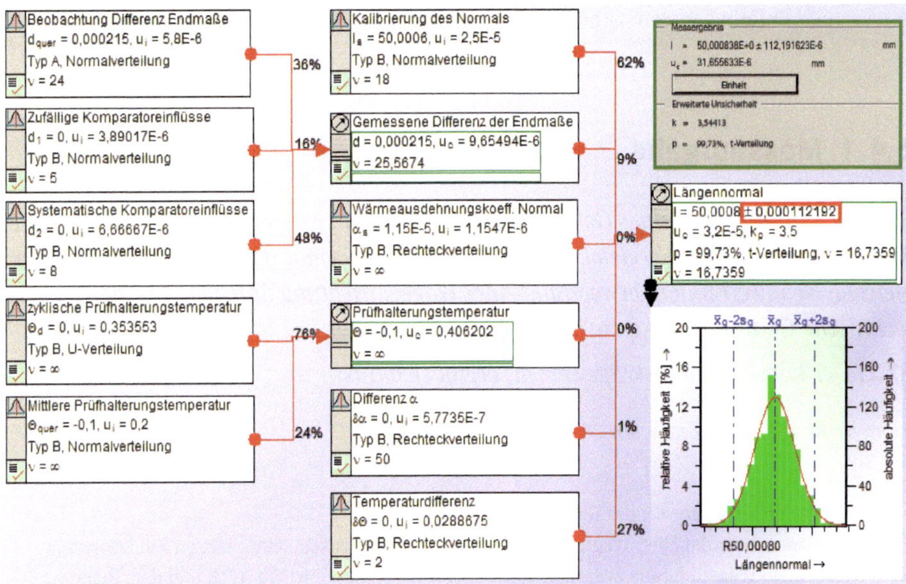

Angabe des vollständigen Ergebnisses

Das vollständige Ergebnis einer Messung ist der beste Schätzwert der Messung verbunden mit der Unsicherheit der Schätzung, hier ergänzt um Angaben zu den Randbedingungen.

$$l = (50{,}000838 \pm 0{,}000113) \text{ mm}$$

mit
u_c = 32 nm
k = 3,54 aus der t-Verteilung für $n_{\text{eff}}(l)$ = 16 Freiheitsgrade
Grad des Vertrauens ist 99,73 %

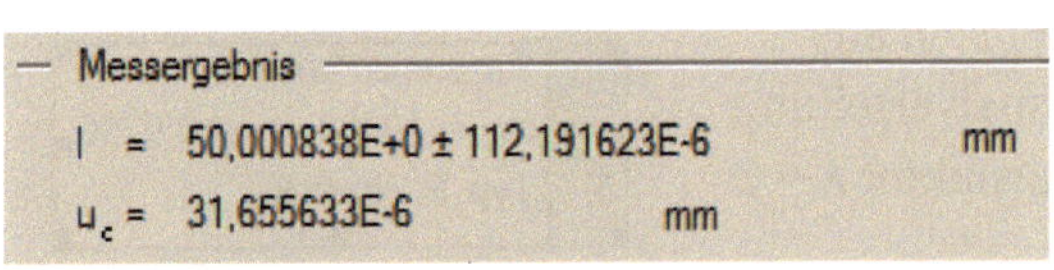

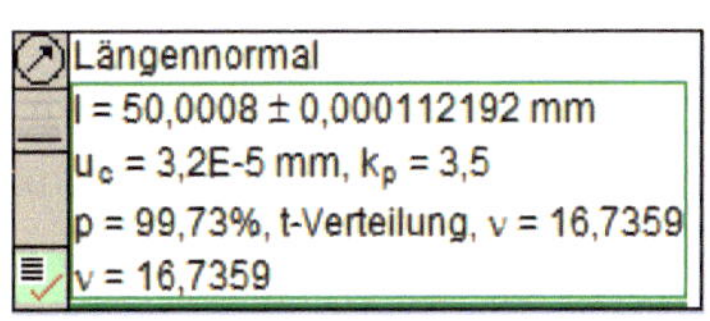

(Berechnung mit qs-STAT® ohne Rundung der Zwischenergebnisse)

6.4 Kalibrierung eines Gewichtsstückes mit dem Nennwert 10 kg (S2)

HINWEIS: Die Original-Texte sind kursiv gesetzt und entstammen der Publikation „EA-4/02 M: 2022 Ermittlung der Messunsicherheit bei Kalibrierungen (Deutsche Übersetzung)“, Ausgabe 11/2021 (EA Laboratory Committee 2022) und unterliegen dem Urheberrecht der EA.

6.4.1 Messaufgabe

S2.1: *Die Kalibrierung eines Gewichtsstückes mit einem Nennwert von 10 kg der OIML-Klasse M_1 wird durch Vergleich mit einem Referenznormal (OIML-Klasse F_2) mit dem gleichen Nennwert unter Verwendung einer Wägeeinrichtung durchgeführt, deren messtechnische Charakteristika zuvor ermittelt worden sind.*

S2.2: *Der konventionelle Wägewert m_x ergibt sich aus:*

$$m_x = m_S + \delta m_D + \delta m + \delta m_C + \delta B$$

mit

m_s = konventioneller Wägewert des Referenznormals

δm_D = Drift des konventionellen Wägewertes des Referenznormals seit seiner letzten Kalibrierung

δm = beobachtete Wägedifferenz zwischen dem zu kalibrierenden Gewichtsstück und dem Referenznormal

δm_C = Korrektion bezüglich exzentrischer Belastung und magnetischer Effekte

δB = Korrektion bezüglich des Luftauftriebes

Die Modellierung enthält 5 Einflussgrößen, die Schritt für Schritt erstellt werden.

6.4.2 Standardunsicherheiten

S2.3 Referenznormal (m_s): *Der Kalibrierschein gibt für das Referenznormal einen Wägewert von 10 000,005 g mit einer beigeordneten erweiterten Messunsicherheit von 45 mg (Erweiterungsfaktor k = 2) an.*

Die Standardmessunsicherheit ergibt sich aus den Angaben einer erweiterten Normalverteilung mit U = 45 mg und dem Erweiterungsfaktor k = 2. Der Schätzwert ist 10 000,005 g.

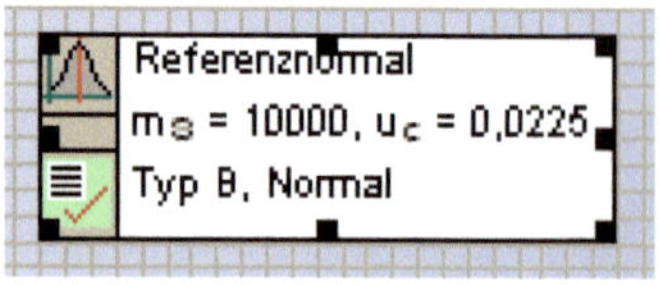

S2.4 Drift des Wertes des Referenznormals (δm_D): *Die Drift des Wägewertes des Referenznormals wird aus früheren Kalibrierungen auf null mit einer maximalen Abweichung von ±15 mg geschätzt.*

Diese Standardmessunsicherheit muss aus den Bereichsangaben a = 15 mg unter Annahme einer Rechteck-Verteilung berechnet werden. Der Schätzwert ist 0.

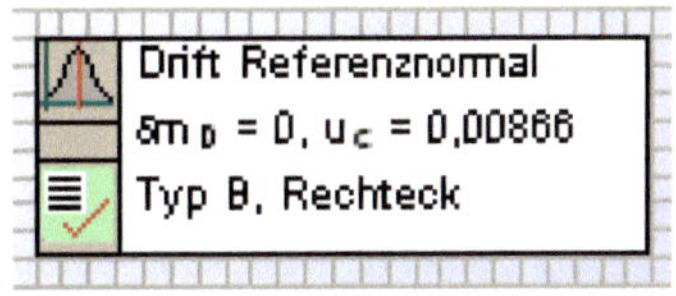

S2.5 Wägeeinrichtung (δm, δm_C): *Aus einer früheren Ermittlung der Wiederholbarkeit der Differenz der konventionellen Wägewerte zweier Gewichtsstücke des gleichen Nennwertes mit der benutzten Wägeeinrichtung ergibt sich ein zusammengefasster Schätzwert der Standardabweichung von 25 mg. Eine Korrektion bezüglich der Kalibrierung der Wägeeinrichtung wird nicht vorgenommen: Abweichungen bezüglich einer exzentrischen Belastung und magnetischer Effekte wird durch eine Rechteckverteilung mit den Grenzen von ±10 mg abgeschätzt.*

Hier werden 2 Komponenten beschrieben. Die Wiederholbarkeit wird in S2.8 umgesetzt. Die Einflussgröße für die exzentrische Belastung und magnetische Effekte wird als Bereich angegeben, der mit einer „A priori"-Rechteckverteilung bewertet wird.

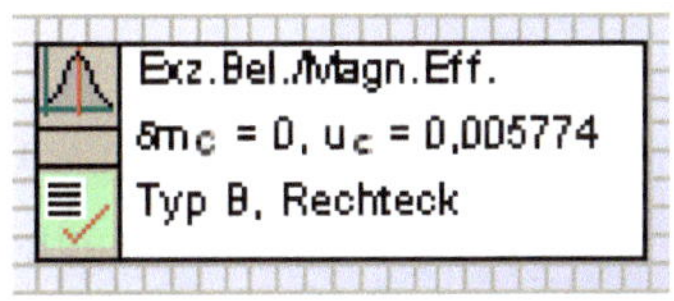

S2.6 Luftauftrieb (δB): *Für den Luftauftrieb wird keine Korrektion angebracht: Die Grenzen der hieraus resultierenden Abweichungen werden auf* $\pm 1 \cdot 10^{-6}$ *des Nennwertes geschätzt.*

Der Luftauftrieb wird auf $1 \cdot 10^{-6}$ des Nennwertes geschätzt. Das ergibt bei einem Nennwert von 10 kg einen Grenzwert von $a = 10 \cdot 10^{-3}$ g = 0,01 g. Dieser Wert wird als rechteckverteilt angesehen.

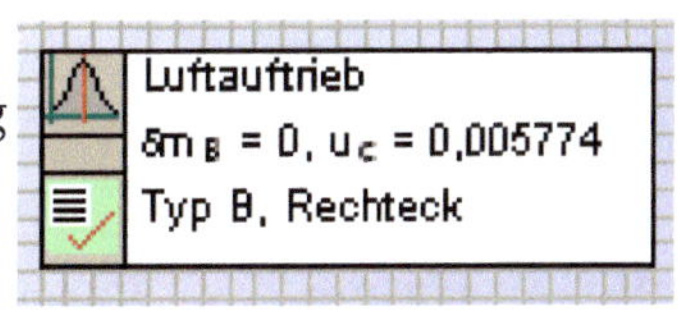

S2.7 Korrelation: *Die Eingangsgrößen werden als unkorreliert angesehen.*

Eine Berücksichtigung von Korrelationen ist somit nicht vorgesehen.

S2.8 Beobachtungen (δm): *Die Wägedifferenz zwischen dem zu kalibrierenden Gewichtsstück und dem Referenznormal wird nach der Substitutionsmethode mit dem Wägezyklus ABBA bestimmt:*

Nr.	Konventioneller Wägewert		Anzeige		Beobachtete Differenz
1	*Referenznormal*		*+0,010 g*		
	zu kalibrierendes Gewichtsstück		*+0,020 g*		
	zu kalibrierendes Gewichtsstück		*+0,025 g*		
	Referenznormal		*+0,015 g*		*+0,01 g*
2	*Referenznormal*		*+0,025 g*		
	zu kalibrierendes Gewichtsstück		*+0,050 g*		
	zu kalibrierendes Gewichtsstück		*+0,055 g*		
	Referenznormal		*+0,020 g*		*+0,03 g*
3	*Referenznormal*		*+0,025 g*		
	zu kalibrierendes Gewichtsstück		*+0,045 g*		
	zu kalibrierendes Gewichtsstück		*+0,040 g*		
	Referenznormal		*+0,020 g*		*+0,02 g*

Arithmetischer Mittelwert: $\overline{\delta m} = 0{,}020\ \text{g}$

Zusammengefasster Schätzwert der Standardabweichung: $s_p(\delta m) = 25\ \text{mg}$ (aus früheren Ermittlungen)

Standardmessunsicherheit: $u(\delta m) = s(\overline{\delta m}) = \dfrac{25\ \text{mg}}{\sqrt{3}} = 14{,}4\ \text{mg}$

Aus den angegebenen Daten ergibt sich ein Schätzwert von 20 mg. Die Standardabweichung der Einzelmessungen von s = 25 mg wird aus S2.5 übernommen und in eine Standardabweichung/-messunsicherheit der Mittelwerte umgerechnet.

S2.9 Messunsicherheitsbudget (m_x):

Größe X_i	Schätzwert x_i	Standardmessunsicherheit $u(x_i)$	Verteilung	Sensitivitätskoeffizient c_i	Unsicherheitsbeitrag $u_i(y)$
m_S	*10 000,005 g*	*22,5 mg*	*Normal*	*1,0*	*22,5 mg*
δm_D	*0,000 g*	*8,66 mg*	*Rechteck*	*1,0*	*8,665 mg*
δm	*0,020 g*	*14,4 mg*	*Normal*	*1,0*	*14,4 mg*
δm_C	*0,000 g*	*5,77 mg*	*Rechteck*	*1,0*	*5,77 mg*
δB	*0,000 g*	*5,77 mg*	*Rechteck*	*1,0*	*5,77 mg*
m_x	*10 000,025 g*				*29,3 mg*

Die Modellfunktion des „konventionellen Wägewerts“ ist, wie eingangs beschrieben, die lineare Summe der Einflussgrößen.

Modellfunktion Darstellung

$f = m_S + \delta m_D + \delta m + \delta m_C + \delta m_B$

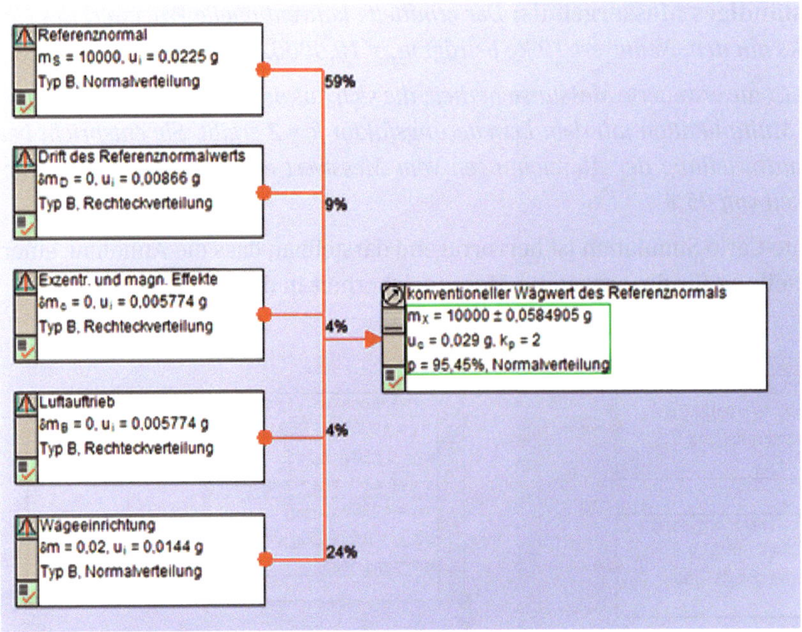

X_i	x_i	Einh.	Typ	E	u	Vert.
Exzentr. und magn. Effekte	δm_C	g	B	0,000	0,00577	Rechteckverteilung
Luftauftrieb	δm_B	g	B	0,000	0,00577	Rechteckverteilung
Drift des Referenznormalwerts	δm_D	g	B	0,000	0,00866	Rechteckverteilung
Wägeeinrichtung	δm	g	B	0,0200	0,0144	Normalverteilung
Referenznormal	m_S	g	B	10000	0,0225	Normalverteilung
konventioneller Wägwert des Referenznormals	m_X	g	---	10000	0,0292	Normalverteilung

6.4.3 Erweiterte Messunsicherheit und vollständiges Messergebnis

S2.10 Erweiterte Messunsicherheit:

$$U = k \cdot u(m_x) = 2 \cdot 29{,}3\ \text{mg} \cong 59\ \text{mg}$$

Durch einen Erweiterungsfaktor von k = 2 ergibt sich eine erweiterte Messunsicherheit von U = 59 mg, die nun zusammen mit dem ermittelten Wägewert zum vollständigen Messergebnis führt:

S2.11 Vollständiges Messergebnis: *Der ermittelte konventionelle Wägewert des Gewichtsstücks mit dem Nennwert 10 kg beträgt* m_x *= 10,000025 kg ± 59 mg.*

Angegeben ist die erweiterte Messunsicherheit, die sich aus der Standardmessunsicherheit durch Multiplikation mit dem Erweiterungsfaktor k = 2 ergibt. Sie entspricht bei einer Normalverteilung der Abweichungen vom Messwert einer Überdeckungswahrscheinlichkeit von 95 %.

Durch Monte-Carlo-Simulation ist hervorragend darstellbar, dass die Annahme einer Normalverteilung für die erweiterte Messunsicherheit in diesem Falle korrekt ist.

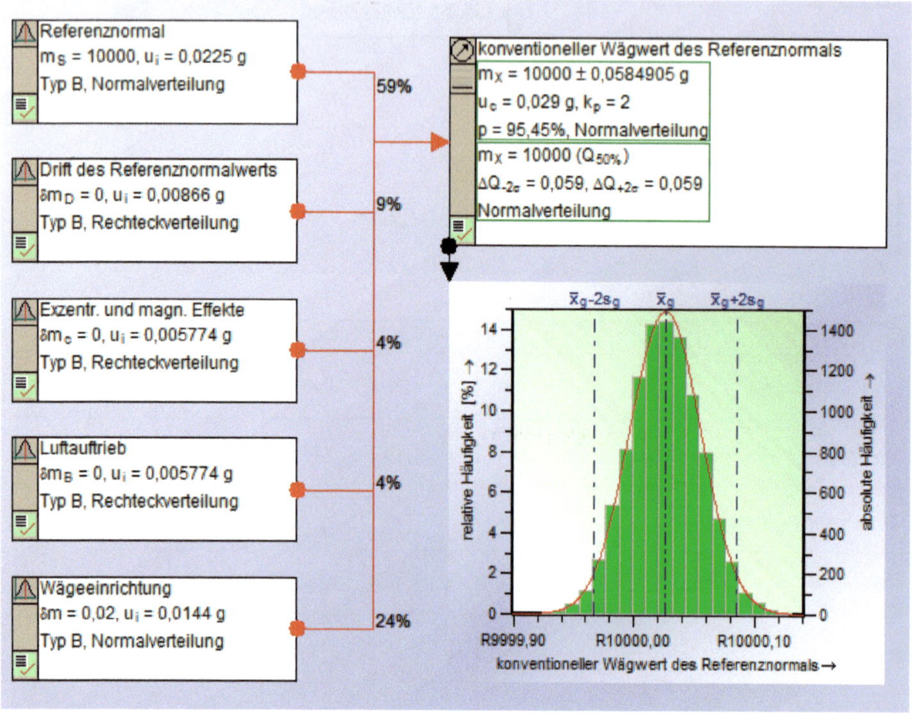

■ 6.5 Kalibrierung eines Messschiebers

> **HINWEIS:** Die Original-Texte sind kursiv gesetzt und entstammen dem Werk DKD-3-E1 „Angabe der Messunsicherheit bei Kalibrierungen, Ergänzung 1 - Beispiele", Ausgabe 10/1998 (DAkkS 2010b) (Kalibrierung eines Gewichtsstückes mit dem Nennwert 10 kg, Beispiel S 10) und unterliegen dem Urheberrecht des DKD (© 2002 by DKD, Deutscher Kalibrierdienst bei der Physikalisch-Technischen Bundesanstalt, Postfach 3345, D-38023 Braunschweig, *https://www.ptb.de/cms/metrologische-dienstleistungen/dkd.html* ■

6.5.1 Messaufgabe

S10.1: *Ein Messschieber aus Stahl wird gegen Endmaße der Klasse I aus Stahl, die als Gebrauchsnormale dienen, kalibriert. Der Messbereich des Messschiebers beträgt 0 bis 150 mm. Die Auflösung beträgt 0,05 mm (der Skalenteilungswert der Hauptskala beträgt 1 mm, der des Nonius 1/20 mm). Mehrere Endmaße mit Nennlängen im Bereich 0,5 mm bis 150 mm werden für die Kalibrierung verwendet. Sie werden so gewählt, dass die Messpunkte in fast gleichen Abständen voneinander liegen (z. B. 0 mm, 50 mm, 100 mm, 150 mm), aber verschiedene Werte auf der Noniusskala ergeben (z. B. 0,0 mm, 0,3 mm, 0,6 mm, 0,9 mm).*

Das Beispiel betrifft den 150-mm-Kalibrierpunkt für die Messung von Außenabmessungen. Vor der Kalibrierung wird der Zustand des Messschiebers mehrfach überprüft. Diese Prüfungen beziehen sich auf die Einschätzung des Abbe-Fehlers, die Qualität der Messflächen (Ebenheit, Parallelität, Rechtwinkligkeit) und die Funktion der Feststelleinrichtung.

S10.2: *Die Messabweichung der Anzeige Ex des Messschiebers bei der Referenztemperatur t_0 = 20 °C ergibt sich aus der Beziehung:*

$$E_x = l_{\text{ix}} - l_s + L_s \cdot \overline{\alpha} \cdot \Delta t + \delta l_{\text{ix}} + \delta l_M \quad (\text{S10.1})$$

mit

l_{ix} = Anzeige des Messschiebers,
l_s = Länge des benutzten Endmaßes,
L_s = Nennlänge des benutzten Endmaßes,
$\overline{\alpha}$ = mittlerer Wärmeausdehnungskoeffizient des Materials des Messschiebers und des Endmaßes,
Δt = Temperaturunterschied zwischen Messschieber und Endmaß,
δl_{ix} = Korrektion für endliche Auflösung des Messschiebers,
δl_M = Korrektion für mechanische Effekte wie aufgebrachte Messkraft, Abbe-Fehler, Ebenheits- und Parallelitätsabweichung der Messflächen.

Zur Verdeutlichung kann der Temperatureinfluss als Zwischenergebnis $d_T = L_S \cdot \overline{\alpha} \cdot \Delta t$ berechnet werden.

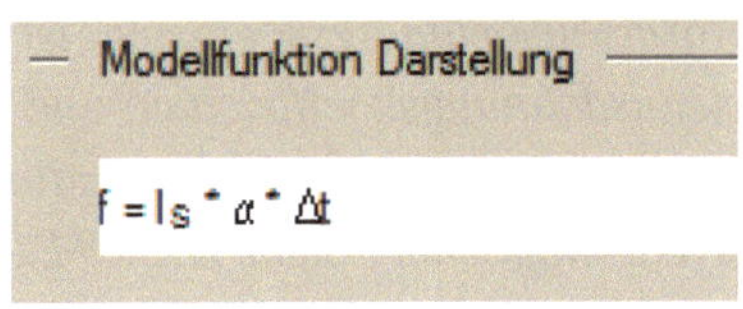

Damit ist $E_x = l_{ix} - l_S + d_T + \delta l_{ix} + \delta l_m$.

6.5.2 Standardmessunsicherheiten

S10.3 Gebrauchsnormale (l_s, L_s): *Die Längen der als Gebrauchsnormale verwendeten Bezugsendmaße werden zusammen mit der beigeordneten erweiterten Messunsicherheit im Kalibrierschein angegeben. Dieser Schein bestätigt, dass die Endmaße den Anforderungen für Endmaße der Klasse I gemäß DIN EN ISO 3650 entsprechen,* *d. h., dass das Mittenmaß der Endmaße innerhalb von ± 0,8 mm mit der Nennlänge übereinstimmt. Bei den Istlängen der Endmaße werden die Nennlängen ohne Korrektion verwendet, wobei die Toleranzgrenzen als obere und untere Grenze des Variabilitätsbereiches genommen werden.*

Standardmessunsicherheitskomponente		Normal Istmaß
Bezugsendmaß	l_S	Methode B
Schätzwert		l_S = 150,00 mm
Standardmessunsicherheit		$u(l_S)$ = 0,46 µm
ermittelt mit folgenden Informationen	Fehlergrenze	a = 0,8 µm
	A-priori-Verteilung Rechteck	b = 0,577
Anmerkung	Die Fehlergrenze wird oftmals auch als „(DIN-)Toleranz des Messschiebers" bezeichnet	

Standardmessunsicherheitskomponente		Normal Nennmaß
Bezugsendmaß	L_S	Methode B
Schätzwert		L_S = 150,00 mm
Standardmessunsicherheit		$u(L_S)$ = 0 mm
ermittelt mit folgenden Informationen		
Anmerkung	Dieses Maß ist die Nennlänge und wird als ausreichend genau betrachtet, um die durch die Temperatur verursachte Unsicherheit zu bestimmen. Würde man korrekterweise l_S statt L_S zur Berechnung heranziehen, dann wäre die Rechnung komplexer, ohne weitere relevante Informationen zu liefern.	

S10.4 Temperatur (Δt, $\bar{\alpha}$): *Nach einer ausreichenden Temperierzeit sind die Temperaturen des Messschiebers und des Endmaßes innerhalb ±2 °C gleich. Der mittlere Wärmeausdehnungskoeffizient ist* $11{,}5 \cdot 10^{-6}\,K^{-1}$ *(Die Unsicherheit des mittleren Wärmeausdehnungskoeffizienten und der Differenz der Wärmeausdehnungskoeffizienten ist nicht berücksichtigt worden; ihr Einfluss wird im vorliegenden Fall als vernachlässigbar angesehen. Siehe DKD-3-E1 (engl. EA-4/02-S1), Beispiel S4).*

Standardmessunsicherheitskomponente		Temperatur
Bezugsendmaß	d_L	Methode B
Schätzwert		d_L = 0 mm
Standardmessunsicherheit		$u(d_L)$ = 2 mm
ermittelt mit folgenden Informationen	Berechnung d_L	$d_L = \Delta t \cdot \bar{\alpha} \cdot L_s$
	Temperaturdifferenz	Δt = 2 °C
	Wärmeausdehnungskoeffizient	$\bar{\alpha}$ = 11,5 10^{-6} K^{-1}
	Nennmaß Normal (S10.3)	L_S = 150,00 mm

Standardmessunsicherheitskomponente	Temperatur
Anmerkung	Als vernachlässigbar angesehen werden ▪ die Unsicherheit der Wärmeausdehnungskoeffizienten und ▪ die Differenz der Wärmeausdehnungskoeffizienten.

S10.5 Auflösung des Messschiebers (δl_{iX}): *Die Skalenteilung der Noniusskala beträgt 0,05 mm. Daher wird angenommen, dass den abgelesenen Werten aufgrund der endlichen Auflösung eine Rechteckverteilung mit der Halbweite ±25 mm zuzuordnen ist.*

Der Gesamteinfluss der Temperatur ist im Element „Temperatureinfluss" dargestellt. Das Histogramm verdeutlicht den Streuanteil der rechteckverteilten Einflussgröße.

Standardmessunsicherheitskomponente		Auflösung
Bezugsendmaß	δl_{iX}	Methode B
Schätzwert		δl_{iX} = 0 mm
Standardmessunsicherheit		$u(\delta l_{iX})$ = 15 µm
ermittelt mit folgenden Informationen	Fehlergrenze	a = 25 µm
	aus Skalenteilung Nonius	SKT = 50 µm
	A-priori-Verteilung Rechteck	b = 0,6
Anmerkung	die Auflösung ist: daraus folgt die Halbweite:	A = 50 µm = ±a $a = A/2$ = 25 µm

S10.6 Mechanische Effekte (δl_M): *Diese Effekte umfassen die aufgebrachte Messkraft, den Abbe-Fehler und das Spiel zwischen der Führungsschiene und dem beweglichen Messschnabel. Zusätzliche Effekte können verursacht werden, wenn die Messflächen nicht ausreichend eben, nicht parallel zueinander und nicht rechtwinklig zur Führung sind. Um den Aufwand zu minimieren, wird nur der Gesamtbereich der möglichen Abweichungen, die innerhalb ± 50 mm liegen, berücksichtigt.*

Standardmessunsicherheitskomponente		Mechanische Effekte
Bezugsendmaß	δl_M	Methode B
Schätzwert		δl_M = 0 mm
Standardmessunsicherheit		$u(\delta l_M)$ = 29 µm
ermittelt mit folgenden Informationen	Fehlergrenze	a = 50 µm
	A-priori-Verteilung Rechteck	b = 0,6
Anmerkung		

S10.7 Korrelation: *Die Eingangsgrößen werden als unkorreliert angesehen.*

S10.8 Messungen (l_{iX}): *Die Messung wird mehrfach wiederholt, ohne dass bei den Beobachtungen eine Streuung festgestellt wird. Die Unsicherheit aufgrund begrenzter Wiederholpräzision liefert demnach keinen Beitrag. Das Messergebnis für das 150-mm-Endmaß beträgt 150,10 mm.*

Die Wiederholmessungen ergeben durchweg den gleichen Wert. Würden die Messungen streuen, so wäre eine weitere Unsicherheit aus der Wiederholung zu berücksichtigen, die gegebenenfalls gegen die Angaben zu den mechanischen Effekten abzuwägen ist.

Standardmessunsicherheitskomponente		Wiederholmessungen
Bezugsendmaß	l_{iX}	Methode A
Schätzwert		l_{iX} = 150,10 mm
Standardmessunsicherheit		$u(l_{iX})$ = 0 µm
ermittelt mit folgenden Informationen	Standardabweichung	s = 0 µm
	statistische Normalverteilung	
Anmerkung		

S10.9 Messunsicherheitsbudget (E_x):

Größe X_i	Schätzwert x_i	Standardmessunsicherheit $u(x_i)$	Verteilung	Sensitivitätskoeffizient c_i	Unsicherheitsbeitrag $u_i(y)$
l_{iX}	150,10 mm	-	-	-	-
l_s	150,00 mm	0,46 µm	Rechteck	− 1,0	−0,46 µm
Δt	0	1,15 K	Rechteck	1,7 µm K^{-1}	2,0 µm
δl_{iX}	0	15 µm	Rechteck	1,0	15 µm
δl_M	0	29 µm	Rechteck	1,0	29 µm
E_x	0,10 mm	33 µm			

6.5.3 Erweiterte Messunsicherheit und vollständiges Messergebnis

S10.10 Erweiterte Messunsicherheit: *Die dem Ergebnis beizuordnende Messunsicherheit wird durch die von der Messkraft und der endlichen Auflösung der Noniusskala herrührenden Einflüsse dominiert. Daraus resultiert keine Normalverteilung, sondern eine im Wesentlichen trapezförmige mit einem Verhältnis b = 0,33 der Halbweite des Plateaubereichs zur Halbweite des gesamten Variationsbereichs. Daher ist die in Anhang E von DKD-3 (engl. EA-4/02) beschriebene Methode der effektiven Freiheitsgrade nicht anwendbar. Der aus dieser Trapezverteilung abgeleitete Erweiterungs-*

faktor k = 1,83 ergibt sich aus Formel S10.10) des Abschnitts S10.13 (Mathematischer Hinweis). Daher ist

$$U = k \cdot u(E_x) = 1{,}83 \cdot 0{,}033\ \text{mm} \cong 0{,}06\ \text{mm}$$

Die Bestimmung der kombinierten Messunsicherheit u_C sowie der erweiterten Messunsicherheit U ist im Flussbild Bild 6.11 dargestellt.

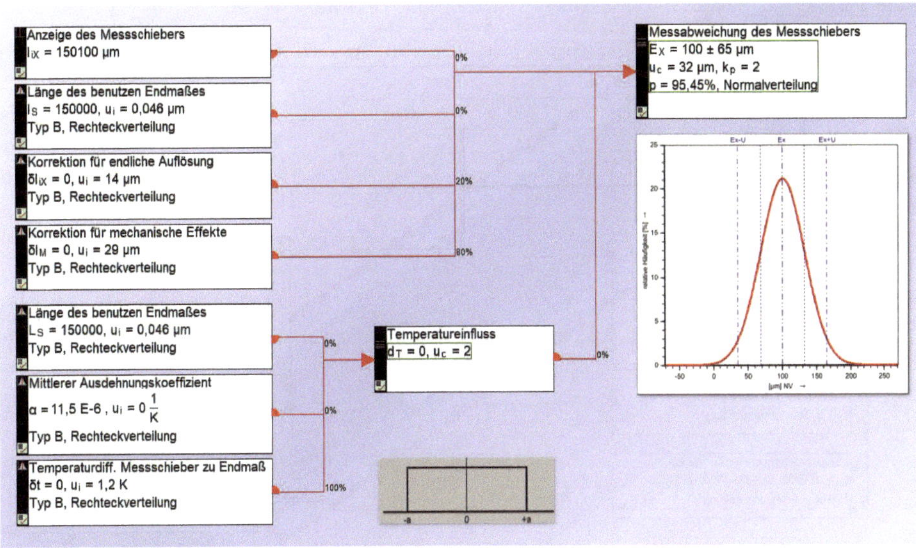

Bild 6.11 Flussbild EA-4/02 M Beispiel S10

Durch eine Monte-Carlo-Simulation ist deutlich erkennbar, dass, wie im Abschnitt S10.10 erklärt, die resultierende Unsicherheit nicht mit einer Normalverteilung zu beschreiben ist (Bild 6.12). Die allgemein übliche Berechnung mit einem Erweiterungsfaktor von $k = 2$ führt zu einem leicht abweichenden Ergebnis. Die Bestimmung der zu 95,45% äquivalenten Quantilsabstände $\Delta Q_{-2\sigma}$ und $\Delta Q_{+2\sigma}$ über die Monte-Carlo-Simulation bestätigt die theoretische Herleitung des EA-4/02 M (EA Laboratory Committee 2022). Sehr gut zu erkennen ist auch der Temperatureinfluss, der allerdings auf das Gesamtbudget keinen relevanten Einfluss nimmt.

> **HINWEIS:** Davon ausgehend, dass diese Kalibrieraufgabe eine tägliche Routinearbeit in Kalibrierlaboren ist, lohnt es sich natürlich, Gedanken über eine Vereinfachung zu machen. Im vorliegenden Fall bestimmt sich die gesamte Unsicherheit einzig und alleine aus der gegebenen Auflösung und der geschätzten Korrektion für mechanische Effekte, die hier eindeutig überwiegt. Die Messungen selbst wirken nur als Korrektion und haben faktisch keinen Einfluss auf die Unsicherheit. Weitere Einflüsse mit Ausnahme der Temperatur können als unveränderlich angenommen werden.

Der Input für die Berechnung der Messunsicherheit enthält also nur die Messwerte, die Temperaturdifferenz sowie die Daten des benutzten Normals. In diesem Fall wurde der Istwert des Normals auch zur Berechnung der Temperatureffekte genutzt.

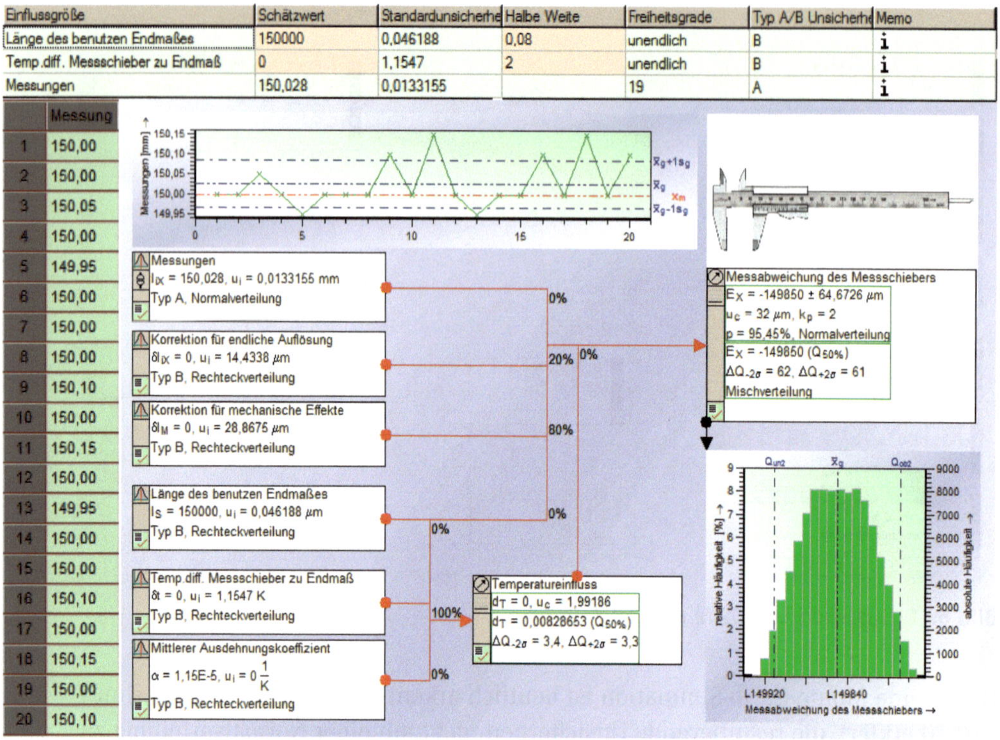

Bild 6.12 Flussbild nach EA-4/02 M Beispiel S10 mit Monte Carlo Simulation

S10.11 Vollständiges Messergebnis: *Am Kalibrierpunkt 150 mm beträgt die Messabweichung der Anzeige des Messschiebers (0,10 ± 0,06) mm.*

Angegeben ist die erweiterte Messunsicherheit, die sich aus der Standardmessunsicherheit durch Multiplikation mit dem Erweiterungsfaktor k = 1,83 ergibt. Sie entspricht bei der angenommenen Trapezverteilung einer Überdeckungswahrscheinlichkeit von 95 %.

■ 6.6 Interpretation des GUM für Mess- und Prüfprozesse in der Serienfertigung

Die in Abschnitt 6.2 beschriebene analytische Ermittlung der Messunsicherheit ist für komplexere Messsysteme oder Prüfprozesse in der Serienfertigung meist nicht mit vertretbarem Aufwand durchführbar. Die Anzahl der Einflussgrößen ist zu hoch, die Zusammenhänge sind zu komplex, Korrelationen sind schwer abzuschätzen und schon alleine die Ableitung eines mathematischen Modells erfordert einen ökonomisch nicht zu vertretenden Aufwand. Einflüsse der Bediener (z. B. Motivation), des Umfelds (z. B. Verschmutzung) und des Objekts (z. B. Formfehler) sind in dieser Modellierung kaum vollständig zu erfassen. Aus diesem Grunde verlagert man die rein analytische Modellierung zu einer eher phänomenologischen Beschreibung wie in VDA Band 5 (VDA 2021), in der die Frage nach streuungsbeeinflussenden Störfaktoren gestellt wird. Die Ermittlung eines korrigierten richtigen Wertes, wie bei Kalibriervorgängen, rückt dabei stark in den Hintergrund. Stattdessen geht eine systematische Restabweichung in die ermittelte Messunsicherheit ein, aus der dann sogenannte Schutzabstände zur Konformitätsprüfung ermittelt werden. Zielsetzung dieser Vorgehensweisen ist in erster Linie die Ermittlung von Messunsicherheiten, oftmals über Versuche, die aus dem Bereich der Fähigkeitsstudien adaptiert wurden.

7 Eignungsnachweis und erweiterte Messunsicherheit nach ISO 22514-7 und VDA Band 5

7.1 Ablaufschema

Die Bestimmung der erweiterten Messunsicherheit im Sinne des GUM (ISO 2008) ist für Messprozesse, die direkt in dwer Fertigung bzw. Produktion eingesetzt werden, oftmals zu komplex und insbesondere für Praktiker nicht nachvollziehbar.

Das wird schon durch einen Grundsatz deutlich, der in Absatz 3.4.8 erwähnt wird:

> *„Obwohl der vorliegende Leitfaden den Rahmen für die Bewertung der Unsicherheit setzt, kann er kritisches Denken, intellektuelle Redlichkeit und berufliches Können nicht ersetzen.“*

Dieses Prinzip sollte zwar für alle Leitfäden gelten, aber für einen unternehmensübergreifenden Standard, der auch als Vertragsgrundlage für die Ab- und Annahme von Messsystemen und Messprozessen gelten soll, sind die Freiheitsgrade des GUM bei der Anwendung zu groß. Darüber hinaus steht in Absatz 1.4 der GUM (ISO 2008):

> *„Der vorliegende Leitfaden [...] gibt keine technikbezogenen Anweisungen. Es wird auch nicht diskutiert, wie die Unsicherheit eines bestimmten Messergebnisses [...] verwendet werden kann, zum Beispiel [...] ob eine bestimmte Handlungsrichtung sicher eingeschlagen werden kann. Es kann sich daher als notwendig erweisen, auf der Grundlage des vorliegenden Leitfadens weitere Normen zu entwickeln, die sich mit [...] den verschiedenen Anwendungen quantitativer Angaben der Unsicherheit befassen. Bei diesen Normen kann es sich um vereinfachte Fassungen des vorliegenden Leitfadens handeln.“*

Dies war Anlass für den VDA, in seinem VDA Band 5 (VDA 2021) das Prozedere zur Bestimmung der erweiterten Messunsicherheit zu vereinfachen, zu schematisieren und damit praktikabler zu machen. Darüber hinaus wird durch die Ermittlung von Eignungsindizes die Anwendbarkeit für definierte Anwendungsfälle beschrieben. Diese Vorgewhensweise ist konzeptionell identisch mit der Norm ISO 22514-7 (ISO 2021). Prinzipiell liegt dieser Vorgehensweise die in Bild 7.1 dargestellte Struktur zugrunde.

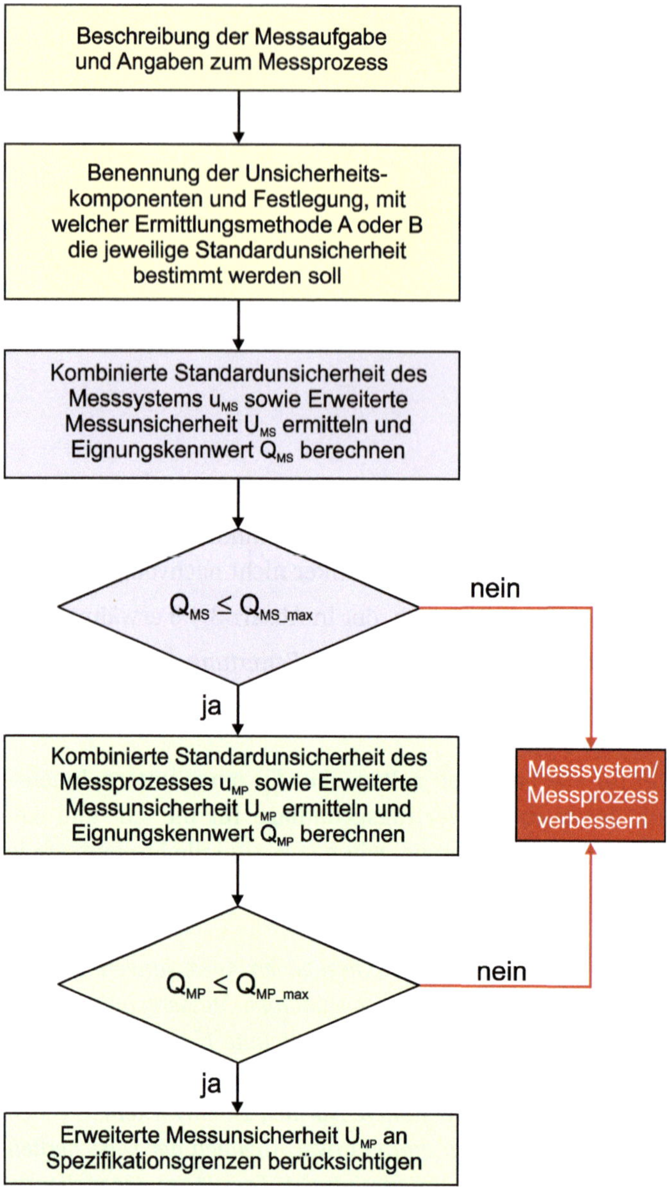

Bild 7.1 Ablauf bei der Bestimmung der erweiterten Messunsicherheit

Dabei wird zwischen den Einflussparametern unterschieden, die per Definition dem Messsystem zugeordnet werden, und den restlichen Einflussparametern, die zusammen mit dem Messsystem den gesamten Messprozess beschreiben (s. Bild 7.2). Diese Aufteilung ist sinnvoll, da somit das Messsystem allein und unabhängig von der eigentlichen Durchführung der konkreten Messung am Einsatzort beurteilt werden kann. Für die Hersteller von Messgeräten und insbesondere bei Standardmessmitteln ist diese separate Betrachtung sehr hilfreich, da jederzeit für ein Messsystem ein Eignungsindex bestimmt werden kann, der mit einem vorgegebenen Grenzwert zu vergleichen ist, um die Eignung zu bestätigen bzw. abzulehnen.

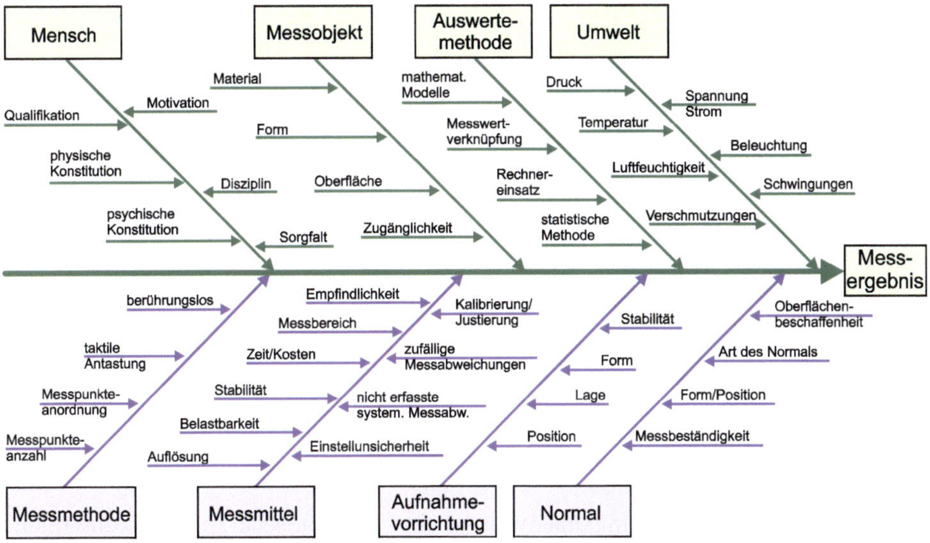

Bild 7.2 Wichtige Einflüsse auf die Unsicherheit von Messergebnissen; Quelle: VDA 5 Prüfprozesseignung

Wie oben erwähnt, wird aufgrund der berücksichtigten Einflussparameter zwischen der

- erweiterten Unsicherheit des **Messsystems** U_{MS} und der
- erweiterten Unsicherheit des **Messprozesses** U_{MP}

unterschieden. Diese Aufteilung nach GUM ist möglich und sehr sinnvoll. Denn erfüllt bereits das Messsystem die Anforderungen nicht, können weitere Untersuchungen entfallen. Um diese Entscheidung treffen zu können, wird zunächst die kombinierte Standardunsicherheit u_{MS}, die erweiterten Messunsicherheit U_{MS} und der Eignungskennwert Q_{MS} des Messsystems berechnet. Ist der Eignungskennwert kleiner gleich dem vorgegebenen Grenzwert $Q_{MS.max}$, ist das untersuchte Messsystem für den Anwendungsfall verwendbar und der Messprozess wird weiter untersucht. Falls diese Forderung nicht erfüllt wird, ist die weitere Betrachtung des Messprozesses hinfällig, da sich durch die zusätzlichen Einflussfaktoren der gesamte Messprozess in der Regel nur noch verschlechtert.

Wird das Messsystem als geeignet beurteilt, erfolgt die Beurteilung der weiteren Einflusskomponenten und damit des gesamten **Messprozesses** anhand der erweiterten Messunsicherheit U_{MP}. Anschließend wird der Eignungskennwert für den Messprozess Q_{MP} berechnet und mit einem vorgegebenen Grenzwert $Q_{MP.max}$ verglichen, um über die Eignung des Messprozesses zu entscheiden.

HINWEIS 1: Unter bestimmten Umständen kann nach VDA Band 5 auf die Beurteilung des Q_{MS} verzichtet werden. Das ist z. B. sinnvoll, wenn ein schon bestehender Messprozess für weitere Anwendungen überprüft wird und/oder man davon ausgehen kann, dass die Einflüsse des Messprozesses im Verhältnis zum Messsystem gering sind. Dann wird nur der Q_{MP} bewertet.

HINWEIS 2: Bei einer Fähigkeitsuntersuchung gemäß Verfahren 1 (s. Abschnitt 4.2.4), bei der der C_g- bzw. C_{gk}-Wert bestimmt wird, betrachtet man auch nur das Messsystem. Daher kann die Bestimmung der erweiterten Messunsicherheit bzw. der Eignungskennwert des Messsystems mit der Betrachtung im Sinne des Verfahrens 1 verglichen werden. Ein direkter Vergleich zwischen C_g bzw. C_{gk} und U_{MS} bzw. Q_{MS} ist allerdings nicht möglich. Sehr wohl können aber die Messwerte zur Bestimmung von C_g bzw. C_{gk} unverändert zur Ermittlung von Komponenten von U_{MS} verwendet werden.

7.1.1 Schematisierte Vorgehensweise

Vor dem eigentlichen Eignungsnachweis ist eine Risikoabschätzung vorzunehmen. Das nach VDA Band 5 ermittelte Risiko bestimmt, ob eine vollständige Einzelbewertung notwendig ist oder ob vereinfachende Konzepte zum Tragen kommen können (z. B. Bewertung des MPE oder Übertragbarkeit).

Der danach folgende Ablauf ist im Praxishandbuch zum VDA Band 5 (VDA 2022) an Beispielen erläutert:

Aufgabenbeschreibung

Danach ist der Anwendungsfall des Messprozesses im Detail zu beschreiben. Dazu gehört die Messaufgabe mit Ziel der Messung (z. B. Konformität, Prozessregelung, ...), das Messverfahren mit der Beschreibung des Messprinzips (z. B. physikalische Grundlagen), das Messsystem (Messgeräte, ggf. Hilfsvorrichtungen, Normale, Einstellmeister, ...), die Messmethode mit Beschreibung des Messablaufs (z. B. manuelle oder automatische Schritte zum Auf-/Abspannen oder Einlegen des Messobjektes, ...), der Messobjekte und deren Zustand vor und nach dem Messen sowie alle zu beachtenden Besonderheiten im Rahmen des Messablaufs.

Eingangsgrößen/Rahmenbedingungen

Die Spezifikationen der Messmittel und der Messobjekte sowie die Umgebungs- und Rahmenbedingungen (Raumtemperatur, Messdauer, ...) sind zu dokumentieren.

Bewertung der Auflösung der Anzeige (*RE*)

Zur ersten Beurteilung der Messmittel wird die Auflösung der Anzeige bewertet. Hierbei steht noch nicht die Messunsicherheit im Fokus, sondern die Frage, ob das Messsystem die Zustände des Merkmals im Anwendungsbereich ausreichend auflösen kann. Als Anwendungsbereich wird im Allgemeinen die Toleranz des Merkmals gewählt. Üblicherweise erwartet man, dass das Messsystem innerhalb der Merkmalstoleranz mindestens 20 verschiedene Werte anzeigen kann ($\%RE \leq 5\,\%$ der Toleranz).

> **HINWEIS:** Ist die Auflösung zu grob, kann das Messsystem unabhängig von der tatsächlichen Messunsicherheit z. B. nicht für Aufgaben der Prozessregelung (SPC) eingesetzt werden oder lässt bei Maschinen- und Prozessfähigkeiten eine Bestimmung des Verteilungsmodells nicht zu.

Bestimmung der Haupteinflussfaktoren

In diesem Schritt sollen die Haupteinflussfaktoren im Sinne eines Ishikawa-Diagramms benannt werden. Diese Vorgehensweise ist eine Vorarbeit zur Ermittlung der konkreten Einflusskomponenten und als Übersichtsdarstellung sehr wichtig. Nur so kann man sicher sein, keine wesentlichen Einflüsse zu übersehen.

Auswahl des Messprozessmodells

Durch die Auswahl eines Messprozessmodells kann festgelegt werden, welche Unsicherheitskomponenten im Detail für die spezielle Zielsetzung des Eignungsnachweises relevant sind. Im Kunden-Lieferanten-Verhältnis kann damit auch auf ein Abnahmekonzept Bezug genommen werden. Der VDA Band 5 schlägt Messprozessmodelle nur exemplarisch vor.

Auflistung der Unsicherheitskomponenten

Es müssen alle Einflusskomponenten genannt werden, die sowohl beim Messsystem als auch beim Messprozess wirken können und nach dem gewählten Messprozessmodell zu untersuchen sind. Ist man sich unschlüssig, ob ein Parameter eine Auswirkung auf die Messunsicherheit hat oder nicht, sollte man diesen auf jeden Fall anhand eines Versuchs explizit beurteilen. In dieser Phase kann bereits festgelegt werden, ob die jeweilige Einflusskomponente gemäß Methode A oder Methode B beurteilt wird. Prinzipiell ist empfohlen, die Beurteilung so weit wie möglich anhand eines Versuches (Methode A) durchzuführen. Theoretische Abschätzungen, wie sie bei Methode B verwendet werden, können sehr leicht zu Fehleinschätzungen führen, werden allerdings aus ökonomischen Gründen oft bevorzugt.

Ermittlung der Unsicherheitskomponenten – Messsystem

Es werden alle Standardunsicherheiten der Einflusskomponenten des Messsystems (Abschnitt 7.1.3) berechnet. Daraus wird die kombinierte Standardunsicherheit u_{MS} und die erweiterte Messunsicherheit U_{MS} ermittelt. Mithilfe der erweiterten Messunsicherheit des Messsystems wird der Eignungskennwert Q_{MS} berechnet und damit die Eignung (Abschnitt 7.1.2) des Messsystems nachgewiesen.

Ermittlung der Unsicherheitskomponenten – Messprozess

Zusätzlich zu den Einflussgrößen des Messsystems werden dann die Standardunsicherheiten der restlichen prozesszugeordneten Einflussgrößen ermittelt. Bezogen auf den gesamten Messprozess wird danach die kombinierte Standardunsicherheit u_{MP} und die erweiterte Messunsicherheit U_{MP} des Messprozesses berechnet. Mithilfe der erweiterten Messunsicherheit des Messprozesses wird der Eignungskennwert Q_{MP} berechnet und damit diese Eignung (Abschnitt 7.1.2) des Messsystems nachgewiesen.

> **HINWEIS:** Da es sowohl bei der Methode A als auch bei der Methode B mehrere Berechnungsformeln zur Bestimmung von $u(x_i)$ gibt, sind diese bei jeder Auswertung mit anzugeben bzw. es ist in einer Richtlinie/Verfahrensanweisung eine genaue Vorgehensweise festzulegen. Um die Vergleichbarkeit für spätere oder andere Untersuchungen in einem Unternehmen zu gewährleisten, ist die jeweilige Ermittlung einer Standardunsicherheit möglichst genau zu dokumentieren.

Darstellung des vollständigen Messunsicherheitsbudgets

In einem Messunsicherheitsbudget, oftmals auch Messunsicherheitsbilanz genannt, werden die Einflussgrößen, Berechnungsgrundlagen und Ergebnisse dargestellt. Sinnvollerweise sollte das Messunsicherheitsbudget auch ein Ranking der Einflussgrößen und gegebenenfalls eine Angabe des prozentualen Anteils an der Gesamtunsicherheit enthalten.

Festlegung zur fortlaufenden Eignung

Dieser Schritt ist wichtig zum Nachweis der fortlaufenden Eignung nach ISO 9001 (DIN 2015). Ein Eignungswachweis ist im Grunde nur gültig für den Moment der Durchführung. Einzig mit dem Nachweis der fortlaufenden Eignung kann bestätigt werden, dass die initial ermittelten Eignungsindizes weiterhin gültig bleiben.

Bewertung des Prüfprozesses

Nach ISO 14253-1 (DIN 2018a) muss im Falle einer Konformitätsprüfung ein Schutzabstand zu den Toleranzgrenzen des zu prüfenden Merkmals eingehalten werden. Die Breite des Schutzabstands ergibt sich aus der ermittelten kombinierten Standardunsicherheit u_{MP} des Messprozesses und einem Schutzabstandsfaktor g, der auf Basis einer festgelegten Irrtumswahrscheinlichkeit errechnet wird.

7.1.2 Eignungskennwerte und kleinste messbare Toleranz

An dieser Stelle wird bereits angenommen, dass die erweiterte Messunsicherheit des Messsystems U_{MS} bzw. der Messprozess U_{MP} bekannt sind, obwohl deren Berechnung erst in den folgenden Abschnitten beschrieben wird.

Ein Messsystem bzw. Messprozess ist im Sinne des VDA Band 5 (VDA 2021) in Bezug auf die Merkmalstoleranz T geeignet, wenn gilt:

Messsystem: $Q_{MS} \leq Q_{MS.max}$ mit $Q_{MS} = \frac{2 \cdot U_{MS}}{T} \cdot 100\,\%$

Als Grenzwert für $Q_{MS.max}$ wird 15 % empfohlen.

Messprozess: $Q_{MP} \leq Q_{MP.max}$ mit $Q_{MP} = \frac{2 \cdot U_{MP}}{T} \cdot 100\,\%$

Als Grenzwert für $Q_{MP.max}$ wird 30 % empfohlen.

Im Einzelfall ist immer abzuwägen, ob die Grenzwerte sinnvoll sind oder nicht. Dies gilt insbesondere bei komplexeren Messprozessen oder sogenannten Sonderfällen, bei denen die Grenzwerte möglicherweise sogar individuell festgelegt werden müssen. In einigen Firmenrichtlinien wird auch ein $Q_{MP.max} = 20\%$ gefordert.

Wie bereits oben erwähnt, ist es sinnvoll, vor der Untersuchung des gesamten Messprozesses zunächst die prinzipielle Eignung des Messsystems festzustellen. Dies ist weniger zeitaufwendig. Kennt man die erweiterte Messunsicherheit des Messsystems und damit den Eignungskennwert, kann dieses Ergebnis in Bezug auf die Toleranz verallgemeinert werden.

Stellt man die Berechnungsformeln auf und setzt den empfohlenen Grenzwert für das Messsystem $Q_{MS.max}$ = 15 % ein, so kann eine minimale Toleranz berechnet werden, bei der das Messsystem gerade noch geeignet ist.

Die minimale Toleranz für das Messsystem ergibt sich aus:

$$T_{min.MS} = \frac{2 \cdot U_{MS}}{Q_{MS.max}}$$

Das so untersuchte Messsystem kann, falls es sich für die Messaufgabe eignet, für mehrere Messprozesse eingesetzt werden. Bei einem konkreten Messprozess ist die Toleranz (T) bekannt. Ist diese größer als die bekannte minimale Toleranz des Messsystems, so kann das Messsystem für diesen Messprozess verwendet werden.

Mit dieser Vorgehensweise kann man unterschiedliche Messsysteme, und dies gilt insbesondere für Standardmessmittel, einzeln betrachten und die minimale Toleranz $T_{min.MS}$ bestimmen. Damit ist eine Klassifizierung der Messsysteme möglich. So können Messsysteme für bestimmte Messaufgaben bezüglich der minimalen Toleranz bestimmten Klassen zugeordnet werden. Ist eine konkrete Messaufgabe zu erfüllen, ist die jeweilige Toleranz bekannt. Aufgrund der Klassifizierung kann nun leicht entschieden werden, welches Messsystem für einen konkreten Messprozess prinzipiell verwendet werden kann.

Die minimale Toleranz für den Messprozess ergibt sich aus:

$$T_{min.MP} = \frac{2 \cdot U_{MP}}{Q_{MP.max}}$$

HINWEIS: Als Grenzwert für das Messsystem $Q_{MS,max}$ wird der halbe Wert des Grenzwerts des Messprozesses empfohlen. Diese Aufteilung ist willkürlich und bedeutet nicht, wie vielfach irrtümlich angenommen, dass das Budget 50:50 zwischen Messsystem und Messprozess aufgeteilt wird. Aufgrund der quadratischen Addition der Unsicherheitskomponenten kann der Anteil des Messprozesses weitere 26 % der Toleranz beanspruchen ($\sqrt{0{,}15^2 + 0{,}26^2} = 0{,}30$). Ob dies im Einzelfall sinnvoll ist, kann nicht zwangsläufig verallgemeinert werden. Daher könnte folgender Widerspruch eintreten:

Bei der Untersuchung des Messsystems ergibt sich ein Q_{MS}-Wert, der größer ist als $Q_{MS,max}$. Sind bei einem konkreten Messprozess die Einflüsse der restlichen Komponenten auf die Messunsicherheit gering, so kann auch das nicht geeignete Messsystem in diesem Fall sehr wohl zu einem geeigneten Messprozess führen. In der Regel wird dies aber die Ausnahme sein, da die restlichen Komponenten des Messprozesses wie Bediener-, Objekt- oder Temperatureinfluss einen erheblichen Beitrag zur Messunsicherheit leisten.

7.1.3 Bestimmung der Standardunsicherheiten

Für die Bestimmung der Standardunsicherheit der jeweiligen Einflusskomponenten sieht der GUM (ISO 2008) zwei prinzipiell unterschiedliche Vorgehensweisen vor:

Methode A:

Es wird ein Versuch durchgeführt, bei dem die Auswirkung einer Einflusskomponente ermittelt wird. Basierend auf den Versuchsergebnissen wird für die jeweilige Einflusskomponente die dazugehörige Standardunsicherheit berechnet.

Methode B:

Für eine Einflusskomponente wird die jeweilige Standardunsicherheit aus Erfahrungswerten geschätzt. Dieser Schätzung können verschiedene Quellen zugrunde liegen:

- Erfahrungen oder allgemeine Kenntnisse über Verhalten und Eigenschaften der relevanten Materialien und Messgeräte (bauähnliche bzw. baugleiche Geräte)
- überprüfbare Angaben des Herstellers
- Daten aus Kalibrierscheinen und Zertifikaten

HINWEIS: Prinzipiell ist die Vorgehensweise nach Methode B mit Vorsicht zu betrachten, da insbesondere bei komplexeren Messaufgaben diese weitgehend theoretische Abschätzung zu falschen Ergebnissen führen kann. Oftmals werden unvermutete Einflüsse nicht ausreichend berücksichtigt, die bei Versuchen (Methode A) erkannt werden. Der GUM schreibt in Absatz 3.4.2: „Ein gut angelegtes Experiment kann die zuverlässige Berechnung der Unsicherheit sehr erleichtern [...]".

Bild 7.2 zeigt wesentliche Einflusskomponenten, die bei einem Messsystem bzw. dem gesamten Messprozess zum Tragen kommen. In Tabelle 7.1 sind die wesentlichen Einflusskomponenten mit der jeweiligen Standardunsicherheit und deren Bezeichnung mit Abkürzung dargestellt.

HINWEIS: Im Unterschied zur AIAG MSA (AIAG 2010) werden im VDA Band 5 (VDA 2021) alle Abkürzungen für die Einflussfaktoren mit Großbuchstaben geschrieben (z. B. Bi → BI, Lin → LIN). Auch wenn das zu scheinbaren Inkonsistenzen in diesem Buch führt, wurde in diesem Kapitel die Schreibweise des VDA Band 5 übernommen, um den Abgleich mit dem VDA Band 5 zu vereinfachen.

Tabelle 7.1 Typische Einflussfaktoren mit zugeordneter Standardunsicherheit

		Typische Einflussfaktoren	Standardunsicherheit	
Messprozess u_{MP}	Messsystem u_{MS}	▪ Normal/Referenzteil	u_{CAL}	*CAL* = Reference
		▪ Auflösung	u_{RE}	*RE* = Resolution
		▪ systematische Rest-Messabweichung	u_{BI}	*BI* = Bias
		▪ Wiederholbarkeit an der Referenz	u_{EVR}	*EVR* = Equipment Variation Reference
		▪ Linearität	u_{LIN}	*LIN* = Linearity
		▪ weitere Einflüsse Messsystem	$u_{REST,MS}$	*REST.MS* = other influences measurement system
		▪ Wiederholbarkeit am Prüfobjekt	u_{EVO}	*EVO* = Equipment Variation Object
		▪ Objekteinfluss	u_{OBJ}	*OBJ* = Object
		▪ Vergleichbarkeit der Bediener	u_{AV}	*AV* = Appraiser Variation
		▪ Messbeständigkeit	u_{STAB}	*STAB* = Stability
		▪ Temperatur	u_{TEMP}	*TEMP* = Temperature
		▪ weitere Einflüsse Messprozess	$u_{REST,MP}$	*REST.MP* = other influences measurement process

Die Berechnung der jeweiligen Standardunsicherheit kann mit folgenden allgemeingültigen Berechnungsformeln abgedeckt werden:

1. Erweiterte Messunsicherheit bekannt

Ist die erweiterte Messunsicherheit U für eine Komponente bekannt, kann die dazugehörige Standardunsicherheit u über die Formel

$$u = \frac{U}{k} \quad \text{mit } k = 2 \text{ bei einem Vertrauensniveau von } P = 95\,\%$$

bestimmt werden.

Es wird im Allgemeinen davon ausgegangen, dass die erweiterte Messunsicherheit mit einer Überdeckungswahrscheinlichkeit von 95 % angegeben wird. Weicht bekanntermaßen die Überdeckungswahrscheinlichkeit der angegebenen Fehlergrenzen von $P = 95\,\%$ ab, so sind andere Erweiterungsfaktoren k zu wählen. Ist die Überdeckungswahrscheinlichkeit nicht angegeben, verlangen einige Firmenrichtlinien, den Erweiterungsfaktor auf $k = 1$ zu setzen, um das Ergebnis keinesfalls zu unterschätzen.

BEISPIEL: Erweiterte Messunsicherheit U_{CAL} aus Kalibrierschein

Die Kalibrierunsicherheit wird im Kalibrierschein eines Referenzteils mit $U_{CAL} = 1{,}6$ mm bei ($P = 95\,\%$) angegeben. Damit ist

$$u_{CAL} = \frac{U_{CAL}}{k} = \frac{1{,}6\ \mu\text{m}}{2} = 0{,}8\ \mu\text{m}$$

2. Ermittlung der Standardunsicherheit aus Fehlergrenzwerten

Bei dieser Berechnungsmethode ergibt sich die Standardunsicherheit u aus:

$$u = a \cdot b$$

mit

a = Grenzwert (z. B. Fehlergrenze oder Auflösung des Messmittels)

b = Transformationskoeffizient (s. Bild 7.3)

Voraussetzung für die Ermittlung von Standardunsicherheiten aus Grenzwerten ist die Kenntnis des Verteilungstyps. Typische Verteilungsformen nach VDA Band 5 für vorgegebene Intervallgrenzen sind in Bild 7.3 dargestellt. Kennt man die Verteilungsform nicht, sollte als Transformationskoeffizient die Rechteckverteilung ($b = \frac{1}{\sqrt{3}}$) verwendet werden.

Verteilung	Schema	Transformations-koeffizient b	Standardunsicherheit $u(x_B)$ nach VDA Band 5
Normal-verteilung	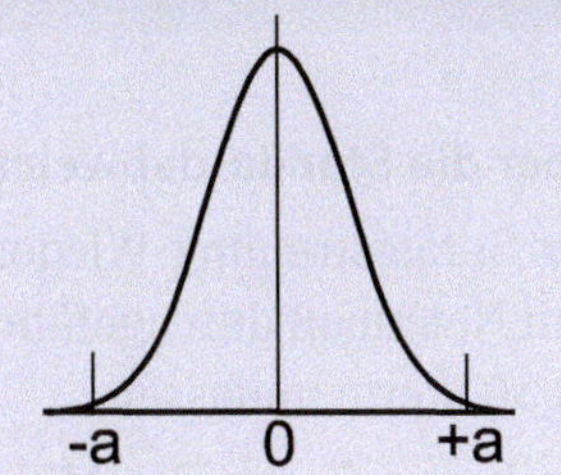	0,5	$u(x_B) = 0{,}5 \cdot a$
Rechteck-verteilung	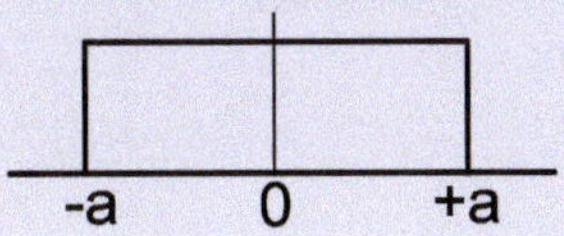	$\frac{1}{\sqrt{3}}$	$u(x_B) = \frac{1}{\sqrt{3}} \cdot a$

Bild 7.3 Bestimmung von Standardunsicherheiten Typ B aus Fehlergrenzwerten

BEISPIELE:

- **Standardunsicherheit aus der Auflösung u_{RE}**
  Die Skalenteilung (Auflösung) eines Messgerätes beträgt *RE* = 1 mm. Damit ist *a* = 0,5 mm (halbe Auflösung). Zur Abschätzung der Standardunsicherheit wird die Rechteckverteilung $b = \frac{1}{\sqrt{3}}$ verwendet.
  Damit ist
  $$u_{RE} = \frac{1}{2} \cdot \text{Auflösung} \cdot \frac{1}{\sqrt{3}} = 0{,}5\,\mu\text{m} \cdot \frac{1}{\sqrt{3}} = 0{,}29\,\mu\text{m}$$
- **Standardunsicherheit aus der systematischen Rest-Messabweichung u_{BI}**
  Aus Wiederholungsmessungen an einem Referenzteil ergibt sich eine systematische Messabweichung *Bi* (Bias) von $Bi = \overline{x}_g - x_m = 1{,}5\,\mu\text{m}$. Zur Abschätzung der Standardunsicherheit wird die Rechteckverteilung verwendet.
  Damit kann die Standardunsicherheit u_{Bi} geschätzt werden mit
  $$u_{BI} = 1{,}5\,\mu\text{m} \cdot \frac{1}{\sqrt{3}} \approx 0{,}87\,\mu\text{m}$$
- **Standardunsicherheit bei Standardmessmitteln u_{MPE}**
  Ist bei einem Standardmessmittel die Fehlergrenze (f_{ges}) von der Kalibrierung des Messgeräts bekannt, kann die Standardunsicherheit über die Fehlergrenze abgeschätzt werden. Die Fehlergrenze eines Feinzeigers (erlaubte Gesamtabweichung) wird mit f_{ges} = *MPE* = 1,2 mm angegeben. Dabei steht *MPE* für Maximum Permissible Error.
  Der Berechnung der Standardunsicherheit u_{MS} wird die Rechteckverteilung zugrunde gelegt. Damit ist
  $$u_{MS} = 1{,}2\,\mu\text{m} \cdot \frac{1}{\sqrt{3}} \approx 0{,}7\,\mu\text{m}$$

HINWEIS: Liegen keine konkreten Hinweise über die a-priori-Verteilung vor, ist die Rechteckverteilung als sicherste Variante zu verwenden.

3. Ermittlung der Standardunsicherheit über die Standardabweichung

Werden beispielsweise zur Bestimmung der Gerätestreuung Wiederholungsmessungen an einem Referenzteil mit bekanntem Nennmaß durchgeführt, erhält man eine Messwertreihe. Diese sollte mindestens 30 Werte umfassen.

Daraus können basierend auf einem Stichprobenumfang n der Mittelwert $\overline{x}$ und die Standardabweichung s berechnet werden:

$$\overline{x} = \frac{1}{n}\sum\nolimits_{i=1}^{n} x_i$$

mit Stichprobenumfang n

und

$$s = \sqrt{\frac{\sum\nolimits_{i=1}^{n}\left(x_i - \overline{x}\right)^2}{n-1}}$$

Die so errechnete Standardabweichung s ergibt die Standardunsicherheit u für die untersuchte Einflusskomponente. Ein Fallbeispiel ist in Abschnitt 7.2.5 enthalten.

4. Ermittlung der Standardunsicherheit über die ANOVA-Methode

Insbesondere, wenn Versuche durchgeführt werden, bei denen zwei oder mehrere Einflussfaktoren gleichzeitig betrachtet werden, wird zur Berechnung der jeweiligen Standardunsicherheit die sogenannte ANOVA (Analysis of Variance) verwendet (s. Anhang). Ein typischer Anwendungsfall ist die Bestimmung der Standardunsicherheit aufgrund von Untersuchungen der Gesamtstreuung am Prüfobjekt u_{EVO} und der Bedienerstreuung u_{AV}. Dazu sind Fallbeispiele in Abschnitt 7.2.6 und Abschnitt 7.2.7 enthalten.

7.2 Fallbeispiele Standardunsicherheit

Im Folgenden sind für die wesentlichen Einflusskomponenten (s. Bild 7.2) mehrere Fallbeispiele zur Bestimmung der jeweiligen Standardunsicherheit beschrieben.

7.2.1 Standardunsicherheit aus der Kalibrierkette u_{CAL}

Die Unsicherheit des Normals bzw. eines Referenzteils wirkt sich erheblich auf den Messprozess aus. Die für die Einstellung bzw. kontinuierliche Überwachung eines Messgerätes erforderlichen Normale bzw. Referenzteile müssen kalibriert sein. Damit kann dem Kalibrierschein die Messunsicherheit U_{CAL} entnommen werden. Die Messunsicherheit wird in der Regel mit einer Überdeckungswahrscheinlichkeit von $P = 95\,\%$ angegeben.

Damit ist $k = 2$ (s. Tabelle 14.5) und $u_{CAL} = U_{CAL} / 2$.

BEISPIEL: Für ein verwendetes Normal ist im Kalibrierschein die erweiterte Messunsicherheit U_{CAL} mit $U_{CAL} = 1\ \mu m$ angegeben. Mit $k = 2$ ergibt sich die Standardunsicherheit u_{CAL}:

$$u_{CAL} = \frac{1\ \mu m}{2} = 0{,}5\ \mu m$$

7.2.2 Standardunsicherheit aus der Auflösung u_{RE}

Eine Sonderstellung bei der Bestimmung der erweiterten Messunsicherheit nimmt das Thema Auflösung ein. Einerseits kann, wie für jede andere Einflusskomponente, die Standardunsicherheit u_{RE} berechnet werden. Ob diese bei der kombinierten Standardunsicherheit berücksichtigt wird oder nicht, ist in Abschnitt 7.3 erläutert.

Andererseits hat sich als sinnvoll erwiesen, schon vor der Bestimmung der erweiterten Standardunsicherheiten die Forderung $\%RE \leq 5\,\%\ T$ zu bewerten. Das heißt, die Auflösung der verwendeten Messgeräte muss kleiner sein als 5 % der beim Messprozess zum Tragen kommenden Merkmalstoleranz. Ist diese Forderung nicht eingehalten, mit anderen Worten die Auflösung ist nicht ausreichend klein, dann „klassiert" das Messgerät die Werte in unzulässiger Art und Weise. Dadurch wird die Streuung möglicherweise falsch abgeschätzt und die Anwendbarkeit des Messprozesses in der Praxis ist möglicherweise unabhängig von der Unsicherheit nicht gegeben (s. Abschnitt 7.1.1). So kann es auch vorkommen, dass bei Wiederholungsmessungen und bei ungeeigneter Auflösung immer der gleiche Messwert angezeigt wird, was eine Streuung von null zur Folge hat. Diese Situation kann durch Einhaltung der oben genannten Forderung oft vermieden werden.

BEISPIEL: Ein Messprozess hat die Toleranz T = 50 µm zu prüfen. Die Auflösung des verwendeten Messgeräts ist 1 µm.

$$\text{Auflösung}\,(\%) = \%RE = \frac{1\,\mu\text{m}}{50\,\mu\text{m}} \cdot 100\,\% = 2\,\%$$

$$\text{Auflösung}\,(\%) = \%RE = 2\,\% \overset{!}{\leq} 5\,\%$$

Damit ist die oben genannte Forderung erfüllt.

Dadurch ergibt sich die Standardunsicherheit für die Auflösung aus:

$$u_{RE} = \frac{1\,\mu\text{m}}{2} \cdot \frac{1}{\sqrt{3}} = 0{,}3\,\mu\text{m}$$

BEISPIEL: Bei einem Messprozess mit der Toleranz T = 10 µm und der Auflösung 1 µm ist:

$$\text{Auflösung}\,(\%) = \%RE = \frac{1\,\mu\text{m}}{10\,\mu\text{m}} \cdot 100\,\% = 10\,\% \overset{!}{\geq} 5\,\%$$

Damit ist die oben genannte Forderung nicht erfüllt.

Dadurch ergibt sich die Standardunsicherheit für die Auflösung aus:

$$u_{RE} = \frac{1\,\mu\text{m}}{2} \cdot \frac{1}{\sqrt{3}} = 0{,}3\,\mu\text{m}$$

7.2.3 Standardunsicherheit aus der systematischen Restabweichung u_{BI}

Hat ein Messsystem eine systematische Rest-Messabweichung, so führt dies zu einem Versatz der gemessenen Werte. Dieser kann durch Wiederholungsmessungen an einem Normal bzw. einem kalibrierten Referenzteil x_m ermittelt werden. Die Messwertreihe sollte mindestens 20 Werte enthalten. Daraus wird der Mittelwert $\overline{x}_g$ bestimmt. Die systematische Messabweichung *Bi* (Bias) ergibt sich aus:

$$BI = \overline{x}_g - x_m$$

mit x_m = Referenzteil

Die Standardunsicherheit u_{BI} errechnet sich:

$$u_{BI} = |BI| \cdot \frac{1}{\sqrt{3}}$$

BEISPIEL: Aus Wiederholungsmessungen an einem Normal ergeben sich die in Tabelle 7.2 enthaltenen Messwerte. Diese sind in Bild 7.4 als Werteverlauf dargestellt.

Tabelle 7.2 Messwerte aus Wiederholungsmessungen an einem Normal

x_i	x_i	x_i	x_i	x_i
6,001	6,001	6,001	6,002	6,002
6,002	6,001	6,000	6,002	6,000
6,001	6,000	6,001	6,002	5,999
6,001	5,999	6,002	6,002	6,002
6,002	6,001	6,002	6,000	6,002

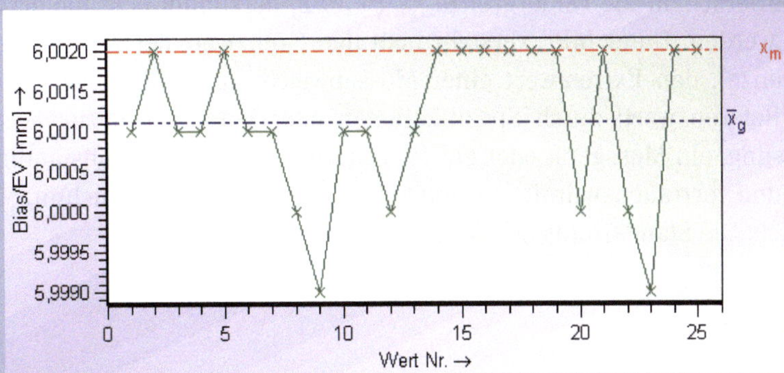

Bild 7.4 Werteverlauf

In Bild 7.5 sind die Ergebnisse der Auswertung der Datensätze zusammengefasst.

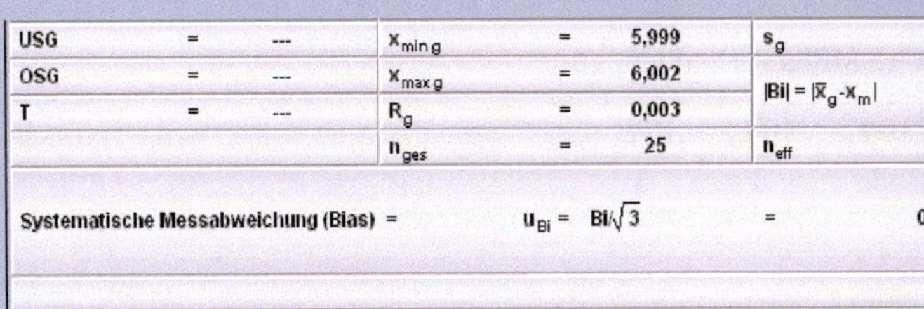

USG	=	---	$x_{min\,g}$	=	5,999	s_g
OSG	=	---	$x_{max\,g}$	=	6,002	$\lvert Bi\rvert = \lvert\bar{x}_g - x_m\rvert$
T	=	---	R_g	=	0,003	
			n_{ges}	=	25	n_{eff}
Systematische Messabweichung (Bias) =			$u_{Bi} = Bi/\sqrt{3}$		=	0

Bild 7.5 Standardunsicherheit u_{BI}

Der VDA Band 5 geht davon aus, dass alle Korrektionen im Messprozess schon angebracht wurden. Die dann in Versuchen ermittelte systematische Rest-Messabweichung wird dann als „nicht korrigierbar“ angesehen und deshalb auch nicht zur Korrektur des Messergebnisses genutzt. Vielmehr wird diese systematische Rest-Messabweichung als Unsicherheitskomponente betrachtet und in die erweiterte Messunsicherheit von Messsystem und Messprozess einbezogen.

7.2.4 Standardunsicherheit u_{MS} bei Standardmessmittel

Handelt es sich um ein Standardmessmittel und wurde dieses kalibriert, kann aus dem Kalibrierschein die Fehlergrenze f_{ges} (= MPE, maximum possible error) entnommen werden. Unter MPE versteht man den Grenzwert der Messabweichung (Fehlergrenze), den Extremwert einer Messabweichung in Bezug auf einen bekannten Referenzwert; durch Spezifikationen oder Vorschriften zugelassen für eine Messung, ein Messgerät oder ein Messsystem. Ist der MPE vollständig dokumentiert und vertrauenswürdig, so sind keine zusätzlichen Untersuchungen mehr erforderlich. Die Standardunsicherheit u_{MS} ergibt sich aus

$$u_{MS} = \frac{MPE}{\sqrt{3}}$$

BEISPIEL: Für einen Feinzeiger wird im Kalibrierschein ein $f_{ges} = MPE$ von 0,8 mm angegeben. Damit ist

$$u_{MS} = \frac{0{,}8\ \mu m}{\sqrt{3}} \approx 0{,}5\ \mu m$$

Sind mehrere MPEs vorhanden, gilt:

$$u_{MS} = \sqrt{\frac{MPE_1^2}{3} + \frac{MPE_2^2}{3} + \frac{MPE_3^2}{3} + \ldots}$$

BEISPIEL: Messsystem setzt sich zusammen aus:

- Normal (kalibriertes Teil/Stift)
- Anzeigegerät
- Halterung

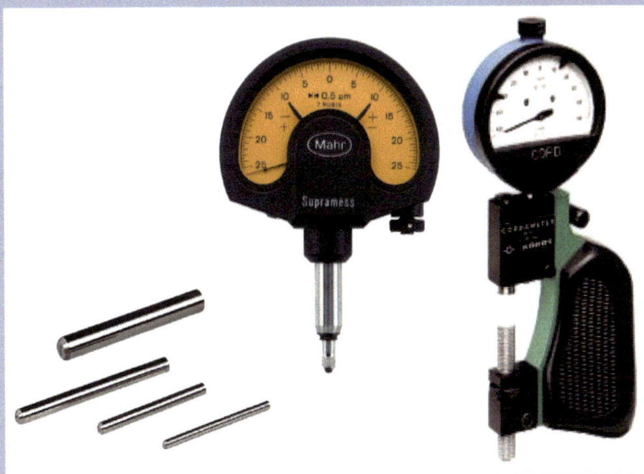

$$u_{MS} = \sqrt{\frac{MPE^2_{\text{Stift}}}{3} + \frac{MPE^2_{\text{Messuhr}}}{3} + \frac{MPE^2_{\text{Halterung}}}{3}}$$

7.2.5 Standardunsicherheit aus der Wiederholbarkeit am Referenzteil u_{EVR}

Aus der Vielzahl der nicht beschreib- und korrigierbaren Einflüsse bei der Messung unter Wiederholbedingungen ergibt sich bei Wiederholmessungen eine Streuung. Bei der Bestimmung dieser Wiederholstreuung ist zu unterscheiden, ob die Wiederholmessungen von einem Prüfer unter idealisierten Bedingungen an einem Normal bzw. kalibrierten Referenzen erfolgen oder ob die Messungen von mehreren Bedienern am Einsatzort und mit mehreren realen Messobjekten (Teilen) durchgeführt werden (s. Abschnitt 7.2.6 und Abschnitt 7.2.7). Die Auswirkungen können im ersten Fall über die Standardunsicherheit u_{EVR} bzw. im zweiten Fall über u_{EVO} abgeschätzt werden.

Die dabei genutzte Abkürzung EV (Equipment Variation) ist der Messsystemanalyse und der AIAG MSA (AIAG 2010) entliehen, im Wortlaut allerdings mit Vorsicht zu genießen. Die in der Übersetzung „Gerätestreuung“ genannte Komponente muss nicht vom Gerät verursacht sein, sondern beschreibt den „Mangel in der Wiederholbarkeit der Messwerte“, ohne auf die Ursache der mangelnden Wiederholbarkeit Bezug zu nehmen. Auch die zitternde Hand eines Prüfers oder Vibrationen aus der Umgebung können eine mangelnde Wiederholbarkeit hervorrufen.

Zur Bestimmung von u_{EVR} werden von einem Prüfer an einem Normal oder kalibrierten Referenzteil Wiederholungsmessungen (Stichprobenumfang $n \geq 30$) durchgeführt. Aus der Messwertreihe kann die Standardabweichung s_g berechnet werden. Damit ergibt sich unter Annahme der Normalverteilung

$$u_{EVR} = s_g$$

BEISPIEL: Es können die Messdaten zur Berechnung der systematischen Messabweichung (s. Tabelle 7.2) zugrunde gelegt werden. Die Standardabweichung s_g ist 0,00097 mm (s. Bild 7.4). Damit ist $u_{EVR} = s_g = 0{,}00097\ \text{mm} \approx 1\ \mu\text{m}$.

7.2.6 Standardunsicherheit aus der Wiederholbarkeit am Objekt u_{EVO}

Bei Durchführung der Untersuchung in der Fertigung wirken weitere Einflüsse, wodurch die Wiederholbarkeit EV im Allgemeinen größer sein wird. Um diese zu ermitteln, können in Analogie zu der Messsystemanalyse (s. Abschnitt 4.3.2 und Abschnitt 4.3.3) nach Verfahren 2 oder 3 von z. B. drei Bedienern (k) an 10 Teilen (n) je zwei Messungen (r) durchgeführt werden. Die Standardunsicherheit u_{EVO} wird über die ANOVA-Methode (s. Anhang) bestimmt.

BEISPIEL: Die in Tabelle 7.3 enthaltenen Daten sind einem Fallbeispiel aus dem Praxishandbuch VDA Band 5 (VDA 2022) entnommen und in Bild 7.6 grafisch dargestellt.

Tabelle 7.3 Messwerte zur Beurteilung des Prüfereinflusses

n	$x_{A;1}$	$x_{A;2}$	$x_{B;1}$	$x_{B;2}$	$x_{C;1}$	$x_{C;2}$
1	30,0054	30,0055	30,0057	30,0058	30,0058	30,0057
2	30,0056	30,0058	30,0059	30,0054	30,0057	30,0058
3	30,0053	30,0054	30,0055	30,0055	30,0056	30,0059
4	30,0041	30,0042	30,0043	30,0044	30,0045	30,0042
5	30,0051	30,0053	30,0055	30,0049	30,0052	30,0049
6	30,0050	30,0052	30,0054	30,0055	30,0055	30,0053
7	30,0049	30,0050	30,0049	30,0052	30,0051	30,0051
8	30,0053	30,0056	30,0057	30,0059	30,0058	30,0057
9	30,0054	30,0055	30,0056	30,0057	30,0054	30,0056
10	30,0057	30,0058	30,0059	30,0061	30,0057	30,0061

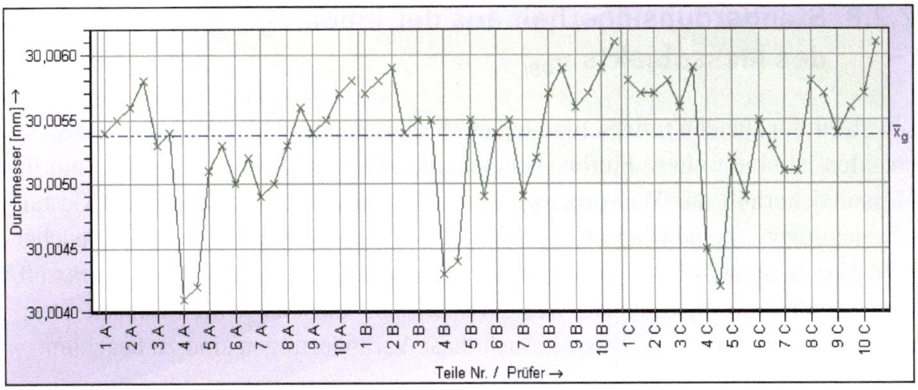

Bild 7.6 Werteverlauf nach Prüfer getrennt

Für die Messwerte aus Tabelle 7.3 ergeben sich die in Bild 7.7 dargestellten Ergebnisse:

	Varianz	Standardabw.	
Wiederholpräzision	0,0000000245	0,000156	u_{EVO}
Vergleichspräzision	0,00000000960	0,0000980	u_{AV}

Bild 7.7 ANOVA-Methode

7.2.7 Standardunsicherheit aus der Vergleichbarkeit der Bediener u_{AV}

Aufgrund der unterschiedlichen Bedienung von Messgeräten durch die Prüfer ist die daraus resultierende Messabweichung teilweise erheblich. Zur Abschätzung der Vergleichbarkeit der verschiedenen Bediener können, wie in Abschnitt 7.2.6 beschrieben, von mehreren Bedienern (z. B. drei) an mehreren Objekten (z. B. 10) jeweils mehrere Wiederholungsmessungen durchgeführt werden. Die Standardunsicherheit u_{AV} wird über die ANOVA-Methode (s. Abschnitt 15.2) berechnet.

BEISPIEL: Die Standardunsicherheit aus der Vergleichbarkeit der Bediener u_{AV} für die Messwertreihen in Tabelle 7.3 ergibt sich nach der ANOVA-Methode zu $u_{AV} \approx 0{,}1$ mm (s. Bild 7.7).

7.2.8 Standardunsicherheit aus der Inhomogenität des Messobjekts u_{OBJ}

Die Streuung aus den unterschiedlichen Messorten oder Messzeiten an den Messobjekten ist eine weitere Einflusskomponente, die sich teilweise erheblich auf die Messunsicherheit der Messprozesse auswirkt. Aufgrund von Form- und Gestaltabweichungen entsteht bei Messungen an demselben Messobjekt eine Unsicherheit, die als Standardunsicherheit u_{OBJ} zu berücksichtigen ist. Je nach Werkstoff/Eigenschaften der Messobjekte können sich sogar diese über die Messzeit verändern (Elastizität, Viskosität usw.). Auch diese Veränderungen sind zu beachten.

Zur Bestimmung der Standardunsicherheit durch das Messobjekt u_{OBJ} gibt es mehrere Möglichkeiten, die am Beispiel der Rundheit einer Welle (s. Bild 7.8) erläutert werden:

1. Die zulässige Toleranz laut Zeichnung.
2. Die einfachste Abschätzung der Standardunsicherheit kann über die Methode der Fehlergrenzen (s. Abschnitt 7.1.3) erfolgen. Dazu wird in die Formel $u_{OBJ} = a \cdot b$ für die Intervallgrenze a die Toleranz eingesetzt. Als Transformationskoeffizient b (s. Bild 7.3) kommt die Rechteckverteilung zum Tragen.
3. Bestimmung der Formabweichung mithilfe eines entsprechenden Messverfahrens (siehe z. B. Bild 7.9).
4. Um den Einfluss der Messobjekte zu bestimmen, führt ein Prüfer an einem Messobjekt mehrere Wiederholungsmessungen (mindestens 30) an verschiedenen Orten/zu verschiedenen Zeiten durch. Die aus der Messwertreihe ermittelte Standardabweichung entspricht der gesuchten Standardunsicherheit u_{OBJ}, enthält allerdings auch zumindest die Wiederholbarkeit des Messsystems. Deshalb sollte das dazu verwendete Messsystem eine Wiederholbarkeit haben, die deutlich geringer als u_{OBJ} und u_{EVR} des zu untersuchenden Messsystems ist.

BEISPIELE: Ist in der Zeichnung die Formabweichung (s. Bild 7.8) angegeben und wird dies während der Fertigung überwacht, sodass keine Teile eine größere Formabweichung als die in der Zeichnung spezifizierten haben, kann u_{OBJ} aus der Zeichnungstoleranz T = 3 µm berechnet werden:

$$u_{OBJ} = \frac{T}{\sqrt{3}} = \frac{3}{\sqrt{3}} = \frac{1}{\sqrt{3}} \approx 1{,}7\ \mu\text{m}$$

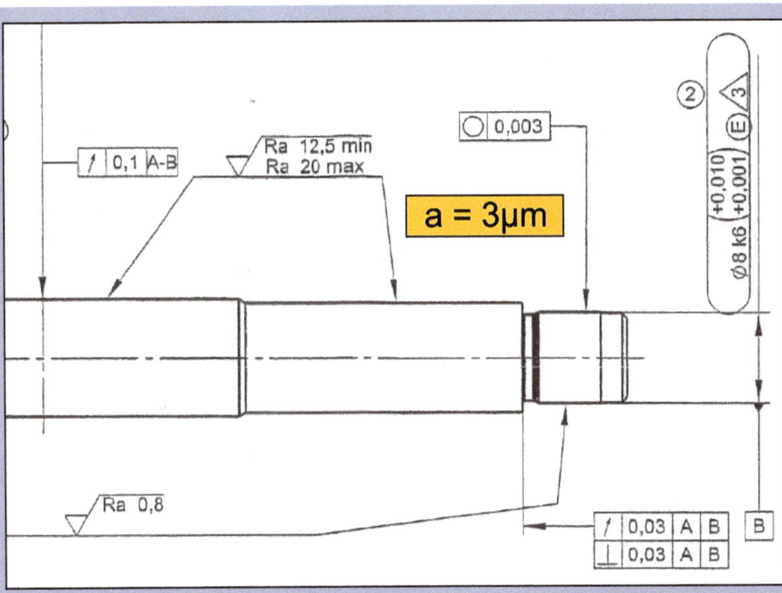

Bild 7.8 Standardunsicherheit Objekteinfluss aus Toleranz (Achtung: Beispiel aus VDA Band 5 mit teilweise nicht mehr normkonformen Zeichnungsangaben)

HINWEIS: Diese Berechnungsmethode dürfte im Allgemeinen zu einer Worst Case-Abschätzung der Standardunsicherheit aus der Inhomogenität des Objekteinflusses führen. Konkrete Messungen an einem Objekt (s. Beispiel 2 und 3) führen meist zu einer kleineren Standardunsicherheit.

BEISPIELE:

1. Wird die Formabweichung mit einem geeigneten Messgerät gemessen, kann in diesem Beispiel (s. Bild 7.9) der Abstand a = 1 µm und die Standardabweichung s_g = 0,2 µm dem Protokoll entnommen werden. Damit ergibt sich die Standardunsicherheit für die Objektstreuung aus

$$u_{OBJ} = \frac{a}{\sqrt{3}} = \frac{1\,\mu\text{m}}{\sqrt{3}} = 0{,}577 \approx 0{,}6\,\mu\text{m}$$

bzw.

$$u_{OBJ} = 2 \cdot s_g = 2 \cdot 0{,}2 \approx 0{,}4\,\mu\text{m}$$

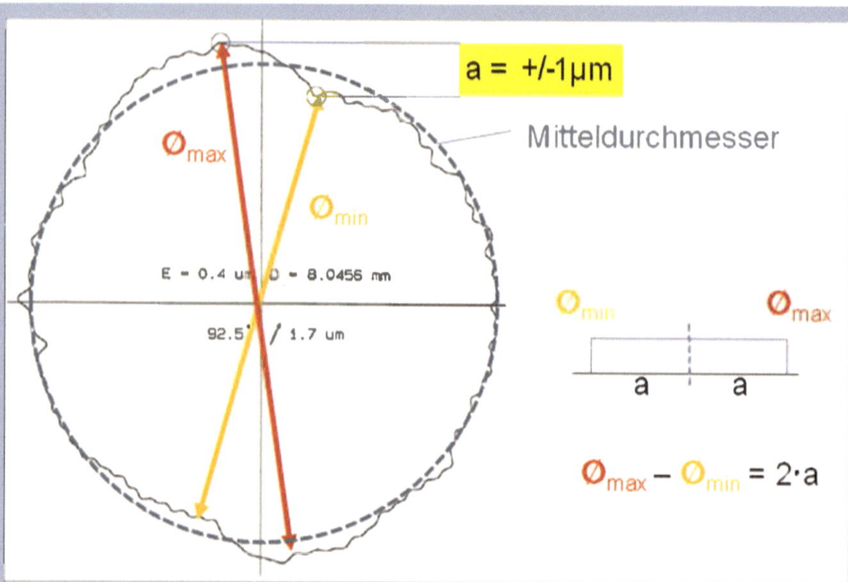

Bild 7.9 Standardunsicherheit Objekteinfluss aus gemessener Formabweichung (Achtung: Original-Zeichnung mit teilweise nicht relevanten und aber nicht ISO-konforme Zeichnungsangaben)

2. An einem auf 20 °C temperierten Flansch werden in einem klimatisierten Raum von einem Prüfer zwanzig Wiederholungsmessungen durchgeführt. Die in Tabelle 7.4 enthaltenen Werte ergeben den in Bild 7.10 gezeigten Werteverlauf.

Tabelle 7.4 Wiederholungsmessungen

x_i	x_i	x_i	x_i	x_i
5,5	7,0	7,5	6,5	7,0
7,5	6,0	7,0	5,5	6,5
6,5	6,0	6,5	6,5	5,0
8,0	7,0	7,5	8,0	7,0
8,0	8,0	5,5	7,5	6,5

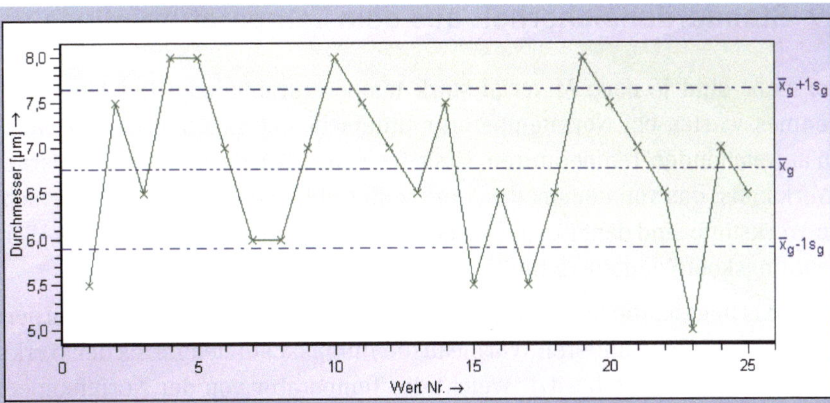

Bild 7.10 Werteverlauf

3. Die statistischen Kennwerte R_g und s_g aus dieser Messwertreihe sind in Bild 7.11 dargestellt.

Gemessene Werte			Statistische Werte		
			$\bar{x}_g$	=	6,780
$x_{min\,g}$	=	5,0	s_g	=	0,86699
$x_{max\,g}$	=	8,0	R_g	=	3,0
n_{ges}	=	25	n_{eff}	=	25

Bild 7.11 Ergebnis

Als Schätzwert für u_{OBJ} können unterschiedliche Berechnungsformeln dienen:

Nach Ermittlungsmethode B (Normalverteilung)	$u_{OBJ} = a \cdot b = \frac{R_g}{2} \cdot 0{,}5 = \frac{8{,}0-5{,}0}{2} \cdot 0{,}5 \approx 0{,}75$	
Spannweitenmethode	$u_{OBJ} = a \cdot b = \frac{R_g}{d_2^*} \cdot 0{,}5 = \frac{3{,}0}{3{,}9599} \approx 0{,}76$	d_2^* durch MC-Simulation ermittelt
Dabei ist	$R_g = 2 \cdot a$	
Standardabweichung	$u_{OBJ} = s_g = 0{,}87$	

7.2.9 Standardunsicherheit aus dem Temperatureinfluss u_{TEMP}

Längenmaße sind je nach Material stark temperaturabhängig. Der Istwert eines Längenmesswertes bei Normtemperatur unterscheidet sich von dem Istwert bei davon abweichenden Temperaturen. Ursache ist das Wärmeausdehnungsverhalten des Werkstoffs, das von der Art des Werkstoffes abhängig ist. Für die unterschiedlichen Werkstoffe sind daher in der Standardliteratur Tabellen zu typischen Wärmeausdehnungskoeffizienten zu finden.

In der Praxis liegt häufig die Situation vor, dass der Werkstoff der Maßverkörperung des Messmittels einen anderen Wärmeausdehnungskoeffizienten als der Werkstoff des zu prüfenden Teiles besitzt. Weicht die Temperatur von der Normtemperatur 20 °C ab, so unterscheidet sich die Längenausdehnung des Werkstückes von derjenigen des Messmittels. Daraus resultiert eine unterschiedliche Längenänderung von Maßverkörperung und Messobjekt, wodurch der ermittelte Messwert von dem Messwert bei Normtemperatur abweicht. Aus diesem Grund muss der Temperatureinfluss auf den Messprozess betrachtet werden. Es gibt besondere Situationen, bei denen der Temperatureinfluss vernachlässigt werden kann:

Fall 1: Der Messprozess erfolgt bei Normtemperatur und die Werkstücke sind auf Normtemperatur temperiert.

Fall 2: Sowohl das Werkstück als auch die Maßverkörperung des Messmittels bestehen aus dem gleichen Werkstoff und haben die gleiche Temperatur.

Fall 3: Die unterschiedliche Längenausdehnung von Werkstück und Messmittel wird für jeden Messwert rechnerisch korrigiert (Temperaturkompensation).

Fall 1 ist wegen der hohen Einrichtungs- und Betriebskosten oft nicht realisiert. Fall 2 kann als Ausnahmesituation angesehen werden. Der Fall 3 führt in der Praxis zu weiteren Unsicherheitskomponenten durch die rechnerische Korrektur. So bleibt oftmals nur die Alternative, den Temperatureinfluss als eine Unsicherheitskomponente im Messprozess zu berücksichtigen.

Standardunsicherheit durch Temperatureinflüsse u_{TEMP} nach VDA Band 5 (2. Auflage)

Für die im Betrieb maximal vorkommende Temperaturabweichung (bis maximal 20 °C) wird der Grenzwert a für die *maximal zu erwartenden systematischen Abweichungen durch unterschiedliche Längenausdehnung* bestimmt ((VDA 2011); Formel A.3.9):

$$a = |\Delta L| + 2 \cdot u_{\text{Rest}}$$

mit

ΔL = systematische Abweichung durch unterschiedliche Längenausdehnung von Werkstück und Messmittel

u_{Rest} = Unsicherheiten der Ausdehnungskoeffizienten und Temperaturmessungen

Die Standardunsicherheit durch Temperatureinflüsse wird durch Multiplikation des Grenzwertes a mit dem Verteilungsfaktor b für die Rechteckverteilung gebildet ((VDA 2011); Formel A.3.10):

$$u_{TEMP} = a \cdot b = a \cdot \frac{1}{\sqrt{3}}$$

Die *systematische Abweichung durch unterschiedliche Längenausdehnung* ΔL wird näherungsweise nach folgender Formel ermittelt ((VDA 2011); Formel A.3.8):

$$\Delta L \approx L_{\text{Anz};N} \cdot \left(\alpha_W \cdot T_W - \alpha_N \cdot T_N\right)$$

mit

$L_{\text{Anz};N}$ = Anzeigewert des Messgerätes bei Normtemperatur 20 °C
a_W = Wärmeausdehnungskoeffizient vom Werkstoff des Werkstückes
a_N = Wärmeausdehnungskoeffizient vom Werkstoff des Messmittels
T_W = Temperaturdifferenz des Werkstückes zur Normtemperatur
T_N = Temperaturdifferenz des Messmittels zur Normtemperatur

Die Restunsicherheit u_{Rest} wird nach folgender Näherungsformel abgeschätzt:

$$u_{\text{Rest}} = L_{\text{Anz};N} \cdot \sqrt{T_N^2 \cdot u_{\alpha_N}^2 + T_W^2 \cdot u_{\alpha_W}^2 + \alpha_N^2 \cdot u_{T_N}^2 + \alpha_W^2 \cdot u_{T_W}^2}$$

mit

u_{α_W} = Unsicherheit des Wärmeausdehnungskoeffizienten vom Werkstoff des Werkstückes (Richtwert$_{\text{VDA}}$: $0{,}1 \cdot a_W$)
u_{α_N} = Unsicherheit des Wärmeausdehnungskoeffizienten vom Werkstoff des Messmittels (Richtwert$_{\text{VDA}}$: $0{,}1 \cdot a_N$)
u_{T_W} = Unsicherheit der Temperatur des Messmittels (Richtwert$_{\text{VDA}}$: 1 K)
u_{T_N} = Unsicherheit der Temperatur des Werkstückes (Richtwert$_{\text{VDA}}$: 1 K)

In der Regel sind in den Tabellen der Wärmeausdehnungskoeffizienten keine Unsicherheiten angegeben. Auch die Unsicherheit der Temperatur von Werkstück und Messmittel ist in der Betriebspraxis schwer abzuschätzen. Für diesen Fall sind im VDA Band 5 die oben in Klammern angegebenen Werte aufgeführt. Ein Zahlenbeispiel zu diesem Verfahren ist inAbschnitt 7.6.1.2 zu finden.

Standardunsicherheit durch Temperatureinfluss u_{TEMP} nach ISO 14253-2 (DIN 2018c)

ΔT	Temperaturdifferenz
α	Ausdehnungskoeffizient
T	mittlere Temperatur während der Messung
u_α	Standardunsicherheit des Ausdehnungskoeffizienten des Materials des Messsystems
l	gemessenes Maß

Die Unsicherheit des Wärmeausdehnungskoeffizienten für den Werkstoff des Messmittels wird vernachlässigt. Diese Annahme ist berechtigt, wenn die Messmaschine eine Temperaturkompensation automatisch durchführt, was jedoch im Einzelfall zu klären ist.

Dabei wird die Standardunsicherheit infolge von Temperatureinflüssen u_T aus der Standardunsicherheit durch die Veränderung des Objektes u_{TD} und der Standardunsicherheit u durch die Veränderung des Messsystems u_{TA} berechnet:

$$u_T = \sqrt{u_{TD}^2 + u_{TA}^2}$$

Dabei ist

$$u_{TD} = \Delta T \cdot \alpha \cdot L \cdot \frac{1}{\sqrt{3}} \quad \text{und} \quad u_{TA} = |T - 20\,°\text{C}| \cdot u_\alpha \cdot l$$

Standardunsicherheit durch Temperatureinfluss u_{TD} aus den Differenzen der unterschiedlichen Wärmeausdehnung zwischen Referenz und Werkstück Δl

Da der Temperatureinfluss oft sehr schwierig zu bewerten ist, kann man vor der eigentlichen Messung des Messobjektes das Messsystem mit einem Referenzteil (Einstellmaster) einstellen. Dabei kann die Temperatur des Referenzteils von der Temperatur von 20 °C, mit der es kalibriert wurde, abweichen. Diese Abweichung ist bei der Bestimmung von u_{TEMP} zu berücksichtigen. Um diese Abweichung ist das Messsystem quasi falsch eingestellt. Bei der anschließenden Messung des Messobjekts, das eine andere Temperatur haben kann als das Referenzteil, ist auch diese Abweichung infolge der Temperatur zu berücksichtigen. Aus der Differenz (s. Bild 7.12) kann die Abhängigkeit der Temperatur von der Standardunsicherheit angegeben werden.

$$u_{TD} = \Delta l \cdot \frac{1}{\sqrt{3}}$$

HINWEIS: Solange das so eingestellte Messsystem die Temperatur nicht wesentlich verändert, kann diese eingesetzt werden. Ändert sich diese Temperatur, muss es neu eingestellt werden.

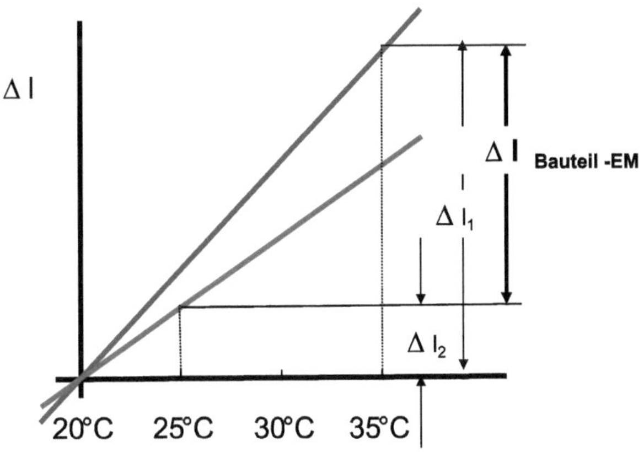

1. Bauteildehnung

$\Delta l_1 = l_0 \cdot \alpha_{Bauteil} \cdot \Delta T_{Bauteil}$

$\Delta l_1 = 0{,}028\,\text{m} \cdot 12{,}5 \cdot 10^{-6}\,\text{K}^{-1} \cdot 15\,\text{K}$

$\Delta l_1 = 5{,}25\,\text{m} \cdot 10^{-6} = 5{,}25\,\mu\text{m}$

2. Einstellmeisterdehnung

$\Delta l_2 = l_0 \cdot \alpha_{EM} \cdot \Delta T_{EM}$

$\Delta l_2 = 0{,}028\,\text{m} \cdot 10{,}5 \cdot 10^{-6}\,\text{K}^{-1} \cdot 5\,\text{K}$

$\Delta l_2 = 1{,}47\,\text{m} \cdot 10^{-6} = 1{,}47\,\mu\text{m}$

3. Differenz Bauteil-/EM-Dehnung

$\Delta l_{1,2} = \Delta l_1 - \Delta l_2$

$\Delta l_{1,2} = 5{,}25\,\mu\text{m} - 1{,}47\,\mu\text{m}$

$\boldsymbol{\Delta l_{1,2} = 3{,}78\,\mu\text{m}}$

Bild 7.12 Bestimmung der unterschiedlichen Wärmeausdehnung zwischen Referenz und Werkstück

7.2.10 Standardunsicherheit aus Linearitätsabweichungen u_{LIN}

Bei Messgeräten, die keine lineare Messverkörperung enthalten, ist der Einfluss aufgrund von Linearitätsabweichungen zu beachten. Die Linearität im Sinne des VDA Band 5 beschreibt analog zu den Messsystemanalysen und der AIAG MSA (AIAG 2010) die Veränderlichkeit der systematischen Resat-Messabweichung über dem Anwendungsbereich (Toleranz). Die Beurteilung dieses Einflusses erfolgt analog zur Betrachtung der systematischen Messabweichung, allerdings werden die Untersuchungen an mehreren Stellen des Anwendungsbereiches mit mindestens 3 Normalen oder kalibrierten Referenzteilen durchgeführt. Die Referenzwerte der Normale sollten dabei gleichmäßig über die Toleranz verteilt liegen, jeweils eines in der Nähe der Toleranzgrenzen, die anderen äquidistant dazwischen. An jedem Normal werden Wiederholungsmessungen vorgenommen, in der Summe mindestens 30 Messungen.

Für die Auswertung werden in VDA Band 5 zwei Methoden vorgestellt.

Vereinfachte Linearitätsuntersuchung

Bei der vereinfachten Linearitätsuntersuchung geht man davon aus, dass mit einem der benutzten Normale die maximale Linearitätsabweichung gefunden wurde. Dazu werden aus den Messungen zu den Normalen jeweils der Mittelwert $\overline{x}_{gi}$ und die Standardabweichung s_i berechnet. Aus der Abweichung des Mittelwerts $\overline{x}_{gi}$

zum Istwert x_{mi} des jeweiligen Referenzteils folgt der Bias $Bi = \overline{x}_{gi} - x_{mi}$, aus den Standardabweichungen s_i jeweils die Unsicherheit aus der Wiederholbarkeit u_{EVi}.

Die jeweils größte systematische Restabweichung Bi_{max} = max $\{Bi_i\}$ wird zur Berechnung der Standardunsicherheit u_{BI} herangezogen, die größte Standardabweichung zur Berechnung der Unsicherheit aus der Wiederholbarkeit. Nach Ermittlungsmethode B ist:

$$u_{BI} = BI_{max} \cdot \frac{1}{\sqrt{3}}$$

BEISPIEL: An drei Referenzteilen mit

$$x_{m1} = 30{,}0025\ \mu m \quad x_{m2} = 30{,}005\ \mu m \quad x_{m3} = 30{,}0076\ \mu m$$

werden von einem Prüfer je zehn Wiederholungsmessungen durchgeführt. Die Ergebnisse enthält Tabelle 7.5. Diese sind in Form eines Werteverlaufs (Bild 7.13) und eines Wertestrahls (Bild 7.14) gezeigt. Das Zahlenbeispiel ist dem VDA Band 5 ((VDA 2011), Tabelle A.9.3) entnommen.

Tabelle 7.5 Messwerte Linearität

n	$\overline{x}_{g\,Ref.}$	$x_{A;1}$	$x_{A;2}$	$x_{A;3}$	$x_{A;4}$	$x_{A;5}$	$x_{A;6}$	$x_{A;7}$	$x_{A;8}$	$x_{A;9}$	$x_{A;10}$	$\overline{x}_{g\,i}$
1	30,002500	30,0025	30,0024	30,0024	30,0023	30,0025	30,0024	30,0023	30,0023	30,0024	30,0024	30,00239
2	30,005000	30,0050	30,0051	30,0051	30,0050	30,0052	30,0051	30,0050	30,0051	30,0051	30,0052	30,00509
3	30,007600	30,0075	30,0075	30,0077	30,0075	30,0076	30,0076	30,0076	30,0075	30,0076	30,0076	30,00757

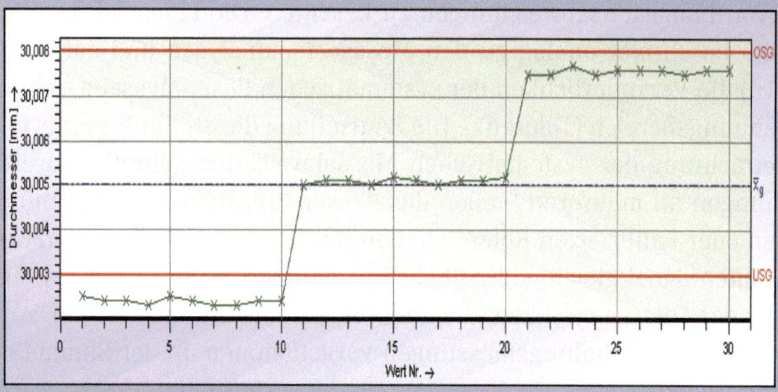

Bild 7.13 Werteverlauf

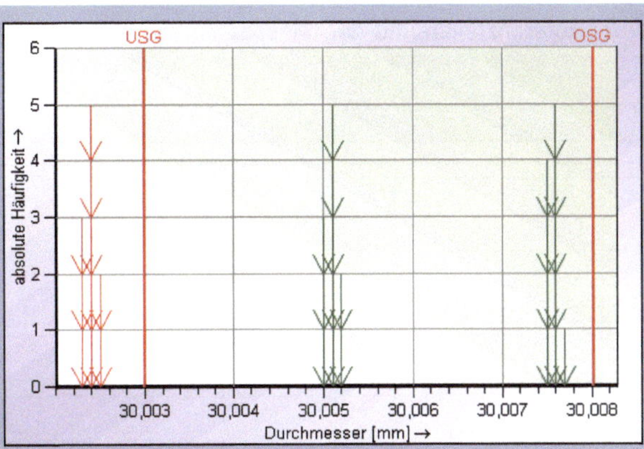

Bild 7.14 Wertestrahl

Die Mittelwerte aus den drei Messungen an den Referenzteilen sind in Tabelle 7.5 angegeben. Daraus ergibt sich:

$$Bi_1 = -0{,}00011\,\mu\text{m} \qquad Bi_2 = 0{,}00009\,\mu\text{m} \qquad Bi_3 = -0{,}00003\,\mu\text{m}$$

Damit ist Bi_1 die größte systematische Messabweichung. Aus dieser wird u_{Bi} nach Ermittlungsmethode B berechnet. Die Komponente u_{LIN} wird dabei auf 0 gesetzt, da sie in u_{BI} enthalten ist.

$$u_{BI} = |Bi_{max}| \cdot \frac{1}{\sqrt{3}} = 0{,}00011 \cdot \frac{1}{\sqrt{3}}\,\text{mm} = 0{,}0000635\,\text{mm} \approx 0{,}06\,\mu\text{m}$$

$$u_{LIN} \stackrel{!}{=} 0$$

Linearitätsuntersuchung nach ANOVA

Die etwas komplexere und umfassendere Linearitätsuntersuchung nach ANOVA betrachtet Linearität entsprechend der Definition als Streuung des Bias und ist damit in der Lage, zwischen einem mittleren Bias und der Unsicherheit aus der Linearität zu unterscheiden. Damit kann z. B. überprüft werden, ob die Unsicherheit tatsächlich aus Linearitätsabweichungen stammt oder aus einem Bias infolge einer Dejustierung des Messsystems. Der Versuch bleibt identisch, nur die Rechnung erfolgt über eine einfache Varianzanalyse.

BEISPIEL: Mit den drei Referenzteilen und den Messdaten von oben erhält man somit Bild 7.15.

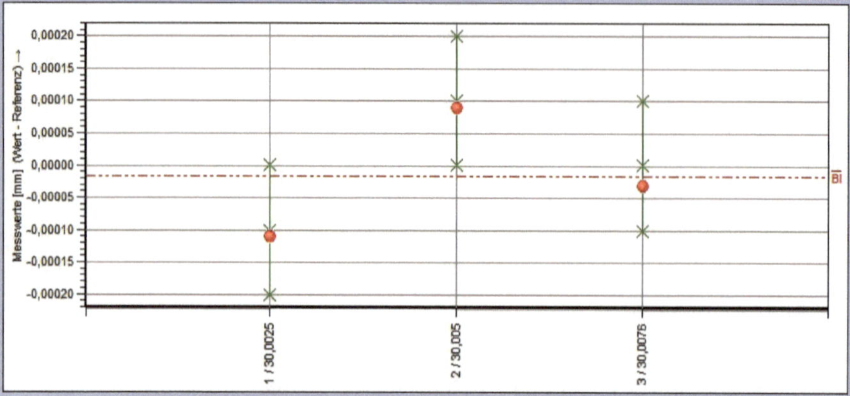

Bild 7.15 Systematische Messabweichung versus Referenz (ANOVA)

$$\overline{Bi} = -0{,}000167\ \text{mm}$$

$$u_{BI} = \left|\overline{Bi}\right| \cdot \frac{1}{\sqrt{3}} = 0{,}0000167 \cdot \frac{1}{\sqrt{3}}\ \text{mm} = 0{,}00000962\ \text{mm} \approx 0{,}01\ \mu\text{m}$$

$$u_{LIN} = s_{ANOVA} = 0{,}0000981\ \text{mm} \approx 0{,}1\ \mu\text{m}$$

Zu erkennen ist in diesem Fall, dass die Unsicherheit aus der Linearität dominiert und die Unsicherheit aus dem mittleren Bias um einen Faktor 10 kleiner und somit vernachlässigbar ist. Diese Berechnung berücksichtigt zudem die Tatsache, dass der Bias in der obigen Darstellung das Vorzeichen wechselt und der Linearitätsanteil deshalb mit der „Max-Bias-Methode" unterschätzt wird. ■

Aufgrund der Trennung der Unsicherheitskomponenten durch die ANOVA-Analyse ist im Allgemeinen die Linearitätsuntersuchung mit ANOVA vorzuziehen, zumal der Versuchsaufwand identisch ist.

7.2.11 Standardunsicherheit aus der Stabilität u_{STAB}

Eine initiale Analyse des Messprozesses zu einem bestimmten Zeitpunkt lässt keine Rückschlüsse über sein Verhalten in der Zukunft zu. Daher muss die Messbeständigkeit eines Messprozesses kontinuierlich überprüft werden. In welchen Zeitabständen solche Betrachtungen stattfinden müssen, hängt von der Stabilität des Messprozesses ab und ist, wie in Abschnitt 2.5.4 beschrieben, zunächst grob zu bewerten, um ein sinnvolles Prüfintervall zu finden. Anschließend wird gemäß dem vorgegebenen Intervall ein Normal bzw. kalibriertes Referenzteil mit dem Messprozess ein- oder mehrmals gemessen. Dabei haben sich drei Wiederholmessungen als sinnvoll herausgestellt. Aus den Einzelwerten oder den Stichproben können statistische Kennwerte wie die Standardabweichung s_g berechnet werden. Diese dienen zur Abschätzung der Standardunsicherheit aus der Stabilität u_{STAB}, die allerdings üblicherweise im Sinne der Langzeitstabilität nicht in das initiale Messunsicherheitsbudget eingeht. Dort wird nur eine ähnlich zu ermittelnde Kurzzeitstabilität aufgenommen, die im Wesentlichen den Zeitraum innerhalb eines Kalibrier- oder Justierintervalls berücksichtigt.

Wird die Gesamtstandardabweichung als Schätzer herangezogen, ist

$$u_{STAB} = s_g$$

BEISPIEL: Tabelle 7.6 enthält Messdaten, die über einen längeren Zeitraum erfasst wurden. Bei jedem Zeitintervall wurde das Referenzteil dreimal gemessen und die Ergebnisse in Form einer Messbeständigkeitskarte grafisch dargestellt (Bild 7.16).

Tabelle 7.6 Messwerte für Messbeständigkeit

i	x_i	i	x_i	i	x_i	i	x_i	i	x_i	i	x_i	i	x_i	i	x_i	i	x_i
1	6,002	4	6,004	7	6,003	10	6,003	13	6,002	16	6,000	19	6,001	22	6,001	25	6,000
2	6,001	5	6,004	8	6,002	11	6,001	14	6,001	17	6,001	20	6,001	23	6,002	26	6,000
3	6,001	6	6,003	9	6,002	12	6,004	15	6,002	18	5,999	21	6,000	24	6,002	27	6,001
i	x_i	i	x_i	i	x_i	i	x_i	i	x_i	i	x_i	i	x_i	i	x_i	i	x_i
28	6,004	31	6,002	34	6,003	37	6,002	40	6,002	43	6,004	46	6,003	49	6,002	52	6,002
29	6,004	32	6,001	35	6,001	38	6,001	41	6,000	44	6,003	47	6,002	50	6,002	53	6,002
30	6,003	33	6,002	36	6,001	39	6,002	42	6,001	45	6,003	48	6,001	51	6,000	54	6,002
i	x_i	i	x_i	i	x_i	i	x_i	i	x_i	i	x_i	i	x_i	i	x_i	i	x_i
55	6,001	58	6,003	61	6,004	64	6,002	67	6,004	70	6,005	73	6,002	76		79	
56	6,002	59	6,003	62	6,003	65	6,000	68	6,003	71	6,004	74	6,001	77		80	
57	6,001	60	6,002	63	6,004	66	6,001	69	6,002	72	6,004	75	6,001	78		81	

Aus der Messwertreihe ergibt sich s_g = 1,284 µm

Damit ist nach der Ermittlungsmethode A u_{STAB} = 1,284 µm

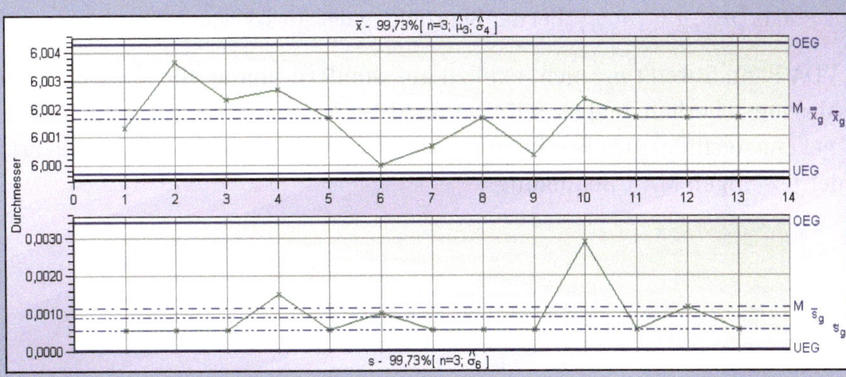

Bild 7.16 Messbeständigkeitskarte

7.3 Mehrfachberücksichtigung von Unsicherheitskomponenten

Bei der Ermittlung der Wiederholbarkeit *EVR* mit einem gering streuenden Messsystemen kann es vorkommen, dass die scheinbar statistisch ermittelte Wiederholbarkeit einfach nur durch die Auflösung *RE* dominiert wird. Das ist der Fall, wenn Messwerte abwechselnd in nur zwei oder drei Ausprägungen entstehen. Würde man dann sowohl *RE* als auch die Wiederholbarkeit *EVR* an der Referenz berücksichtigen, würde das zu einer fehlerhaften Schätzung der Messunsicherheit führen. Da aus Grund der quadratischen Addition der Unsicherheitskomponenten kleiner Komponenten schnell vernachlässigbar sind, wird nur die größere Komponente berücksichtigt. Vielfach wird diese Situation in der Literatur so dargestellt, dass die Wiederholbarkeit *EV* entweder aus der Auflösung *RE* oder aus der Versuch am Normal *EVR* ermittelt wird.

$u_{EV} = \max\{u_{RE}, u_{EVR}\}$ bei der Beurteilung des Messsystems

Bei der getrennten Bewertung des Messsystems und des Messprozesses wird die Wiederholbarkeit *EV* darüber hinaus mehrfach untersucht. Im Rahmen der Bewertung des Messsystems wird die Wiederholbarkeit an einer Referenz (*EVR*) ermittelt, danach bei der Bewertung des Messprozesses an einem typischen Messobjekt (*EVO*).

Im Allgemeinen sollte man davon ausgehen, dass die Wiederholbarkeit EVO am Objekt größer ist als die Wiederholbarkeit *EVR* an der Referenz, und somit EVR enthält. Das ist aber nicht zwingend so, wenn z. B. die Aufnahme für das Messobjekt speziell angepasst und hochwertig bearbeitet ist, oder Bedienereinfluss im Messprozess vernachlässigbar wird, während das Referenzteil noch von Hand positioniert wird. Deshalb wird auch im Messprozess eine analoge MAX-Bedingung eingeführt.

$u_{EV} = \max\{u_{RE}, u_{EVR}, u_{EVO}\}$ bei der Beurteilung des Messsystems

Der VDA Band 5 weißt u_{EV} nicht explizit auf, sondern nimmt alle Komponenten in das Messunsicherheitsbudget auf. Die nicht berücksichtigten Komponenten werden gekennzeichnet. Die Bestimmung der erweiterten Messunsicherheit erfolgt mit der jeweiligen MAX-Bedingung.

7.4 Bestimmung der erweiterten Messunsicherheit

Aus der einzelnen Standardunsicherheit kann sowohl die erweiterte Messunsicherheit des Messsystems als auch die des gesamten Messprozesses bestimmt werden. Dazu wird zunächst die erweiterte Standardunsicherheit des Messsystems

$$u_{MS} = \sqrt{u_{CAL}^2 + u_{Bi}^2 + \max\{u_{RE}, u_{EVR}\}^2 + u_{LIN}^2 + u_{MS\_REST}^2}$$

und anschließend die kalibrierte Standardunsicherheit des Messprozesses

$$u_{MP} = \sqrt{u_{CAL}^2 + u_{Bi}^2 + u_{LIN}^2 + u_{EV}^2 + u_{OBJ}^2 + u_T^2 + u_{STAB}^2}$$

$$\text{mit} \quad u_{EV} = \max\{u_{RE}, u_{EVR}, u_{EVO}\}$$

bestimmt.

Daraus ergibt sich durch Multiplikation mit dem Erweiterungsfaktor k die erweiterte Messunsicherheit für das Messsystem

$$U_{MS} = k \cdot u_{MS}$$

und die erweiterte Messunsicherheit für den Messprozess

$$U_{MP} = k \cdot u_{MP}$$

Wobei der Faktor k in der Regel 2 ist. Dies entspricht der in der Messtechnik üblichen Überdeckungswahrscheinlichkeit von $P \approx 95{,}45\,\%$.

7.5 Berücksichtigung der erweiterten Messunsicherheit an den Spezifikationsgrenzen

Gemäß DIN EN ISO 14253-1 (DIN 2018a) ist die Messunsicherheit an den Spezifikationsgrenzen zu berücksichtigen. Ähnliche Forderungen gibt es in JCGM 106 (JCGM 2012) und in ISO/IEC Guide 98-4 (ISO 2012), die sich allerdings in der Berechnung der Schutzabstände (Guard Bands) leicht unterscheiden. Im Allgemeinen wird die erweiterte Messunsicherheit $U = 2 \cdot u_{MP}$ als Schutzabstand empfohlen. Die ISO 14253-1 schlägt in der neuesten Fassung allerdings vor, den Schutzabstand auf eine Irrtumswahrscheinlichkeit von 5 % festzulegen. Damit ist die Breite des Schutzabstands variabel und berechnet sich je nach Größe der Messunsicherheit auf einen Wert von $1{,}65 \cdot u_{MP}$, wenn der Eignungsindex Q_{MP} kleiner ist als 60 %, bis zu $2 \cdot U_{MP}$, wenn der Eignungsindex Q_{MP} einen Wert von 100 % erreicht. Das heißt, für den Fall geeigneter Messprozesse beträgt der Schutzabstand nach ISO 14253-1 (DIN 2018a) für eine Irrtumswahrscheinlichkeit von 5 %.

So entsteht für den Hersteller oder Lieferanten ein Akzeptanzbereich T_A, innerhalb dessen er Erzeugnisse ausliefernd darf, und für den Abnehmer oder Kunden ein Rückweisebereich außerhalb T_R, in dem er Erzeugnisse als nicht konform zurückweisen darf (s. Bild 7.17).

$$g = 1{,}65 \cdot u_{MP}$$

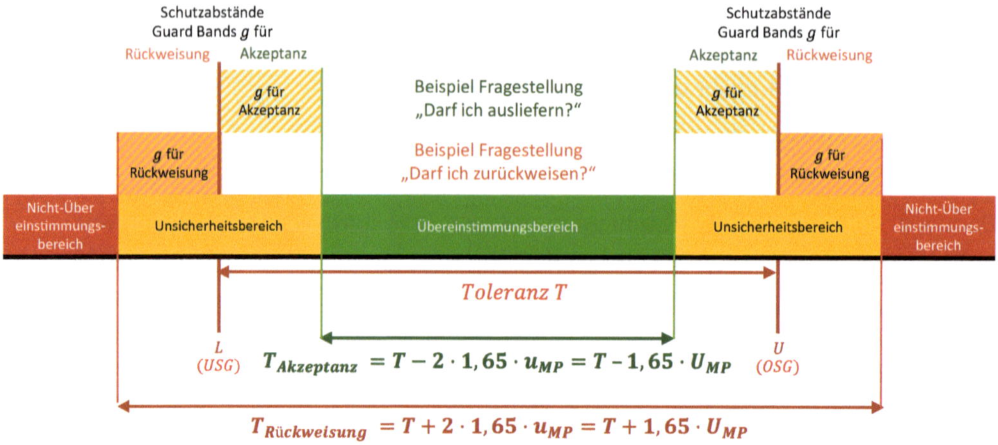

Bild 7.17 Berücksichtigung der Messunsicherheit an den Spezifikationsgrenzen

Die ermittelte erweiterte Messunsicherheit kann direkt in die Darstellung des Werteverlaufs (Bild 7.18) eingetragen werden. Damit kann bereits bei der Datenerfassung am Messplatz erkannt werden, ob dieses Teil zum Kunden geliefert werden kann oder nicht. Weiter wird deutlich signalisiert, inwieweit die Unsicherheit des Messprozesses eine Auswirkung auf die zur Verfügung stehende Fertigungsbreite hat.

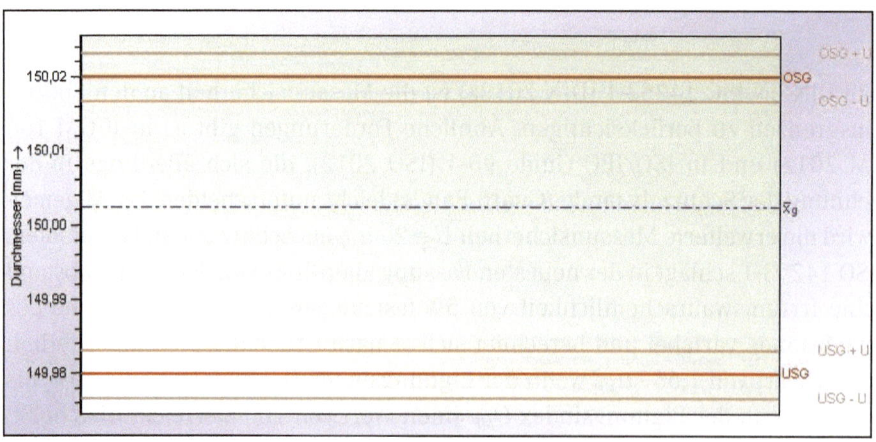

Bild 7.18 Erweiterte Messunsicherheit an den Spezifikationsgrenzen im Werteverlauf

7.6 Fallbeispiele

7.6.1 Längenmessung mit einem Standardmessmittel

Zur Beurteilung der Länge von Kupplungskörpern wurde ein digitaler Messschieber nach DIN 862 vorgeschlagen. Die Kupplungskörper werden im 3-Schicht-Betrieb in einer nicht klimatisierten Fertigungshalle gefertigt. Der Nachweis der Eignung erfolgte gemäß VDA 5 (VDA 2021).

Beschreibung des zu prüfenden Merkmals

Aus der Fertigungszeichnung des Kupplungskörpers wurden die Daten für das Merkmal *Länge* abgelesen:

Nennmaß	N = 34,60 mm
Oberes Grenzmaß U	U = 0,20 mm
Unteres Grenzmaß L	L = −0,20 mm
Maßtoleranz	TOL = 0,40 mm

Beschreibung des digitalen Messschiebers nach DIN 862

Ein digitaler Messschieber gilt als ein universell einsetzbares Messmittel. Aus den Angaben des Herstellers wurden die folgenden Daten entnommen:

Messbereich	0 mm bis 150 mm
Grenzwert der Messabweichung nach DIN 862	a = 20 µm
Auflösung	RE = 0,01 mm

Der Grenzwert wurde durch die Kalibrierung bestätigt.

7.6.1.1 Beurteilung des Messsystems

Für die Beurteilung der Messmittelverwendbarkeit sind zwei Kriterien zu berücksichtigen:

- die prozentuale Auflösung des Messmittels Auflösung(%) = $\%RE$
- die kleinste prüfbare Toleranz $T_{min,MS}$

Ermittlung der prozentualen Auflösung

Zur Bestimmung der prozentualen Auflösung ist die Kenntnis der Toleranz des Merkmals sowie die Auflösung des Messmittels erforderlich. Aus diesen beiden Größen bestimmt sich das Annahmekriterium (VDA 2021):

$$\text{Auflösung}(\%) = \%RE = \frac{\text{Auflösung}}{\text{Toleranz}} \cdot 100\,\% \leq 5\,\%$$

Aus den obengenannten Angaben wurde die prozentuale Auflösung bestimmt:

$$\%RE = \frac{0{,}01\text{ mm}}{0{,}40\text{ mm}} \cdot 100\,\% = 2{,}5\,\%$$

Dieser Wert ist kleiner als die geforderten 5 %. Daher wird die Untersuchung fortgesetzt.

Erweiterte Messunsicherheit des Messsystems

Die kombinierte Standardunsicherheit u_{MS} von universell einsetzbaren Messmitteln kann vereinfacht aus den Fehlergrenzwerten bestimmt werden. Der Fehlergrenzwert eines Messschiebers beträgt a = 20 µm für Längenmaße bis 50 mm. Da für die Fehlergrenze in DIN 862 kein Verteilungsmodell vorgegeben ist, wurde die sichere Variante der Rechteckverteilung gewählt. Der Verteilungsfaktor für die Rechteckverteilung ist auf eine Nachkommastelle gerundet: b = 0,6. Damit ergibt sich:

$$u_{MS} = a \cdot b = 20\text{ µm} \cdot 0{,}6 = 12\text{ µm}$$

Die erweiterte Messunsicherheit erhält man durch die Multiplikation von u_{MS} mit dem Faktor k (= 2 für P = 95 %):

$$U_{MS} = k \cdot u_{MS} = 2 \cdot 12\text{ µm} = 24\text{ µm}$$

Daraus ergibt sich der Eignungskennwert

$$Q_{MS} = \frac{2 \cdot U_{MS}}{T} = \frac{2 \cdot 24\text{ µm}}{400\text{ µm}} = 0{,}12 = 12\,\% \leq 15\,\%$$

Damit ist die Eignung des Messsystems für diesen Messprozess nachgewiesen.

Ermittlung der kleinsten messbaren Toleranz $T_{min.MS}$

Für die Bestimmung der kleinsten messbaren Toleranz $T_{\text{min.MS}}$ ist der geforderte Eignungsgrenzwert Q_{MS} und die Standardunsicherheit u_{MS} des Messmittels erforderlich. Das Kriterium für die Verwendbarkeit eines Messsystems lautet nach der Empfehlung des VDA Bandes 5:

$$Q_{MS.max} = 15\,\%$$

Aus dem Eignungsgrenzwert $Q_{MS.max}$ = 15 % und der Standardunsicherheit des Messmittels u_{MS} lässt sich die kleinste prüfbare Toleranz $T_{min.MS}$ dann über die folgende Beziehung ermitteln (VDA 2021):

$$T_{min.MS} = \frac{2 \cdot U_{MS}}{Q_{max.MS}} \cdot 100\,\%$$

$$T_{min.MS} = \frac{2 \cdot 24\text{ µm}}{15\,\%} \cdot 100\,\% = 320\text{ µm}$$

Abschließende Beurteilung der Verwendbarkeit des Messsystems

Die Bestimmung der prozentualen Auflösung ergab den Wert Auflösung(%) = 2,5 %. Da dieser Wert kleiner ist als der Grenzwert von 5 %, gilt die Auflösung als ausreichend.

Der Eignungskennwert Q_{MS} = 12 % ist kleiner als der geforderte Grenzwert von 15 %.

Für die kleinste prüfbare Toleranz wurde der Wert $T_{min,MS}$ = 320 mm bestimmt. Dieser Wert ist kleiner als die Toleranz des zu prüfenden Merkmals T = 400 mm. Somit ist die Eignung des Messsystems gegeben.

7.6.1.2 Beurteilung und Nachweis der Messprozesseignung

Bisher wurde allein das Messsystem betrachtet. Der Messprozess unterliegt jedoch weiteren Einflussgrößen. Für den Messprozess werden die folgenden drei Unsicherheitskomponenten betrachtet:

- Standardunsicherheit durch den Bedienereinfluss u_{AV}
- Standardunsicherheit durch den Objekteinfluss u_{OBJ}
- Standardunsicherheit durch den Temperatureinfluss u_{TEMP}

Bedienereinfluss u_{AV}

Der Einfluss durch die Bediener wurde experimentell ermittelt. Für die Bediener-Studie wurde eine Endmaßkombination mit einem Gesamtmaß = 35,000 mm gebildet. Diese Endmaßkombination wurde zehn Mal von jedem der Prüfer gemessen. Die Messergebnisse sind in Bild 7.19 dargestellt. Die erste Spalte enthält die Messwerte von Prüfer A, die zweite Spalte die Messwerte von Prüfer B und die dritte Spalte die Messwerte von Prüfer C.

Prüfer A		Prüfer B		Prüfer C	
i	x_i	i	x_i	i	x_i
1	35.01	11	34.99	21	35.00
2	35.00	12	35.00	22	35.01
3	35.01	13	35.00	23	35.02
4	35.00	14	34.99	24	35.00
5	35.01	15	35.00	25	35.00
6	35.01	16	35.00	26	35.01
7	35.01	17	35.00	27	35.00
8	35.01	18	35.00	28	35.00
9	35.00	19	34.99	29	35.00
10	35.00	20	34.99	30	35.00

Bild 7.19 Messergebnisse der Bedienerstudie

Um die Streuung durch den Bedienereinfluss zu bestimmen, wurde das Verfahren der einfachen Varianzanalyse für Faktoren mit zufälligen Stufen (Modell II) angewandt (Bild 7.20):

Die Bedienerstreuung wurde aus der *zusätzlichen Streuung zwischen den Stichproben* bestimmt:

$$s_A = \sqrt{s_A^2} = \sqrt{0{,}000024593\,\text{mm}^2} \approx 0{,}0005\,\text{mm} \triangleq 0{,}5\,\mu\text{m}$$

Die Standardunsicherheit durch den Bedienereinfluss ergab somit $u_{\text{Bediener}} = s_A = 0{,}5\ \mu\text{m}$.

Teilnr.	Teilebez.	Endmaßkombination
Merkm.Nr.	Merkm.Bez.	Länge

ANOVA		
Streuung innerhalb der Stichproben	$= s_I^2$	0.000034074
Zusätzliche Streuung zwischen den Stichproben	$= s_A^2$	0.000024593
Anteil der zusätzlichen Streuung zwischen den Stichproben	$= s_A^2/s_{ges}^2$	0.42
H_0	Varianz zwischen den Stichproben ist Null	
H_1	Varianz zwischen den Stichproben ist NICHT null.	

Testniveau	kritische Werte unten	kritische Werte oben	Prüfgröße
$\alpha = 5\ \%$	---	3.35	8.21739**
$\alpha = 1\ \%$	---	5.49	
$\alpha = 0.1\ \%$	---	9.02	
Testergebnis	Nullhypothese wird zum Niveau $\alpha \leq 1\%$ verworfen		

Bild 7.20 Ergebnis der Varianzanalyse

Objekteinfluss u_{OBJ}

Der Einfluss der Teile wurde untersucht, indem die Länge an einem Teil an unterschiedlichen Stellen gemessen wurde (Drehung der Teile nach jeder Messung um ca. 15 ° um die Rotationsachse). Die Messungen wurden von einem Prüfer durchgeführt, um die Überlagerung des Bedienereinflusses zu vermeiden (Bild 7.21).

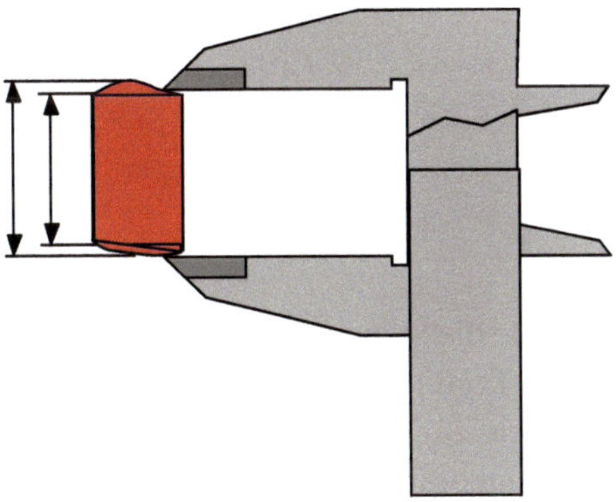

Bild 7.21
Schemazeichnung Objekteinfluss

Die 25 Messergebnisse sind in Tabelle 7.7 aufgeführt.

Tabelle 7.7 Messergebnisse Objekteinfluss

i	x_i	i	x_i	i	x_i
1	34.63	6	34.63	11	34.65
2	34.63	7	34.63	12	34.63
3	34.64	8	34.64	13	34.63
4	34.63	9	34.63	14	34.63
5	34.63	10	34.63	15	34.63
i	x_i	i	x_i	i	x_i
16	34.65	21	34.63	26	
17	34.63	22	34.63	27	
18	34.63	23	34.63	28	
19	34.64	24	34.63	29	
20	34.63	25	34.63	30	

Aus den 25 Einzelwerten wurde die Standardabweichung bestimmt (Bild 7.22):

Zeichnungswerte		Stichprobenkennwerte		Stichprobenkennwerte	
T_m	34.60	x_{min}	34.63	n_{ges}	25
USG	34.40	$Q_{25\%}$	34.6287	n_{eff}	25
OSG	34.80	$\bar{x}$	34.630		
T	0.40	$Q_{75\%}$	34.6369	s^2	0.000037667
		x_{max}	34.65	R	0.02
Vertrauensniveau	=	1-α	=	95.000%	
Standardabw.	=	s	=	0.0047922 ≤ **0.0061373** ≤ 0.0085379	
Mittelwert	=	$\bar{x}$	=	34.6303 ≤ **34.6328** ≤ 34.6353	

Bild 7.22 Kennwerte der Stichprobe aus der Objektstudie

Die Standardunsicherheit des Objektes wurde nach folgender Beziehung bestimmt:

$$u_{OBJ} = s_{OBJ} = 0{,}0061373\ \text{mm} = 0{,}0061373\ \text{mm} \mathrel{\hat{=}} 6{,}1373\ \mu\text{m}$$

Temperatureinfluss u_{TEMP}

> **HINWEIS:** Die diesem Abschnitt zugrunde liegenden Formeln sind im Abschnitt 7.2.9 aufgeführt und erläutert. Daher ist hier nur das Zahlenbeispiel mit den zugehörigen Annahmen beschrieben.

Da die Fertigungshalle nicht klimatisiert ist, musste die Standardunsicherheit durch den Temperatureinfluss abgeschätzt werden. Aus Erfahrung war bekannt, dass die Temperatur in der Fertigungshalle im Sommer bis zu 35 °C betragen kann. Dies entspricht einer maximalen Differenz zur Normtemperatur von 15 K (35 °C – 20 °C ≙ 15 K).

Da keine anderen Daten vorlagen, wurde für die Unsicherheit der Ausdehnungskoeffizienten 10 % der Koeffizienten und für die Unsicherheiten der Temperaturen 1 K angesetzt. Sowohl das Messmittel als auch die Werkstücke bestehen aus dem Werkstoff Stahl. Der Wärmeausdehnungskoeffizient für den Werkstoff Stahl wurde aus Tabelle A.3.1 des VDA 5 (VDA 2011) entnommen:

$$\alpha_{\text{Stahl}} = 11{,}5 \cdot 10^{-6}\ \text{K}^{-1}$$

Es wurden für die Unsicherheiten der Wärmeausdehnungskoeffizienten die Werte

$$u_{\alpha N} = u_{\alpha W} = 0{,}1 \cdot 11{,}5 \cdot 10^{-6}\ \text{K}^{-1} = 11{,}5 \cdot 10^{-7}\ \text{K}^{-1}$$

bestimmt und für die Unsicherheiten der Temperaturen die Werte

$$u_{TN} = u_{TW} = 1\ \text{K}$$

angenommen.

Aus Gründen der Übersichtlichkeit wurde die Bestimmung von u_{Temp} in Tabelle 7.8 zusammengefasst.

Tabelle 7.8 Tabelle zur Bestimmung der Standardunsicherheit Temperatur

Standardunsicherheit Temperatur	u_{Temp}	a · b	
		0,001231413	mm
Verteilungsfaktor	b	0,6	
Fehlergrenzwert	a	$\lvert\Delta L\rvert + 2 \cdot u_{\text{Rest}}$	
		0,002052355	mm
Fehler durch unterschiedliche Längenausdehnung von Werkstück und Messmittel	ΔL	$L_{\text{Anz;}N} \cdot (\alpha_W \cdot T_W - \alpha_N \cdot T_N)$	
		0	mm

Wärmeausdehnungskoeffizient Werkstück	α_W	0,0000115	1/K
Temperaturdifferenz Werkstück zu Normtemperatur	T_w	15	K
Wärmeausdehnungskoeffizient Messmittel	α_N	0,0000115	1/K
Temperaturdifferenz Messmittel zu Normtemperatur	T_N	15	K
Anzeigewert des Normals bei 20 °C	$L_{Anz;N}$	35	mm
Unsicherheit der Ausdehnungskoeffizienten und Temperaturen	u_{Rest}	$L_{\text{Anz;N}} \cdot \sqrt{T_N^2 \cdot u_{\alpha N}^2 + T_W^2 \cdot u_{\alpha W}^2 + \alpha_N^2 + u_{TN}^2 + \alpha_W^2 \cdot u_{TW}^2}$	
		0,001026178	mm
Unsicherheit Ausdehnungskoeffizient Werkstück	$u_{\alpha W}$	0,00000115	K
Unsicherheit Ausdehnungskoeffizient Messmittel	$u_{\alpha N}$	0,00000115	K
Unsicherheit Temperatur Werkstück	u_{TW}	1	K
Unsicherheit Temperatur Messmittel	u_{TN}	1	K

Die resultierende Standardunsicherheit der Temperatur ergab gerundet u_{TEMP} = 1,2 µm.

Kombinierte Standardunsicherheit des Messprozesses

Die kombinierte Standardunsicherheit wurde durch quadratische Addition der Standardunsicherheitskomponenten gebildet:

$$u_{MP} = \sqrt{u_{MS}^2 + u_{AV}^2 + u_{OBJ}^2 + u_T^2} = \sqrt{12^2 + 0{,}5^2 + 6{,}1^2 + 1{,}2^2}\ \mu\text{m} = 13{,}52\ \mu\text{m}$$

Erweiterte Messunsicherheit U

Aus der kombinierten Standardunsicherheit wurde die erweiterte Messunsicherheit U_{MP} durch Multiplikation mit dem Erweiterungsfaktor k = 2 gewonnen:

$$U_{MP} = 27{,}04\ \mu\text{m}$$

Der Eignungskennwert für den Messprozess ergibt sich aus

$$Q_{MP} = \frac{2 \cdot U_{MP}}{TOL} \cdot 100\,\% = \frac{2 \cdot 27{,}04\ \mu m}{400\ \mu m} \cdot 100\,\% = 13{,}5$$

Die minimale Toleranz, bei der dieser Messprozess noch verwendet werden kann, errechnet sich aus:

$$T_{\min.MP} = \frac{2 \cdot U_{MP}}{Q_{\max.MP}} \cdot 100\,\% = \frac{2 \cdot 27{,}04\ \mu m}{30\,\%} \cdot 100\,\% \approx 180\ \mu m$$

Abschließende Beurteilung der Verwendbarkeit des Messprozesses

Der errechnete Eignungskennwert Q_{MP} = 13,5 % ist kleiner als der geforderte Grenzwert von 30 %. Damit kann der Messprozess für die beschriebene Messaufgabe als geeignet angesehen werden.

Da die errechnete minimale Toleranz für den Messprozess $T_{min.MP} \approx$ 180 µm deutlich unter der Toleranz von 400 µm liegt, kann dieser Messprozess für eine ähnliche Messaufgabe bis zu einer minimalen Toleranz von 180 µm eingesetzt werden, ohne dass der Messprozess neu untersucht werden muss!

7.6.2 Längenmessung mit speziellem Messmittel

Für die fertigungsbegleitende Prüfung von Ventilen wurde ein Messsystem mit spezieller Messvorrichtung ausgewählt. Im Unterschied zu einem Standard-Messmittel können in diesem Fall nicht einfach die Fehlergrenzen des Messmittels zur Bestimmung der Eignung des Messsystems verwendet werden, sondern diese ist mittels Versuch zu ermitteln.

Die Ermittlung der erweiterten Messunsicherheit soll anhand des folgenden Zahlenbeispiels erläutert werden.

1. **Beschreibung der Messaufgabe**

   Mit der in Bild 7.23 dargestellten Messvorrichtung soll die Ventilhöhe bestimmt werden. Die Toleranz beträgt laut Zeichnung 20 µm.

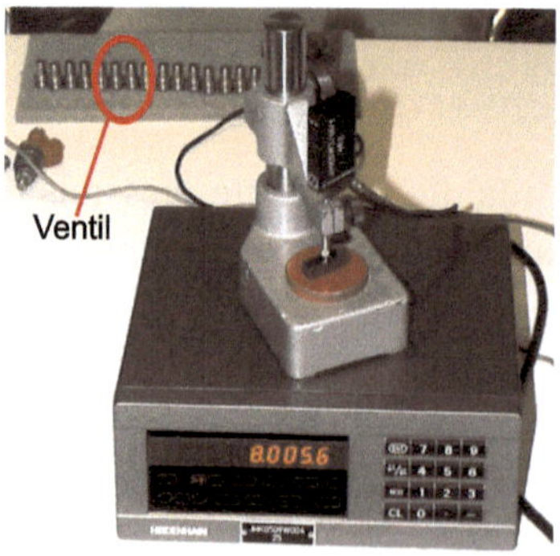

Bild 7.23
Messvorrichtung zur Bestimmung der Ventilhöhe

2. **Angaben zum Messmittel und Normal**

Langwegtaster der Firma Heidenhain

Messbereich: 50 µm

Auflösung: 0,1 µm

Gesamtmessabweichung: 0,14 µm

Kalibrierunsicherheit Parallelendmaß: U_{CAL} = 0,5 µm bei k = 2 → u_{CAL} = 0,25 µm

Die Herstellerangaben sind in Bild 7.24 dargestellt.

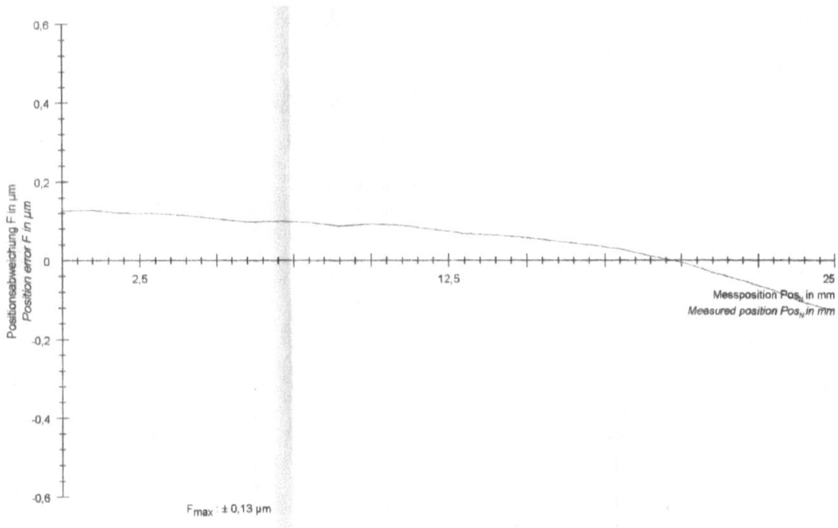

Bild 7.24 Herstellerangaben

3. **Bestimmung und Bewertung der prozentualen Auflösung**

Die prozentuale Auflösung für die Messvorrichtung beträgt:

$$\text{Auflösung}(\%) = \frac{\text{Auflösung}}{T} \cdot 100\,\% = \frac{0{,}1\ \mu\text{m}}{20\ \mu\text{m}} \cdot 100\,\% = 0{,}5\,\% < 5\,\%$$

Das Kriterium für die prozentuale Auflösung ist damit erfüllt.

4. **Bestimmung der Standardunsicherheit des Messmittels u_{MS}**

Die Unsicherheitskomponenten sind:

Auflösung u_{RE} (Resolution)

Kalibrierunsicherheit u_{CAL} (Reference)

Einstellvorgang u_{BI} (Bias, systematische Messabweichung)

Wiederholpräzision u_{EVR} (Equipment Variation) an einem Referenzteil

Linearitätsabweichung u_{LIN} (Linearity)

Die 25 Wiederholungsmessungen an dem Parallelendmaß (Referenzteil, Tabelle 7.9) haben die systematische Messabweichung *Bi* = 0,596 mm und Streuung s_g = 0,17195 mm (Bild 7.25) ergeben. Der Werteverlauf der Messungen ist in Bild 7.26 dargestellt.

Tabelle 7.9 Ergebnisse Wiederholungsmessungen

x_i	x_i	x_i	x_i	x_i
8,0003	8,0006	8,0005	8,0013	8,0007
8,0005	8,0005	8,0005	8,0007	8,0006
8,0005	8,0006	8,0006	8,0005	8,0005
8,0005	8,0006	8,0006	8,0005	8,0007
8,0006	8,0006	8,0007	8,0006	8,0006

Zeichnungswerte			Gemessene Werte			Statistische Werte		
x_m	=	8,000000				$\bar{x}_g$	=	8,000596
USG	=	7,9750	$x_{min\,g}$	=	8,0003	s_g	=	0,00017195
OSG	=	8,0250	$x_{max\,g}$	=	8,0013	$\lvert Bi \rvert = \lvert \bar{x}_g - x_m \rvert$	=	0,000596
T	=	0,0500	R_g	=	0,0010			
			n_{ges}	=	25	n_{eff}	=	25
Systematische Messabweichung (Bias) =			$u_{Bi} = \frac{1}{2} Bi/\sqrt{3}$			=		0,000344

Bild 7.25 Statistische Kennwerte

Damit ergibt sich das in Tabelle 7.10 dargestellte Unsicherheitsbudget für das Messsystem *u*.

Tabelle 7.10 Unsicherheitsbudget „Messsystem“

Komponente	Methode	Verteilung	*n*	*a*	*b*	Formel	u_i	u_i^2
u_{RE}	B	Rechteck	–	0,05	0,58	0,05 × 0,58	0,029	0,000841
u_{CAL}		Normal	–	0,5		0,5/2	0,25	0,0625
u_{BI}	A/B	Rechteck	25			$Bi \cdot 0{,}58$	0,3494	0,1195084
u_{EVR}	A	Normal	25			s_g	0,172	0,029584
u_{LIN}	B	Rechteck	–	0,14	0,58	0,14 · 0,58	0,0812	0,0065934

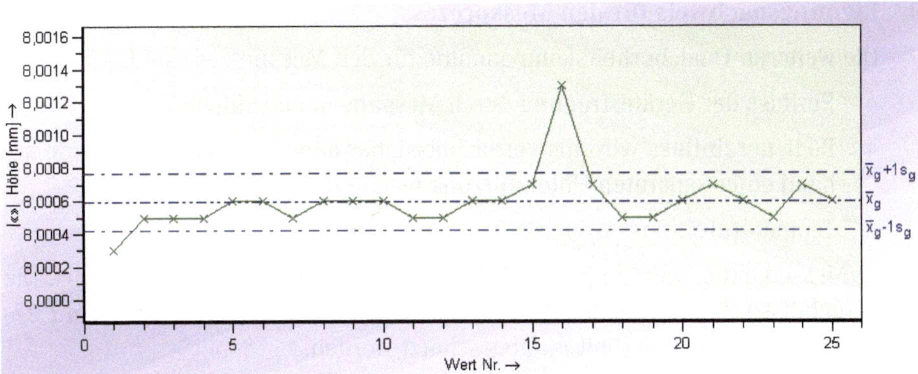

Bild 7.26 Werteverlauf

5. **Erweiterte Messunsicherheit des Messsystems**

   Die kombinierte Standardunsicherheit $u(y)$ wird aus allen nach Methode A und B ermittelten Unsicherheitskomponenten durch deren quadratische Addition ermittelt:

   $$u_{MS} = \sqrt{u_{CAL}^2 + u_{BI}^2 + u_{EV}^2 + u_{LIN}^2} \quad \text{mit} \quad u_{EV} = \max\{u_{RE},\, u_{EVR}\}$$
   $$u_{MS} = \sqrt{0{,}063 + 0{,}12 + 0{,}03 + 0{,}007}$$
   $$u_{MS} \approx 0{,}4$$

   Die erweiterte Messunsicherheit für das Messsystem ergibt sich aus

   $$U_{MS} = 2 \cdot u_{MS} = 2 \cdot 0{,}4\ \mu\text{m} = 0{,}8\ \mu\text{m}$$

6. **Eignungskennwert**

   Der Eignungskennwert ist

   $$Q_{MS} = \frac{2 \cdot U_{MS}}{TOL} = \frac{2 \cdot 0{,}8\ \mu\text{m}}{20\ \mu\text{m}} = 0{,}08 = 8\,\%$$

   Und damit kleiner als die geforderten 15 % für das Messsystem, das damit als geeignet bewertet werden kann.

7. **Einhaltung der kleinsten prüfbaren Toleranz**

   Der Eignungsgrenzwert $Q_{MS.max}$ ist in dem Beispiel 15 %.

   $$T_{min.MS} = \frac{2 \cdot U_{MS}}{Q_{MS.max}} = \frac{2 \cdot 0{,}8\ \mu\text{m}}{15\,\%} \approx 10\ \mu\text{m} \le 20\ \mu\text{m}$$

   Damit ist das Messsystem als verwendbar eingestuft und der gesamte Messprozess kann weiter analysiert werden.

8. Eignungsnachweis für den Messprozess

Die weiteren Unsicherheitskomponenten für den Messprozess sind:

- Einfluss der Gerätestreuung durch Messungen an Prüfobjekten
- Bedienereinfluss wird als vernachlässigbar angenommen. Dies wurde anhand einer separaten Unterstützung bestätigt.
- Temperatureinfluss u_{TEMP} = 0,08 µm (Annahme)

An 25 Messobjekten werden je zwei Wiederholungsmessungen durchgeführt. Die Messergebnisse sind in Tabelle 7.11 dargestellt. Mit der ANOVA-Analyse (Bild 7.27) kann die Standardunsicherheit u_{EV} abgeschätzt werden.

Tabelle 7.11 Wiederholungsmessung an 25 Messobjekten

x_{A1}	21,310	21,313	21,323	21,319	21,323	21,328	21,307	21,317	21,293	21,330	21,308	21,320	21,325
x_{A2}	21,311	21,313	21,323	21,319	21,324	21,329	21,307	21,318	21,293	21,331	21,308	21,319	21,325
x_{A1}	21,307	21,294	21,311	21,306	21,327	21,319	21,306	21,324	21,306	21,313	21,309	21,307	
x_{A2}	21,307	21,294	21,311	21,306	21,328	21,320	21,306	21,324	21,307	21,313	21,310	21,306	

ANOVA Auswertung

	$\hat{\sigma}^2$	$\hat{\sigma}$	VB un 95%;	5.15 $\hat{\sigma}$	VB ob 95%;	%RF
EV	0.0000002200	0.0004690	0.001895	0.002416	0.003336	4.83
AV	---	---	---	---	---	---
IA	---	---	---	---	---	---
R&R	0.0000002200	0.0004690	0.001895	0.002416	0.003336	4.83
PV	0.0001005	0.01002	0.03446	0.05163	0.07760	103.27

Bild 7.27 Schätzung für Streuung aus ANOVA

Aus dieser Untersuchung und den Angaben kann das Unsicherheitsbudget des „Messprozesses" u_{MP}, wie in Tabelle 7.12 dargestellt, zusammengefasst werden.

Tabelle 7.12 Unsicherheitsbudget „Messprozess"

Komponente	Methode	Verteilung	n	a in µm	b	Formel	u_i in µm	u_i^2
u_{EV}	A	Normal	25	-	-	ANOVA (s. Bild 7.27)	0,469	0,21996
U_{TEMP}	B	Rechteck	-	-	-	Annahme	0,08	0,0064

Kombinierte Standardunsicherheit des Messprozesses

Die kombinierte Standardunsicherheit u_{MP} wird aus allen ermittelten Unsicherheitskomponenten durch deren quadratische Addition bestimmt:

$$u_{MP} = \sqrt{u_{CAL}^2 + u_{BI}^2 + u_{EV}^2 + u_{Lin}^2 + u_{TEMP}^2} \qquad \text{mit} \qquad u_{EV} = \max\{u_{RE}, u_{EVR}, u_{EVO}\}$$

$$u_{MP} = \sqrt{0{,}0625 + 0{,}12 + 0{,}22 + 0{,}007 + 0{,}064}\ \mu\text{m} = 0{,}688\ \mu\text{m} \approx 0{,}7\ \mu\text{m}$$

$$\text{mit } u_{EV} = \max\{0{,}029; 0{,}172; 0{,}469\}\ \mu\text{m} = 0{,}469\ \mu\text{m}$$

$$u_{EV}^2 = 0{,}2199 \approx 0{,}22$$

Erweiterte Messunsicherheit

$$U_{MP} = k \cdot u_{MP}$$

Bei k = 2 (Tabelle 14.1) ergibt sich U_{MP} = 0,7 µm · 2 = 1,4 µm (≈ 1,5 µm)

Eignungskennwert

Der Eignungskennwert ist

$$Q_{MP} = \frac{2 \cdot U_{MP}}{T} \cdot 100\% = \frac{2 \cdot 1{,}4\ \mu\text{m}}{20\ \mu\text{m}} \cdot 100\ \% = 14\ \% \leq 30\ \%$$

Damit ist der Messprozess als geeignet anzusehen.

Minimale Toleranz

Die minimale Toleranz, für die dieser Messprozess noch geeignet ist, ergibt sich aus:

$$T_{\min.MP} = \frac{2 \cdot U_{MP}}{Q_{MP.\max}} = \frac{2 \cdot 1{,}4\ \mu\text{m}}{30\ \%} \cdot 100\ \% = 9{,}3\ \mu\text{m} \approx 10\ \mu\text{m} \leq 20\ \mu\text{m}$$

Damit könnte die Toleranz halbiert werden.

9. **Auswirkungen auf die Grenzen der Übereinstimmung**

   Vereinfachend hat sich der Hersteller der Bauteile für Schutzabstände in der Größe einer erweiterten Messunsicherheit entschieden ($g = 2 \cdot u_{MP} = U_{MP} = 1{,}5\ \mu\text{m}$) und den Übereinstimmungsbereich von 20 mm auf 17 mm verringert, um sicherzustellen, dass keine Bauteile mit Toleranzüberschreitungen ausgeliefert werden (s. Bild 7.28).

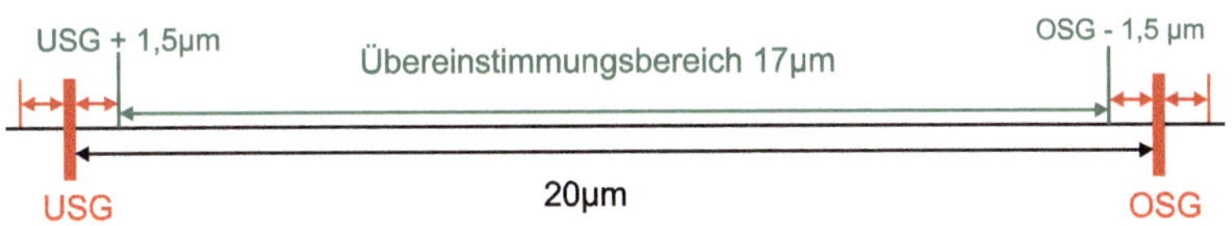

Bild 7.28 Schutzabstände an den Spezifikationsgrenzen

8 Vergleich Firmenrichtlinien, AIAG MSA und VDA 5 bzw. ISO 22514-7

Begriffe

Bezüglich der Begriffe und Definitionen hat die AIAG MSA (AIAG 2010) in der ersten Auflage 1990 mangels internationaler Normierung Standards gesetzt. So war das erste internationale Wörterbuch der Metrologie (VIM) (Brinkmann 2012; ISO 2007) bereits 1989 erstmals erschienen, aber erst in der Ausgabe von 1994 wurden die Begriffe wie Messsystem, Messprozess und Messunsicherheit definiert. Auch der Leitfaden zur Angabe der Unsicherheit beim Messen (GUM)(ISO 2008) ist erst 1995 veröffentlicht worden. Die AIAG MSA (AIAG 2010) hat sich zwar im Laufe der vier Ausgaben den Begriffen der internationalen Normierung angenähert, aber grundlegende Begriffe unabhängig von internationalen Standards beibehalten, was aufgrund des hohen Verbreitungsgrades und der Entkopplung aus der Normenwelt auch problemlos möglich war.

Typisches Beispiel ist der Begriff „Messsystem" selbst. Wie Bild 8.2 zeigt, geht der Begriff Messsystem im Sinne der AIAG MSA (AIAG 2010) nicht konform mit der Begriffsdefinition des VIM (ISO 2007). Das Messsystem im Sinne der AIAG MSA entspricht dem Messprozess im Sinne der internationalen Normierung. Das Messsystem nach VIM (ISO 2007) ist hingegen ein Unterelement des Messprozesses, das die typischen Einflusskomponenten zusammenfasst, die primär von den Herstellern der Messgeräte und Messmittel beeinflusst werden können. Diese separate Betrachtung erreicht man bei Firmenrichtlinien durch die Bestimmung der C_g- und C_{gk}-Werte. Denn unterschreiten diese Kennwerte bereits den geforderten Grenzwert von 1,33, ist mit hoher Wahrscheinlichkeit davon auszugehen, dass das Messsystem unter Einbezug der Einflusskomponenten, die im realen Einsatz (z. B. in der Fertigung) hinzukommen, nicht geeignet sein wird. Beim VDA Band 5 (VDA 2021) bzw. der ISO 22514-7 (ISO 2021) wird für diese Beurteilung der Eignungskennwert Q_{MS} verwendet, der weitere Unsicherheitskomponenten des Messsystems berücksichtigt.

Vorgehensweise

Im Prinzip ist die Vorgehensweise zur Beurteilung des verwendeten Messsystems bzw. Messprozesses bei

- Firmenrichtlinien,
- AIAG MSA Measurement Systems Analysis (AIAG 2010),
- VDA Band 5 Mess- und Prüfprozesseignung (VDA 2021) bzw. ISO 22514-7 (ISO 2021)

sehr ähnlich. Es werden Annahmen getroffen und Anforderungen an die Durchführung der Versuche gestellt. Anschließend werden unter realen Gegebenheiten Untersuchungen durchgeführt, die Messwerte grafisch und numerisch analysiert, Kennwerte bestimmt und diese mit vorgegebenen Grenzwerten verglichen. Anhand dieser Bewertung wird über die Fähigkeit bzw. Eignung entschieden. Die wesentlichen Unterschiede zwischen AIAG MSA, den Firmenrichtlinien und VDA 5 liegen in der Berechnung der Kennwerte und der Anzahl der betrachteten Einflussgrößen, die beim Messen wirken (können).

Bewertung nach Firmenrichtlinien

In den meisten Firmenrichtlinien werden die bekannten Verfahren 1 bis 3, Linearität und Stabilität aufgelistet, die sich als Quasi-Standard aus den frühen Firmenrichtlinien Ende der 1980er-/Anfang 1990er-Jahre entwickelt haben. Diese Verfahren sind weder in Normen noch Verbandsrichtlinien zu finden. Einzig in einem Leitfaden aus der Automobilindustrie, der in einer Arbeitsgruppe verschiedenster OEMs und Zulieferer der Automobilindustrie unter Leitung der Firma Q-DAS GmbH 1999 entstanden ist, sind diese Vorgehensweisen verallgemeinert und zusammengefasst. Dieser Leitfaden war ein „Open Source“-Projekt, d. h., der Leitfaden konnte lizenzfrei als Vorlage genutzt werden und war somit die Grundlage verschiedenster Firmenrichtlinien der OEMs und Zulieferer in den frühen 2000er-Jahren. Aufgrund der bekannten Mängel der AIAG MSA haben sich diese Verfahren bis heute gehalten. Seit Erscheinen des VDA Band 5 (VDA 2021) werden aber mehr und mehr Firmenrichtlinien auf diese Methoden umgestellt, weil damit auch die Forderungen der ISO 14253-1 (DIN 2018), JCGM 106 (JCGM 2012) und ISO/IEC Guide 98-4 (ISO 2012) nach Berücksichtigung der Messunsicherheit bei der Konformitätsprüfung berücksichtigt werden können.

Bewertung nach AIAG MSA

Bei der AIAG MSA (AIAG 2010) wird die Fähigkeit durch Vergleich des ermittelten *%GRR*-Wertes (Gage Repeatability [and] Reproducibility) mit den vorgegebenen Grenzwerten bewertet. Vor dessen Berechnung wird untersucht, ob die systematische Messabweichung (bzw. die linearitätsbedingten Abweichungen) ausreichend klein ist. Hierzu werden nur statistische Tests auf Signifikanz durchgeführt, aber weder ein Kennwert berechnet noch ein Bezug zu den Anforderungen aus der Praxis (z. B. Fertigungsstreuung oder Toleranz) aufgestellt. Alternativ zur Ermittlung von *%GRR* wird die Anzahl der unterscheidbaren Datenkategorien anhand der *ndc*-Werte (Number of Distinct Categories) bewertet. Dieser Wert muss größer als 5 sein.

HINWEIS: Der Kennwert *ndc* kann natürlich auch parallel zum *%GRR* ermittelt werden, die Ergebnisse sind bei korrekter Berechnung allerdings weitgehend redundant und die Beurteilungen deshalb identisch. Allerdings wird der Kennwert *ndc* oftmals unter Missachtung der Hinweise in der AIAG MSA (AIAG 2010) falsch berechnet, was zu deutlichen Diskrepanzen in der Bewertung führt. Meist ist dann *%GRR* ausreichend klein, der Grenzwert für *ndc* aber nicht erreicht. In Kapitel 4 wurde darauf näher eingegangen.

Falls der *%GRR*-Wert die vorgegebenen Grenzen überschreitet, kann aufgrund des Wertes selbst nicht beurteilt werden, wieso es zu dieser Überschreitung kommt. Dazu müssen Zwischenergebnisse herangezogen und gegebenenfalls weitere Untersuchungen vorgenommen werden.

Weiterhin untersucht die AIAG MSA die Stabilität eines Messsystems (Messprozesse nach VIM (ISO 2007)), in dem eine Stabilitätskarte geführt wird. Diese Untersuchung kann mit der Bewertung der systematischen Messabweichung (Bias) verknüpft werden.

Bewertung gemäß VDA 5

Nach VDA 5 (VDA 2021) wird für jede Komponente i des Messprozesses, die Einfluss auf die Messunsicherheit hat, die Standardunsicherheit u_i einzeln berechnet und aufgelistet (Bild 8.2). Danach wird für Messsystem und -prozess die sogenannte erweiterte Messunsicherheit U sowie ein Eignungskennwert Q bestimmt. Dabei kann mit den Kennwerten Q_{MS} und Q_{MP} das Messsystem separat und der Messprozess in Summe bewertet werden. Wie zuvor beschrieben, kann der VDA Band 5 darüber hinaus die Forderungen der ISO 14253-1, JCGM 106 und ISO/IEC Guide 98-4 nach Berücksichtigung der Messunsicherheit bei der Konformitätsprüfung berücksichtigen. Damit hilft der Eignungsnachweis auch, Ansprüche aus dem Bereich der Produkthaftung abzuwehren.

Methodenüberblick

Bild 8.1 zeigt einen Überblick der Methoden, wobei hier auch die Bestimmung der Messunsicherheit nach GUM (ISO 2008) aufgenommen ist. Diese Vorgehensweise nimmt eine Sonderstellung ein, da sie keinen expliziten Eignungsnachweis enthält, aber als Grundlage genutzt werden kann. Die Bestimmung der Messunsicherheit ist allerdings unerlässlich zur Ermittlung von Sicherheitsabständen bei Konformitätsprüfungen. Deshalb verweist GUM (ISO 2008) auf weitere Papiere, die sich mit den speziellen Anwendungen der Messunsicherheit beschäftigen. Eines dieser Papiere ist der VDA Band 5 (VDA 2021), der die Brücke zwischen der Normenwelt und den Fähigkeitsnachweisen nach MSA schlägt. Die AIAG MSA selbst steht wiederum am Rand, da sie zwar konzeptionell die Basis der Messsystemanalysen darstellt, die Methoden aber, bis auf die GRR-Studie und die Stabilitätsbetrachtungen, wenig überzeugen können und teilweise kontraproduktiv sind.

ISO/IEC Guide 98-3 (GUM) **ISO 14253-1**	**VDA Band 5 (3. Auflage)** **ISO 22514-7**	**Firmenrichtlinien zur MSA** **(„was man wirklich macht ...")**	**AIAG MSA 4th Edition**
ISO/IEC Guide 98-3 (GUM) - Standardmessunsicherheiten **u** - Kombinierte Standardmessunsicherheit $\mathbf{u_c}$ - Freiheitsgrade **f** - Erweiterte Messunsicherheit **U** *„Es kann sich deshalb als notwendig erweisen, auf der Grundlage dieses Leitfadens weitere Normen zu entwickeln, die sich mit […] den verschiedenen Anwendungen […] befassen."* *„Obwohl der Leitfaden den Rahmen für die Bewertung der Unsicherheit setzt, kann er kritisches Denken, intellektuelle Redlichkeit und berufliches Können nicht ersetzen."*	Eignung Messsystem $\mathbf{Q_{MS}}$ Berücksichtigung von Verfahren 1, Linearität und anderem Vorwissen	Verfahren 1 – $\mathbf{C_g/C_{gk}}$	Signifikanztest für Bias (Stichprobe oder QRK)
		Linearität (meist maximaler Bias)	Signifikanztest für Linearität (Achsenabschnitt und Steigung)
	Eignung Mess-/Prüfprozess $\mathbf{Q_{MP}}$ Berücksichtigung von Verfahren 2 und 3, Temperatur, Messobjekt (Formabweichungen), Mehrfach-Messstellen, Stabilität und anderem Vorwissen	Verfahren 2 – **%GRR**	Gage R&R und/oder ndc (Vorzugsweise bezogen auf Fertigungsprozess)
		Verfahren 3 – **%GRR**	
		Stabilität	Stabilität
		(keine Einflüsse aus Umwelt, Messobjekt, ...)	(keine Einflüsse aus Umwelt , Messobjekt, ...)
Entscheidungsregeln für die Feststellung von Übereinstimmung oder Nichtübereinstimmung mit Spezifikationen	Entscheidungsregeln für die Feststellung von Übereinstimmung oder Nichtübereinstimmung mit Spezifikationen	keine Messunsicherheit – keine Entscheidungsregeln	keine Messunsicherheit – keine Entscheidungsregeln

Bild 8.1 Vergleich der Methoden aus der Normung, dem VDA Band 5, den Firmenrichtlinien und der AIAG MSA

Aus der Darstellung in Bild 8.1 wird deutlich, dass einzig der VDA Band 5 (VDA 2021) sowohl Eignungsnachweise im Sinne der Messprozessfreigabe als auch Schutzabstände im Sinne der Normforderungen für Konformitätsprüfungen abbilden kann.

In Bild 8.2 werden die in VDA 5 (VDA 2021) betrachteten Einflusskomponenten aufgelistet und exemplarisch Möglichkeiten zur Berechnung angegeben. Zum Vergleich sind die Bewertungselemente der AIAG MSA (AIAG 2010) und der Firmenrichtlinien gegenübergestellt.

Komponente Unsicherheit aus ...	VDA Band 5	Ermittlung	Anforderung	AIAG MSA	Ermittlung	Anforderung	Firmenrichtlinien MSA	Ermittlung	Anforderung
Auflösung	$u_{RE} = \frac{1}{\sqrt{3}} \cdot \frac{RE}{2}$	GUM Methode B	$RE \leq 5\% T$	RE	(GUM Methode B)	$RE \leq 10\% RF$ $(RF = TV\ preferred)$	RE	(GUM Methode B)	$RE \leq 5\% T$
Kalibrierung (Kalibrierkette)	$u_{RE} = \frac{1}{\sqrt{3}} \cdot MPE_{CAL}$ $u_{RE} = \frac{U_{CAL}}{k}$	GUM Methode B	*all components part of* $Q_{MS} \leq 15\% T$ $U_{MS} = 2u_{MS}$ 95,45% *and* $Q_{MP} \leq 30\% T$ *see below*				*Randbedingung*	(GUM Methode B)	$U_{CAL} \leq 1\%$ ... $U_{CAL} \leq 5\% T$
Bias	$u_{BI} = \frac{1}{\sqrt{3}} \cdot BI$	**GUM Methode A** 1 ... k Referenzteile 2 ... r Wiederholmessungen pro Teil $k \cdot r \geq 30$ Messungen in Summe		$t - Test\ for\ significant\ Bias$	Empfohlen: $n \geq 10$ Messungen "Besondere Vorsicht [...] wenn $n < 30$"	*Nicht signifikant*	$C_{gk} = \frac{0.1\,T - \lvert BI \rvert}{6s}$	• 1 Referenzteil • 25 bis 50 Wiederholmessungen	$C_{gk} \leq 1.33$
Wiederholbarkeit (an der Referenz)	$u_{EVR} = s_{EV}$			$EV = s_{EV}$		*"sollte klein sein"*	$C_g = \frac{0.2\,T}{6s}$		$C_g \leq 1.33$
Linearität	$u_{LIN} = s_{LIN}\ (ANOVA)$ $u_{LIN} \in max(BI)$	**GUM Methode B** auch anwendbar		$t - Test\ auf\ sig.\ Steigung\ /Achsenabschnitt$	Keine Vorgaben, Bsp: 5 Referenzteile, je 12 Messungen	*Nicht signifikant*	$max(BI)$	• n≥3 Referenzteile • r=3...12 Wiederholmessungen • $n \cdot r \geq 30$	$max(BI) \leq 5\% T$
Wiederholbarkeit (am Objekt)	$u_{EVO} = s_{EV}\ (ANOVA)$	**GUM Methode A** • min 5 Teile • min 2 Wiederholmessungen/Teil • min 2 Bediener • min 2 pro weiterer Komponente, wenn anwendbar • In Summe min. 30 Messungen Versuche analog • GRR Verfahren 2 • GRR Verfahren 3 • DOE Versuchplan **GUM Mehode B** auch anwendbar	*all components part of* $Q_{MP} \leq 30\% T$ $U_{MP} = 2u_{MP}$ 95,45%	$EV = s_{EV}\ (ANOVA)$	**Empfohlen: GRR Studie** 10 Teile, 3 Bediener 2-3 Wiederholmess. **Range Method** 5 Teile, 3 Bediener, 1 Messung, nur AV	$GRR \leq 10\% RF$ $GRR \leq 30\% RF$ $6\sigma \triangleq 99{,}73\%$ $RF = TV\ bevorzugt$ *Alternative* − *historisches σ* − *geforderter Pp* − *Toleranz T*	$EV = s_{EV}\ (ANOVA)$	Typisch • $n = 5 \ldots 10$ Teile • $k = 2 \ldots 3$ Bediener • $r = 2 \ldots 3$ Wiederholmessungen • $n \cdot k \cdot r \geq 30$	$GRR \leq 10\% \ldots 30\% T$ *Streubreite* $4\sigma \triangleq 95{,}45\%$ $5{,}15\sigma \triangleq 99\%$ $6\sigma \triangleq 99{,}73\%$ *kundenspezifisch*
Vergleichbarkeit der Bediener	$u_{AV} = s_{AV}\ (ANOVA)$			$AV = s_{AV}\ (ANOVA)$			$AV = s_{AV}\ (ANOVA)$		
Wechselwirkung Bedienert/Teil	$u_{IA} = s_{IA}\ (ANOVA)$			$IA = s_{IA}\ (ANOVA)$			$IA = s_{IA}\ (ANOVA)$		
Vergleichparkeit Messsystem/-position	$u_{GV} = s_{GV}\ (ANOVA)$								
Inhomogenität des Objekts	$u_{OBJ} = s_{OBJ}\ (ANOVA)$ *oder div. Quellen*								
Temperatur	$u_T = div.\ Quellen$								
Stabilität (Kurzzeit)	$u_{STAB} = div.\ Quellen$				QRK	*QRK stabil*		QRK	*QRK stabil*
Fortlaufende Eignung		QCC	*QRK stabil*		QRK	*QRK stabil*		QRK	*QRK stabil*
Schutzabstände	$g = 1{,}65 \cdot u_{MP}$	Results from u_{MP}	*n.a.*						

Bild 8.2 Vergleich der Einflusskomponenten bei VDA Band 5, AIAG MSA und firmenspezifischen Richtlinien (z. B. Leitfaden aus der Automobilindustrie)

Die Einflusskomponenten im Einzelnen:

- **Auflösung**

  Sowohl gemäß Firmenrichtlinie als auch bei der Vorgehensweise nach VDA 5 (VDA 2021) wird zunächst bewertet, ob die Auflösung kleiner als 5 % der Toleranz des zu prüfenden Merkmales ist. Ist diese Forderung nicht erfüllt, erfolgt keine weitere Untersuchung, da das Messgerät die Realität nicht ausreichend widerspiegeln würde. Beim Einsatz zur Bestimmung der Maschinen- oder Prozessfähigkeit würden dann nicht ausreichend viele Werteklassen angezeigt, um eine sinnvolle Verteilungssuche zu unterstützen.

  Bei der AIAG MSA (AIAG 2010) und den Firmenrichtlinien wird die Auflösung danach nicht weiter berücksichtigt. Im VDA 5 (VDA 2021) geht die Standardunsicherheit aufgrund der Auflösung u_{RE} in das Messunsicherheitsbudget ein.

- **Unsicherheit Referenzteile**

  Die AIAG MSA (AIAG 2010) verweist darauf, dass die Qualität der Untersuchung von der Qualität der Referenz abhängt, aber es gibt keine konkreten Anforderungen. In Firmenrichtlinien findet man Hinweise, dass die Unsicherheit des Referenzteiles (Normal, kalibrierter Einstellmeister etc.) kleiner als 5 % der Toleranz sein soll, im Bosch Heft 10 sogar kleiner 1 %, wobei das Tor in die Gegenrichtung bis 10 % geöffnet wird, wenn keine passenden Referenzen zur Verfügung stehen. Wie unpassend 10 % Messunsicherheit sind, wird klar, wenn man sich vergegenwärtigt, dass dadurch selbst bei hervorragendem C_g ein $C_{gk} = 0$ einzig aufgrund der Kalibrierunsicherheit des Referenzteils möglich ist.

  Der VDA 5 (VDA 2021) stellt keine explizite Anforderung an die Messunsicherheit, berücksichtigt diese aber im Messunsicherheitsbudget. Dies ist insbesondere bei der Abnahme von Messsystemen sinnvoll, da sehr häufig Einstellmeister mit großer Unsicherheit als Referenzteile verwendet werden. Trifft man bei Wiederholungsmessungen nicht immer die gleiche Messposition, dann erhöht sich die Streuung. Diese Erhöhung ist aber nicht dem Messgerät anzulasten. Ohne den Einbezug der Unsicherheit des Normals führt dies bei Abnahmen immer wieder zu erheblichen Diskussionen zwischen Kunde und Hersteller des Messgerätes, die durch die separate Betrachtung der Unsicherheit des Referenzteiles vermieden werden.

- **Wiederholbarkeit und systematische Messabweichung am Referenzteil**

  Um diese Unsicherheitseinflüsse zu bewerten, werden an einem kalibrierten Referenzteil mit bekanntem Nennmaß Wiederholmessungen durchgeführt und die Messwerte ausgewertet:

  - Die AIAG MSA (AIAG 2010) fordert, dass die Streuung (sprich Standardabweichung) klein sein muss. Allerdings gibt es keine konkrete Angabe, wie klein sie sein soll. In der ersten Fassung der 4. Auflage war sogar noch ein Vermerk des Editors zu lesen, der das beanstandet hatte. Bezüglich der systematischen Messabweichung wird ein t-Test zur Überprüfung der Signifikanz durchgeführt. Ist die systematische Messabweichung signifikant, d. h. kein zufälliges Ergebnis, dann wird das Messsystem als nicht geeignet angesehen. Diese Vorgehensweise ist kritisch zu bewerten, weil die Signifikanz keine Aussage zur Größe der systematischen Messabweichung macht. Das heißt, bei gering streuenden Messsystemen können auch kleinste systematische Messabweichung signifikant sein. Somit würde man ein hervorragendes Messsystem als nicht fähig verwerfen.

- In Firmenrichtlinien wird aus den Messwerten der C_g und C_{gk} berechnet. Sind beide Werte größer als 1,33, wird das Messsystem bezüglich Streuung und systematischer Messabweichung als geeignet angesehen. Im Unterschied zur AIAG MSA (AIAG 2010) werden die Einflusskomponenten damit in Bezug zur Toleranz gesetzt und das Messsystem nur dann als nicht fähig verworfen, wenn die Einflusskomponenten ein toleranzbezogenes zulässiges Maß überschreiten.
- Gemäß VDA Band 5 (VDA 2021) werden für beide Einflusskomponenten separat die jeweilige Standardunsicherheit u_{EVR} und u_{BI} bestimmt. Zusammen mit den anderen Einflusskomponenten wird die erweiterte Messunsicherheit des Messsystems U_{MS} und der Eignungskennwerte Q_{MS} berechnet und mit dem empfohlenen Grenzwert von 15 % verglichen. Ist diese Forderung eingehalten, wird das Messsystem als geeignet bewertet.

- **Linearität**

Die Linearität wird in den verschiedenen Papieren sehr unterschiedlich bewertet. Die AIAG MSA (AIAG 2010) stellt seit der dritten Auflage eine Methode vor, in der die Steigung und der Achsenabschnitt einer Ausgleichsgerade auf signifikante Abweichung von einem idealen linearen Verhalten getestet wird. Dass dieses Verfahren deutlich nichtlineares Verhalten nicht sicher erkennt, wurde in einer Bosch QS-Information zwar schon 2004 dokumentiert, hat aber bislang keinen Eingang in die AIAG MSA gefunden. In der Firmenrichtlinie MSS von GM PowerTrain wurde der Fehler behoben, indem zusätzlich das Bestimmtheitsmaß der Ausgleichsgeraden bewertet wurde.

Die meisten Firmenrichtlinien und auch der VDA Band 5 (VDA 2021) bewerten die Linearität aber vereinfachend als Veränderlichkeit des Bias über den jeweiligen Anwendungsbereich (Toleranz) des Merkmals. Dabei liegt der Fokus nicht auf einem linearen Verhalten im mathematischen Sinne, sondern auf dem maximal entstehenden Bias. Somit wird nicht explizit ein Kennwert für die Linearität ermittelt, sondern man geht davon aus, dass der Einfluss der Linearitätsabweichung mit der Berücksichtigung des maximalen Bias ausreichend bewertet ist.

Der VDA Band 5 (VDA 2021) stellt darüber hinaus eine neue Methode vor, bei der die Veränderlichkeit des Bias mithilfe einer Varianzanalyse direkt als Streu- bzw. Unsicherheitskomponente berechnet wird.

- **Wiederhol- und Reproduzierbarkeit sowie Wechselwirkung am Prüfobjekt**

  Zu der Bewertung dieser Komponenten werden beispielsweise an zehn Prüfobjekten, die über die gesamte Toleranz verteilt sein sollten, von drei Prüfern jeweils 2 Wiederholmessungen durchgeführt (andere Kombinationen sind ebenfalls möglich) und die Messwerte ausgewertet. Sowohl die AIAG MSA (AIAG 2010) als auch die meisten Firmenrichtlinien und der VDA Band 5 (VDA 2021) verwenden die ANOVA-Methode (Analysis of Variance), um die Streuungskomponenten *EV* (Equipment Variation), *AV* (Appraiser Variation) und Wechselwirkung Prüfer/Teil IA (Interaction) zu bestimmen. Gemäß MSA und Firmenrichtlinien wird daraus der *%GRR*-Wert bestimmt. Im VDA Band 5 (VDA 2021) werden die beiden Komponenten separat als Standardunsicherheiten u_{EV}, u_{AV} und u_{IA} ausgewiesen.

- **Vergleichbarkeit von Messstellen und -systemen**

  Diese Unsicherheitskomponente wird exklusiv im VDA Band 5 (VDA 2021) aufgeführt. Ziel ist, Messprozesse zu bewerten, die z. B. mehrere Messstellen für ein Merkmal beinhalten (Durchmesser an mehreren Punkten einer Welle) oder bei denen z. B. mehrere Messsysteme aufgrund kurzer Taktzeiten parallel eingesetzt werden, sodass nicht eindeutig zuordenbar ist, auf welchem System ein Teil gemessen wurde. Somit enthält der Messprozess mehrere Messstellen oder -systeme und man umgeht eine Einzelabnahme jedes einzelnen Systems als eigenen Messprozess.

- **Inhomogenität des Prüfobjekts**

  In Analogie zur Unsicherheit des Referenzteiles (Normal bzw. Einstellmeister) kann z. B. die Formabweichung des Prüfobjekts erheblichen Einfluss auf die Unsicherheit des Messprozesses haben. Daher darf diese Inhomogenität bei der Bewertung nicht außer Acht gelassen werden. Während in den ersten beiden MSA-Ausgaben noch empfohlen wird, jedes Prüfobjekt an drei verschiedenen Stellen zu messen, um diese Einflüsse zu ermitteln, wird in den letzten beiden Ausgaben der Objekteinfluss ausgeschlossen. Im Sinne der expliziten Untersuchung der Wiederhol- und Vergleichpräzision nach Normdefinition wäre die Vorgehensweise auch nicht korrekt, da eine Vermengung der Komponenten entstehen würde. Deshalb wird in der aktuellen AIAG MSA (AIAG 2010) und in Firmenrichtlinien darauf verwiesen, die Wiederholungsmessung immer an der gleichen Messposition durchzuführen. Eine große Variation des Messwertes innerhalb des Objekts wird stattdessen in der AIAG MSA als Problemfall diskutiert.

Gemäß VDA 5 (VDA 2021) wird zur Bewertung der Inhomogenität des Prüfobjekts die Standardunsicherheitskomponente u_{OBJ} explizit bestimmt. Dazu werden mehrere Berechnungsmethoden vorgeschlagen. Diese Inhomogenität kann z. B. auch durch eine zeitliche Veränderung des Prüfobjekts oder andere objektbezogene Eigenschaften entstehen.

- **Temperatur**

  Weder die AIAG MSA (AIAG 2010) noch die meisten Firmenrichtlinien betrachten das Thema Temperatur ausreichend. Man setzt quasi konstante und ideale Temperaturverhältnisse von Prüfobjekt, Messgerät und Umgebung voraus. Im VDA Band 5 (VDA 2021) werden die Temperatureinflüsse anhand der Standardunsicherheit u_{TEMP} bewertet. Dazu werden mehrere Berechnungsmöglichkeiten vorgeschlagen.

- **Stabilität**

  Die Bewertung des Messsystems bzw. Messprozesses zu einem bestimmten Zeitpunkt ist die Grundlage für dessen Verwendungsentscheid. Es stellt sich aber die Frage, wie sich die Fähigkeit oder Eignung über die Zeit verändert. Die AIAG MSA (AIAG 2010), der VDA Band 5 (VDA 2021) und viele Firmenrichtlinien betrachten dabei die Veränderungen über längere Zeit im Sinne der fortlaufenden Eignung. Der VDA Band 5, der die dem Messwert zugeordnete Messunsicherheit bestimmt, betrachtet zusätzlich aber auch die mögliche Veränderung des Messprozesses in der kurzzeitigen Anwendung, z. B. zwischen zwei Justierzyklen.

  - **Kurzzeitstabilität**

    Aus Sicht des VDA Band 5 (VDA 2021) muss für die Bestimmung der Messunsicherheit die Kurzzeitstabilität für den Eignungsnachweis berücksichtigt werden. Im Falle einfach justierbarer und in regelmäßigen kurzen Abständen rejustierter Messsysteme wird die Kurzzeitstabilität keinen signifikanten Einfluss haben. Wenn allerdings Justierungen an komplexeren Messsystemen z. B. sehr aufwendig sind oder Messzyklen lange dauern, kann sich das Messsystem zwischen den Justierintervallen verändern. Insofern sollte dann die Stabilität zwischen den Rejustierungen als Kurzzeitstabilität in den Eignungsnachweis aufgenommen werden.

  - **fortlaufende Eignung**

    Die Bewertung der fortlaufenden Eignung ist nicht Teil des initialen Fähigkeits- oder Eignungsnachweises. Sie ist allerdings unter anderem eine Forderung der ISO 9001 (DIN 2015) und der IATF 16949 (IATF, VDA 2016). Analog zu dem SPC-Konzept der jederzeit fähigen Fertigungsprozesse werden konsequenterweise auch jederzeit fähige und geeignete Messprozesse vorausgesetzt. Um diesen Zustand zu überwachen, sind in regelmäßigen

Abständen Wiederholmessungen an einem langzeitstabilen Referenzteil durchzuführen und die Ergebnisse in einer Regelkarte zu dokumentieren. Werden die vorher festgelegten Eingriffsgrenzen verletzt, ist die Fähigkeit bzw. Eignung von Messsystemen bzw. -prozessen neu zu bewerten. Diese Vorgehensweise wird in allen Dokumenten in ähnlicher Form empfohlen.

Der VDA Band 5 (VDA 2021) diskutiert darüber hinaus weitere unterstützende Möglichkeiten, die fortlaufende Eignung sicherzustellen. Das beginnt bei verkürzten Kalibrierintervallen und geht bis zur selektiven wiederkehrenden Bewertung einzelner Unsicherheitskomponenten.

9 Sonderfälle bei der Mess- und Prüfprozesseignung

9.1 Was ist ein Sonderfall?

Die in den vorangegangenen Abschnitten beschriebenen Verfahren und Vorgehensweisen können auf nahezu alle Mess- und Prüfmittel übertragen werden. Allerdings gibt es aufgrund technischer und wirtschaftlicher Kriterien Anwendungsfälle, für die eine Übertragung nur mit großem Aufwand machbar ist. Darüber hinaus gibt es Fälle, bei denen die Vorgehensweise prinzipiell nicht übertragen werden kann. So kann beispielsweise bei einer zerstörenden Prüfung das Prüfobjekt nicht zweimal verwendet werden. Damit sind keine Wiederholungsmessungen möglich. Dies gilt auch, wenn Wiederholmessungen durch Verletzung der Wiederholbedingungen nicht möglich sind, z. B. weil sich die Referenz mit der Zeit verändert oder der identische Messort nicht wiederholbar abgefahren werden kann (dynamische Messung). Bei einer Oberflächenmessung können zwar Wiederholungsmessungen durchgeführt werden, allerdings ist es mit einem taktilen Tastkopf nicht sinnvoll, an der gleichen Stelle zwei- oder mehrmals zu messen, da er die Oberfläche durch die vorangegangenen Messungen verändert und damit das Folgeergebnis beeinflusst. Diese Liste kann beliebig fortgesetzt werden. Das heißt, bei einigen Prüfprozessen können die Verfahren nur in modifizierter Form unter bestimmten Annahmen, Voraussetzungen oder unter Einschränkungen angewandt werden. Oft müssen auch die Grenzwerte für die Eignung der Prüfprozesse angepasst werden.

9.2 Typische Sonderfälle

Typische Prüfprozesse, die in diese Kategorien fallen, sind:

- Härteprüfung
- Oberflächenmessung
- optische Kompensatoren

- Drei-Koordinaten-Messgeräte als universelle Messgeräte
- Lecktester
- chemische Analysen
- Wuchtmaschinen
- dynamische Messung
- Formtester
- Kältetester
- Hitzetester
- Drehmoment, Winkel
- Klassier-, Zupaarungsvorgänge
- Partikelzählung, Kontaminationszahl
- Vollständigkeitskontrolle mit BV-Systemen
- zerstörende Prüfungen
- Farbmesssysteme
- Durchflussmesssysteme
- Kraftmesssysteme, Federprüfgeräte (Hysterese)
- Drehmomenteinstell- und Messsysteme
- Schichtdicke, Wirbelstromprüfgeräte
- Formprüfgeräte bei kleinen Geometrien
- Lasermesssysteme (Naturkonstante, stabilisierte Wellenlänge)
- Überwachung, Kontrolle Wandlerkarten (z. B.: A/D, …)
- …

Die oben aufgeführten Messsysteme und Messmittel müssen auf jeden Fall nach gültigen Normen und Richtlinien wie ISO, DIN, British Standard, ASME, VDI, Herstellerrichtlinien usw. geprüft werden.

9.3 Umgang mit Sonderfällen

Vielfach wird fälschlicherweise abgeleitet, dass ein Sonderfall mit den bekannten Standardmethoden nicht untersucht werden kann und deshalb kein Nachweis der Mess- und Prüfprozesseignung möglich ist.

Die Forderungen in DIN EN ISO 9001 (DIN 2015) und IATF 16949 (IATF, VDA 2016) sind jedoch nicht an Standardverfahren oder „Nicht-Sonderfälle“ gebunden. Die

Mess- und Prüfprozesseignung ist für alle eingesetzten Mess- und Prüfprozesse nachzuweisen.

Daraus folgt, dass ein „Sonderfall“ nicht von der Pflicht des Eignungsnachweises entbindet, sondern dass für den Sonderfall gegebenenfalls besondere Vorgehensweisen entwickelt werden müssen. Dadurch muss, insbesondere in regulierten Bereichen, noch ein weiterer Schritt im Eignungsnachweis erfolgen.

Bei den bislang dargestellten Methoden geht man davon aus, dass sie aufgrund ihrer Darstellung in national oder international akzeptierten Richtlinien und Normen ausreichend validiert sind. Auch der Verbreitungsgrad und die vielfache Anwendung durch unterschiedlichste Unternehmen und Branchen lassen auf einen Quasi-Standard schließen. Eine davon signifikant abweichende oder neue Methode muss allerdings vor ihrem Einsatz validiert werden, um die Anwendbarkeit/Eignung dieser Methode zu bestätigen. Erst dann kann mit dieser abweichenden oder neuen Methode die Eignung eines Mess- oder Prüfprozesses nachgewiesen werden.

Diese Methoden müssen eine Anbindung an die Kalibrierkette enthalten, also eine Rückführbarkeit in der Kalibrierkette als Alternative zu Verfahren 1. Weiterhin sollten zumindest Wiederholbarkeit, Vergleichbarkeit der Bediener, Linearität und Stabilität bewertet werden.

Daraus folgt, dass viele Unternehmen die Entwicklung neuer Methoden scheuen und bevorzugt bekannte Methoden auch für Sonderfälle adaptieren. Dazu muss der jeweilige Sonderfall genauer bewertet werden, um zu beschreiben, warum eine der Standardmethoden nicht durchführbar ist.

Nachfolgend werden exemplarisch einige Lösungsmöglichkeiten aufgezeigt. Ob eine der Lösungen zum Problem des spezifischen Sonderfalls passt, muss im Detail geprüft werden.

Fehlende Referenz

- Vorsicht bei „Eigenkalibrierung“ eines „Golden Sample“. Ist $U_{CAL} \geq 1\,\%T$, dann besteht die Gefahr, einen zu großen Bias aufgrund unzureichender Kalibrierqualität zu erhalten. Die Folge ist ein zu kleiner C_{gk} oder ein zu großer Q_{MS}.
- Auf keinen Fall darf der Mittelwert der Messwertreihe von Verfahren 1 als Istwert des Normals eingesetzt werden (C_g und C_{gk} sind immer nahezu identisch).
- Prüfen Sie, ob die Messung in Teilmessungen zerlegt werden kann. Beispiel: Geschwindigkeit ist Weg geteilt durch Zeit. Existieren für Weg und Zeit getrennte Referenzen?
- Können die Messwerte parallel mit einem hochwertigeren System erfasst werden?

  Beispiel: Kraftmessung mit genauerer kalibrierter Kraftmessdose parallel messen (Verfahren 1a nach GM)

Referenzteile werden bei der Messung zerstört

- Beispiel: Glasfasergehalt in Spritzguss-Granulat mit ausreichender Homogenisierung

  Lösung: Ein Referenzgebinde wird „kalibriert". Bevor das Gebinde aufgebraucht ist, findet ein Messwertübertrag auf ein weiteres Gebinde statt.

Referenzteil streut zu stark

- Messung derart durchführen, dass die volle Messunsicherheit des Referenzteils ausgeschöpft wird. Beispiel: Härtevergleichsplatte über den gesamten Bereich vermessen. Ist die Streuung gleich der erweiterten Messunsicherheit U_{CAL} der Referenz, dann sind die Streuanteile des Messprozesses vernachlässigbar.

Referenzteile/Bauteile sind zeitlich nicht stabil

- Liegt eine bekannte Drift vor, kann der Referenzwert rechnerisch korrigiert werden. Beispiel: Schrumpfverhalten
- Liegt ein Setzverhalten vor, kann das Referenzteil definiert vorbelastet werden. Beispiel: Messung der Federkraft

Bauteile für Wiederhol- und Vergleichsmessungen werden zerstört

- Können mehrere in sich homogene Cluster von Bauteilen hergestellt werden, gilt jede Gruppe als ein Bauteil. Beispiel: Verfahren 2 mit 10 Teilen, 3 Prüfern, 2 Durchgängen
  - 10-mal je 6 nahezu identische Bauteile (je 6 Stanzteile zu verschiedenen Zeitpunkten aus Prozess entnommen)
  - 10 Säcke Spritzguss-Granulat, aus denen je 6 Proben entnommen werden
  - 5 Säcke Spritzguss-Granulat, aus denen je 12 Proben entnommen werden
  - 10-mal 1 m Webstoffe, auf Homogenität und Fehlerfreiheit geprüft, in 6 Teile geschnitten
- Bauteile können gegebenenfalls durch Dummy ersetzt werden, der das Verhalten der Bauteile simuliert. Beispiel: Schraubfälle gegen Bremse prüfen
- Bauteile können durch mehrere Normale ersetzt werden. Beispiel: Härteprüfung mit 5 Härtevergleichsplatten und Mehrfachmessung, wenn das Problem im Einschlag liegt
- Informationen an zerstörten Bauteilen können mehrfach gemessen werden. Beispiele:
  - Härteprüfung, Einschlag einmalig erzeugen und Einschlagtiefe mehrfach messen
  - Einschweißtiefe, Schnittbilder einmalig erstellen und mehrfach messen

HINWEISE:

1. An dieser Stelle sei ausdrücklich betont: Der Begriff „Sonderfall" bedeutet nicht automatisch, dass die Standardverfahren nicht angewandt werden können.
2. In (Q-DAS GmbH 2001b) sind für viele der obengenannten Prüfprozesse Hilfestellungen für den Eignungsnachweis gegeben.
3. Die im VDA 5 (VDA 2021) beschriebene Vorgehensweise lässt zur Bestimmung des Eignungsnachweises auch universelle Unsicherheitsbestimmungen nach ISO/IEC Guide 98-3 (GUM) (ISO 2008) zu.
4. Einige Firmenrichtlinien enthalten Hinweise und Annahmekriterien für diese Art von Messgeräten bzw. die Behandlung der daraus resultierenden Merkmalswerte (General Motors Co. - GM Powertrain 2010; Ford Motor Co. 2013; 2012; Daimler AG 2013).

10 Umgang mit nicht geeigneten Messsystemen und Messprozessen[1]

10.1 Vorbemerkungen

Sollte bei einem Eignungsnachweis oder der Fähigkeitsuntersuchung erkennbar sein, dass ein Messsystem oder Messprozess nicht geeignet ist, so muss ein spezieller Prozess gestartet werden, um mit dieser Situation umzugehen.

Im Folgenden ist wiederum darauf zu achten, dass der Begriff des Messsystems in der AIAG MSA (AIAG 2010) und den Normen unterschiedlich definiert ist. Siehe dazu die vorherigen Kapitel zur AIAG MSA.

Die Vorgehensweise der MSA, gleich ob die „üblichen Verfahren der Automobilindustrie" oder die AIAG MSA gemeint sind, sind bezogen auf einzelne Verfahren oder Studien. Eine Optimierung erfolgt in erster Linie auf Basis der nicht fähigen Studie (siehe Bild 10.1). Sollten dabei Elemente geändert werden, die in einer vorgelagerten Studie schon bewertet wurden, muss diese gegebenenfalls wiederholt werden.

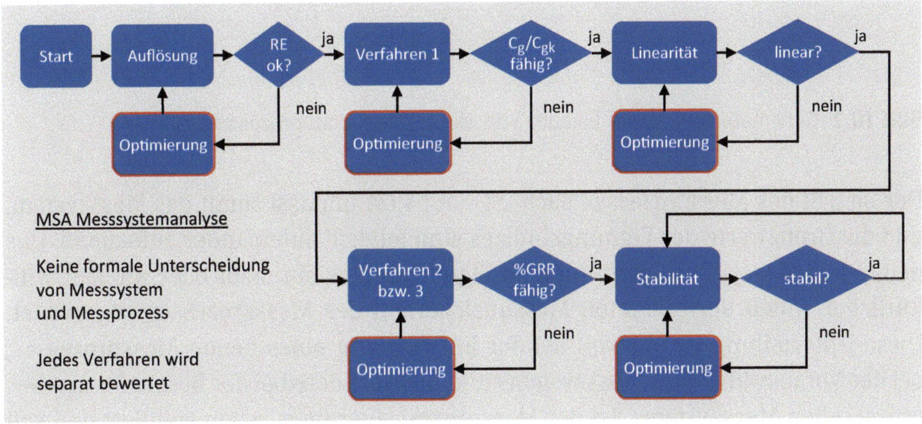

Bild 10.1 Schematischer Ablauf Messsystemanalyse nach AIAG MSA

[1] Dieses Kapitel ist eine in Teilen überarbeitete Fassung von Schmitt/Dietrich, Handbuch Messtechnik in der industriellen Produktion, Teil II, Kapitel 6.

In der Begrifflichkeit des VDA 5 (VDA 2021) werden Messsystem (measuring system) und Messprozess (measurement [process]) normkonform nach VIM (Brinkmann 2012) (ISO 2007) unterschieden. Beide werden nacheinander bewertet (siehe Bild 10.2), wobei ein nicht geeignetes Messsystem zum Abbruch der Untersuchung führen kann. Gegebenenfalls ist eine Optimierung oder ein Ersatz des Messsystems anzustreben. Hat das Messsystem den geforderten Eignungsindex erreicht, kann der Eignungsnachweis in die nächste Stufe des Prozesses übergehen. Ist aufgrund der nachgelagerten Untersuchungsstufen eine Änderung von Elementen notwendig, die in einer vorgelagerten Untersuchung schon als geeignet eingestuft wurden, muss dieser Schritt gegebenenfalls wiederholt werden.

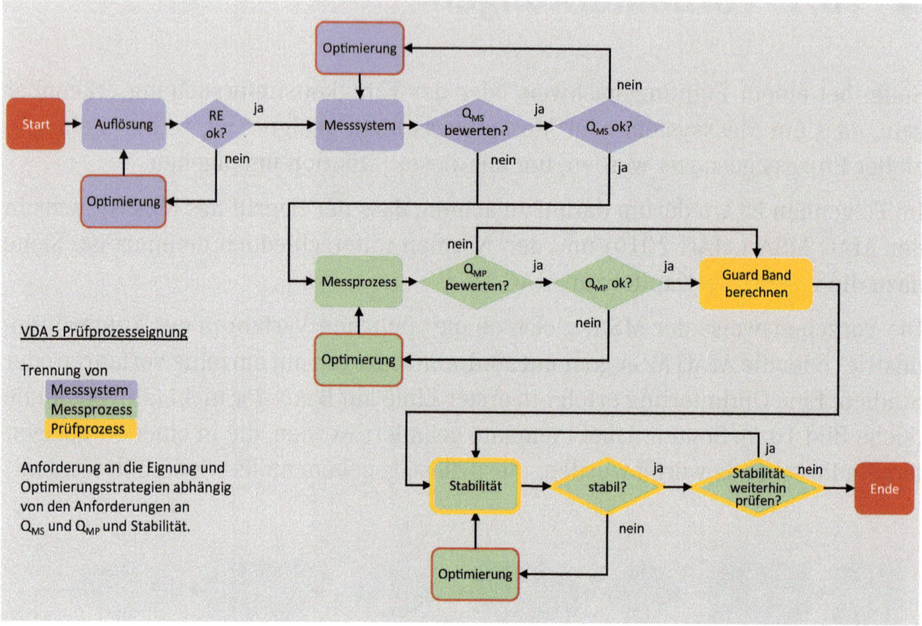

Bild 10.2 Schematischer Ablauf Eignung von Messsystem und -prozess nach VDA 5

Der Begriff des Messprozesses nach ISO und VDA umfasst somit das Messsystem, und die Grenzwerte der Eignungsindizes sind folglich aufeinander aufbauend. Das heißt, dem Messsystem wird mit dem Eignungsindex ein mehr oder weniger willkürlicher Anteil der erlaubten Messunsicherheit des Messprozesses zugeordnet. Diese Unterteilung ist sinnvoll bei der Entwicklung eines neuen Messprozesses, bei der Vorauswahl eines Messsystems und insbesondere bei der Beschaffung eines universellen Messsystems. Ist der Messprozess allerdings schon etabliert und soll z. B. geprüft werden, ob ein neues Merkmal mit diesem Messprozess bewertet werden kann, so kann es sinnvoll sein, das Messsystem nicht getrennt zu bewerten, sondern den Fokus einzig und allein auf den Messprozess zu legen.

Die vom VDA 5 (VDA 2021) vorgeschlagenen Grenzwerte für die Eignungsindizes sind

- Messsystem $Q_{MS} \leq 15\,\%$
- Messprozess $Q_{MP} \leq 30\,\%$

Bei der Abnahme eines schon für andere Merkmale geeigneten Messprozesses kann es nun sein, dass das Messsystem mit einem ermittelten Eignungsindex von $Q_{MS} \leq 17\,\%$ für das neue Merkmal nicht geeignet ist und folglich zu optimieren/ersetzen wäre. Allerdings könnte in der Praxis die Situation auftreten, dass das Messsystem hoch stabil und robust gegen sämtliche äußeren Einflüsse ist, sodass bei Weiterführung des Eignungsnachweises der Eignungsindex des Messprozesses bei $Q_{MP} \leq 23\,\%$ liegt. In dieser Situation kann es sinnvoll sein, das Messsystem nicht getrennt vom Messprozess zu bewerten.

Um den Text im folgenden Kapitel nicht zu komplex werden zu lassen, wird Messsystem und Messprozess nur dort unterschieden, wo dies explizit notwendig ist. Ansonsten gelten die vorgeschlagenen Vorgehensweisen sowohl für Messprozess und -system. Verallgemeinernd wird also nachfolgend vom Messprozess gesprochen.

10.2 Vorgehensweisen nach AIAG MSA

In Bewertungsskalen, die an die AIAG MSA (AIAG 2010) angelehnt sind, kann ein Messprozess

- fähig (capable),
- bedingt fähig (conditionally capable) oder
- nicht fähig (not capable)

sein. Es ist wichtig, zu verstehen, dass der Prozess für „nicht fähige Messsysteme und -prozesse“ schon einsetzt, wenn das Ergebnis **nicht „fähig“** ist, nicht erst dann, wenn das Ergebnis **„nicht fähig“** ist. Eine Entscheidung **„bedingt fähig“** ist also **nicht „fähig“** und bedarf schon einer speziellen Betrachtung. Diese Sichtweise ist in AIAG MSA (AIAG 2010) und firmenspezifisch in Bosch Heft 10 (Robert Bosch GmbH 2019a) sehr gut beschrieben.

Die AIAG MSA (AIAG 2010) beschreibt den üblicherweise „bedingt fähig“ genannten Fall mit „Decision: May be acceptable for some applications“ (AIAG 2010, S. 78) und kommentiert an gleicher Stelle „Decision should be based upon, for example, importance of application measurement, cost of measurement device, cost of rework or repair. Should be approved by the customer.“ Obwohl anscheinend hier Kosten im Vordergrund stehen, ist das ein erster Ansatz einer Risikoanalyse.

10.3 Vorgehensweise nach Bosch Heft 10

Das Bosch Heft 10 (Robert Bosch GmbH 2019a) steht hier stellvertretend für die „üblichen Verfahren der Automobilindustrie". Dort werden folgende Methoden zur Bewertung der Situation vorgeschlagen:

- Ursachenanalyse, z.B. mithilfe eines Ursache-Wirkung-Diagramms oder den 5-×-Why-Fragen
- Bewertung und Abstimmung zwischen Fertigung und Entwicklung (z.B. Toleranzen, Fertigungskonzept, Messstrategie)
- Nutzung von FMEA-Ergebnissen, die zum Merkmal verfügbar sind
- Dokumentation von Maßnahmen (z.B. im Kontrollplan)

Verpflichtend ist eine nachvollziehbare Darlegung, dass die Einhaltung der geforderten Spezifikation gewährleistet und erforderlichenfalls mit dem Kunden abgestimmt ist.

Als Entscheidungshilfe wird ein Formblatt angeboten, das eine Bewertung anhand dreier Kennwerte durchführt.

- Kennwert 1 wird anhand des schlechtesten erreichten Fähigkeitsindex ermittelt. So entsteht auch für das Verfahren 1 ein „bedingt fähig"-Bereich von $0{,}8 \leq C_{gk} < 1{,}33$.
  - Kennwert 1 = 1 für $1{,}20 \leq C_{gk} < 1{,}33$ oder $10\,\% < \%GRR \leq 20\,\%$
  - Kennwert 1 = 2 für $0{,}80 \leq C_{gk} < 1{,}20$ oder $20\,\% < \%GRR \leq 30\,\%$
  - Kennwert 1 = 7 für $C_{gk} < 0{,}80$ oder $\%GRR > 30\,\%$ (Freigabe nicht möglich)
- Kennwert 2 wird anhand der Frage ermittelt, welche externe Bedeutung eine Fehlerfolge hat, d.h. bezüglich der Auswirkung beim Kunden. Bei der Antwort sollte man sich an der Bewertung der Bedeutung (B-Bewertung) der FMEA orientieren.
  - Kennwert 2 = 1 wenn „keine"
  - Kennwert 2 = 2 wenn „sehr gering bis unbedeutend"
  - Kennwert 2 = 3 wenn „mittelschwer bis schwer"
  - Kennwert 2 = 7 wenn „äußerst schwerwiegend" (Freigabe nicht möglich)
- Kennwert 3 wird anhand der Frage ermittelt, welche interne Bedeutung eine Fehlerfolge hat, d.h. bezüglich der Auswirkung im eigenen Unternehmen. Bei der Antwort sollte man sich auch hier an der Bewertung der Bedeutung (B-Bewertung) der FMEA orientieren.
  - Kennwert 2 = 1 wenn „keine"
  - Kennwert 2 = 2 wenn „sehr gering bis unbedeutend"

  - Kennwert 2 = 3 wenn „mittelschwer bis schwer“
  - Kennwert 2 = 7 wenn „äußerst schwerwiegend“ (Freigabe nicht möglich)
- Die Bewertungskennzahl aus dem Produkt der drei Kennwerte entscheidet über die weitere Vorgehensweise:

  Bewertungskennzahl = Kennwert 1 · Kennwert 2 · Kennwert 3
  - Bewertungskennzahl 1 – 2: Freigabe mit Auflage; regelmäßige Prüfung, ob eine Verbesserung des Prüfprozesses möglich ist
  - Bewertungskennzahl 3 – 6: Freigabe mit Auflage; regelmäßige Prüfung, ob eine Verbesserung des Prüfprozesses möglich ist; Nachweis der Wirksamkeit von Maßnahmen zur Vermeidung der Fehlerfolgen (Kundenbeanstandung)
  - Bewertungskennzahl ≥ 7: Keine Freigabe; Funktion des Merkmals muss durch eine fähige, indirekte Prüfung sichergestellt werden. Sofern externe Fehlerfolgen nicht ausgeschlossen werden können, erfolgt die Festlegung gemeinsam mit der zuständigen Erzeugnisentwicklung. Information des Kunden ist erforderlich.

Betrachtet man die möglichen Bewertungen, erkennt man sehr schnell, dass bei geringer Unter- oder Überschreitung der Grenzwerte entweder nur beim Kunden **oder** nur im eigenen Unternehmen eine „sehr geringe bis unbedeutende“ Fehlerfolge erwartet werden darf, um eine Freigabe mit Auflage aber ohne weitere Absicherung zu erlangen.

BEISPIEL:

- C_{gk} = 1,28 → Kennwert 1 = 1
- Bedeutung extern beim Kunden „keine“ → Kennwert 2 = 1
- Bedeutung intern (eigenes Unternehmen) „sehr gering bis unbedeutend“ → Kennwert 2 = 2
- Bewertungskennzahl = 1 · 1 · 2 = 2
- Entscheidung:
  Freigabe mit Auflage; regelmäßige Prüfung, ob eine Verbesserung des Prüfprozesses möglich ist.

Die Bewertungskennzahl 7 ist sehr schnell erreicht, wenn der Fähigkeitskennwert nahe der „nicht fähig“-Grenze liegt. Dann muss mindestens eine der beiden Frage nach der Fehlerfolge mit „keine“ beantwortet werden, um noch eine Freigabe mit Auflage zu erreichen.

BEISPIEL:

- *%GRR* = 23 % → Kennwert 1 = 2
- Bedeutung extern beim Kunden „keine" → Kennwert 2 = 1
- Bedeutung intern (eigenes Unternehmen) „sehr gering bis unbedeutend" → Kennwert 2 = 2
- Bewertungskennzahl = 2 · 1 · 2 = 4
- Entscheidung:
  Freigabe mit Auflage; regelmäßige Prüfung, ob eine Verbesserung des Prüfprozesses möglich ist; Nachweis der Wirksamkeit von Maßnahmen zur Vermeidung der Fehlerfolgen (Kundenbeanstandung).

Sind selbst beide Bedeutungen von Fehlerfolgen „sehr gering bis unbedeutend", dann ist eine Freigabe nur bei grenzlagiger „bedingter Fähigkeit" nicht mehr möglich:

BEISPIEL:

- *%GRR* = 23 % → Kennwert 1 = 2
- Bedeutung extern beim Kunden „sehr gering bis unbedeutend" → Kennwert 2 = 2
- Bedeutung intern (eigenes Unternehmen) „sehr gering bis unbedeutend" → Kennwert 2 = 2
- Bewertungskennzahl = 2 · 2 · 2 = 8
- Entscheidung: Keine Freigabe.

10.4 Vorgehensweise nach VDA Band 5

Der VDA Band 5 (VDA 2021) und viele weitere Firmenrichtlinien unterstützen die Bewertung „bedingt fähig" nicht, und leiten stattdessen sofort den Prozess für „nicht fähigen Messsysteme und -prozesse" ein. Die Schritte sind in Bild 10.3 dargestellt.

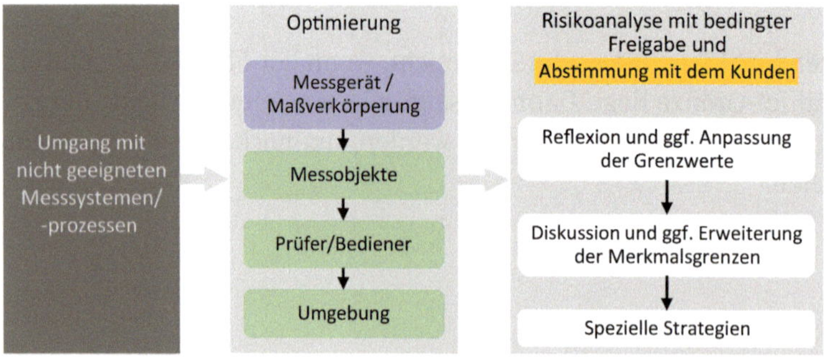

Bild 10.3 Umgang mit nicht geeigneten Messsystemen/-prozessen nach VDA 5 (VDA 2021)

Entgegen der oftmals gelebten Praxis, als erstes die Merkmalstoleranzen infrage zu stellen, steht hier die Optimierung im Vordergrund. Das ist logisch und wichtig, denn

- in einer globalen Lieferkette mit einer größeren Anzahl von Unterlieferanten gilt diese vereinbarte Vorgabe wortörtlich als „Maß der Dinge“;
- sowohl in der Entwicklung als auch in der Machbarkeitsstudie und ggf. den Vertragsverhandlungen wurden die Toleranzvereinbarungen schon mehrfach bewertet und bestätigt;
- es ist davon auszugehen, dass die Toleranzen entlang der üblichen Normen entstehen und somit z. B. auch das Verantwortungsprinzip nach ISO 8015 (DIN 2011) eingehalten ist, das verlangt, dass die Toleranzgrenzen den Funktionsgrenzen des Merkmals entsprechen, ohne weitere Berücksichtigung der Messunsicherheit oder sonstigen „Sicherheitszuschlägen“.

10.4.1 Optimierung des Messsystems

Im Rahmen der Optimierung des Messprozesses sind zuerst Elemente des Messsystems zu betrachten, um grundlegende Unsicherheiten und Einflüssen von Bediener und Umwelt zu minimieren. Wichtige Punkte sind dabei nach VDA Band 5 (VDA 2021) und dem Leitfaden aus der Automobilindustrie (Q-DAS GmbH 2001):

- Messmittel, -einrichtung, Maßverkörperung, Normale
  - Auswahl besser geeigneter Antastelemente
  - Auswahl von Maßverkörperungen mit einer höheren Qualität
  - Mess-, Spann-, Niederhaltekräfte
  - Messorte, Definition Messstellen
  - Aufnahmen, Fluchtung Prüfling, Messtaster
  - Antastelemente, Güte Einstellnormal(e)
  - Führungen, Reibung, Verschleiß,
  - Positionierung, Verkippung Prüfling
  - Messablauf, Warmlaufphase, …
- Messverfahren, -strategie, -methode
  - Bezugselement, Basis für Aufnahme
  - Messgeschwindigkeit, Einschwingzeiten
  - Mehrpunktmessungen bzw. Scannen anstatt Einzelmesswert, …
  - Wiederholmessungen mit Mittelwertbildung
  - Messtechnik-Software

  - Auswertealgorithmen
  - Kalibrierkette, Einstellverfahren, … (z. B. vor jeder Messung neu einstellen)
  - Messablauf
- Messbeständigkeit (Stabilität)
  - trendverursachende Komponenten ermitteln und korrigieren

10.4.2 Optimierung des Messprozesses

In einem nächsten Schritt beginnen Optimierungen im Bereich des Messprozesses, z. B. im Umfeld des Messobjektes. Hier sind vor allem die Vorbereitung und die Definition des Messpunktes (Kante, Oberfläche) zu beachten:

- Messobjekt
  - Temperierung der Messobjekte auf Normtemperatur 20 °C
  - Sauberkeit, Waschrückstände
  - Verbesserung der Formhaltigkeit
  - Oberflächenbeschaffenheit, Grate
  - Formfehler, Bezugsbasis
  - Materialeigenschaften
  - Temperaturkoeffizient, …

Danach ist die Handhabung durch die Prüfer und Bediener zu bewerten:

- Bediener
  - Maßnahmen zur Erhöhung der Mitarbeitermotivation, Kenntnis der Bedeutung ihrer Tätigkeit
  - Arbeitsanweisungen verständlich und ausreichend konkret
  - Verbesserung der Fähigkeit und Fertigkeiten des Prüfers, Einweisungen, Schulungen
  - Vermeidung von störenden Einflüssen durch Auswahl des geeigneten Prüfplatzes bzw. Abschirmungsmaßnahmen
  - Sorgfalt, Handhabung
  - Sauberkeit (Hautreste, Handfett, Ablagestellen, …)
  - Wärmeübertragung, Temperaturschatten, Kontaktpunkte
  - schwingungsarme Lagerung von Messgeräten

Nicht zuletzt sind auch die Umgebungseinflüsse bei der Durchführung der Messung zu bewerten:

- Umgebungsbedingungen
  - Erschütterungen, Schwingungen
  - Staub, Ölnebel, Zugluft, Feuchtigkeit
  - Temperaturschwankungen, Messung unter klimatisierten Bedingungen
  - elektrische Störungen, Spannungsspitzen
  - Energieschwankungen (Luft, Strom, ...)

10.4.3 Neubeschaffung eines Messsystems

Wurden keine ausreichenden Optimierungsmöglichkeiten gefunden, ist zu bewerten, ob der Messprozess durch ein anderes Messsystem verbessert werden kann. Beim Austausch des Messsystems können sich auch Einflüsse des Messprozesses signifikant ändern:

- genaueres Messsystem beschaffen
  - bessere Auflösung
  - lineare Systeme einsetzen
  - absolut messende Systeme bevorzugen (digital inkremental anstatt analog induktiv)
  - robuste Messeinrichtung (Lagerungen, Führungen, Messhebel, Übertragungselemente, ...)
  - bedienerunabhängige Messeinrichtung
  - neue Messverfahren, ...

10.4.4 Risikoanalyse mit bedingter Freigabe

Ist eine Optimierung des Messprozesses nicht möglich, wird eine weitere Risikoanalyse vorgeschlagen, in der das erhöhte Risiko durch den nicht fähigen Messprozess mit der neu erworbenen Kenntnis des aktuellen Eignungsindex neu bewertet wird. Im Vordergrund steht die Frage, ob das nicht fähige Messsystem (bzw. der Messprozess) durch zusätzliche Maßnahmen vorübergehend oder längerfristig abgesichert werden kann. Wenn ja, dann kann der Messprozess unter diesen weiteren absichernden Maßnahmen schon in Betrieb genommen werden. Parallel muss an einer Optimierung gearbeitet bzw. für einen Ersatz gesorgt werden.

10.4.5 Neubewertung der Grenzwerte

Ist auch hier keine Lösung in Sicht, sollten die Grenzwerte nochmals bewertet werden. Insbesondere zwei Fälle lassen eine Freigabe mit höheren Grenzwerten zu:

- Der Fertigungsprozess wird trotz nicht geeignetem Messprozess mit einem sehr hohen Fähigkeitsindex (z.B. $C_{pk} \geq 2$) bewertet. Es gelten hier aber zwei Randbedingungen:
  - Der Bias ist nachweislich gering.
  - Die Stabilität wird in kurzen zeitlichen Intervallen überwacht.
- Der Messprozess wird nur zur Konformitätsprüfung nach ISO 14253-1 (DIN 2018a) genutzt, nicht zur Bewertung von Maschinen- oder Prozessfähigkeiten, bzw. SPC-Anwendungen. Dann können Guard Bands auch mit höherer Messunsicherheit berechnet werden, wodurch die Konformitätszone zwar kleiner wird, das Messsystem aber genutzt werden kann.

10.4.6 Merkmals- und Toleranzbetrachtung

Ist in dem Ablauf bislang keine Lösung zu finden, so gilt zu bewerten, ob ihm Rahmen der Merkmalsdefinitionen Änderungen möglich sind. So könnte das Merkmal z.B. durch ein anderes, besser messbares Merkmal ersetzt werden, das die gleichen Produkteigenschaften sicherstellt. Gegebenenfalls kann im Rahmen einer Toleranzbetrachtung die Merkmalstoleranz zum Beispiel unter Berücksichtigung der Toleranzkette der neuen Situation angepasst werden. Diese Änderung ist mit dem Kunden abzustimmen, falls sie kundenrelevante Vorgaben betrifft:

- Merkmals-, Toleranz-, Prozessbetrachtung
  - Merkmal auf Funktionsabhängigkeit überprüfen (ggf. neues Merkmal definieren z.B. Dichtheit anstelle Rundheit)
  - 100% verlesen unter Berücksichtigung der Guard Bands nach ISO 14253-1 (DIN 2018a)
  - Auswirkungen auf Prozessregelung und Prozessfähigkeit berücksichtigen
  - Toleranz anpassen (statistische Tolerierung; Toleranz und Prozessstreuung gegenüberstellen; „Toleranzehrlichkeit“) – Abstimmung mit Fertigungsplanung, Produktion, Qualitätssicherung, Entwicklung, Kunde

10.4.7 Sonderregelungen nach VDA 5

Als zusätzliche Möglichkeiten werden im VDA 5 (VDA 2021) und dem Leitfaden aus der Automobilindustrie (Q-DAS GmbH 2001) weitere Sonderregelungen aufgeführt:

- Fine Tolerances-(FT-)Regelung
- Verringerung der Messunsicherheit durch Mehrfachmessung
- Zusätzliche Absicherung (z. B. Stabilitätsüberwachung, zusätzlicher Regelkreis, genaueres Messmittel im Feinmessraum, Funktionsabsicherung, -überprüfung)
- Zeitlich befristete Sonderregelung treffen in Abstimmung mit Messtechnikexperten, Fertigungsplanung, Produktion, Qualitätssicherung, Entwicklung, Kunde

Die beiden ersten Punkte sollen hier genauer betrachtet werden.

10.4.7.1 Fine Tolerances-Regelung (FT-Regelung)

Die Fine Tolerances-(FT-)Regelung geht auf ältere Richtlinien aus dem Umfeld von Ford und GM Powertrain zurück und wurde im VDA 5 optimiert. Prinzipiell geht es darum, einem Messsystem eine höhere Messunsicherheit zuzugestehen, wenn die Grenze des technologisch Machbaren erreicht ist. Naturgemäß ist diese „Grenze des technologisch Machbaren" nicht fest vorzugeben, sondern hängt von der jeweils aktuellen und in dem Anwendungsbereich üblichen Technologien ab.

Unterschreitet die Merkmalstoleranz diese „Grenze des technologisch Machbaren", so wird je nach Maß der Unterschreitung die zulässige Messunsicherheit erhöht. Durch die Art der Berechnung wird dazu nicht der zugrundeliegende Grenzwert angepasst, sondern die Berechnung enthält eine Art „Bonusanteil", dessen Zunahme durch eine pauschale Vorgabe definiert ist. Damit entfallen in der Praxis umständliche Neudefinitionen oder variable und ggf. tabellierte Grenzwertvorgaben.

> Die Grafiken und Formeln dieses Abschnittes sind für den Eignungsindex des Messsystems Q_{MP} erstellt, gelten aber analog für das Messsystem und den Eignungsindex Q_{MS}. Allerdings wird die Anwendung der Fine Tolerances-Regelung nur bei der Bewertung des Messprozesses empfohlen.

Historisch hatte diese Vorgehensweise einen gravierenden Nachteil, denn bei sehr kleinen Toleranzen konnte der erlaubte Messunsicherheitsbereich $2 \cdot U_{MP}$ deutlich größer sein als die Toleranz. Im VDA 5 wurde deshalb eine Abbruchbedingung eingeführt, ab der der „Bonusanteil" nicht weiter erhöht wird und die prozentuale Messunsicherheit bezogen auf die Toleranz wieder konstant bleibt (siehe Bild 10.4). Diese Abbruchbedingung ist variabel und sollte spätestens dann greifen, wenn der

Messunsicherheitsbereich des Messprozesses $2 \cdot U_{MP}$ der Toleranz T entspricht ($2 \cdot U_{MP} = T$).

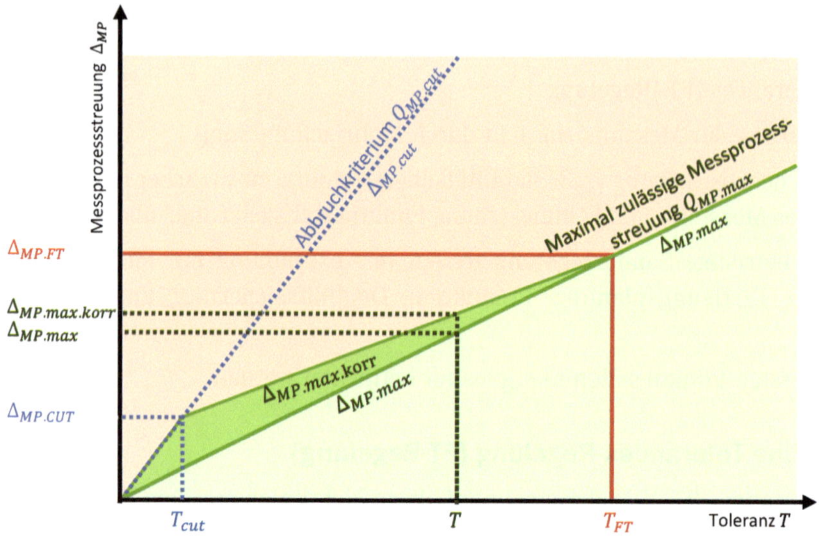

Bild 10.4 FT-Regel – maximal zulässige Messprozessstreuung $\Delta_{MP.max}$ in Abhängigkeit von der Toleranz

Zur Anwendung müssen nach VDA 5 (VDA 2021) folgende Festlegungen getroffen werden:

- Es muss die Grenztoleranz T_{FT} festgelegt werden, ab der die FT-Regelung greift.
- Über diese Grenztoleranz T_{FT} und dem Eignungsgrenzwert $Q_{MP.max}$ wird die der Grenztoleranz zugeordnete maximal zulässige Messprozessstreuung $\Delta_{MP.FT}$ errechnet

In manchen Anwendungen erfolgt die Berechnung in umgekehrter Reihenfolge: Dort wird z. B. festgelegt, dass die FT-Regel greift, sobald die maximal zulässige Messprozessstreuung kleiner als z. B. 2 µm wird. Deshalb ist diese FT-Regelung in manchen Unternehmen auch unter dem Namen „2 µm-Regel" bekannt. Aus dieser Vorgabe kann mithilfe des geforderten Eignungsindex die Grenztoleranz errechnet werden.

- Es muss ein Grenzkorrekturkoeffizient y festgelegt werden, der definiert, in welchem Maße die zulässige Messprozessstreuung mit der Unterschreitung der Grenztoleranz T_{FT} ansteigt.

- Es muss ein Abbruchkriterium definiert werden, ab dem ein weiterer prozentualer Anstieg der Messunsicherheit in Bezug auf die Toleranz nicht mehr zulässig ist, z. B. wenn der Eignungsindex Q_{MP} einen Wert von $Q_{MP.cut} = 100\ \%$ erreicht hat.

Unter den Randbedingungen

$$T \leq T_{FT}$$

$$Q_{MP} \leq Q_{MP.cut}$$

wird eine korrigierte maximal zulässige Messprozessstreuung $\Delta_{MP.max.korr}$ errechnet durch

$$\Delta_{MP.max.korr} = \Delta_{MP.max} + \left(\Delta_{MP.FT} - \Delta_{MP.\max}\right) \cdot y$$

Sobald die Abbruchbedingung

$$Q_{MP} = Q_{MP.cut}$$

erreicht ist, wird die korrigierte maximal erlaubte Messprozessstreuung $\Delta_{MP.max.korr}$ definiert durch

$$\Delta_{MP.max.korr} = Q_{MP.cut} \cdot T$$

Der Messprozess gilt dann als geeignet, wenn die Messprozessstreuung Δ_{MP} kleiner ist als die korrigierte maximal erlaubte Messprozessstreuung $\Delta_{MP.max.korr}$

$$\Delta_{MP} \leq \Delta_{MP.max.korr}$$

Eine Beispielrechnung soll die Anwendung verdeutlichen.

Für ein Merkmal ist eine Grenztoleranz $T_{FT} = 5\,\mu m$ als „Grenze des technologisch Machbaren“ vereinbart.

Mit einem Eignungsgrenzwert $Q_{MP.max} = 30\%$ darf die Messprozessstreuung bei dieser Grenztoleranz maximal $\Delta_{MP.FT} = Q_{MP.max} \cdot T_{FT} = 0{,}3 \cdot 5\,\mu m = 1{,}5\,\mu m$ betragen.

Als Grenzkorrekturkoeffizient *y* wurde $y = 0{,}3 = 30\ \%$ festgelegt.

Liegt nun die tatsächliche Merkmalstoleranz bei $T = 3\,\mu m$, so liegt die maximal erlaubte Messprozessstreubreite $\Delta_{MP.max}$ ohne FT-Regelung bei

$$\Delta_{MP.max} = Q_{MP.max} \cdot T = 0{,}3 \cdot 3\,\mu m = 0{,}9\,\mu m$$

Da die reguläre maximal erlaubte Messprozessstreubreite $\Delta_{MP.max}$ die maximal erlaubte Messprozesstreubreite $\Delta_{MP.FT}$ bezogen auf die Grenztoleranz T_{FT} um $\Delta_{MP.FT} - \Delta_{MP.max} = 1{,}5\,\mu m - 0{,}9\,\mu m = 0{,}6\,\mu m$ unterschreitet, erhält die korrigierte maximal zulässige Messprozessstreubreite einen Aufschlag von $y = 30\ \%$ dieser Unterschreitung, also einen Aufschlag von

$$y \cdot (\Delta_{MP.FT} - \Delta_{MP.max}) = 0{,}3 \cdot 0{,}6\,\mu m = 0{,}18\,\mu m$$

Damit beträgt die korrigierte maximal zulässige Messprozessstreuung

$$\begin{aligned}\Delta_{MP.max.korr} &= \Delta_{MP.max} + (\Delta_{MP.FT} - \Delta_{MP.max}) \cdot y \\ &= 0{,}9\,\mu m + (1{,}5\,\mu m - 0{,}9\,\mu m) \cdot 0{,}3 = 1{,}08\,\mu m\end{aligned}$$

Der Messprozess gilt demnach als geeignet, solange die Messprozessstreuung kleiner oder gleich

$$\Delta_{MP.max.korr} = 1{,}08\,\mu m$$

ist.

Liegt die tatsächliche Merkmalstoleranz bei $T = 0{,}5\,\mu m$, so liegt die maximal erlaubte Messprozessstreubreite $\Delta_{MP.max}$ ohne FT-Regelung bei

$$\Delta_{MP.max} = Q_{MP.max} \cdot T = 0{,}3 \cdot 0{,}5\,\mu m = 0{,}15\,\mu m$$

Da die reguläre maximal erlaubte Messprozessstreubreite $\Delta_{MP.max}$ die maximal erlaubte Messprozesstreubreite $\Delta_{MP.FT}$ bezogen auf die Grenztoleranz T_{FT} um $\Delta_{MP.FT} - \Delta_{MP.max} = 1{,}5\,\mu m - 0{,}15\,\mu m = 1{,}35\,\mu m$ unterschreitet, erhält die korrigierte maximal zulässige Messprozessstreubreite einen Aufschlag von $y = 30\ \%$ dieser Unterschreitung, also einen Aufschlag von

$$y \cdot (\Delta_{MP.FT} - \Delta_{MP.max}) = 0{,}3 \cdot 1{,}35\,\mu m = 0{,}405\,\mu m$$

Damit beträgt die korrigierte maximal zulässige Messprozessstreuung

$$\begin{aligned}\Delta_{MP.max.korr} &= \Delta_{MP.max} + (\Delta_{MP.FT} - \Delta_{MP.max}) \cdot y \\ &= 0{,}3\,\mu m + (1{,}5\,\mu m - 0{,}3\,\mu m) \cdot 0{,}3 = 0{,}555\,\mu m\end{aligned}$$

In diesem Fall wäre aber mit dem Abbruchkriterium $Q_{MP.cut} = 100\ \%$ die maximal erlaubte Messprozessstreubreite von 0,5 µm überschritten und $\Delta_{MP.max.korr}$ wird auf

$$\Delta_{MP.max.korr} = Q_{MP.cut} \cdot T = 100\ \% \cdot 0{,}5\,\mu m = 0{,}5\,\mu m$$

begrenzt. ■

Bezogen auf den Eignungskennwert Q folgt der Grenzwert im obigen Beispiel der Darstellung in Bild 10.5.

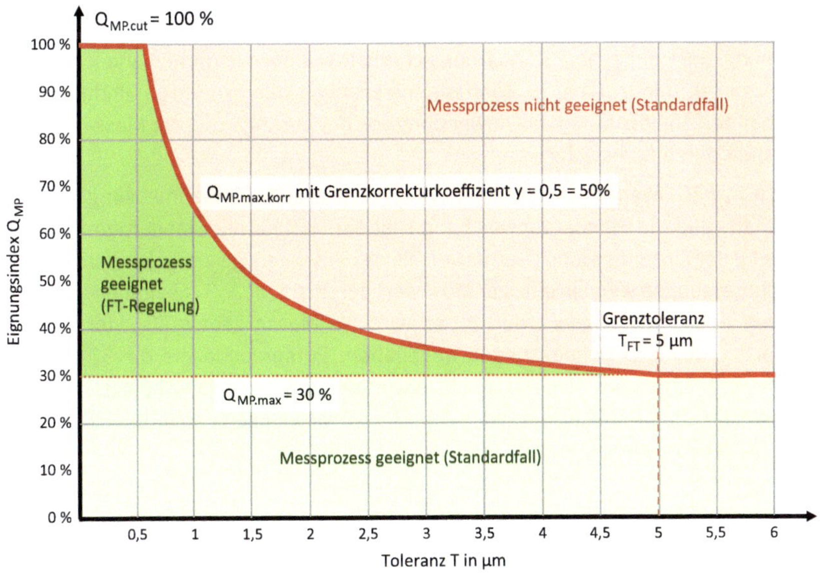

Bild 10.5 Anpassung des Grenzwertes $Q_{MP.max.korr}$ nach Fine Tolerances-Regelung für das obige Beispiel

Ist die Toleranz kleiner als die Grenztoleranz T_{FT}, dann berechnet sich der zulässige Eignungsindex $Q_{MP.max.korr}$ nach

$$Q_{MP.max.korr} = Q_{MP.max} + \left(\frac{\Delta_{MP.FT}}{T} - Q_{MP.max} \right) \cdot y$$

Erreicht $Q_{MP.max.korr}$ dann das Abbruchkriterium $Q_{MP.cut}$, dann bleibt der Grenzwert konstant bei $Q_{MP.cut}$ und steigt nicht weiter an, auch wenn die Toleranz T kleiner wird.

10.4.7.2 Verringerung der Messunsicherheit durch Mehrfachmessung

Sowohl in AIAG MSA (AIAG 2010) als auch in VDA 5 (VDA 2021) und GUM (ISO 2008) wird erwähnt, dass die Messunsicherheit durch konsequente Anwendung von Mehrfachmessungen verringert werden kann. Dahinter steht ein sehr „menschliches“ Konzept – wenn wir nicht sicher sind, ob der Messwert stimmt, wird einfach nochmal gemessen …

Geht man davon aus, dass alle Abweichungen zufällig sind (Normalverteilung), dann kann durch eine Mittelwertbildung aus den durchgeführten Messungen eine bessere Annäherung an den unbekannten wahren Wert erreicht werden. Je mehr Messungen zur Mittelwertbildung beitragen, desto kleiner wird demnach die Unsicherheit.

Verständnisprobleme bereitet immer wieder die Tatsache, dass ja auch für die Bestimmung einer einfachen Standardunsicherheit wie der Wiederholbarkeit am Referenzteil mindestens 30 Wiederholmessungen durchzuführen sind. Wodurch unterscheidet sich diese Anwendung von der Verringerung der Messunsicherheit durch Mehrfachmessung?

In diesen $n = 30$ Wiederholmessungen wird jeweils eine Einfachmessung durchgeführt und die Standardabweichung s ist ein Maß für die Standardunsicherheit u der Einzelmessung (Normalverteilung wird vorausgesetzt). Bei der Mehrfachmessungen wird ein einziger Messwert durch z. B. $n^* = 3$ zusammengehörende Einzelmessungen ermittelt, es wird als Messergebnis also der Mittelwert $\bar{x}$ der 3 Einzelmessungen angegeben. Entsprechen die $n = 30$ Wiederholmessungen nun also $n = 30$ Mittelwerten aus jeweils $n^* = 3$ Einzelmessungen (in der Summe also $n \cdot n^* = 30 \cdot 3 = 90$ Messungen), so reduziert sich die Standardunsicherheit zu

$$u = \frac{s}{\sqrt{n^*}} = \frac{s}{\sqrt{3}}$$

Im Hintergrund steht eine statistische Regel für normalverteilte Merkmale, nach der sich die Streuung mehrfach ermittelter Mittelwerte aus der Streuung der Einzelwerte errechnen lässt.

$$s_{\bar{x}} = \frac{s_x}{\sqrt{n^*}}$$

Das heißt nun für die Optimierung von Messprozessen, dass durch mehrfache (n^*-fache) Wiederholungsmessung mit Mittelwertbildung eine Verringerung der Messunsicherheit u erzielt werden kann. Durch den Übergang von der Einzelmessung zur Mehrfachmessung lassen sich einige zufällige Unsicherheitskomponenten (wie z.B. die Wiederholbarkeit) um den Faktor $\sqrt{n^*}$ verringern.

$$u_i^* = \frac{u_i}{\sqrt{n^*}}$$

Die Verringerung einer Standardunsicherheit u^* in Abhängigkeit von der Stichprobengröße n^* ist in Bild 10.6 dargestellt.

In Bild 10.6 ist sehr gut zu erkennen, dass zwar eine Reduktion der Messunsicherheit auf 20% der ursprünglichen Größe möglich ist, der Aufwand aber überproportional steigt. Mit drei Wiederholmessungen sinkt die Komponente schon unter 60%, mit 5 Wiederholmessungen auf etwa 45% der ursprünglichen Größe. Eine Erhöhung des Stichprobenumfangs n^* von 10 auf 25 reduziert die Komponenten dann nur noch um etwas mehr als 10%.

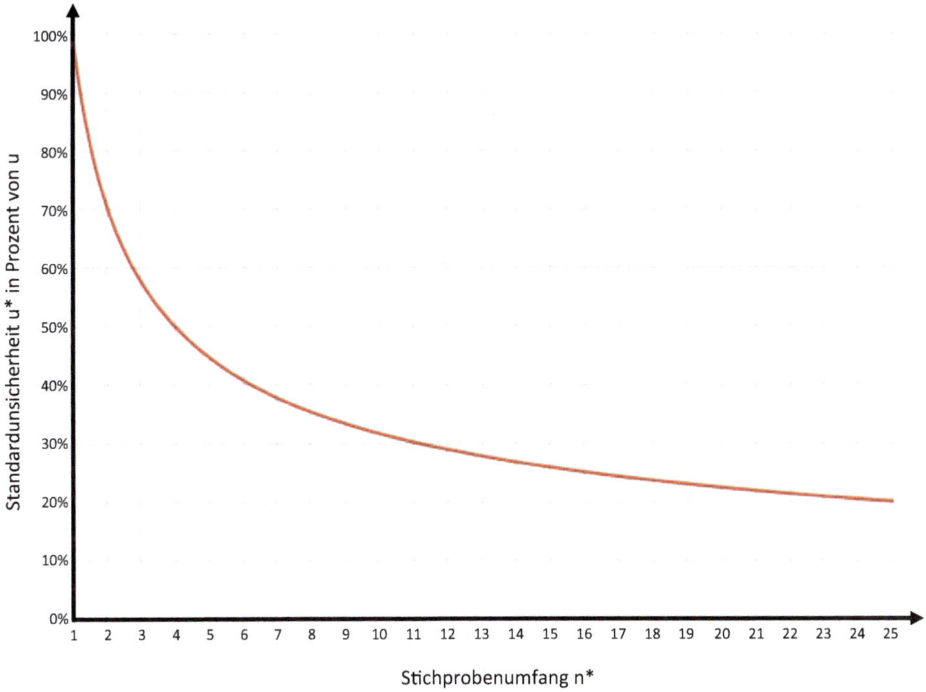

Bild 10.6 Verringerung einer Standardmessunsicherheit *u* auf *u** durch Erhöhung der Anzahl der Wiederholungsmessungen *n**

Eine rein rechnerische Ermittlung der zu erwartenden kombinierten Messunsicherheiten u_{MS} für das Messsystem und u_{MP} für den Messprozess ist in der Praxis kaum möglich, insbesondere weil unterschiedliche Einflusskomponenten in unterschiedlicher Art und Weise verändert werden könnten. Insofern sollte die Einführung einer Mehrfachmessung als neuer und eigenständiger Messprozess betrachtet werden, der in der gesamten Dokumentation neu beschrieben und bewertet werden muss. Die dann von der Mehrfachmessung unberührten Komponenten können von der Voruntersuchung direkt übernommen werden.

11 Typische Fragen zur Mess- und Prüfprozesseignung

11.1 Fragestellung

Die Eignungsnachweise sind in der Regel sehr zeitaufwendig und insbesondere bei einer großen Anzahl von Messsystemen nur bedingt nach den bekannten Standardverfahren durchführbar. In unserer betrieblichen Praxis, in der Lehre und in der Weiterbildung stellen Kunden und Seminarteilnehmer im Vorfeld schon oft allgemeine Fragen, die hier, soweit möglich, zusammenfassend beantwortet werden sollen:

- Für welche Mess- und Prüfprozesse sind die Eignungsnachweise durchzuführen?
- Wie erfolgt eine Beurteilung von neuen Messsystemen?
- Wie erfolgt die Beurteilung von ähnlichen Messsystemen?
- Können Messgerätegruppen zusammengefasst werden?
- Wie häufig sind Eignungsnachweise durchzuführen?
- Sind für Standardmesssysteme Eignungsnachweise durchzuführen?
- Ist ein Eignungsnachweis bei zerstörender Prüfung möglich?
- Welche Annahmekriterien sind maßgebend?
- Ist die Richtlinie des jeweiligen Abnehmers vollständig einzuhalten?
- Wie ist bei „nicht fähigen“ Messsystemen zu reagieren?
- Eine pauschale Antwort auf diese Fragen ist oft nicht möglich. Im jeweiligen Fall sind immer die praktischen, technischen und wirtschaftlichen Rahmenbedingungen zu beachten.

11.2 Antworten

Verallgemeinert oder beispielhaft lassen sich jedoch folgende Aussagen treffen:

- Für welche Mess- und Prüfprozesse sind die Eignungsnachweise durchzuführen?

  Eignungsnachweise sind prinzipiell bei allen kritischen und dokumentationspflichtigen Merkmalen durchzuführen. Die DIN EN ISO 9001 (DIN 2015) verlangt pauschal einen Nachweis der Eignung und der fortlaufenden Eignung, die IATF 16949 (IATF, VDA 2016) verlangt diesen Nachweis für alle im Produktionslenkungsplan (PLP) oder Control Plan (CP) genannten Mess- und Prüfprozesse. Der VDA Band 5 (VDA 2021) stellt dafür einen risikobasierten Ansatz vor.

- Wie erfolgt eine Beurteilung von neuen Messsystemen?

  Werden Messverfahren verändert oder neue Messsysteme entwickelt, so ist deren Eignung ebenfalls nachzuweisen. Oftmals fehlen bei neuen Messsystemen geeignete Kalibrierverfahren oder Referenzgrößen für deren korrekte Beurteilung. Hier muss der Hersteller geeignete Überprüfungsmöglichkeiten erarbeiten und zur Verfügung stellen. Dazu sind qualifizierte Fachleute mit einzubeziehen und gegebenenfalls die PTB (Physikalisch-Technische Bundesanstalt) einzuschalten.

- Wie erfolgt die Beurteilung von ähnlichen Messsystemen?

  Wenn unterschiedliche Messsysteme oder deren Komponenten für gleiche Messaufgaben verwendet werden, kann exemplarisch die Vergleichbarkeit der einzelnen Messsysteme nachgewiesen werden. Hierfür kann das Verfahren 2 verwendet werden. Anstatt unterschiedlicher Bediener werden dann unterschiedliche Messsysteme von einem Bediener überprüft. Ist die Gesamtstreuung der Messsysteme ausreichend klein, kann davon ausgegangen werden, dass bei der jeweiligen Messaufgabe ein Messsystem aus der entsprechenden Gruppe ausgewählt werden kann. Eine solche Untersuchung ist exemplarisch durchzuführen und entsprechend zu dokumentieren. Nach VDA Band 5 (VDA 2021) kann die Unsicherheitskomponente u_{GV} in die Untersuchung aufgenommen werden, um die Vergleichbarkeit zu bewerten. Zusätzlich bietet der VDA Band 5 auch Methoden der Übertragbarkeit auf ähnliche Systeme. Durch die Bewertung der fortlaufenden Eignung wird sichergestellt, dass sich die einzelnen Messgeräte nicht signifikant verändern.

- Wie häufig sind Eignungsnachweise durchzuführen?

  Wie häufig Eignungsnachweise durchzuführen sind, hängt von dem Ergebnis der Untersuchung und von der Stabilität des Messsystems ab. Ist ein Messprozess hervorragend geeignet, d. h. der Eignungs- oder Fähigkeitskennwert weit entfernt vom Grenzwert, und zeigt er sich darüber hinaus stabil, so sind Wiederholungen des Eignungsnachweises nur bei Eintritt besonderer Ereignisse (Reparatur, Tausch von einzelnen Elementen, Beschädigung etc.) notwendig. In der Regel werden häufigere Überprüfungen erforderlich sein, wenn das Ergebnis des Eignungsnachweises nahe an dem Grenzwert liegt oder sich immer wieder Instabilitäten zeigen, sodass die fortlaufende Eignung nicht gesichert ist. Nicht zu verwechseln mit einer Wiederholung ist die erneute Durchführung des Eignungsnachweises mit einem Messsystem, wenn sich das Messobjekt ändert. Damit ändert sich der Messprozess und es ist ein neuer Eignungsnachweis notwendig. Mithilfe der risikobasierten Methoden und der Übertragbarkeit aus VDA Band 5 (VDA 2021) lässt sich der Aufwand gegebenenfalls minimieren.

- Sind für Standardmesssysteme Eignungsnachweise durchzuführen?

  Prinzipiell ja, wenn sie in kritischen Messprozessen, wie oben genannt, eingesetzt werden. Allerdings empfiehlt es sich gerade hier, den VDA Band 5 (VDA 2021) zu Rate zu ziehen, ob ein vereinfachter Eignungsnachweis auf Basis einer vertrauenswürdigen und überwachten MPE oder eine Übertragbarkeit möglich ist. Je nach Kritizität des Messprozesses kann es ausreichend sein, für niedriges Risiko aus dem MPE eine kleinste messbare Toleranz zu bestimmen, während bei hohem Risiko genau ein Standardmessmittel für die spezifische Anwendung festgelegt werden muss und dafür auch ein vollständiger Eignungsnachweis durchzuführen ist.

- Ist ein Eignungsnachweis bei zerstörender Prüfung möglich?

  Bei einer zerstörenden Prüfung ist ein Eignungsnachweis in der Regel nur bedingt mit Standardverfahren möglich. Details sind im Kapitel 9 „Sonderfälle bei der Mess- und Prüfprozesseignung“ zu finden. Das entbindet allerdings nicht von der Pflicht, die Eignung eines Mess- oder Prüfprozesses nachzuweisen. Weder DIN EN ISO 9001 (DIN 2015) noch die IATF (IATF, VDA 2016) verlangen die Durchführung eines Standardverfahrens, sondern fordern allgemein den Eignungsnachweis. Gegebenenfalls muss der Anwender also eigene Methoden entwickeln und validieren, um den Eignungsnachweis durchzuführen.

- Welche Annahmekriterien sind maßgebend?

  Grundsätzlich gilt, dass die Referenzhandbücher des Kunden die Annahmekriterien für den Eignungsnachweis vorgeben. Sind dort keine Kriterien zu finden, so können in Absprache zwischen Kunde und Lieferant Kriterien festgelegt werden. Sind keine Absprachen getroffen, so bieten die Empfehlungen aus der AIAG MSA (AIAG 2010) oder aus dem VDA Band 5 (VDA 2021) Anhaltspunkte für sinnvolle Grenzwerte.

- Ist die Richtlinie des jeweiligen Abnehmers vollständig einzuhalten?

  Die Annahmekriterien sind, wie mehrfach erwähnt, in Firmenrichtlinien festgelegt. In der Regel findet man dort aber auch den Hinweis, dass andere Methoden und Grenzwerte akzeptiert werden, sofern der Kunde damit einverstanden ist. Von daher sollte insbesondere bei kritischen Messverfahren die Festlegung in Abstimmung mit dem Kunden individuell erfolgen.

  Einem Lieferanten, der gleich mehrere Abnehmer bedient, ist zu empfehlen, eine eigene Verfahrensanweisung für die Vorgehensweise bei der Beurteilung von Messsystemen zu erstellen und umzusetzen, die sich an üblichen Standards und insbesondere den jeweiligen Kundenanforderungen orientiert. Diese eigene Verfahrensanweisung sollte im Gespräch mit dem Kunden frühzeitig thematisiert werden. Dadurch lassen sich Kompetenz demonstrieren und zugleich Prozesse vereinfachen, denn einem solchen Lieferanten wird allein aus wirtschaftlichen Gründen eine Verfahrensvielfalt nicht zuzumuten sein.

- Wie ist bei „nicht fähigen" Messsystemen zu reagieren?

  Bei „nicht fähigen" Messsystemen gemäß den beschriebenen Verfahren und Annahmekriterien ist zunächst festzustellen, ob ein genaueres Messsystem eingesetzt werden kann. Sind keine Alternativen vorhanden, muss untersucht werden, ob Ursachen bei dem „nicht fähigen" Messsystem identifiziert und verbessert werden können. Sind keine geeigneten Messsysteme vorhanden, können folgende temporäre Maßnahmen zur Aufrechterhaltung der Produktion ergriffen werden, bis eine langfristige Lösung gefunden wird:

  - Eine allgemeine Methode zur täglichen Anwendung ist die Mehrfachmessung desselben Produktionsteils. Der Einfluss der zufälligen Abweichungen auf die Ergebnisse kann reduziert werden, wenn Wiederholmessungen mit demselben Produktionsteil durchgeführt werden und anschließend der Mittelwert der Messungen gebildet wird. Das Messsystem muss vor jeder Messung des Produktionsteils kalibriert werden.

  - Zusätzliche, genauere Messmittel können ergänzend zu dem Messsystem verwendet werden. So könnten z. B. Formtoleranzen wie Rundheit, Geradheit, Parallelität usw. zusätzlich mit Messmitteln überprüft werden, die in stabilisierter Umgebung (klimatisierte Räume/Labore) aufgestellt sind.

  - Weitere Details sind im Kapitel 10 zu finden. Die ergriffenen Maßnahmen sind immer in der entsprechenden Prüfanweisung aufzunehmen und in regelmäßigen Abständen neu zu bewerten. Neue Erkenntnisse und Fortschritte in der Messtechnik lösen oftmals vorhandene Probleme.

12 Eignungsnachweis bei der Sichtprüfung

12.1 Anforderungen an die Sichtprüfung

Grundsätzlich gelten die gleichen Voraussetzungen am Arbeitsplatz wie bei attributiven Prüfprozessen. Allerdings ist der subjektive Einfluss bei dieser Art der Prüfung sehr hoch. Daher sind Rahmenbedingungen zu schaffen, um die Auswirkungen so weit wie möglich in Grenzen zu halten. Dabei ist größter Wert auf die kontinuierliche Qualifikation der Prüfer zu legen. Besonders kritisch ist hierbei die richtige Beleuchtung (Bild 12.1) und (Bild 12.2), das heißt, insbesondere die Beleuchtungsrichtung und Lichtstärke sowie die Ausleuchtung des Prüfobjektes sind zu beachten (s. hierzu auch Normen-Reihe DIN 5035).

Um Verwechslungen von guten und fehlerhaften Teilen zu vermeiden, ist ein klarer logistischer Materialfluss mit eindeutig gekennzeichneten Ablagen der einzelnen Fehlerklassen zu gewährleisten. Für die Prüfpersonen sind zu Schulungs- und Übungszwecken eindeutig definierte Musterteile, Grenzmuster oder, falls nicht möglich, Fotos der einzelnen Fehler mit klaren Hinweisen am Arbeitsplatz bereitzustellen.

Bild 12.1
Ausleuchtung des Prüfplatzes

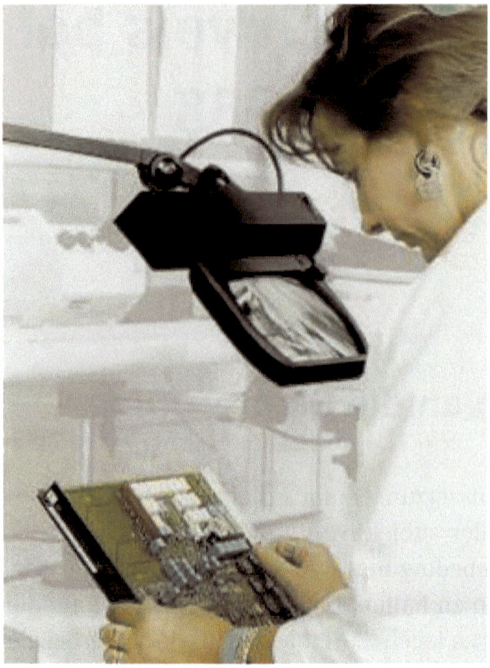

Bild 12.2
Leuchtlupe

Weiterhin ist zu bedenken, dass jeder Sichtprüfer nicht über längere Zeit gleichbleibend gut prüfen kann. Das Auge ermüdet und die Konzentration kann zwischenzeitlich nachlassen. Aufgrund dessen ist mit nicht entdeckten Fehlern zu rechnen, d. h., ein „natürlicher menschlicher" Schlupf ist, wie auch zahlreiche wissenschaftliche Untersuchungen belegen, immer vorhanden. Um diesen möglichst niedrig zu halten, sind sogenannte Sichtprüf- und Erholungspausen sowie Wiederholungstrainings für die Sichtprüfer einzuplanen. Ebenso ist eine regelmäßige augenärztliche Überprüfung des Sehvermögens vorzusehen.

■ 12.2 Eignungstest für Sichtprüfer

Voraussetzung für den Test eines Sichtprüfers ist eine intensive Einweisung und Schulung mit Übung durch einen erfahrenen Sichtprüfer. Die folgende Auflistung enthält einen Vorschlag, wie ein solcher Test aussehen kann:

- In einer repräsentativen Anzahl von Gutteilen sind die zuvor festgelegten fehlerbehafteten Teile unterzumischen und von der Testperson zu prüfen.
- Die Anzahl der fehlerhaften Teile ist zu verändern (auch null ist möglich) und mit Gutteilen aufzufüllen. Die Prüfung ist erneut durchzuführen.

- Stehen keine geeigneten fehlerhaften Teile zur Verfügung, so sind über einen signifikanten Zeitraum die Prüfergebnisse in unmittelbarer Reihenfolge von einem erfahrenen Prüfer zu kontrollieren.
- Der Prüfer gilt als geeignet (Arbeitsplatz-Führerschein wird erteilt), wenn er alle fehlerhaften und alle guten Teile eindeutig erkennt und getrennt nach Fehlern ablegen kann.
- Bei nicht bestandenem Eignungstest können folgende Maßnahmen ergriffen werden:
  - intensivere Einweisung, Schulung mit Übung durch erfahrenen Sichtprüfer
  - Verbesserungen der Prüfbedingungen (Lichtverhältnisse, Kontrastverbesserung durch Beleuchtungsmethode, Monotonie durch kurze Pausen oder andere Tätigkeit unterbrechen, ...)
  - Einsatz von Prüfhilfsmitteln (Leuchtlupe, Stereomikroskop, ...)
  - Bei kritischen Sichtprüfarbeitsgängen (Dichtungsringe, ...) kann das Problem des „menschlichen Schlupfes" dadurch vermindert werden, dass zur Erhöhung der Sicherheit ein weiterer Sichtprüfer die Teile nochmals prüft, oder, falls möglich, ist die Sichtprüfung zu objektivieren, z. B. durch Bildverarbeitungs- oder Laser-Systeme ...

Der Eignungstest der Prüfer muss in regelmäßigen Abständen wiederholt werden.

Dokumentation der Prüfergebnisse

Zur Dokumentation von Sichtprüfungsergebnissen sind attributive Qualitätsregelkarten oder Fehlersammelkarten vorzusehen.

Bei relativ großem Fehleranteil genügt ein geringer Prüfumfang, um Fehler zu entdecken. Dagegen muss bei geringem Fehleranteil der Prüfumfang sehr hoch gewählt werden, um noch zu einer statistisch sicheren Aussage zu gelangen. In vielen Fällen ergibt sich dann eine 100-%-Sichtprüfung.

Bild 12.4 zeigt das Ergebnis einer Sichtprüfung. In Bild 12.3 ist exemplarisch ein Leerformular zur Dokumentation der Ergebnisse dargestellt.

Q-DAS®	**Eignungsnachweis für Sichtprüfung**	Seite:

Teile Bezeichnung:______________________ Teile Nr.:______________________

Änderungsdatum:______________________

Bereich:______________________ Werkstatt:______________________

Arbeitsgang Bez.:______________________ Arbeitsgang Nr.:______________________

Prüfmittel Bez.:______________________ Trainer (Name/Nr.):______________________

Prüfmittel Nr.:______________________ Prüfer (Name/Nr.):______________________

Prüfbedingungen:____

Bemerkungen:____

____

Merkmal Nr./Code	**Sichtprüf-Merkmale Bezeichnung**	**Anzahl Vorhanden**	**Anzahl Gefunden**	**Ergebnis**

Anzahl Prüflinge gesamt	**Anzahl i.O.-Prüflinge vorhanden**	**Anzahl i.O.-Prüflinge gefunden**	**Ergebnis**
St. / 100 %	**St. / %**	**St. / %**	

Prüfdauer:____________ von:________ bis: ________ am: ________

Sichtprüfung geeignet: ☐ ja ☐ nein → Maßnahmen: ____________

____

Datum:________ Abteilung:________ Name:____________ Unterschrift:____________

Bild 12.3 Leerformular für eine Sichtprüfung

Q-DAS®	**Eignungsnachweis für Sichtprüfung**	Seite:

Teile Bezeichnung: Ventilgehäuse
Teile Nr.: 2 356 813 200
Änderungsdatum: 22.04.2023
Bereich: Produktion Ventile
Werkstatt: Teilefertigung 4
Arbeitsgang Bez.: Sichtprüfung
Arbeitsgang Nr.: 2735
Prüfmittel Bez.: Leuchtlupe
Trainer (Name/Nr.): Fr. Schmidt
Prüfmittel Nr.: OLL125W14
Prüfer (Name/Nr.): Fr. Müller
Prüfbedingungen: Prüflinge vor der Sichtprüfung gereinigt und getrocknet
Bemerkungen: Fr. Müller wurde 1 Woche (09.-14.05.2023) von Fr. Schmidt trainiert. Nach 2 h Sichtprüfung je 10 min Erholungszeit.

Merkmal Nr./Code	**Sichtprüf-Merkmale Bezeichnung**	**Anzahl Vorhanden**	**Anzahl Gefunden**	**Ergebnis**
01/S3GR	**Grate an Bohrungs-Oberkante**	**10**	**10**	**i.O.**
02/S3GR	**Grate an Bohrungs-Verschneidung**	**17**	**17**	**i.O.**
06/S3KO	**Korrosion in Bohrung**	**3**	**3**	**i.O.**
09/S3RI	**Riefen in Bohrung**	**12**	**12**	**i.O.**
11/S3AG	**Allgemeine Beschädigung**	**1**	**1**	**i.O.**

Anzahl Prüflinge gesamt	**Anzahl i.O.-Prüflinge vorhanden**	**Anzahl i.O.-Prüflinge gefunden**	**Ergebnis**
2500 St. / 100 %	**2480 St. / 99,2 %**	**2480 St. / 99,2 %**	**i.O.**

Prüfdauer: 1 Tag von: 7:00 bis: 14:00 am: 17.05.2023

Sichtprüfung geeignet: [x] ja [ ] nein → Maßnahmen:

Datum: 17.05.2023 Abteilung: PROD 4 Name: Meyer Unterschrift: Meyer

Bild 12.4 Fallbeispiel Sichtprüfung

Weitere Möglichkeiten der Auswertung ergeben sich aus den Verfahren

- Kappa-Verfahren nach Fleiss
- Kappa-Verfahren nach Cohen
- Effektivität

Diese Verfahren sind in Kapitel 5, „Eignungsnachweis von attributiven Prüfprozessen“, genauer beschrieben.

13 Beschaffung von Prüfmitteln

Bereits bei der Beschaffung eines Prüfmittels ist größter Wert darauf zu legen, dass es für den späteren Einsatz bei einer konkreten Messaufgabe geeignet ist. Daher sind die Anforderungen genau zu spezifizieren und die Abnahmemodalitäten festzulegen. Eine exakte Abstimmung zwischen Kunde und Lieferant bereits in der Angebots- und Bestellphase vermeidet spätere Irritationen.

Im Folgenden sind einige Punkte aufgeführt, die bei der Prüfmittelbeschaffung berücksichtigt werden sollten:

- umfassende Beschreibung der Messaufgabe samt Umfeld und Einsatzbedingungen (s. Bild 13.1)
- Bedarfsermittlung und Abgleich mit Bestand vorhandener Prüfmittel
- Lastenhefterstellung mit allen erforderlichen Eigenschaften und Leistungsdaten als wichtigste Grundlage für den zu vergebenden Auftrag (s. Bild 13.2)

> **HINWEIS:** Nach Möglichkeit sollte nicht nur ein Messgerät bestellt werden, sondern eine Gesamtlösung der Messaufgabe(n) unter Berücksichtigung der Teilevielfalt und Einsatzbedingungen. Damit werden Unklarheiten und Schnittstellenprobleme weitestgehend vermieden und Verantwortlichkeiten eindeutig festgelegt.

- Machbarkeitsstudie gegebenenfalls mit Messsystemanalysen durchführen. Wichtig ist dabei, dass alle Varianten, auch Chargenunterschiede, miteinbezogen werden.
- Angebotseinholung und -bewertung mit Auswahl des Lieferanten bzw. Prüfmittels
- Vorabnahme planen, Teilespektrum mit Chargentypen vorbereiten und rechtzeitig bereitstellen
- Eingangsprüfung bzw. Endabnahme, gegebenenfalls Erstkalibrierung durchführen; auf lückenloser Dokumentation mit Bedienerhandbuch usw. achten. Über-

wachung (Prüfmittelkartei aktualisieren, Überprüfmethode(n) und Qualifikationsintervalle in der Prüfmittelüberwachung festlegen)

- Bediener einweisen, schulen mit Erfolgskontrolle und geplanter Wiederholungsschulung
- Service hinsichtlich der Wiederverfügbarkeit der Anlage nach Ausfall planen (Online-Wartung, 24 h-Service o. Ä. mit entsprechenden Reaktionszeiten)
- Bei bisher noch nicht eingesetzten unbekannten Prüfgeräten, insbesondere bei Neuentwicklungen, und völlig neuen Prüfverfahren (z. B. Scanningverfahren anstatt Punktantastung oder optischer anstatt taktiler Antastung etc.) ist eine Grundsatzuntersuchung über einen signifikanten Zeitraum unbedingt durchzuführen.

■ 13.1 Beispiel für Messaufgabenbeschreibung

1. Erzeugnis:	Teil:	Zeich.-Nr.:	Änd.-Std.:
Werk:	Abteilung:	Name:	Telefon:
Projekt-Nr.:	Auftr.-Nr.:	Kosten:	Termin:

2. ***Messaufgabe (Kurz-Bezeichnung):***

3. ***Funktion, die mit Messaufgabe abgesichert werden soll:***

4. ***Zielsetzung des Projektes (Qualität, Ratio, Verbesserung, ...)***

5. ***Beschreibung der Messaufgabe:***

6. Ist–Zustand:

8. Soll–Zustand:

8. Skizze, Zeichnung: ☐ Zeichnung als Anhang beigefügt
☐ Prüfmerkmale gekennzeichnet

*Bei mehreren Zeichnungen **Typ-Spektrum** zusammenstellen.*
*Übersicht über **Nennmaß- und Toleranz-Bereiche** erstellen.*
*Zusammenhang **Prüfmerkmale/Prozessparameter** darstellen.*

***Zusätzliche Informationen** ergänzen:*

A Anschlag | S Spannen | B Bearbeiten | Antrieb

9. Prüfart:

Zulässige Prüfzeit:
Standzeit Werkzeug:
Anzahl Maschinen:
Maschinen-Takt:
Darstellung (Zahl, Grafik,...):

Prüfumfang/-häufigkeit:

Prüfumgebung:
Abrichtzyklus:
Maschinenbedienung:
Arbeitsgang-Bezeichnung:
Auswertung:

10. Sonstige Angaben *(z.B. Bearbeitungsprobleme; nio-Prozesszustände, die abgesichert werden sollen):*

Bild 13.1 Formblatt: Beschreibung der Prüfaufgabe

13.2 Beispiel für Lastenheft

1. **Erzeugnis/Teil:** (Typspektrum/Maßfamilien)
2. **Zeichnungen/Änderungsstand:**
3. **Prüfmerkmale, Toleranzen:**
4. **Prüfzeiten, Taktzeiten:**
5. **Prüfbedingungen:** (Prüfpunkte, Prüf-, Spannkräfte; Zustand der Prüfteile, ...)
6. **Aufnahme-Basis:** (Basis für Anschlag und Spannen des Prüfl ings)
7. **Umgebungsbedingungen:** (Temperatur, Schwingungen, ...)
8. **Messablauf, Bedienbarkeit, Bedienerführung, Klartextmeldungen** :
9. **Abnahmekriterien:**

   a) C_g/C_{gk} ≥ **1,33** Referenzteil 25 × gemessen

   b) **%GRR** ≤ **20 %** 25 Serienteile 2 × gemessen

   c) Nachweis der **Langzeitstabilität** der C_g/C_{gk} - sowie **%GRR**-Analyse über 5 Arbeitstage

   Linearität muss vom Hersteller angegeben werden.
10. **Kalibrierung, Einstellnormale, Rückführbarkeit,** zu verwendete **Normen/Richtlinien:**
11. **Nachvollziehbarkeit** (Berechnungsalgorithmen, Ergebnisse, Parameter ...) müssen vom Hersteller in klar verständlicher Form dokumentiert werden.
12. **Typwechsel, Umrüstbedingungen:** ohne bzw. Einfachst-, und Schnell-Umrüsten kleiner ... min. muss vom Hersteller sichergestellt sein.
13. **Schnittstellen** (Datenbeschreibung, Protokoll, Netzwerkanschluss):
14. **Auswertungen, Statistik, Beschreibung Auswertealgorithmen:**
15. **Schulung, Einweisung:**
16. **Dokumentationen:** (Hard-, Software, Bedienungsanleitung, Kurzanleitung ...)
17. **Konformitätserklärung, CE-Zeichen:** Muss vom Hersteller geliefert werden.
18. **Inbetriebnahme:**
19. **Allgemeines** (Magnetisierung, Sauberkeit, Beschädigungsgefahren, ...):
20. **Ersatzteilliste, Bezeichnung, Lieferbedingungen:**
21. **Service-, Reparaturfreundlichkeit:** Muss vom Hersteller sichergestellt werden.
22. **Garantie, Gewährleistung:**
23. **Sonstiges:**

Erstellt von: E-Mail: ....

Abtl.: .... Name: .... Telefon: .... Datum/Unterschrift: ....

Auftraggeber: E-Mail: ....

Abtl.: .... Name: .... Telefon: .... Datum/Unterschrift: ....

Messgerätehersteller/Vertriebsbeauftragter:
Einhaltung der Lastenheftvorgaben vom Messgerätehersteller zugesichert:

Datum/Unterschrift: ....

Bild 13.2 Formblatt: Lastenheft

14 Eignungsnachweis für Mess- und Prüfsoftware

14.1 Allgemeine Betrachtung

Ohne den Einsatz von Software ist eine Überwachung, Messung und Auswertung von Qualitätsdaten nicht mehr denkbar. In der Vergangenheit war die „Rechnergläubigkeit" sehr hoch. Den von Rechnerprogrammen gelieferten Ergebnissen wurde und wird heute teilweise noch blindlings vertraut. Gerade wegen der Vielfältigkeit und der Komplexität der Programme ist Software allerdings sehr fehlerbehaftet. Selbst bei sehr umfangreichen Tests werden nicht alle „Bugs" gefunden (s. Abschnitt 14.2). Umso wichtiger ist die Überprüfung der Software, ob sie den Anforderungen für den konkreten Einsatz genügt.

So zeigt die Erfahrung, dass sogar die Ausführung ein und desselben Rechnerprogramms mit demselben Datensatz auf dem gleichen Betriebssystem, allerdings mit unterschiedlichen Versionsständen, zu unterschiedlichen Ergebnissen führen kann. Dies kann nur durch die Verwendung von speziellen Routinen im Quellcode des Programms verhindert werden. Fehlen diese, führt die unterschiedliche Rechengenauigkeit zu den beschriebenen Problemen.

Daher benötigen Anwender heute mehr denn je qualitativ hochwertige Software und die Sicherheit, dass das Produkt für den jeweiligen Anwendungsbereich geeignet ist. Normen zum Qualitätsmanagement fordern konkret einen Bestätigungsnachweis über die Eignung der eingesetzten Software für die beabsichtigte Anwendung sowohl vor dem Erstgebrauch als auch für den fortgesetzten Einsatz.

Auszug aus IATF 16949 (IATF, VDA 2016), Abschnitt 7.1.5 „Ressourcen zur Überwachung und Messung", Abschnitt 7.1.5.2.1:

„Die Organisation muss gewährleisten, dass die Tätigkeiten zur Kalibrierung/Verifizierung und die dazugehörigen Aufzeichnungen Folgendes berücksichtigen bzw. enthalten:

[…]

g) sicherstellen und bestätigen, dass die für die Produkt- und Prozesslenkung spezifizierte Softwareversion verwendet wird,

h) […]

i) Verifizierung der produktionsrelevanten Software, die für die Produkt- und Prozesslenkung eingesetzt wird (einschließlich Software auf werkereigenen Geräten, auf kundeneigenen Geräten oder lieferanteneigenen Geräten vor Ort)."

Auszug aus VDA Band 5 (VDA 2021) Kapitel 8.2 „Validierung von Software":

„Um beim Einsatz von Software eine möglichst hohe Sicherheit für die Korrektheit der Ergebnisse zu haben, wird die Validierung der Software gefordert, die zur Bestimmung der Messwerte genutzt wird. Die Anforderung der Validierung gilt sowohl für Fremdsoftware als auch für die im eigenen Unternehmen erstellte Software.

Kommerzielle Standard-Software für den allgemeinen Gebrauch, die in ihrem vorgesehenen Anwendungsbereich genutzt wird, kann als ausreichend validiert angesehen werden (s. DIN EN ISO/IEC 17025)."

Auszug aus DIN EN ISO/IEC 17025, Abschnitt 7.11. „Lenkung von Daten und Informationsmanagement":

„7.11.2 Die Informationsmanagementsysteme des Laboratoriums, die für die Erfassung, Verarbeitung, Aufzeichnung, das Berichten, die Lagerung oder die Abfrage von Daten genutzt werden, müssen vor ihrer Einführung vom Laboratorium auf ihre Funktionsfähigkeit hin bewertet werden. Dies schließt das ordnungsgemäße Funktionieren von Schnittstellen innerhalb der Informationsmanagementsysteme des Laboratoriums ein. Bei Änderungen, einschließlich Änderungen an der Softwarekonfiguration oder -modifikationen an kommerzieller Standardsoftware des Laboratoriums, müssen diese vor der Umsetzung validiert, freigegeben und dokumentiert werden.

ANMERKUNG 2 Kommerzielle Standardsoftware für den allgemeinen Gebrauch, die in ihrem vorgesehenen Anwendungsbereich benutzt wird, kann als ausreichend validiert angesehen werden."

Auszug aus DIN EN ISO 10012 (DIN 2004), Abschnitt 6.2.2 „Software":

„Die in den Messprozessen und bei der Berechnung der Ergebnisse eingesetzte Software muss dokumentiert, gekennzeichnet und überwacht werden, um ihre Eignung für den fortgesetzten Einsatz sicherzustellen. Die Software und sämtliche neueren Versionen müssen vor dem Einsatz geprüft und/oder validiert werden, für den Einsatz freigegeben und archiviert werden. Die Prüfungen müssen in dem Umfang erfolgen, der für die Sicherstellung gültiger Messergebnisse erforderlich ist."

Anleitung

„Die Software kann in verschiedenen Formen vorliegen, wie z. B. als eingebettete, programmierbare oder standardisierte Programmpakete.

Bei Standardsoftware ist nicht immer eine Prüfung erforderlich.

Die Prüfung kann Überprüfungen auf Viren, Überprüfungen anwenderprogrammierter Algorithmen, Konfigurationsmanagement für komplexe oder kritische Anwendungen oder eine Kombination derselben umfassen, je nachdem, was erforderlich ist, um das geforderte Messergebnis zu erhalten.

Die Lenkung der Softwarekonfigurierung kann die Aufrechterhaltung der Funktionsfähigkeit und Gültigkeit von Messprozessen, die Software verwenden, unterstützen."

Ein zertifiziertes QM-System des Software-Lieferanten allein kann jedoch nur bedingt die Eignung der Software bestätigen, da mit einer Zertifizierung immer nur die Qualität der Entwicklungsprozesse hinsichtlich bestimmter Anforderungen nachgewiesen wird. Wie kann man also Vertrauen in die Daten und Auswerteergebnisse schaffen und der Frage nach der Eignung begegnen?

Die Eignung der Rechnersoftware kann, wie in ISO 10012 (DIN 1999) formuliert (siehe oben), nur durch entsprechende Prüfung und/oder Validierung nachgewiesen werden.

Laut DIN EN ISO 9000 ist „Prüfung":

„Konformitätsbewertung durch Beobachten und Beurteilen, begleitet - soweit zutreffend - durch Messen, Testen oder Vergleichen"

und Verifizierung:

„Bestätigung durch Bereitstellung eines objektiven Nachweises, dass festgelegte Anforderungen erfüllt worden sind"

und „Validierung":

„Bestätigung durch Bereitstellung eines objektiven Nachweises, dass die Anforderungen für einen spezifischen beabsichtigten Gebrauch oder eine spezifische beabsichtigte Anwendung erfüllt worden sind."

ISO/TR 11462-3 und ISO/TR 11462-4

Auch das ISO/TC 69/SC 4 hat in der Normenreihe ISO 11462 „Guidelines for implementation of statistical process control (SPC)" zwei Normen veröffentlicht, mit der SPC-Software verifiziert und validiert werden kann. Nach dem Verständnis dieser Normenreihe ist der Eignungsnachweis eines Mess- und Prüfprozesses ein Element von SPC (Statistischer Prozessregelung). Ziel dieser Normen ist, ein valides Umfeld für die Anwendung von SPC zur Verfügung zu stellen.

ISO 11462-3 „Reference data sets for SPC software validation“ enthält dabei mehrere Datensätze zur Validierung von SPC-Software, vornehmlich im Bereich der Validierung von Maschinen und Fertigungsprozessen

ISO 11e62-4 „Reference data sets for measurement process analysis software validation“ enthält mehrere Datensätze zur Validierung von Mess- und Prüfprozessen. Dabei werden auf die Verfahren der AIAG MSA (AIAG 2010) und VDA Band 5 (2021) zurückgegriffen

Einige Softwarehersteller bieten für ihre Softwareprodukte spezielle Validierungskits zu der Normenreihe ISO 11462 an.

Im Folgenden wird beschrieben, wie die Q-DAS® GmbH part of Hexagon (*www.q-das.com*, *www.hexagon.com*) die Eignung ihrer Software solara.MP für den vorgesehenen Einsatzbereich nachweist. Diese Vorgehensweise ist als ein Beispiel zu sehen und kann zur Anregung für andere Anwendungen dienen.

Die Q-DAS® Software wird für unterschiedliche Aufgabenstellungen im Bereich der statistischen Auswertung von Qualitätsdaten eingesetzt. Hierzu sind mittlerweile eine Reihe von Richtlinien bzw. Leitfäden von unterschiedlichen Firmen, wie z. B. Ford, General Motors, DaimlerChrysler und Robert Bosch, sowie Dokumente mit normativem Charakter, wie z. B. VDA Band 5 (VDA 2021) und AIAG MSA (AIAG 2010), entstanden. Diese Dokumente beschreiben beispielsweise die Vorgehensweise bei der Beurteilung von Messsystemen und -prozessen, bei der Maschinenabnahme oder bei Prozessfähigkeitsuntersuchungen. Anhand von Fallbeispielen werden die beschriebenen Verfahren detailliert erläutert und die Ergebnisse der Auswertung und deren Beurteilung dokumentiert.

In dem Produkt solara.MP sind diese Verfahren in Form von Auswertekonfigurationen abgebildet, die vom Anwender über eine Auswahlliste gewählt werden können. Die Daten werden dann automatisch nach den jeweiligen Vorgaben ausgewertet und bezüglich der Anforderungen bewertet, ohne dass vom Anwender weitere Einstellungen am Programm vorzunehmen sind. Durch Vergleich der Auswertungsergebnisse der Testdaten mit den in den Richtlinien bzw. Leitfäden dokumentierten Ergebnissen lässt sich die korrekte Berechnung für das jeweilige Beispiel nachweisen. Da mit den Testbeispielen (Auszug s. Abschnitt 14.3) ein breites Spektrum der möglichen Auswertemethoden abgedeckt wird, ist eine größtmögliche Sicherheit auch im konkreten Anwendungsfall gewährleistet. Damit ist die Erfüllung der Anforderungen für den beabsichtigten Gebrauch bestätigt. Die Software kann dann als validiert bezeichnet werden. Dieser Eignungsnachweis kann jederzeit wiederholt werden, sodass auch für den fortgesetzten Einsatz eine regelmäßige Überprüfung bzw. Validierung, z. B. bei Software-Updates, durchgeführt werden kann.

Von entscheidender Bedeutung ist in diesem Zusammenhang der Schutz der hinterlegten Auswertekonfigurationen vor Änderungen und Manipulationen. Die Konfigurationen werden in enger Abstimmung mit den Erstellern der Firmenrichtlinien bzw. -leitfäden erstellt und durch diese auch freigegeben. Alle mit solara.MP ausgelieferten Konfigurationen sind fest vorgegeben und können nicht geändert werden. Eigene weitere Auswertekonfigurationen können erstellt werden, die über Vergaben von Benutzerrechten abgesichert werden. Zusätzlich kann über verschiedene Rechte-Optionen jeglicher manuelle Eingriff in die Auswertung, wie z. B. die testweise Auswertung auf Grundlage eines anderen Verteilungsmodells oder das manuelle Entfernen von Ausreißern, unterbunden werden. Damit kann der Anwender auf richtlinienkonforme Ergebnisse vertrauen und er hat die Gewissheit, dass das Produkt für diesen spezifischen Einsatz geeignet ist.

Ein anderer, nicht zu vernachlässigender Aspekt ist die Lenkung der Aufzeichnungen der Auswertungsergebnisse. Neben der eindeutigen Kennzeichnung und einer geeigneten Aufbewahrung steht hier auch der Schutz im Vordergrund. Im Rahmen der statistischen Auswertung von Qualitätsdaten gilt es, die Ergebnisse z. B. eines Eignungsnachweises von Messsystemen oder -prozessen und die zugrunde liegenden Datensätze zu sichern und vor nachträglichen Änderungen zu schützen. solara.MP bietet die Möglichkeit, Ergebnisberichte zu signieren und gemeinsam mit dem dazugehörigen Datensatz in der Datenbank als PDF-Dokument vorzuhalten. Auf den Bericht kann jederzeit lesend zugegriffen werden und bei Bedarf können die Daten erneut eingelesen und ausgewertet werden. Für den Anwender bedeutet dies ein hohes Maß an Datensicherheit, Transparenz und Nachvollziehbarkeit.

HINWEIS: Viele Unternehmen setzen zur Beurteilung der Prüfprozesseignung Berechnungen ein, die sie mit Microsoft™ Excel durchführen. Die von vielen QM-Beratern unterstützte Vorgehensweise genügt bei weitem nicht den Anforderungen bezüglich der Validierung. Um diese sicherstellen zu können, ist der Aufwand so immens hoch, dass sich der Erwerb einer „validierten“ Standardsoftware sehr schnell rechnet. Das Problem der Validierbarkeit entsteht durch die Excel-spezifische Struktur, dass sowohl Daten und Auswertemethodik in der Excel-Datei gespeichert werden. Wird die Tabelle kopiert, entsteht eine weitere zu validierende Version. Die Validität kann im Moment des Kopierens zwar noch aus der Quelldatei abgeleitet werden, aber jede Änderung und Speicherung der kopierten Tabelle führt zu einem Verlust der Validität.

Nicht berücksichtigt ist dabei die Abbildung der vielen unterschiedlichen Firmenrichtlinien. Die in diesem Buch beschriebene Vorgehensweise bei der Messsystemanalyse und dem Eignungsnachweis von Mess- und Prüfprozessen lässt eine Vielzahl von unterschiedlichen Betrachtungs- und Berechnungsmethoden zu. Hier kommen sehr schnell 30 bis 40 verschiedene Variationen zum Tragen. Davon führen ca. 80 % zu einem unterschiedlichen Ergebnis. Alle Varianten müssten einzeln validiert werden. Ein nahezu hoffnungsloses Unterfangen, dies mit Excel-Tabellen abzuwickeln. ■

14.2 Das Märchen von der „Excel-Tabelle"

Ein internationales Unternehmen hat sich vor langer, langer Zeit entschieden, künftig Messsystemanalysen durchzuführen. Eine Standardsoftware zur Auswertung der verfassten Werte sollte aus Kostengründen nicht beschafft werden. „Das können wir selbst", sagte der Qualitätsbeauftragte und ruckzuck wurde eine Excel-Tabelle erstellt, in die die Werte eingegeben werden konnten. Als Auswertemethode hat man sich für die mittlerweile veraltete Differenzenmethode (s. Kapitel 4, Verfahren 3) entschieden. Die entsprechenden Berechnungsformeln wurden abgebildet. Innerhalb kurzer Zeit war das Auswerteformular mit den Berechnungen fertig gestellt. Es konnten erste Werte eingegeben werden und die Ergebnisse standen zur Verfügung. Ein Auszug aus diesem Formular ist in Bild 14.1 dargestellt.

	Teilenummer	Messwerte Messreihe1	Messwerte Messreihe 2	Differenz =W1-W2
12				
15	1	8,795	8,804	-0,009
16	2	8,829	8,831	-0,002
17	3	8,769	8,771	-0,002
18	4	8,831	8,832	-0,001
19	5	8,749	8,750	-0,001
20	6	8,763	8,759	0,004
21	7	8,794	8,789	0,005
22	8	8,762	8,779	-0,017
23	9	8,796	8,790	0,006
24	10	8,803	8,801	0,002
25	11	8,800	8,800	0
26	12	8,892	8,917	-0,025
27	13	8,744	8,736	0,008
28	14	8,732	8,736	-0,004
29	15	8,770	8,782	-0,012
30	16	8,806	8,809	-0,003
31	17	8,744	8,744	0
32	18	8,780	8,776	0,004
33	19	8,790	8,785	0,005
34	20	8,773	8,786	-0,013
40	21			0
41	22			0
42	23			0
43	24			0
44	25			0
45				
46		Standardabweichung der Differenzen s_Δ =		0,0070451
47				

Bild 14.1 Fallbeispiel Excel-Tabelle für Verfahren 3

Damit man sicher ist, keinen Fehler gemacht zu haben, wurden exemplarisch Daten eingegeben und die Ergebnisse mit denen eines Referenzbeispiels verglichen. Danach wurde die Excel-Tabelle ohne weitere Hinweise bzw. Einweisung zur allgemeinen Verwendung in den Werken freigegeben.

Im Laufe der Zeit wurden munter viele Prüfmittelfähigkeitsstudien durchgeführt, die „schönen“ Ergebnisse dokumentiert, dem Management berichtet und den Auditoren vorgelegt. Alle waren zufrieden und glücklich, bis eines Tages der Fehler mit den fatalen Folgen ans Licht kam.

Zunächst konnte sich keiner erklären, dass trotz der guten Messprozesse fehlerhafte Teile an den Kunden gingen. Was war geschehen? In Bild 14.1 sind Messwerte für 25 Teile vorgesehen. Allerdings wird der Anwender nicht gehindert, auch weniger Teile zu prüfen und diese in die Tabelle einzutragen. Wie Bild 14.1 zeigt, wurden die letzten fünf Werte nicht eingetragen, allerdings, wie in Excel üblich, die Differenz von „Nichts“ zu „Nichts“ als „Null“ berechnet. Konsequenterweise ist die errechnete Standardabweichung falsch. Da es bequemer ist, weniger als 25 Teile zu messen, und die Prüfmittel umso besser waren, je weniger Teile gemessen wurden, wurde diese Vorgehensweise über einen längeren Zeitraum gerne verwendet.

Beim Vergleich der Ergebnisse mit einer validierten Software kam es noch viel schlimmer. Der geübte Excel-Anwender wird es sofort erkannt haben: „Die Zeilen 35 bis 39 sind in Bild 14.1 ausgeblendet, aber in der Berechnung enthalten!“ Die Spannung stieg ins Unermessliche: „Was wird zum Vorschein kommen?“ Bild 14.2 bringt die Wahrheit ans Licht! Es sind Messwerte von einem ganz anderen Messprozess, die munter bei den vielen Untersuchungen immer mit in die Berechnung eingeflossen sind. Anscheinend hatte ein wohlmeinender Zeitgenosse die Zeilen ausgeblendet, da die Abnahme auch mit 20 Teilen möglich war, ein anderer Kollege aber wieder 5 Zeilen angehängt, weil er nach Vorschrift 25 Teile nutzen wollte.

Glücklicherweise hat man in dem Unternehmen diesen fatalen Fehler erkannt, sonst würde man sich wahrscheinlich heute noch über die sehr „guten Messsysteme“ freuen und über die schlechten Prozesse wundern. Doch wie viele solcher oder ähnlicher Excel-Tabellen werden tagein, tagaus noch verwendet und die „schönen“ Ergebnisse als bare Münze genommen?

Ob das Märchen nun wahr ist oder nicht, spielt keine Rolle, denn den gleichen Sachverhalt hat jeder Anwender und jede Anwenderin schon erlebt, die intensiv mit Excel und ähnlichen Systemen arbeiten. Aber zur Beruhigung, die Autoren können den Sachverhalt bezeugen. Darüber hinaus sind immer wieder Tabellen zu finden, die Nebenrechnungen als weißen Text in Feldern mit weißem Hintergrund ausführen und irrtümlich verändert wurden, die Standardabweichungen durch Mittelabweichungen ersetzen, die Korrekturfaktoren völlig falsch besetzen oder anwenden. Aber auch Variablenüberläufe durch den Versuch, Pico-Farad ($1\ pF = 10^{-12}\ F$) in der Einheit Farad zu quadrieren, weiter zu berechnen und dann die Wurzel daraus zu ziehen, oder vorgezogene Rundungen sind regelmäßig zu finden, bis hin zu Variablen, die versehentlich durch fest Werte ersetzt wurden. Fehlinterpretationen und Fehlentscheidungen sind die Konsequenz, verbunden mit nicht unerheblichen Fehlleistungskosten. Die Kosten für den Erwerb einer Standardsoftware amortisieren sich unter diesen Gesichtspunkten in kürzester Zeit.

	A	B	C	D	E	F	G	H	I	J	K	L	M
17			3		8,769			8,771			-0,002		
18			4		8,831			8,832			-0,001		
19			5		8,749			8,750			-0,001		
20			6		8,763			8,759			0,004		
21			7		8,794			8,789			0,005		
22			8		8,762			8,779			-0,017		
23			9		8,796			8,790			0,006		
24			10		8,803			8,801			0,002		
25			11		8,800			8,800			0		
26			12		8,892			8,917			-0,025		
27			13		8,744			8,736			0,008		
28			14		8,732			8,736			-0,004		
29			15		8,770			8,782			-0,012		
30			16		8,806			8,809			-0,003		
31			17		8,744			8,744			0		
32			18		8,780			8,776			0,004		
33			19		8,790			8,785			0,005		
34			20		8,773			8,786			-0,013		
35			21		3,664			3,664			0		
36			22		3,743			3,741			0,002		
37			23		3,756			3,756			0		
38			24		3,701			3,701			0		
39			25		3,771			3,771			0		
40			21								0		
41			22								0		
42			23								0		
43			24								0		
44			25								0		
45													
46				Standardabweichung der Differenzen s_Δ						=	0,0070451		
47													

Bild 14.2 Versteckte Zeilen aus Bild 14.1 eingeblendet

■ 14.3 Testbeispiele

Zur Validierung von Software für Messsystemanalysen und Eignungsnachweisen für Mess- und Prüfprozesse können Referenzbeispiele herangezogen werden. Damit können Hersteller und Anwender ihr System selbst prüfen. Dies gibt dem Anwender solcher Systeme ein hohes Maß an Sicherheit, dass die Datensätze korrekt berechnet werden. Um ein möglichst breites Spektrum abzudecken, wurden für verschiedene Konstellationen entsprechende Datensätze individuell vorbereitet. Einige Ergebnisse der Auswertung dieser Datensätze sind auf den folgenden Seiten dokumentiert und kommentiert. Die Ergebnisse wurden mehrfach mit unterschiedlichen Rechnerprogrammen überprüft und stellen quasi eine Referenz dar. Die in Tabelle 14.1 verwendeten Datensätze sind in dem jeweiligen Originaldokument veröffentlicht.

HINWEISE:

1. Die hier vorgestellten Beispiele sind als ein Spektrum anzusehen. Für eine vollständige Validierung sind weitere Fallbeispiele heranzuziehen.
2. Bei den Zwischen- und Endergebnissen kann es wegen Rechengenauigkeit zu geringfügigen Abweichungen kommen. So können beispielsweise die K-Faktoren gemäß der MSA 2 (Dietrich 2011). Ausgabe mit zwei Nachkommastellen bzw. gemäß der MSA 3. Ausgabe mit fünf Nachkommastellen angegeben sein. Die Abweichungen kommen auch zustande, wenn Zwischenergebnisse, z. B. Mittelwert oder Standardabweichung, gerundet in die weitere Berechnung eingehen. Gerade diese Situation ist im Vergleich der Ergebnisse nur schwer nachvollziehbar, da die Rundungsgrenzen in der Regel nicht bekannt sind.

Tabelle 14.1 Referenzbeispiele

Lfd. Nr. des Beispiels	Dateiname	Zweck des Tests und Herkunft der Daten
1	TEST_14	Verfahren 1, toleranzbezogen, Ford Testbeispiel (Ford Motor Co. 1997)
2	TEST_15	Verfahren 1, prozessbezogen, Ford Testbeispiel (Ford Motor Co. 1997)
3	TEST_16, ausgewertet mit ARM	Verfahren 2 (ARM), Ford Testbeispiel (Ford Motor Co. 1997)
4	TEST_16, ausgewertet mit ANOVA	Verfahren 2 (ANOVA), Ford Testbeispiel (Ford Motor Co. 1997)
5	MSA_ARM	*%GRR* nach ARM, AIAG MSA (AIAG 2010)
6	MSA_ANOVA	*%GRR* nach ANOVA, AIAG MSA (AIAG 2010)
7	MSA_Attributiv	attributiv, Signalerkennung, AIAG MSA (AIAG 2010)
8	BOSCH_BOOKLET10_TYPE_1	Verfahren 1, toleranzbezogen, Bosch Heft 10 (Robert Bosch GmbH 2019a)
9	BOSCH_BOOKLET10_TYPE_2	Verfahren 2, Bosch Heft 10 (Robert Bosch GmbH 2019a)

Tabelle 14.1 Referenzbeispiele *(Fortsetzung)*

Lfd. Nr. des Beispiels	Dateiname	Zweck des Tests und Herkunft der Daten
10	BOSCH_BOOKLET10_TYPE_3	Verfahren 3, Bosch Heft 10 (Robert Bosch GmbH 2019a)
11	BOSCH_BOOKLET10_TYPE_4	Linearität, Bosch Heft 10 (Robert Bosch GmbH 2019a)
12	BOSCH_BOOKLET10_TYPE_5	Stabilität, Bosch Heft 10 (Robert Bosch GmbH 2019a)
13	BOSCH_BOOKLET10_TYPE_6	attributiv, diskretisiert, Signal-erkennung Bosch Heft 10 (Robert Bosch GmbH 2019a)
14	BOSCH_BOOKLET10_TYPE_7	attributiv, diskret, Fleiss' Kappa Bosch Heft 10 (Robert Bosch GmbH 2019a)

Darüber hinaus ist mittlerweile die ISO 11462-4 (ISO 2022) erschienen, die weitere Datensätze enthält und für die ein Validierungs-Kit für solara.MP existiert. Auch das neue Praxishandbuch zum VDA Band 5 (VDA 2022) ist voller Beispieldaten, die zur Validierung von Software genutzt werden können. Im Folgenden stellen Bild 14.3 bis Bild 14.16 die Beispiele dar.

Q-DAS	Messsystemanalyse	Seite 1 / 1

Akt. Dat. 21.02.2003	Bearb.Name.	Abt./Kst./Prod.	Prüfort

Prüfmittel	Normal	Merkmal
Prfm.Bez.	Normal Bez.	Merkm.Bez. GC Verfahren 1 (Bsp. 14.1)
Prfm.Nr.	Normal Nr.	Merkm.Nr. 14.1
Prfm.Aufl. 0.001	Normal-Istw. 20.302	Nennm. OSG 20.450 ≙
Prüfgrnd.	Einh. mm	Einh. mm USG 20.150 ≙
Bemerkung		

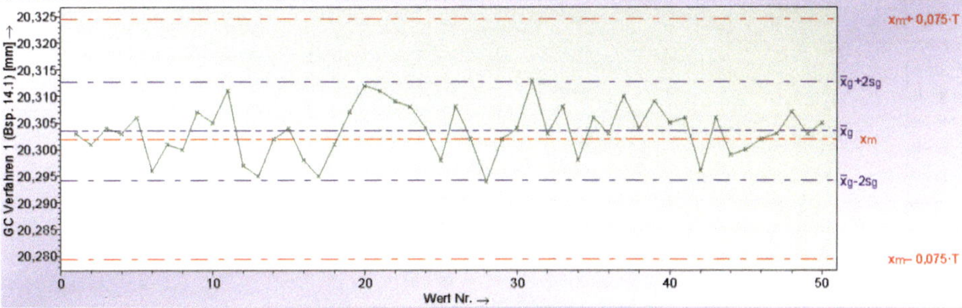

i	x_i	i	x_i	i	x_i	i	x_i	i	x_i
1	20,303	11	20,311	21	20,311	31	20,313	41	20,306
2	20,301	12	20,297	22	20,309	32	20,303	42	20,296
3	20,304	13	20,295	23	20,308	33	20,308	43	20,306
4	20,303	14	20,302	24	20,304	34	20,298	44	20,299
5	20,306	15	20,304	25	20,298	35	20,306	45	20,300
6	20,296	16	20,298	26	20,308	36	20,303	46	20,302
7	20,301	17	20,295	27	20,302	37	20,310	47	20,303
8	20,300	18	20,301	28	20,294	38	20,304	48	20,307
9	20,307	19	20,307	29	20,302	39	20,309	49	20,303
10	20,305	20	20,312	30	20,304	40	20,305	50	20,305

Zeichnungswerte			Gemessene Werte			Statistische Werte		
x_m	=	20,30200				$\bar{x}_g$	=	20,30348
USG	=	20,150	x_{ming}	=	20,294	s_g	=	0,0046565
OSG	=	20,450	x_{maxg}	=	20,313	$\lvert Bi \rvert = \lvert \bar{x}_g - x_m \rvert$	=	0,00148
T	=	0,300	R_g	=	0,019			
			n_{ges}	=	50	n_{eff}	=	50

				Minimale Bezugsgrösse für fähiges Messsystem		
$C_g = \frac{0{,}15 \cdot T}{6 \cdot s_g}$	=	1,61	0 1	T_{min}	=	0,18634
$C_{gk} = \frac{0{,}075 \cdot T - \lvert \bar{x}_g - x_m \rvert}{3 \cdot s_g}$	=	1,50	0 1	T_{min}	=	0,20599
%RE	=	0,33%	0 2 5	T_{min}	=	0,050000

Messsystem fähig (RE,C_g,C_{gk})

Ford EU 1880 1997: Verfahren 1

Bild 14.3 Verfahren 1, toleranzbezogen; Ford Testbeispiel (Ford Motor Co. 1997)

Q-DAS	Messsystemanalyse	Seite 1 / 1

Akt. Dat. 21.02.2003	Bearb.Name.	Abt./Kst./Prod.	Prüfort

Prüfmittel	Normal	Merkmal
Prfm.Bez.	Normal Bez.	Merkm.Bez. GC Verfahren 1 (Bsp. 14.1)
Prfm.Nr.	Normal Nr.	Merkm.Nr. 14.1
Prfm.Aufl. 0.001	Normal-Istw. 20.302	Nennm. OSG 20.450 ≙
Prüfgrnd.	Einh. mm	Einh. mm USG 20.150 ≙
Bemerkung		

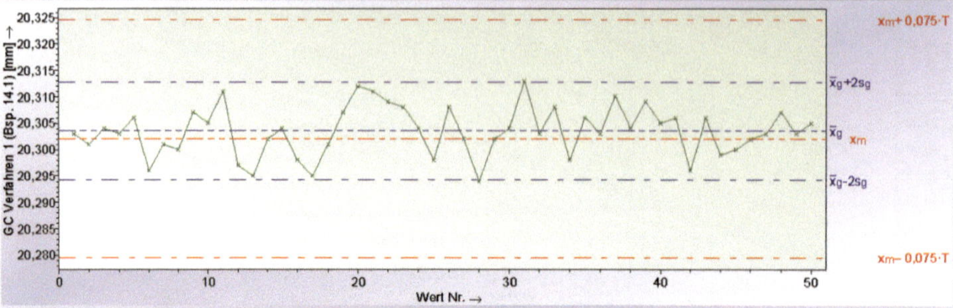

i	x_i	i	x_i	i	x_i	i	x_i	i	x_i
1	20,303	11	20,311	21	20,311	31	20,313	41	20,306
2	20,301	12	20,297	22	20,309	32	20,303	42	20,296
3	20,304	13	20,295	23	20,308	33	20,308	43	20,306
4	20,303	14	20,302	24	20,304	34	20,298	44	20,299
5	20,306	15	20,304	25	20,298	35	20,306	45	20,300
6	20,296	16	20,298	26	20,308	36	20,303	46	20,302
7	20,301	17	20,295	27	20,302	37	20,310	47	20,303
8	20,300	18	20,301	28	20,294	38	20,304	48	20,307
9	20,307	19	20,307	29	20,302	39	20,309	49	20,303
10	20,305	20	20,312	30	20,304	40	20,305	50	20,305

Zeichnungswerte			Gemessene Werte			Statistische Werte		
x_m	=	20,30200				$\bar{x}_g$	=	20,30348
USG	=	20,150	x_{ming}	=	20,294	s_g	=	0,0046565
OSG	=	20,450	x_{maxg}	=	20,313	$\lvert Bi \rvert = \lvert \bar{x}_g - x_m \rvert$	=	0,00148
T	=	0,300	R_g	=	0,019			
			n_{ges}	=	50	n_{eff}	=	50

			Minimale Bezugsgrösse für fähiges Messsystem		
$C_g = \frac{0{,}15 \cdot T}{6 \cdot s_g}$	=	1,61	T_{min}	=	0,18634
$C_{gk} = \frac{0{,}075 \cdot T - \lvert \bar{x}_g - x_m \rvert}{3 \cdot s_g}$	=	1,50	T_{min}	=	0,20599
%RE	=	0,33%	T_{min}	=	0,050000

Messsystem fähig (RE, C_g, C_{gk})

Ford EU 1880 1997: Verfahren 1

Bild 14.4 Verfahren 1, prozessbezogen; Ford Testbeispiel (Ford Motor Co. 1997)

Q-DAS	Messsystemanalyse	Seite 1/1

Akt. Dat. 21.02.2003	Bearb.Name.	Abt./Kst./Prod.	Prüfort Feinzeiger

Prüfmittel	Teil	Merkmal
Prfm.Bez. Prfm.Nr. Prfm.Aufl. 0.001 Prüfgrnd.	Teilebez. MSA Studie 2 (Bsp. 16) Teilnr. 16	Merkm.Bez. GC - Verfahren 2 (Bsp. 16.1) Merkm.Nr. 16.1 Nennm. 100.00 OSG 100.20 ≙ 0.20 Einh. mm USG 99.80 ≙ -0.20
Bemerkung		

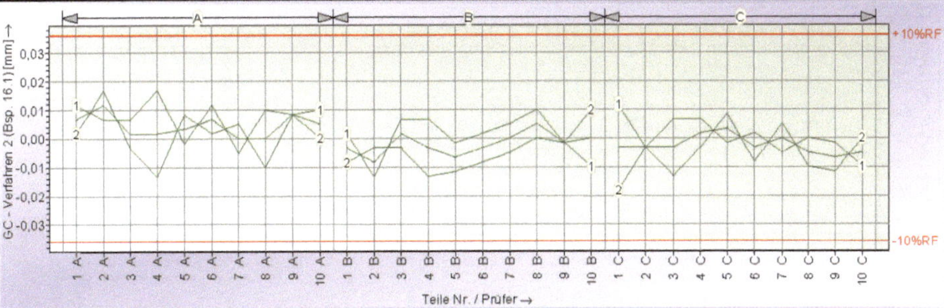

n	xA;1	xA;2	$\bar{x}_{gj}$	R_{gj}	xB;1	xB;2	$\bar{x}_{gj}$	R_{gj}	xC;1	xC;2	$\bar{x}_{gj}$	R_{gj}	$\bar{x}_{gn}$	s_{gn}
1	100,01	100,00	100,005	0,01	100,00	99,99	99,995	0,01	100,01	99,98	99,995	0,03	99,9983	0,0136
2	100,01	100,02	100,015	0,01	99,99	100,00	99,995	0,01	100,00	100,00	100,000	0,00	100,0033	0,0054
3	100,01	100,00	100,005	0,01	100,01	100,00	100,005	0,01	100,01	99,99	100,000	0,02	100,0033	0,0108
4	100,02	99,99	100,005	0,03	100,01	99,99	100,000	0,02	100,01	100,00	100,005	0,01	100,0033	0,0163
5	100,00	100,01	100,005	0,01	100,00	99,99	99,995	0,01	100,00	100,01	100,005	0,01	100,0017	0,0081
6	100,01	100,00	100,005	0,01	100,00	99,99	99,995	0,01	100,00	99,99	99,995	0,01	99,9983	0,0081
7	99,99	100,00	99,995	0,01	100,00	99,99	99,995	0,01	99,99	100,00	99,995	0,01	99,9950	0,0081
8	100,01	99,99	100,000	0,02	100,01	100,00	100,005	0,01	100,00	99,99	99,995	0,01	100,0000	0,0108
9	100,01	100,01	100,010	0,00	100,00	100,00	100,000	0,00	100,00	99,99	99,995	0,01	100,0017	0,0027
10	100,01	100,00	100,005	0,01	99,99	100,01	100,000	0,02	99,99	100,00	99,995	0,01	100,0000	0,0108

Wiederholpräzision	=	$EV = K_1 \cdot \bar{\bar{R}}$	=	0,0621	=
Wiederholpräzision	=	$\%EV = \frac{EV \cdot 100\%}{6\,\sigma_p}$	=	17,24%	0 20 30
Vergleichspräzision	=	$AV = K_2 \cdot \bar{x}_{diff}$	=	0,0220	=
Vergleichspräzision	=	$\%AV = \frac{AV \cdot 100\%}{6\,\sigma_p}$	=	6,11%	0 20 30
Messsystemstreuung	=	$R\&R = \sqrt{EV^2 + AV^2}$	=	0,0658	=
Messsystemstreuung	=	$\%R\&R = \frac{R\&R \cdot 100\%}{6\,\sigma_p}$	=	18,29%	0 20 30

Messsystem fähig (RE,R&R)

Prozessbezogen: Ford EU 1880

Faktor K1	=	5,32	Faktor K2	=	3,14

Bild 14.5 Verfahren 2 (ARM); Ford Testbeispiel (Ford Motor Co. 1997)

HEXAGON	Messsystemanalyse	Seite 1 / 1

Datum/Zeit 2023-08-21	Bearb.Name NN	Abt./Kst./Prod. NN	Prüfort Precision Pointer

Prüfmittel	Teil	Merkmal
Prfm.Bez.	Teilebez. MSA Type-2 Study (Ex. 16)	Merkm.Bez. GC - Type-2 Study (Ex. 16.1)
Prfm.Nr.	Teilnr. 16	Merkm.Nr. 16.1
Prfm.Aufl. 0,01		Nennm. 100,00 OSG 100,20 ≙ 0,20
Prüfgrnd.		Einh. mm USG 99,80 ≙ -0,20

Bemerkung

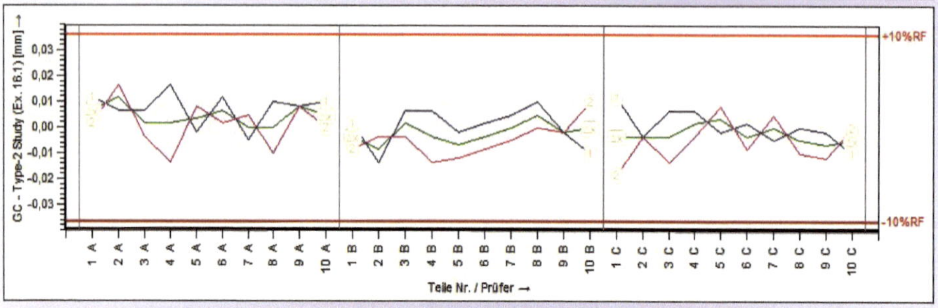

n	$x_{A;1}$	$x_{A;2}$	$\overline{x}_{gj}$	s_{gj}	$x_{B;1}$	$x_{B;2}$	$\overline{x}_{gj}$	s_{gj}	$x_{C;1}$	$x_{C;2}$	$\overline{x}_{gj}$	s_{gj}
1	100,01	100,00	100,005	0,007	100,00	99,99	99,995	0,007	100,01	99,98	99,995	0,021
2	100,01	100,02	100,015	0,007	99,99	100,00	99,995	0,007	100,00	100,00	100,000	0,000
3	100,01	100,00	100,005	0,007	100,01	100,00	100,005	0,007	100,01	99,99	100,000	0,014
4	100,02	99,99	100,005	0,021	100,01	99,99	100,000	0,014	100,01	100,00	100,005	0,007
5	100,00	100,01	100,005	0,007	100,00	99,99	99,995	0,007	100,00	100,01	100,005	0,007
6	100,01	100,00	100,005	0,007	100,00	99,99	99,995	0,007	100,00	99,99	99,995	0,007
7	99,99	100,00	99,995	0,007	100,00	99,99	99,995	0,007	99,99	100,00	99,995	0,007
8	100,01	99,99	100,000	0,014	100,01	100,00	100,005	0,007	100,00	99,99	99,995	0,007
9	100,01	100,01	100,010	0,000	100,00	100,00	100,000	0,000	100,00	99,99	99,995	0,007
10	100,01	100,00	100,005	0,007	99,99	100,01	100,000	0,014	99,99	100,00	99,995	0,007

	Varianz	Standardabw.	Vertrauensniveau 1-α = 95,000%	
Wiederholpräzision	0,0000724	0,00851	EV = 0,0426 ≤ **0,0510** ≤ 0,0638	%EV = 14,18%
Vergleichspräzision	0,0000116	0,00341	AV = 0,00273 ≤ **0,0205** ≤ 0,147	%AV = 5,68%
Wechselwirkung	[pooling]	[pooling]	IA =	%IA = —
Prüfsystemstreuung	0,0000840	0,00916	R&R = 0,0512 ≤ **0,0550** ≤ 0,155	%R&R = 15,27%
Teilestreuung	0,000	0,000	PV = 0,000 ≤ **0,000** ≤ 0,0223	%PV = 0,00%
Gesamtstreuung	0,0000840	0,00916	TV = 0,0550	

Versuchsplan			Bezugsgröße		
Anzahl Messungen	=	2	Prozessstreuung	=	0,06
Anzahl Prüfer	=	3	Toleranz	=	0,40
Anzahl Teile	=	10	geforderter Cp-Wert	=	

Auflösung	%RE	=	2,78%	0 2 5
Zahl d. unterscheidb. Messwertklassen (ndc)	ndc	=	9	0 1
Prüfsystemstreuung	%R&R	=	15,27%	0 20 30
Minimale Bezugsgröße für fähiges Prüfsystem =	$6 \cdot \sigma_{p\,min\,(R\&R)}$	=	0,275	
Minimale Bezugsgröße für bedingt fähiges Prüfsystem =	$6 \cdot \sigma_{p}'{}_{min\,(R\&R)}$	=	0,183	

Prüfsystem bedingt fähig (RE,R&R)

© Ford EU1880 (1997): Verfahren 2 (ANOVA prozessbezogen)

Datum ____________ Unterschrift ____________ Abteilung ____________

Bild 14.6 Verfahren 2 (ARM); Ford Testbeispiel (Ford Motor Co. 1997)

HEXAGON	Messsystemanalyse	Seite 1 / 1

Datum/Zeit 2023-08-21	Bearb.Name NN	Abt./Kst./Prod. NN	Prüfort

Prüfmittel	Teil	Merkmal
Prfm.Bez.	Teilebez. ???	Merkm.Bez. MSA 3rd Edition
Prfm.Nr.	Teilnr.	Merkm.Nr. QS-9000
Prfm.Aufl. 0,01		Nennm. OSG >=
Prüfgrnd.		Einh. mm USG >=

Bemerkung MSA Seite 113

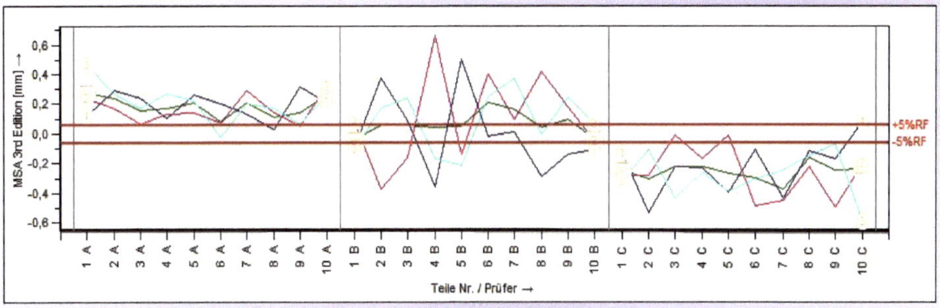

n	$x_{A;1}$	$x_{A;2}$	$x_{A;3}$	$\overline{x}_{gj}$	R_{gj}	$x_{B;1}$	$x_{B;2}$	$x_{B;3}$	$\overline{x}_{gj}$	R_{gj}	$x_{C;1}$	$x_{C;2}$	$x_{C;3}$	$\overline{x}_{gj}$	R_{gj}	$\overline{x}_{gn}$	s_{gn}
1	0,29	0,41	0,64	0,447	0,35	0,08	0,25	0,07	0,133	0,18	0,04	-0,11	-0,15	-0,073	0,19	0,1689	0,13570
2	-0,56	-0,68	-0,58	-0,607	0,12	-0,47	-1,22	-0,68	-0,790	0,75	-1,38	-1,13	-0,96	-1,157	0,42	-0,8511	0,24313
3	1,34	1,17	1,27	1,260	0,17	1,19	0,94	1,34	1,157	0,40	0,88	1,09	0,67	0,880	0,42	1,0989	0,18659
4	0,47	0,50	0,64	0,537	0,17	0,01	1,03	0,20	0,413	1,02	0,14	0,20	0,11	0,150	0,09	0,3667	0,24125
5	-0,80	-0,92	-0,84	-0,853	0,12	-0,56	-1,20	-1,28	-1,013	0,72	-1,46	-1,07	-1,45	-1,327	0,39	-1,0644	0,23182
6	0,02	-0,11	-0,21	-0,100	0,23	-0,20	0,22	0,06	0,027	0,42	-0,29	-0,67	-0,49	-0,483	0,38	-0,1856	0,19413
7	0,59	0,75	0,66	0,667	0,16	0,47	0,55	0,83	0,617	0,36	0,02	0,01	0,21	0,080	0,20	0,4544	0,13570
8	-0,31	-0,20	-0,17	-0,227	0,14	-0,63	0,08	-0,34	-0,297	0,71	-0,46	-0,56	-0,49	-0,503	0,10	-0,3422	0,17905
9	2,26	1,99	2,01	2,087	0,27	1,80	2,12	2,19	2,037	0,39	1,77	1,45	1,87	1,697	0,42	1,9400	0,20355
10	-1,36	-1,25	-1,31	-1,307	0,11	-1,68	-1,62	-1,50	-1,600	0,18	-1,49	-1,77	-2,16	-1,807	0,67	-1,5711	0,18094

Wiederholpräzision	$EV = K_1 \cdot \overline{\overline{R}}$	=	0,20186	Faktor K_1 = 0,5908
Wiederholpräzision	$\%EV = \frac{EV \cdot 100\%}{TV}$	=	17,61%	0 10 30
Vergleichspräzision	$AV = K_2 \cdot \overline{x}_{diff}$	=	0,23262	Faktor K_2 = 0,5231
Vergleichspräzision	$\%AV = \frac{AV \cdot 100\%}{TV}$	=	20,29%	0 10 30
Teilestreuung	$PV = K_3 \cdot R_p$	=	1,10445	Faktor K_3 = 0,3146
Teilestreuung	$\%PV = \frac{PV \cdot 100\%}{TV}$	=	96,32%	0 50 100 150
Prüfsystemstreuung	$GRR = \sqrt{EV^2+AV^2}$	=	0,30800	
Prüfsystemstreuung	$\%GRR = \frac{GRR \cdot 100\%}{TV}$	=	26,86%	0 10 30

Zahl d. unterscheidb. Messwertklassen (ndc)	=	ndc	=	5
Minimale Bezugsgröße für fähiges Prüfsystem	=	$TV_{min\,(\%GRR)}$	=	3,080
Minimale Bezugsgröße für bedingt fähiges Prüfsystem	=	$TV'_{min\,(\%GRR)}$	=	---

Prüfsystem bedingt fähig (min,%GRR,ndc)

© MSA (4 Ed.): Type 2 - ARM (total variation)

Datum ______________ Unterschrift ______________ Abteilung ______________

Bild 14.7 *%GRR* nach ARM; AIAG MSA (AIAG 2010)

HEXAGON	Messsystemanalyse	Seite 1 / 1

Datum/Zeit 2023-08-21	Bearb.Name NN	Abt./Kst./Prod. NN	Prüfort

Prüfmittel	Teil	Merkmal
Prfm.Bez.	Teilebez. ???	Merkm.Bez. MSA 3rd Edition
Prfm.Nr.	Teilnr.	Merkm.Nr. QS-9000
Prfm.Aufl. 0,01		Nennm. OSG >=
Prüfgrnd.		Einh. mm USG <=
Bemerkung MSA Seite 113		

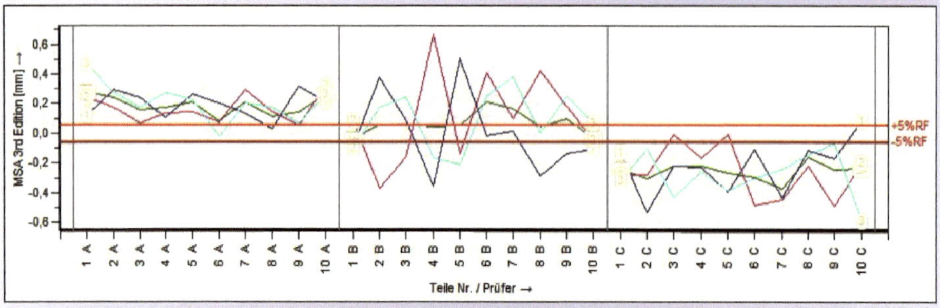

n	$x_{A;1}$	$x_{A;2}$	$x_{A;3}$	$\overline{x}_{gj}$	s_{gj}	$x_{B;1}$	$x_{B;2}$	$x_{B;3}$	$\overline{x}_{gj}$	s_{gj}	$x_{C;1}$	$x_{C;2}$	$x_{C;3}$	$\overline{x}_{gj}$	s_{gj}
1	0,29	0,41	0,64	0,447	0,178	0,08	0,25	0,07	0,133	0,101	0,04	-0,11	-0,15	-0,073	0,100
2	-0,56	-0,68	-0,58	-0,607	0,064	-0,47	-1,22	-0,68	-0,790	0;387	-1,38	-1,13	-0,96	-1,157	0,211
3	1,34	1,17	1,27	1,260	0,085	1,19	0,94	1,34	1,157	0,202	0,88	1,09	0,67	0,880	0,210
4	0,47	0,50	0,64	0,537	0,091	0,01	1,03	0,20	0,413	0,542	0,14	0,20	0,11	0,150	0,046
5	-0,80	-0,92	-0,84	-0,853	0,061	-0,56	-1,20	-1,28	-1,013	0,395	-1,46	-1,07	-1,45	-1,327	0,222
6	0,02	-0,11	-0,21	-0,100	0,115	-0,20	0,22	0,06	0,027	0,212	-0,29	-0,67	-0,49	-0,483	0,190
7	0,59	0,75	0,66	0,667	0,080	0,47	0,55	0,83	0,617	0,189	0,02	0,01	0,21	0,080	0,113
8	-0,31	-0,20	-0,17	-0,227	0,074	-0,63	0,08	-0,34	-0,297	0,357	-0,46	-0,56	-0,49	-0,503	0,051
9	2,26	1,99	2,01	2,087	0,150	1,80	2,12	2,19	2,037	0,208	1,77	1,45	1,87	1,697	0,219
10	-1,36	-1,25	-1,31	-1,307	0,055	-1,68	-1,62	-1,50	-1,600	0,092	-1,49	-1,77	-2,16	-1,807	0,337

	Varianz	Standardabw.	Vertrauensniveau 1-α = 95,000%	
Wiederholpräzision	0,039973	0,19993	EV = 0,17288 ≤ **0,19993** ≤ 0,23709	%EV = 18,42%
Vergleichspräzision	0,051455	0,22684	AV = 0,11096 ≤ **0,22684** ≤ 1,44326	%AV = 20,90%
Wechselwirkung	[pooling]	[pooling]	IA =	%IA = —
Prüfsystemstreuung	0,091429	0,30237	GRR= 0,23011 ≤ **0,30237** ≤ 1,45727	%GRR = 27,86%
Teilestreuung	1,08645	1,04233	PV = 0,68821 ≤ **1,04233** ≤ 1,93122	%PV = 96,04%
Gesamtstreuung	1,17788	1,08530	TV = 1,085	

Versuchsplan			Bezugsgröße		
Anzahl Messungen	=	3	Prozessstreuung	=	0
Anzahl Prüfer	=	3	Toleranz	=	—
Anzahl Teile	=	10	geforderter Cp-Wert	=	

Auflösung	%RE	=	0,92%	0 5
Zahl d. unterscheidb. Messwertklassen (ndc)	ndc	=	4	0 5
Prüfsystemstreuung	%GRR	=	27,86%	0 10 30
Minimale Bezugsgröße für fähiges Prüfsystem =	$TV_{min(\%GRR)}$	=	3,024	
Minimale Bezugsgröße für bedingt fähiges Prüfsystem =	$TV'_{min(\%GRR)}$	=	—	

Die Anforderungen sind nicht erfüllt (min,%GRR,ndc)

© MSA (4 Ed.): Type 2 - ANOVA (total variation)

Datum ______________ Unterschrift ______________ Abteilung ______________

Bild 14.8 *%GRR* nach ANOVA; AIAG MSA (AIAG 2010)

HINWEIS: Nach AIAG MSA (AIAG 2010) ist die Anzahl der unterscheidbaren Messwertklassen abzurunden (AIAG 2010, S. 123). Dennoch wird in dem hier gezeigten Beispiel ein *ndc* von 4,861 auf 5 aufgerundet (AIAG 2010, S. 128). Dadurch entsteht eine Abweichung in den Ergebnissen. Der Anwender muss entscheiden, ob er den Vorgaben oder dem Beispiel folgt.

HEXAGON	Messsystemanalyse	Seite 1 / 1

Datum/Zeit 2023-08-21	Bearb.Name NN	Abt./Kst./Prod. NN	Prüfort

Prüfmittel	Teil	Merkmal
Prfm.Bez.	Teilebez. MSA Third Edition	Merkm.Bez. Attribute Study
Prfm.Nr.	Teilnr. 1	Merkm.Nr. 1
Prfm.Aufl.		Nennm. 0,500000 OSG 0,55000(≙0,050000
Prüfgrnd.		Einh. mm USG 0,45000(≙0,050000

Bemerkung

n	Ref.	x_{A-1}	x_{A-2}	x_{A-3}	x_{B-1}	x_{B-2}	x_{B-3}	x_{C-1}	x_{C-2}	x_{C-3}	Beurt.
25	0,599581	−	−	−	−	−	−	−	−	−	✓
48	0,587893	−	−	−	−	−	−	−	−	−	✓
3	0,576459	−	−	−	−	−	−	−	−	−	✓
5	0,570360	−	−	−	−	−	−	−	−	−	✓
42	0,566575	−	−	−	−	−	−	−	−	−	✓
4	0,566152	−	−	−	−	−	−	−	−	−	✓
30	0,561457	−	−	−	−	−	+	−	−	−	✗
12	0,559918	−	−	−	−	−	−	−	+	−	✗
26	0,547204	−	+	−	−	−	−	−	−	+	✗
22	0,545604	−	−	+	−	+	−	+	+	−	✗
6	0,544951	+	+	−	+	+	−	+	−	−	✗
36	0,543077	+	+	−	+	+	+	+	−	+	✗
13	0,542704	+	+	+	+	+	+	+	+	+	✓
16	0,531939	+	+	+	+	+	+	+	+	+	✓
23	0,529065	+	+	+	+	+	+	+	+	+	✓
29	0,523754	+	+	+	+	+	+	+	+	+	✓
28	0,521642	+	+	+	+	+	+	+	+	+	✓
19	0,520469	+	+	+	+	+	+	+	+	+	✓
17	0,519694	+	+	+	+	+	+	+	+	+	✓
15	0,517377	+	+	+	+	+	+	+	+	+	✓
10	0,515573	+	+	+	+	+	+	+	+	+	✓
24	0,514192	+	+	+	+	+	+	+	+	+	✓
41	0,513779	+	+	+	+	+	+	+	+	+	✓
2	0,509015	+	+	+	+	+	+	+	+	+	✓
32	0,505850	+	+	+	+	+	+	+	+	+	✓
31	0,503091	+	+	+	+	+	+	+	+	+	✓
27	0,502436	+	+	+	+	+	+	+	+	+	✓
8	0,502295	+	+	+	+	+	+	+	+	+	✓
40	0,501132	+	+	+	+	+	+	+	+	+	✓
35	0,498698	+	+	+	+	+	+	+	+	+	✓
46	0,493441	+	+	+	+	+	+	+	+	+	✓
11	0,488905	+	+	+	+	+	+	+	+	+	✓
38	0,488184	+	+	+	+	+	+	+	+	+	✓
33	0,487613	+	+	+	+	+	+	+	+	+	✓
47	0,486379	+	+	+	+	+	+	+	+	+	✓
18	0,484167	+	+	+	+	+	+	+	+	+	✓
49	0,483803	+	+	+	+	+	+	+	+	+	✓
20	0,477236	+	+	+	+	+	+	+	+	+	✓
1	0,476901	+	+	+	+	+	+	+	+	+	✓
44	0,470832	+	+	+	+	+	+	+	+	+	✓
7	0,465454	+	+	+	+	+	+	+	−	+	✗
43	0,462410	+	−	+	+	+	+	+	+	−	✗
14	0,454518	+	+	−	+	+	+	+	−	−	✗
21	0,452310	+	+	−	+	−	+	−	+	−	✗
34	0,449696	−	−	+	−	−	+	−	+	+	✗
50	0,446697	−	−	−	−	−	−	−	−	−	✓
9	0,437817	−	−	−	−	−	−	−	−	−	✓
39	0,427687	−	−	−	−	−	−	−	−	−	✓
45	0,412453	−	−	−	−	−	−	−	−	−	✓
37	0,409238	−	−	−	−	−	−	−	−	−	✓

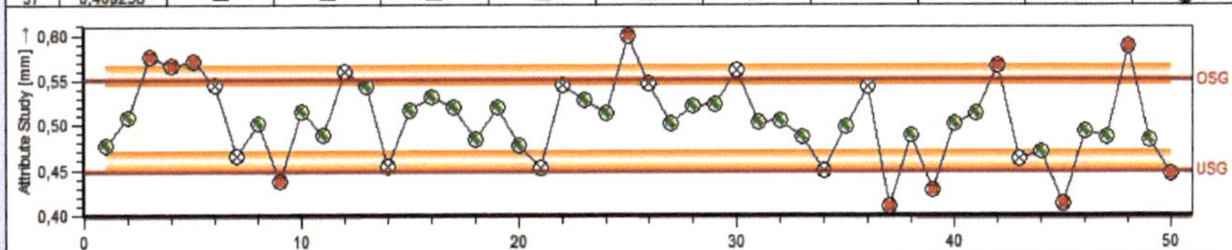

Anzahl der Nichtübereinstimmungen	=	$n_{<>}$	=	11
Prüfsystemstreuung	=	%GRR		23,79%

Prüfsystem bedingt fähig (min,GRR)

MSA (4 Ed.): Risk Analysis (signal detection)

Datum ____________ Unterschrift ____________ Abteilung ____________

Bild 14.9 Attributiv, Signalerkennung; AIAG MSA (AIAG 2010)

Q-DAS	Messsystemanalyse	Seite 1 / 1

Akt. Dat. 21.02.2003	Bearb.Name.	Abt./Kst./Prod.	Prüfort

Prüfmittel		Normal		Merkmal	
Prfm.Bez.	Längenmessgerät	Normal Bez.	Einstellzylinder	Merkm.Bez.	Aussendruchmesser
Prfm.Nr.	JML9Q002	Normal Nr.	N-Nr	Merkm.Nr.	MM-NR
Prfm.Aufl.	0.001	Normal-Istw.	6.002	Nennm. 6.000	OSG 6.030 ≙ 0.030
Prüfgrnd.		Einh.	mm	Einh. mm	USG 5.970 ≙ -0.030

Bemerkung Manuelle Handhabung; Messstelle mitte Zylinder; Raumtemperatur 20,2°C

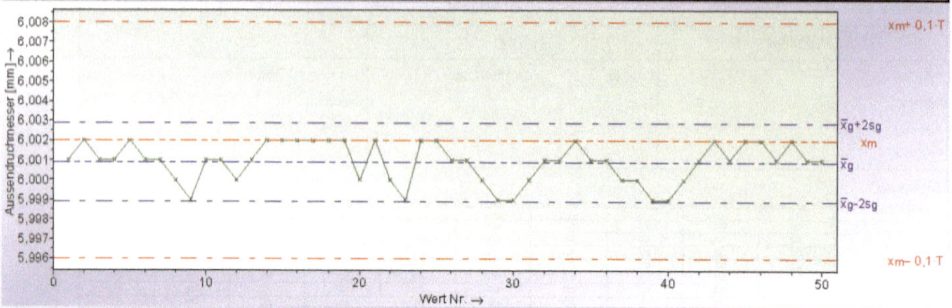

i	xi	i	xi	i	xi	i	xi	i	xi
1	6,001	11	6,001	21	6,002	31	6,000	41	6,000
2	6,002	12	6,000	22	6,000	32	6,001	42	6,001
3	6,001	13	6,001	23	5,999	33	6,001	43	6,002
4	6,001	14	6,002	24	6,002	34	6,002	44	6,001
5	6,002	15	6,002	25	6,002	35	6,001	45	6,002
6	6,001	16	6,002	26	6,001	36	6,001	46	6,002
7	6,001	17	6,002	27	6,001	37	6,000	47	6,001
8	6,000	18	6,002	28	6,000	38	6,000	48	6,002
9	5,999	19	6,002	29	5,999	39	5,999	49	6,001
10	6,001	20	6,000	30	5,999	40	5,999	50	6,001

Zeichnungswerte			Gemessene Werte			Statistische Werte		
xm	=	6,00200				$\bar{x}_g$	=	6,00090
USG	=	5,970	xming	=	5,999	sg	=	0,00099488
OSG	=	6,030	xmaxg	=	6,002	$\lvert Bi \rvert = \lvert \bar{x}_g - x_m \rvert$	=	0,00110
T	=	0,060	Rg	=	0,003			
			nges	=	50	neff	=	50

			Minimale Bezugsgrösse für fähiges Messsystem		
$C_g = \frac{0{,}2 \cdot T}{6 \cdot s_g}$	=	2,01	Tmin	=	0,029851
$C_{gk} = \frac{0{,}1 \cdot T - \lvert \bar{x}_g - x_m \rvert}{3 \cdot s_g}$	=	1,64	Tmin	=	0,040847
%RE	=	1,67%	Tmin	=	0,050000

Messsystem fähig (RE,Cg,Cgk)

Bosch Heft 10: Toleranz

Bild 14.10 Verfahren 1, toleranzbezogen; Bosch Heft 10 (Robert Bosch GmbH 2019a)

HEXAGON	Messsystemanalyse	Seite 1 / 1

Datum/Zeit 2023-08-22	Bearb.Name NN	Abt./Kst./Prod. NN	Prüfort W025

Prüfmittel		Teil		Merkmal	
Prfm.Bez.	JML0563W001	Teilebez.	Hole type nozzle	Merkm.Bez.	Corpus diameter
Prfm.Nr.	6702779430001	Teilnr.	0 433 171 914	Merkm.Nr.	1
Prfm.Aufl.	0,001			Nennm. 6,000	OSG 6,030 ≙ 0,030
Prüfgrnd.				Einh. mm	USG 5,970 ≙ -0,030

Bemerkung

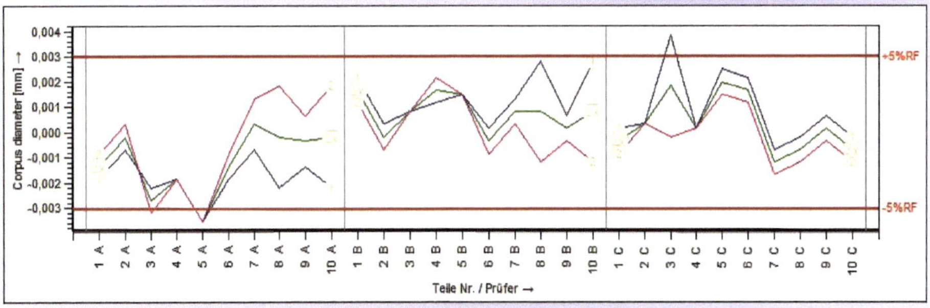

n	$x_{A;1}$	$x_{A;2}$	$\bar{x}_{gi}$	s_{gi}	$x_{B;1}$	$x_{B;2}$	$\bar{x}_{gi}$	s_{gi}	$x_{C;1}$	$x_{C;2}$	$\bar{x}_{gi}$	s_{gi}
1	6,029	6,030	6,0295	0,0007	6,033	6,032	6,0325	0,0007	6,031	6,030	6,0305	0,0007
2	6,019	6,020	6,0195	0,0007	6,020	6,019	6,0195	0,0007	6,020	6,020	6,0200	0,0000
3	6,004	6,003	6,0035	0,0007	6,007	6,007	6,0070	0,0000	6,010	6,006	6,0080	0,0028
4	5,982	5,982	5,9820	0,0000	5,985	5,986	5,9855	0,0007	5,984	5,984	5,9840	0,0000
5	6,009	6,009	6,0090	0,0000	6,014	6,014	6,0140	0,0000	6,015	6,014	6,0145	0,0007
6	5,971	5,972	5,9715	0,0007	5,973	5,972	5,9725	0,0007	5,975	5,974	5,9745	0,0007
7	5,995	5,997	5,9960	0,0014	5,997	5,996	5,9965	0,0007	5,995	5,994	5,9945	0,0007
8	6,014	6,018	6,0160	0,0028	6,019	6,015	6,0170	0,0028	6,016	6,015	6,0155	0,0007
9	5,985	5,987	5,9860	0,0014	5,987	5,986	5,9865	0,0007	5,987	5,986	5,9865	0,0007
10	6,024	6,028	6,0260	0,0028	6,029	6,025	6,0270	0,0028	6,026	6,025	6,0255	0,0007

	Varianz	Standardabw.	Vertrauensniveau 1-α = 95,000%			
Wiederholpräzision	0,0000023556	0,0015348	EV =0,0012799 ≤ **0,0015348** ≤ 0,0019174	%EV	=	15,35%
Vergleichspräzision	0,0000086806	0,00093169	AV =0,00035980 ≤ **0,00093169** ≤ 0,00622	%AV	=	9,32%
Wechselwirkung	[pooling]	[pooling]	IA =	%IA	=	---
Prüfsystemstreuung	0,0000032236	0,0017954	GRR=0,0015827 ≤ **0,0017954** ≤ 0,0064169	%GRR	=	17,95%
Teilestreuung	0,00038084	0,019515	PV = 0,012807 ≤ **0,019515** ≤ 0,036405	%PV	=	195,15%
Gesamtstreuung	0,00038406	0,019598	TV = 0,020			

Versuchsplan			Bezugsgröße		
Anzahl Messungen	=	2	Prozessstreuung	=	0
Anzahl Prüfer	=	3	Toleranz	=	0,060
Anzahl Teile	=	10	geforderter Cp-Wert	=	

Auflösung	%RE	=	1,67%	0 5
Zahl d. unterscheidb. Messwertklassen (ndc)	ndc	=	15	0 5
Prüfsystemstreuung	%GRR	=	17,95%	0 10 30
Minimale Bezugsgröße für fähiges Prüfsystem =	$T_{min(\%GRR)}$	=	0,108	
Minimale Bezugsgröße für bedingt fähiges Prüfsystem =	$T_{min(\%GRR)}$	=	0,0359	

Prüfsystem bedingt fähig (%RE,min,%GRR)

© BOSCH 2018: Type 2

Datum ____________ Unterschrift ____________ Abteilung ____________

Bild 14.11 Verfahren 2; Bosch Heft 10 (Robert Bosch GmbH 2019a)

HEXAGON	Messsystemanalyse	Seite 1 / 1

Datum/Zeit 2023-08-22	Bearb.Name NN	Abt./Kst./Prod. NN	Prüfort

Prüfmittel		Teil		Merkmal	
Prfm.Bez.	JML0563W003	Teilebez.	Hole type nozzle	Merkm.Bez.	Corpus diameter
Prfm.Nr.	6702779470004	Teilnr.	0 433 171 914	Merkm.Nr.	1
Prfm.Aufl.	0,001			Nennm. 6,000	OSG 6,030 ≙ 0,030
Prüfgrnd.				Einh. mm	USG 5,970 ≙ -0,030

Bemerkung

n	$x_{A;1}$	$x_{A;2}$	$\bar{x}_{gj}$	s_{gj}
1	6,029	6,030	6,0295	0,0007
2	6,019	6,020	6,0195	0,0007
3	6,004	6,003	6,0035	0,0007
4	5,982	5,982	5,9820	0,0000
5	6,009	6,009	6,0090	0,0000
6	5,971	5,972	5,9715	0,0007
7	5,995	5,997	5,9960	0,0014
8	6,014	6,018	6,0160	0,0028
9	5,985	5,987	5,9860	0,0014
10	6,024	6,028	6,0260	0,0028
11	6,033	6,032	6,0325	0,0007
12	6,020	6,019	6,0195	0,0007
13	6,007	6,007	6,0070	0,0000
14	5,985	5,986	5,9855	0,0007
15	6,014	6,014	6,0140	0,0000
16	5,973	5,972	5,9725	0,0007
17	5,997	5,996	5,9965	0,0007
18	6,019	6,015	6,0170	0,0028
19	5,987	5,986	5,9865	0,0007
20	6,029	6,025	6,0270	0,0028
21	6,017	6,019	6,0180	0,0014
22	6,003	6,001	6,0020	0,0014
23	6,009	6,012	6,0105	0,0021
24	5,987	5,987	5,9870	0,0000
25	6,006	6,003	6,0045	0,0021

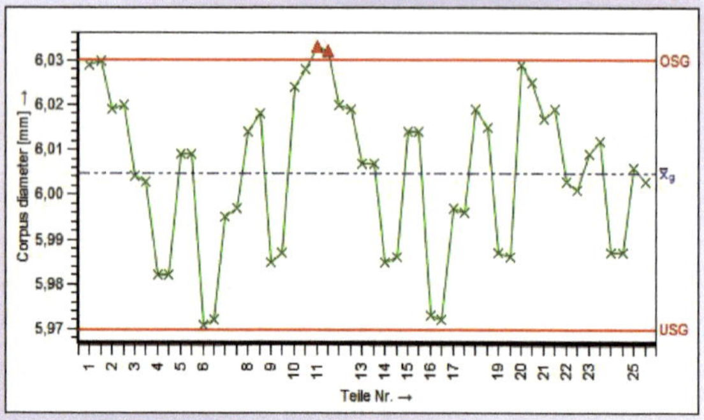

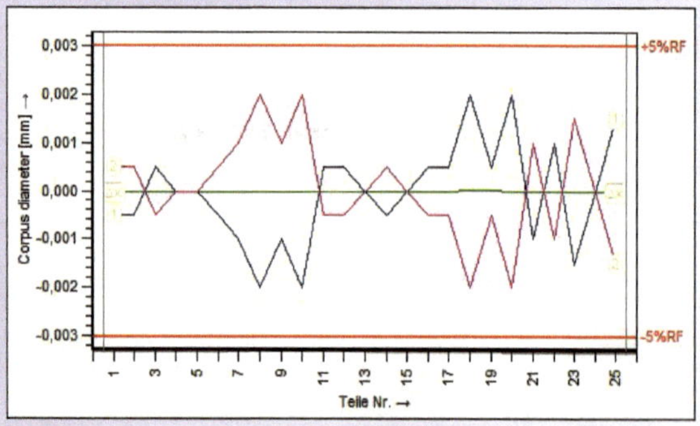

	Varianz	Standardabw.		
Wiederholpräzision	0,0000021600	0,0014697	EV =0,0011526 ≤ **0,0014697** ≤ 0,002	%EV = 14,70%
Prüfsystemstreuung	0,0000021600	0,0014697	GRR =0,0011526 ≤ **0,0014697** ≤ 0,002	%GRR = 14,70%

Toleranz	T	=	0,060	Vertrauensniveau	1-α	=	95,000%

Auflösung	%RE	=	1,67%	0 – 5
Prüfsystemstreuung	%GRR	=	14,70%	0 – 10 – 30
Teilestreuung	%PV	=	177,01%	0 – 50 – 100 – 150
Zahl d. unterscheidb. Messwertklassen (ndc)	ndc	=	17	0 – 5

Prüfsystem bedingt fähig (%RE,min,%GRR)

BOSCH 2018: Type 3

$T_{min(\%GRR)}$ = 0,0882	$T_{min(\%GRR)}$ = 0,0294

Bild 14.12 Verfahren 3; Bosch Heft 10 (Robert Bosch GmbH 2019a)

Q-DAS	Messsystemanalyse Linearität	Blatt : 1 / 1

Messmittel :		**Merkmal :**		**Normal :**	
Werksbereich	:	Merkm.Bez.	: RV	Bezeichnung	:
Abteilung	:	Merkm.Nr.	: 1	Normal Nr.	:
Werkstatt/Bereich	:	Nennmaß	:	Normal-Istwert	:
Bezeichnung	:	Unteres Abmaß	:	Auflösung	:
Messmittelnr.	:	Oberes Abmaß	:	Kalibrierunsicherheit	:
Prüfplatz	:	Toleranz	: ---		
Prfm.Herst.	:	Einheit	: mm		

n	$\bar{x}_{g\,Ref.}$	$x_{A;1}$	$x_{A;2}$	$x_{A;3}$	$x_{A;4}$	$x_{A;5}$	$x_{A;6}$	$x_{A;7}$	$x_{A;8}$	$x_{A;9}$	$x_{A;10}$	$\bar{x}_{g\,i}$
1	2,00100	1,977	1,922	1,908	2,049	1,910	1,942	1,939	1,954	1,986	1,908	1,9495
2	4,00300	4,017	4,072	4,056	4,027	3,962	4,013	4,102	3,995	4,005	3,921	4,0170
3	5,99900	6,008	5,952	5,953	5,952	6,019	5,990	5,939	5,933	6,037	6,014	5,9797
4	8,00100	8,074	8,057	8,015	7,997	7,974	8,016	8,053	8,053	7,980	8,067	8,0286
5	10,00200	10,068	10,062	10,032	10,078	10,037	9,921	10,036	10,015	10,029	10,039	10,0317

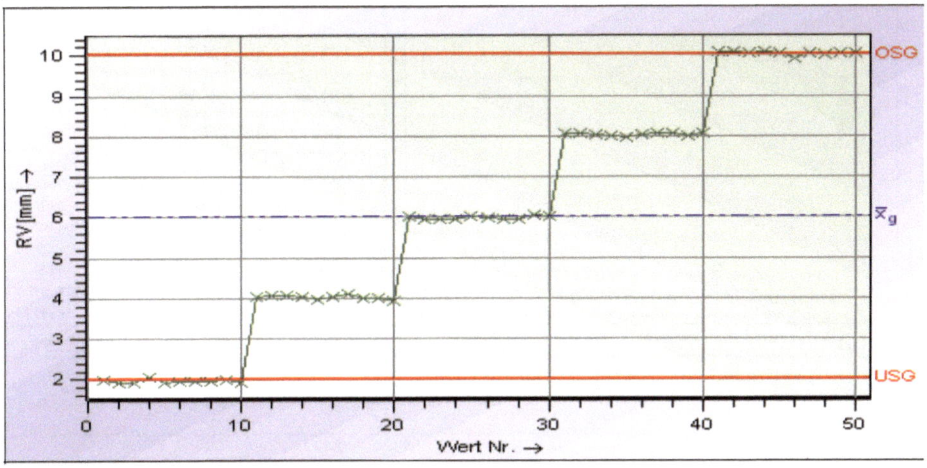

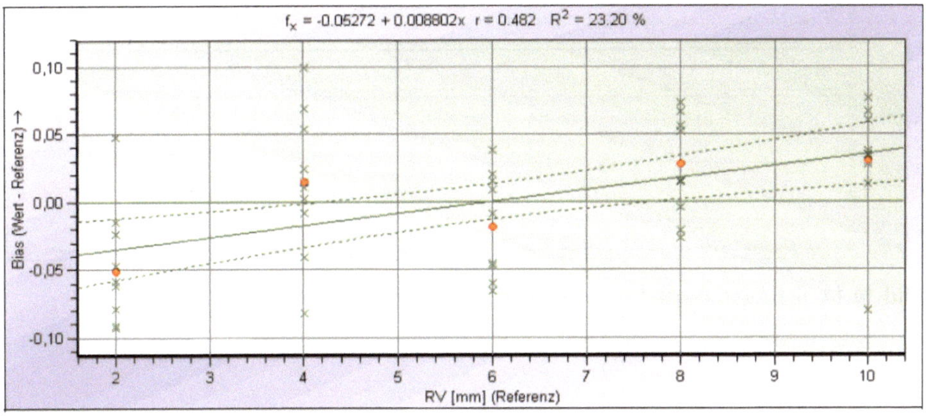

Bild 14.13 Linearität; Bosch Heft 10 (Robert Bosch GmbH 2019a)

Q-DAS	Messsystemanalyse Stabilität	Blatt : 1 / 1

Messmittel :	Merkmal :	Normal :
Werksbereich :	Merkm.Bez. : Durchmesser	Bezeichnung :
Abteilung :	Merkm.Nr. :	Normal Nr. :
Werkstatt/Bereich :	Nennmaß : 6.000	Normal-Istwert :
Bezeichnung :	Unteres Abmaß : -0.030	Auflösung :
Messmittelnr. :	Oberes Abmaß : 0.030	Kalibrierunsicherhe:
Prüfplatz :	Toleranz : 0,060	
Prfm.Herst. :	Einheit : mm	

Bemerkung

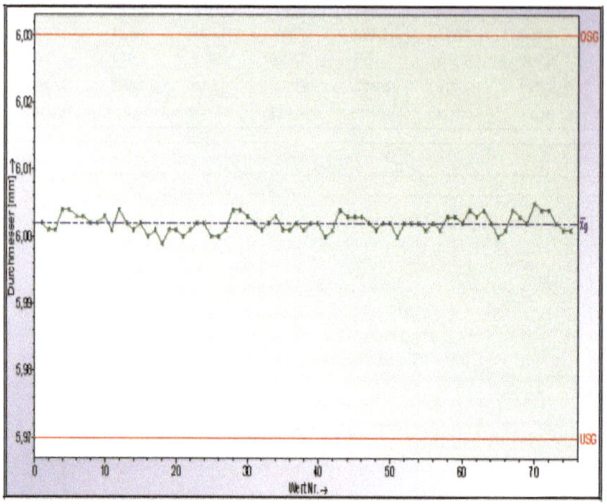

x_i	x_i	x_i	x_i	x_i
6,002	6,004	6,003	6,003	6,002
6,001	6,004	6,002	6,003	6,001
6,001	6,003	6,002	6,003	6,002
x_i	x_i	x_i	x_i	x_i
6,000	6,001	6,001	6,000	5,999
6,001	6,001	6,002	6,000	5,999
5,999	6,001	6,002	6,001	6,000
x_i	x_i	x_i	x_i	x_i
6,002	6,003	6,002	6,002	6,004
6,001	6,001	6,001	6,000	6,003
6,002	6,001	6,002	6,001	6,003
x_i	x_i	x_i	x_i	x_i
6,003	6,002	6,002	6,001	6,003
6,002	6,002	6,002	6,002	6,003
6,001	6,000	6,002	6,001	6,002
x_i	x_i	x_i	x_i	x_i
6,004	6,002	6,004	6,005	6,002
6,003	6,000	6,003	6,004	6,001
6,004	6,001	6,002	6,004	6,001

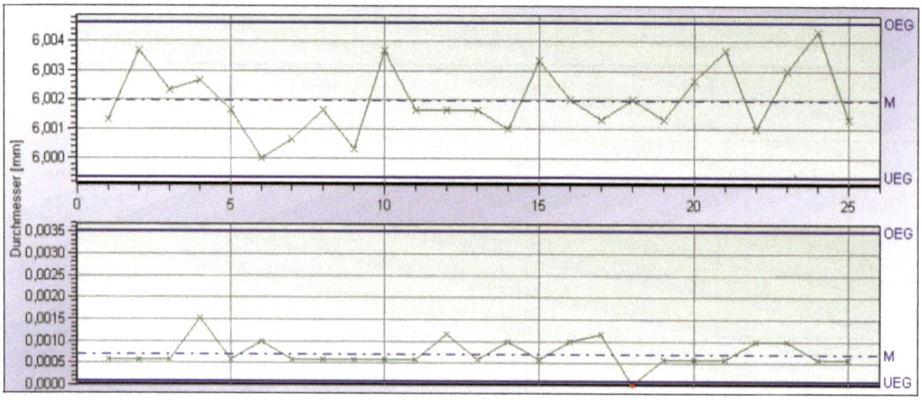

Bild 14.14 Stabilität; Bosch Heft 10 (Robert Bosch GmbH 2019a)

HEXAGON	Messsystemanalyse	Seite 1 / 1

Datum/Zeit 2023-08-22	Bearb.Name NN	Abt./Kst./Prod. NN	Prüfort W025

Prüfmittel	Teil	Merkmal
Prfm.Bez. LG_4H7N1 Prfm.Nr. 67027025840013 Prfm.Aufl. 0,002 Prüfgrnd.	Teilebez. Needle Teilnr. 0 433 392 425	Merkm.Bez. Inner diameter Merkm.Nr. 1 Nennm. 3,6000 OSG 3,6375 ≙ 0,0375 Einh. mm USG 3,5625 ≙ -0,0375

Bemerkung

n	$Ref._1$	x_{A-1}	x_{A-2}	x_{B-1}	x_{B-2}	Beurt.
28	3,6640	−	−	−	−	✓
7	3,6520	−	−	−	−	✓
30	3,6520	−	−	−	−	✓
2	3,6490	−	−	−	−	✓
6	3,6450	−	−	−	−	✓
22	3,6420	−	−	−	−	✓
32	3,6410	−	−	+	−	✗
9	3,6340	−	−	−	+	✗
27	3,6320	−	−	+	+	✗
36	3,6320	−	−	+	+	✗
1	3,6320	−	−	+	+	✗
47	3,6320	−	−	+	+	✗
46	3,6260	+	+	+	+	✓
10	3,6250	+	+	+	+	✓
26	3,6220	+	+	+	+	✓
23	3,6210	+	+	+	+	✓
5	3,6210	+	+	+	+	✓
15	3,6170	+	+	+	+	✓
33	3,6140	+	+	+	+	✓
42	3,6140	+	+	+	+	✓
43	3,6130	+	+	+	+	✓
50	3,6090	+	+	+	+	✓
38	3,6030	+	+	+	+	✓
34	3,6000	+	+	+	+	✓
8	3,5990	+	+	+	+	✓
40	3,5970	+	+	+	+	✓
13	3,5950	+	+	+	+	✓
21	3,5950	+	+	+	+	✓
25	3,5930	+	+	+	+	✓
44	3,5920	+	+	+	+	✓
35	3,5910	+	+	+	+	✓
41	3,5870	+	+	+	+	✓
3	3,5870	+	+	+	+	✓
31	3,5860	+	+	+	+	✓
16	3,5850	+	+	+	+	✓
18	3,5820	+	+	+	+	✓
39	3,5780	+	+	+	+	✓
20	3,5740	+	+	+	+	✓
48	3,5730	+	+	+	+	✓
11	3,5720	+	+	+	+	✓
37	3,5700	+	+	+	+	✓
24	3,5650	+	+	−	−	✗
14	3,5610	+	+	−	+	✗
45	3,5600	+	+	−	−	✗
49	3,5590	+	+	−	−	✗
4	3,5520	+	−	−	−	✗
12	3,5520	+	−	−	−	✗
29	3,5460	−	−	−	−	✓
19	3,5440	−	−	−	−	✓
17	3,5310	−	−	−	−	✓

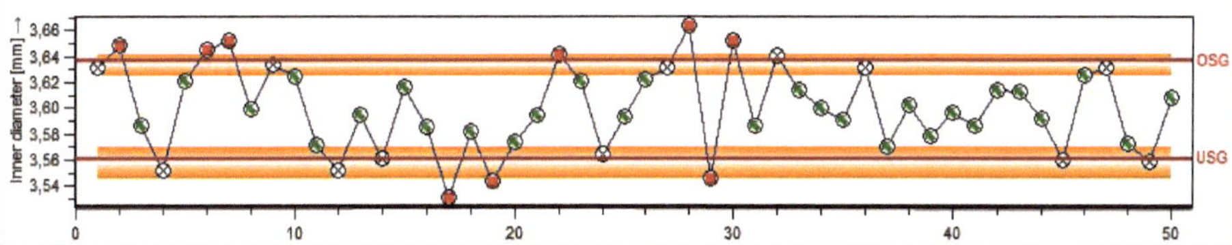

Anzahl der Nichtübereinstimmungen	=	$n_{\neq}$	=	12
Prüfsystemstreuung	=	%GRR		26,67%
Prüfsystem bedingt fähig (GRR)				
Robert Bosch GmbH: Type 6				

Bild 14.15 Diskretisiert, Signalerkennung; Bosch Heft 10 (Robert Bosch GmbH 2019a)

HINWEIS: Der Beispieldatensatz für Verfahren 6 aus (Robert Bosch GmbH 2019a) würde nach der aktuellen Bosch-Auswertestrategie als nicht fähig deklariert, weil die Mindestzahl der Teile nicht eingehalten ist. Allerdings wurde der Beispieldatensatz gezielt mit weniger Werten erstellt, um die Ergebnisse besser nachvollziehen zu können. Deshalb wird hier die Mindestteilezahl nicht bewertet.

HEXAGON	Messsystemanalyse MSA nominal / ordinal	Seite 1 / 68

Teilebez.	Cover				
Teilnr.	A 050 332 MSA	Auftrag		PrüfPlatz	Visual inspection location
Zeichn. Name		Auftrgb.Name		Prüfgrnd.	
Zeichn.Nr.		Prüfpl.Erst.	XxP/MFT9.99	Prüfbeginn	02/29/2009
Zeichn.Änd.		Abteilung	MOE	Prüfende	
Bemerkung	Visual inspection, manual operation, room temperature 20.2°C, light intensity 250 Cd (Candela)				

Merkm.Nr.	15	Merkm.Bez.	Surface quality	
Prfm.Bez.	Boundary samples catalog	Nennm.		
Prfm.Nr.	123 456 789	OSG	≙	
Prfm.Aufl.		USG	≙	
Bemerkung				

Fleiss' Kappa ohne Referenz
Prüferübereinstimmung

Prüfer	k	k	SEk	Z	P
A	0,760	0 0,7 0,9	0,0816	9,308	0,000
B	0,845	0 0,7 0,9	0,0816	10,35	0,000
C	0,703	0 0,7 0,9	0,0816	8,609	0,000
Alle Prüfer	0,794	0 0,7 0,9	0,0236	33,67	0,000

Fleiss' Kappa gegen Referenz
Übereinstimmungsanalyse mit Referenz

Prüfer	k	k	SEk	Z	P
A	0,880	0 0,7 0,9	0,0816	10,78	0,000
B	0,923	0 0,7 0,9	0,0816	11,30	0,000
C	0,775	0 0,7 0,9	0,0816	9,488	0,000
Alle Prüfer	0,859	0 0,7 0,9	0,0471	18,23	0,000

			Bewertungskategorie
Anzahl Referenzteile	=	50	1 / Okay 2 / Not okay
Anzahl Prüfer	=	3	
Anzahl Prüfdurchläufe	=	3	
Anzahl Referenzmessungen	=	1	
Anzahl Bewertungskategorien	=	2	

$Kappa_{FI}$	=	K'_{FI}	=	0,7029	0 0,7 0,9

Prüfsystem bedingt fähig (min,k_{FI})

⌀ Robert Bosch GmbH: Type 7 Compatibility Mode

Bild 14.16 Diskret, Fleiss' Kappa; Bosch Heft 10 (Robert Bosch GmbH 2019a)

15 Anhang

15.1 Tabellen

15.1.1 d_2*-Tabelle zur Bestimmung der K-Faktoren und Freiheitsgrade für t-Werte

Anmerkungen zu den Tabelleneinträgen:

- In der ersten Zeile einer jeden Zelle sind die Freiheitsgrade (f) eingetragen. Mit f kann in Verbindung mit der gewünschten statistischen Wahrscheinlichkeit P auf der t-Tabelle (PSA 1991) der t-Wert ermittelt werden.
- In der zweiten Zeile einer jeden Zelle ist der Wert d_2^* eingetragen.

HINWEIS: Die in dieser Tabelle benutzte Notation folgt den Ausführungen von Acheson Duncan „Quality Control and Industrial Statistics" (Fleiss 1981).

Ablesen der d_2*-Funktion

K_1-Faktor:

K_1 ist abhängig von der Anzahl Wiederholungen (r) und der Anzahl Teile (n) mal der Anzahl der Prüfer (k).

K_2-Faktor:

K_2 ist abhängig von der Anzahl der Prüfer (k). Da nur eine Spannweite berechnet wird, gilt nur Zeile 1.

K_3-Faktor:

K_3 ist abhängig von der Anzahl (n) der Prüfobjekte. Da nur eine Spannweite berechnet wird, gilt nur Zeile 1.

Tabelle 15.1 d_2^*-Tabelle mit Freiheitsgraden

Anzahl Stichproben: k · n (Anzahl Prüfer (k) · Anzahl Teile (n))	Stichprobenumfang: Anzahl Wiederholungen (r) für K_1 oder Anzahl Prüfer (k) für K_2								
	2	3	4	5	6	7	8	9	10
1	1.0 1.41421	2.0 1.91155	2.9 2.23887	3.8 2.48124	4.7 2.67253	5.5 2.82981	6.3 2.96288	7.0 3.07794	7.7 3.17905
2	1.9 1.27931	3.8 1.80538	5.7 2.15069	7.5 2.40484	9.2 2.60438	10.8 2.76779	12.3 2.90562	13.8 3.02446	15.1 3.12869
3	2.8 1.23105	5.7 1.76858	8.4 2.12049	11.1 2.37883	13.6 2.58127	16.0 2.74681	18.3 2.88628	20.5 3.00643	22.6 3.11173
4	3.7 1.20621	7.5 1.74989	11.2 2.10522	14.7 2.36571	18.1 2.56964	21.3 2.73626	24.4 2.87656	27.3 2.99737	30.1 3.10321
5	4.6 1.19105	9.3 1.73857	13.9 2.09601	18.4 2.35781	22.6 2.56263	26.6 2.72991	30.4 2.87071	34.0 2.99192	37.5 3.09808
6	5.5 1.18083	11.1 1.73099	16.7 2.08985	22.0 2.35253	27.0 2.55795	31.8 2.72567	36.4 2.86680	40.8 2.98829	45.0 3.09467
7	6.4 1.17348	12.9 1.72555	19.4 2.08543	25.6 2.34875	31.5 2.55460	37.1 2.72263	42.5 2.86401	47.6 2.98568	52.4 3.09222
8	7.2 1.16794	14.8 1.72147	22.1 2.08212	29.2 2.34591	36.0 2.55208	42.4 2.72036	48.5 2.86192	54.3 2.98373	59.9 3.09039
9	8.1 1.16361	16.6 1.71828	24.9 2.07953	32.9 2.34370	40.4 2.55013	47.7 2.71858	54.5 2.86028	61.1 2.98221	67.3 3.08896
10	9.0 1.16014	18.4 1.71573	27.6 2.07746	36.5 2.34192	44.9 2.54856	52.9 2.71717	60.6 2.85898	67.8 2.98100	74.8 3.08781
11	9.9 1.15729	20.2 1.71363	30.4 2.07577	40.1 2.34048	49.4 2.54728	58.2 2.71600	66.6 2.85791	74.6 2.98000	82.2 3.08688
12	10.7 1.15490	22.0 1.71189	33.1 2.07436	43.7 2.33927	53.8 2.54621	63.5 2.71504	72.6 2.85702	81.3 2.97917	89.7 3.08610
13	11.6 1.15289	23.8 1.71041	35.8 2.07316	47.3 2.33824	58.3 2.54530	68.7 2.71422	78.6 2.85627	88.1 2.97847	97.1 3.08544
14	12.5 1.15115	25.7 1.70914	38.6 2.07213	51.0 2.33737	62.8 2.54452	74.0 2.71351	84.7 2.85562	94.9 2.97787	104.6 3.08487
15	13.4 1.14965	27.5 1.70804	41.3 2.07125	54.6 2.33661	67.2 2.54385	79.3 2.71290	90.7 2.85506	101.6 2.97735	112.1 3.08438
16	14.3 1.14833	29.3 1.70708	44.1 2.07047	58.2 2.33594	71.7 2.54326	84.5 2.71237	96.7 2.85457	108.4 2.97689	119.5 3.08395
17	15.1 1.14717	31.1 1.70623	46.8 2.06978	61.8 2.33535	76.2 2.54274	89.8 2.71190	102.8 2.85413	115.1 2.97649	127.0 3.08358
18	16.0 1.14613	32.9 1.70547	49.5 2.06917	65.5 2.33483	80.6 2.54228	95.1 2.71148	108.8 2.85375	121.9 2.97613	134.4 3.08324
19	16.9 1.14520	34.7 1.70480	52.3 2.06862	69.1 2.33436	85.1 2.54187	100.3 2.71111	114.8 2.85341	128.7 2.97581	141.9 3.08294
20	17.8 1.14437	36.5 1.70419	55.0 2.06813	72.7 2.33394	89.6 2.54149	105.6 2.71077	120.9 2.85310	135.4 2.97552	149.3 3.08267
d_2 cd	1.12838 0.876	1.69257 1.815	2.05875 2.7378	2.32593 3.623	2.53441 4.4658	2.70436 5.2673	2.8472 6.0305	2.97003 6.7582	3.07751 7.4539

Anzahl Stichproben: k · n Anzahl Prüfer (k) · Anzahl Teile (n)	Stichprobenumfang: Anzahl Wiederholungen (r) für K_1 oder Anzahl Prüfer (k) für K_2									
	11	12	13	14	15	16	17	18	19	20
1	8.3 3.26909	9.0 3.35016	9.6 3.42378	10.2 3.49116	10.8 3.55333	11.3 3.61071	11.9 3.66422	12.4 3.71424	12.9 3.76118	13.4 3.80537
2	16.5 3.22134	17.8 3.30463	19.0 3.38017	20.2 3.44922	21.3 3.51287	22.4 3.57156	23.5 3.62625	24.5 3.67734	25.5 3.72524	26.5 3.77032
3	24.6 3.20526	26.5 3.28931	28.4 3.36550	30.1 3.43512	31.9 3.49927	33.5 3.55842	35.1 3.61351	36.7 3.66495	38.2 3.71319	39.7 3.75857
4	32.7 3.19720	35.3 3.28163	37.7 3.35815	40.1 3.42805	42.4 3.49246	44.6 3.55183	46.7 3.60712	48.8 3.65875	50.8 3.70715	52.8 3.75268
5	40.8 3.19235	44.0 3.27701	47.1 3.35372	50.1 3.42381	52.9 3.48836	55.7 3.54787	58.4 3.60328	61.0 3.65502	63.5 3.70352	65.9 3.74914
6	49.0 3.18911	52.8 3.27392	56.5 3.35077	60.1 3.42097	63.5 3.48563	66.8 3.54522	70.0 3.60072	73.1 3.65253	76.1 3.70109	79.1 3.74678
7	57.1 3.18679	61.6 3.27172	65.9 3.34866	70.0 3.41894	74.0 3.48368	77.9 3.54333	81.6 3.59888	85.3 3.65075	88.8 3.69936	92.2 3.74509
8	65.2 3.18506	70.3 3.27006	75.2 3.34708	80.0 3.41742	84.6 3.48221	89.0 3.54192	93.3 3.59751	97.4 3.64941	101.4 3.69806	105.3 3.74382
9	73.3 3.18370	79.1 3.26878	84.6 3.34585	90.0 3.41624	95.1 3.48107	100.1 3.54081	104.9 3.59644	109.5 3.648.38	114.1 3.69705	118.5 3.74284
10	81.5 3.18262	87.9 3.26775	94.0 3.34486	99.9 3.41529	105.6 3.48016	111.2 3.53993	116.5 3.59559	121.7 3.64755	126.7 3.69625	131.6 3.74205
11	89.6 3.18174	96.6 3.26690	103.4 3.34406	109.9 3.41452	116.2 3.47941	122.3 3.53921	128.1 3.59489	133.8 3.64687	139.4 3.69558	144.7 3.74141
12	97.7 3.18100	105.4 3.26620	112.7 3.34339	119.9 3.41387	126.7 3.47879	133.3 3.53861	139.8 3.59430	146.0 3.64630	152.0 3.69503	157.9 3.74087
13	105.8 3.18037	114.1 3.26561	122.1 3.34282	129.8 3.41333	137.3 3.47826	144.4 3.53810	151.4 3.59381	158.1 3.64582	164.7 3.69457	171.0 3.74041
14	113.9 3.17984	122.9 3.26510	131.5 3.34233	139.8 3.41286	147.8 3.47781	155.5 3.53766	163.0 3.59339	170.3 3.64541	177.3 3.69417	184.2 3.74002
15	122.1 3.17938	131.7 3.26465	140.9 3.34191	149.8 3.41245	158.3 3.47742	166.6 3.53728	174.6 3.59302	182.4 3.64505	190.0 3.69382	197.3 3.73969
16	130.2 3.17897	140.4 3.26427	150.2 3.34154	159.7 3.41210	168.9 3.47707	177.7 3.53695	186.3 3.59270	194.6 3.64474	202.6 3.69351	210.4 3.73939
17	138.3 3.17861	149.2 3.26393	159.6 3.34121	169.7 3.41178	179.4 3.47677	188.8 3.53666	197.9 3.59242	206.7 3.64447	215.2 3.69325	223.6 3.73913
18	146.4 3.17829	157.9 3.26362	169.0 3.34092	179.7 3.41150	190.0 3.47650	199.9 3.53640	209.5 3.59216	218.8 3.64422	227.9 3.69301	236.7 3.73890
19	154.5 3.17801	166.7 3.26335	178.4 3.34066	189.6 3.41125	200.5 3.47626	211.0 3.53617	221.1 3.59194	231.0 3.64400	240.5 3.69280	249.8 3.73869
20	162.7 3.17775	175.5 3.26311	187.8 3.34042	199.6 3.41103	211.0 3.47605	222.1 3.53596	232.8 3.59174	243.1 3.64380	253.2 3.69260	263.0 3.73850
d_2 cd	3.17287 8.1207	3.25846 8.7602	3.33598 9.3751	3.40676 9.9679	3.47193 10.5396	3.53198 11.0913	3.58788 11.6259	3.64006 12.144	3.68896 12.6468	3.735 13.1362

Beispiele zur Bestimmung der K-Faktoren:

Leitfaden (Q-DAS GmbH 2001b)	Neu: ab MSA (Dietrich 2001) 3. Ausgabe
1. 2 Wiederholungen (r = 2), 3 Prüfer (k = 3), 10 Teile (n = 10) falls · n = 3 · 10 = 30 dann gilt die Zeile > 15: $d_2^* = 1.128$ $K_1 = \frac{5.152}{1.128} = 4.567;$ $K_1 = \frac{5.152}{1.128} = 4.567$	4. 2 Wiederholungen (r = 2), 3 Prüfer (k = 3), 10 Teile (n = 10) falls · n = 3 · 10 = 30 dann gilt die Zeile > 20: $d_2^* = 1.12838$ $K_1 = \frac{1}{1.128} = 0{,}8862$
2. 10 Wiederholungen (r = 10), 1 Prüfer (k = 1), 5 Teile (n = 5) k · n = 1 · 5 = 5; $d_2^* = 3.10$ $K_1 = \frac{5.152}{3.1} = 1.662$	5. 10 Wiederholungen (r = 10), 1 Prüfer (k = 1), 5 Teile (n = 5) $k \cdot n = 1 \cdot 5 = 5 \qquad d_2^* = 3.09808$ $K_1 = \frac{1}{3.09808} = 0{,}3228$
3. 3 Prüfer k = 3 $K_2 = \frac{5.152}{1.91} = 2.697 \qquad d_2^* = 1.91$	6. 3 Prüfer k = 3 $K_2 = \frac{1}{1{,}91155} = 0{,}5231 \qquad d_2^* = 1.91155$

15.1.2 k-Faktoren zur Berechnung der erweiterten Messunsicherheit

Tabelle 15.2 k-Werte für 95,5% in Abhängigkeit des Freiheitsgrades

Freiheitsgrad f	1	2	3	4	5	6	7	8	9	10	11	12	13	14	→ ∞
Werte k (p = 95,5%)	13,97	4,53	3,31	2,87	2,65	2,52	2,43	2,37	2,32	2,28	2,25	2,23	2,21	2,20	2,0

Der Freiheitsgrad kann der Tabelle 15.1 entnommen werden.

■ 15.2 Auswirkung des Messprozesses auf die Prozessfähigkeit

In diesem Anhang ist die Herleitung einer Formel dargestellt, welche die Auswirkung der Unsicherheit eines Messprozesses auf die Prozessfähigkeit beschreibt. Folgende vereinfachende Annahme gilt: Werte der Messgröße und des Messprozesses sind Realisierungen unabhängig normalverteilter Zufallsvariablen. Unter dieser Voraussetzung kann die einfache Varianzaddition verwendet werden:

Die anhand der Anzeigewerte eines Messprozesses beobachtete Gesamt-Varianz σ^2_{Obs} ist die Summe der beiden Varianzkomponenten „wahre" Varianz der Messgröße σ^2_{Real} und Varianz des Messprozesses σ^2_{MP} In der Kurzfassung:

$$\sigma^2_{\text{Obs}} = \sigma^2_{\text{Real}} + \sigma^2_{\text{MP}} \tag{15.1}$$

Aus der Prozesspotenzial-Formel eines normalverteilten Merkmals erhält man die folgenden „Sigma-Formeln":

$$C_{\text{P;Obs}} = \frac{T}{6 \times \sigma_{\text{Obs}}} \rightarrow \sigma_{\text{Obs}} = \frac{T}{6 \times C_{\text{P;Obs}}} \tag{15.2}$$

$$C_{\text{P;Real}} = \frac{T}{6 \times \sigma_{\text{Real}}} \rightarrow \sigma_{\text{Real}} = \frac{T}{6 \times C_{\text{P;Real}}} \rightarrow \sigma_{\text{Real}} = \frac{T}{6 \times C_{\text{P;Real}}} \tag{15.3}$$

Für den Messprozess erhält man durch Umstellen:

$$Q_{\text{MP}} = \frac{2 \times U_{\text{MP}}}{T} = \frac{2 \times 2 \times u_{\text{MP}}}{T} \qquad \rightarrow \sigma_{\text{MP}} = u_{\text{MP}} = \frac{Q_{\text{MP}} \times T}{4} \tag{15.4}$$

Einsetzen der Sigma-Formeln zwei bis vier in die Formel eins ergibt Formel fünf.

$$\left(\frac{T}{6 \times C_{\text{P;Obs}}}\right)^2 = \left(\frac{T}{6 \times C_{\text{P;Real}}}\right)^2 + \left(\frac{Q_{\text{MP}} \times T}{4} \times \frac{6}{6}\right)^2 \tag{15.5}$$

Kürzen von T/6 und Umstellen nach $C_{\text{p,Obs}}$ ergibt die gesuchte Funktion $C_{\text{p,Obs}} = f(C_{\text{p;Real}}, Q_{\text{MS}})$.

$$C_{\text{P:Obs}} = \left(\frac{1}{C^2_{\text{P;Real}}} + \frac{9}{4} \times Q^2_{\text{MP}}\right)^{-0.5} \tag{15.6}$$

In Bild 15.1 ist die Funktion für typische Fähigkeitswerte dargestellt.

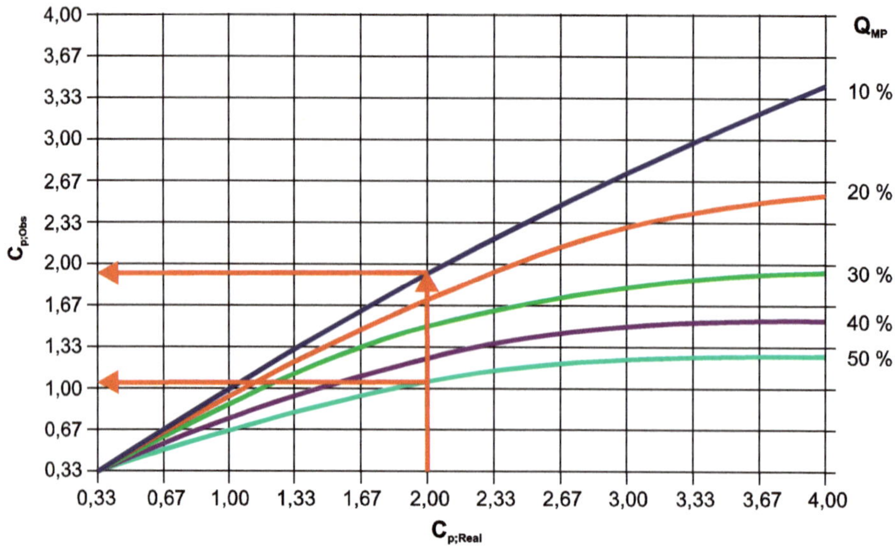

Bild 15.1 Darstellung der funktionalen Beziehung des aus den Anzeigewerten eines Messgerätes berechneten Prozesspotenziales $C_{p;Obs}$ in Abhängigkeit von dem „wahren" Prozesspotenzial der Messgröße $C_{p;Real}$ und des Messprozess-Eignungskennwertes Q_{MP}

Deutung der Grafik: Ist das Prozesspotenzial für die „wahren" Werte der Messgröße $C_{p;Real} = 2{,}0$ und wird für die Messung ein Messprozess mit $Q_{MP} = 50\,\%$ verwendet, so erhält man aus den Anzeigewerten das Prozesspotenzial $C_{p;Obs} = 1{,}1$. Würde stattdessen ein Messprozess mit dem Eignungskennwert $Q_{MP} = 10\,\%$ verwendet werden, so erhielte man $C_{p;Obs} = 1{,}9$ aus den Anzeigewerten.

Erkenntnis: Je größer die Unsicherheit eines Messprozesses ist, desto kleiner ist der aus den Anzeigewerten berechnete Fähigkeitsindex.

■ 15.3 Modelle der Varianzanalyse

15.3.1 Messsystemanalyse – Verfahren 2

P Prüfer messen mit einem Messmittel **T** Teile jeweils mit **W** Wiederholungen.

Es wird davon ausgegangen, dass sich jeder Messwert additiv zusammensetzt aus dem Gesamtmittelwert der Messwerte, dem Einfluss von Prüfer, dem Einfluss des Teils, dem Einfluss des Zusammentreffens von Prüfer und Teil (Wechselwirkungseinfluss) sowie der Restabweichung (Einfluss des Messmittels), also

Messwert von Prüfer an Teil in Wiederholung =

Gesamtmittelwert	+	Einfluss vom Prüfer
	+	Einfluss vom Teil
	+	Einfluss von (Prüfer misst Teil)
	+	Restabweichung.

Um die Einflüsse getrennt beurteilen zu können, zerlegt man zunächst die Summe der quadratischen Abweichungen über alle Messwerte in Teilsummen und berechnet daraus dann die Varianzen.

Zur Berechnung:

Der Mittelwert von „Prüfer **p** misst Teil **t**" über die Wiederholungen : **Xpt·**

Der Mittelwert über die Messwerte von Prüfer **p** : **Xp··**

Der Mittelwert über die Messwerte von Teil **t** : **X·t·**

Der Gesamtmittelwert : **X···**

Summe der quadratischen Abweichungen zwischen den **p** Prüfern:

$$\Sigma P := tw\,[(X1\cdot\cdot - XL)^2 + (X2\cdot\cdot - XL)^2 + (X3\cdot\cdot - XL)^2 \ldots (Xp\cdot\cdot - XL)^2]$$

mit Freiheitsgrad

$$f\,IV := p - 1;$$

Summe der quadratischen Abweichungen zwischen den **t** Teilen:

$$\Sigma T := pw\,[(X \times 1 \times - XL)^2 + (X \times 2 \times - XL)^2 + (X \times 3 \times - XL)^2 \ldots (X \times t \times - XL)^2]$$

mit Freiheitsgrad

$$f\,III := t - 1;$$

Summe der quadratischen Abweichungen durch die Wechselwirkung (**p** misst **t**):

$$\Sigma PT := w \sum_{i=1..p} \sum_{j=1..t} \left(X\ i\,j\cdot - X\,i\cdot\cdot - X\cdot j\cdot + X\cdots \right)^2$$

mit Freiheitsgrad

$$f\,II := (p-1)(t-1);$$

Summe der quadratischen Abweichungen innerhalb der Wiederholungen von Prüfer **p** misst Teil **t**:

$$\Sigma E := \sum_{i=1..p} \sum_{j=1..t} \sum_{k=1..w} (X\ i\ j\ k - X\ i\ j\cdot)^2$$

mit Freiheitsgrad

$$f\,I := pt\,(w-1);$$

Die Summe der quadratischen Abweichungen über alle Messwerte ist dann

$$\Sigma P + \Sigma T + \Sigma PT + \Sigma E$$

Für die Messmittelanalyse werden folgende Varianzen berechnet:

Hierbei wird unterschieden, ob der Einfluss der Wechselwirkung signifikant ist oder nicht. **(F-Test, Prüfwert s^2_{PT}/s^2_E, krit. Wert $F_{fII,\, fI,1-\alpha}$).**

Die Varianzen berechnen sich entsprechend aus Quotient aus der Summe der quadratischen Abweichungen durch den entsprechenden Freiheitsgrad:

Varianz Prüfereinfluss s^2_P **:= ΣP/f IV**

Varianz Teileeinfluss s^2_T **:= ΣT/f III**

Bei signifikanter Wechselwirkung

Varianz Wechselwirkung s^2_{PT} **:= ΣPT/f II**

Varianz Messmitteleinfluss s^2_E **:= ΣE/f I.**

Bei nicht signifikanter Wechselwirkung

Varianz ADDWechselw/Messm. s^2_{add} **:= (ΣE+ΣPT)/(f I + f II).**

1. Wechselwirkungseinfluss signifikant:

Die Vertrauensbereiche zum Niveau 1-α berechnen sich hier aus

$$\frac{f_I}{\chi^2_{fI,1-\alpha/2}} s^2_E \le \sigma^2_E \le \frac{f_I}{\chi^2_{fI,\alpha/2}} s^2_E$$

$$\frac{s^2_E}{w}\left(\frac{s^2_{PT}/s^2_E}{F_{fII,fI,-\alpha/2}}-1\right) \le \sigma^2_{PT} \le \frac{s^2_E}{w}\left(\frac{s^2_{PT}/s^2_E}{F_{fII,fI,\alpha/2}}-1\right)$$

$$\frac{s^2_{PT}}{tw}\left(\frac{s^2_P/s^2_{PT}}{F_{fIII,fII,1-\alpha/2}}-1\right) \le \sigma^2_P \le \frac{s^2_{PT}}{tw}\left(\frac{s^2_P/s^2_{PT}}{F_{fIII,fII,\alpha/2}}-1\right)$$

$$\frac{s^2_{PT}}{pw}\left(\frac{s^2_T/s^2_{PT}}{F_{fIV,fII,1-\alpha/2}}-1\right) \le \sigma^2_T \le \frac{s^2_{PT}}{pw}\left(\frac{s^2_T/s^2_{PT}}{F_{fIV,fII,\alpha/2}}-1\right)$$

$$\frac{1}{tw}\left(\frac{f_{III}}{\chi^2_{fIII,1-\alpha/2}} s^2_P + t(w-1)s^2_E + (t-1)s^2_{PT}\right) \le \sigma^2_P + \sigma^2_T + \sigma^2_{PT}$$

$$\le \frac{1}{tw}\left(\frac{f_{III}}{\chi^2_{fIII,\alpha/2}} S^2_P + t(w-1)s^2_E + (t-1)s^2_{PT}\right)$$

Mit Hilfe der Kenngrößen

Messmittel: $VE := \mathbf{s_E^2}$

Wechselwirkung (Prüfer misst Teil): $VW := \mathbf{(s_{PT}^2 - s_E^2)/w}$

Prüfer: $VP := \mathbf{(s_P^2 - s_{PT}^2)/tw}$

Teil: $VT := \mathbf{(s_T^2 - s_{PT}^2)/pw}$

kann auf den Einfluss der einzelnen Komponenten geschlossen werden (das Produkt $5.15 \cdot s$ entspricht einem Anteil von **99,73 %** der Werte bei normalverteilter Grundgesamtheit):

EV (**E**quipment **V**ariation) – „Streuung des Messmittels“: $\sqrt{VE}$

AV (**A**ppraiser **V**ariation) – „Streuung des Prüfers“: $\sqrt{VP}$

IA (**I**nter**a**ction) – „Streuung der Wechselwirkung“: $\sqrt{VW}$

PV (**P**art **V**ariation) – „Streuung des Teils“: $\sqrt{VT}$

GRR (**G**age **R**epeatability & **R**eproducibility) – $\sqrt{EV^2 + AV^2 + IA^2}$

2. Wechselwirkungseinfluss nicht signifikant:

Die Vertrauensbereiche zum Niveau $1 - \alpha$ berechnen sich hier aus

$$\frac{ff_I + {}_{II}}{\chi^2_{fI+fII,1-\alpha/2}} s^2_{add} \le \sigma^2_{add} \le \frac{ff_I + {}_{II}}{\chi^2_{fI+fII,\alpha/2}} s^2_{add}$$

$$\frac{s^2_{add}}{tw}\left(\frac{s^2_P / s^2_{add}}{F_{fIII,fI+fII,1-\alpha/2}} - 1\right) \le \sigma^2_P \le \frac{s^2_{add}}{tw}\left(\frac{s^2_P / s^2_{add}}{F_{fIII,fI+fII,\alpha/2}} - 1\right)$$

$$\frac{s^2_{add}}{pw}\left(\frac{s^2_T / s^2_{add}}{F_{fIV,fI+fII,1-\alpha/2}} - 1\right) \le \sigma^2_T \le \frac{s^2_{add}}{pw}\left(\frac{s^2_T / s^2_{add}}{F_{fIV,fIfII,\alpha/2}} - 1\right)$$

$$\frac{1}{tw}\left(\frac{f_{III}}{\chi^2_{fIII,1-\alpha/2}} s^2_P + (tw-1)s^2_{add}\right) \le \sigma^2_P + \sigma^2_T \le \frac{1}{tw}\left(\frac{f_{III}}{\chi^2_{fIII,1-\alpha/2}} s^2_P + (tw-1)s^2_{add}\right)$$

Mit Hilfe der Kenngrößen

Messmittel: $VE := \mathbf{s^2_{add}}$

Prüfer: $VP := \mathbf{(s_P^2 - s^2_{add})/tw}$

Teil: $VT := \mathbf{(s_T^2 - s^2_{add})/pw}$

kann auf den Einfluss der einzelnen Komponenten geschlossen werden (das Produkt $5.15 \cdot s$ entspricht einem Anteil von **99,73 %** der Werte bei normalverteilter Grundgesamtheit):

EV (**E**quipment **V**ariation) – „Streuung des Messmittels“: $\sqrt{VE}$

AV (**A**ppraiser **V**ariation) – „Streuung des Prüfers“: $\sqrt{VP}$

IA (**I**nter**a**ction) – „Streuung der Wechselwirkung“: $\sqrt{VW}$

PV (**P**art **V**ariation) – „Streuung des Teils“: $\sqrt{VT}$

GRR (**G**age **R**epeatability & **R**eproducibility) – $\sqrt{EV^2 + AV^2 + IA^2}$

Fallbeispiel:

	Prüfer 1		Prüfer 2	
	Wdh. 1	Wdh. 2	Wdh. 1	Wdh. 2
Teil 1	2	1	1	1
Teil 2	1	1	1	2
Teil 3	2	1	1	1
Teil 4	3	2	1	2
Teil 5	1	3	1	1

Um die einzelnen Mittelwerte, Summen der quadratischen Abweichungen und Varianzen zu berechnen, verwendet man bei Handrechnung die ANOVA-Zerlegungstafel (vgl. (Fleiss 1981)):

	Prüfer 1		Prüfer 2		Σ	Σ	$(\Sigma)^2$	$\Sigma\,()^2$
	W1+W2	$W1^2+W2^2$	W1+W2	$W1^2+W2^2$				
T1	3		2		a1=5		c1=25	e1=13
T1		5		2		b1=7		
T2	2		3		a2=5		c2=25	e2=13
T2		2		5		b2=7		
T3	3		2		a3=5		c3=25	e3=13
T3		5		2		b3=7		
T4	5		3		a4=8		c4=64	e4=34
T4		13		5		b4=18		
T5	4		2		a5=6		c5=36	e5=20
T5		10		2		b5=12		
S	A1=17		A2=12		A=29		C=175	
S		B1=35		B2=16		B=51		
$(S)^2$	D1=289		D2=144		D=433			
S()2	E1=63		E2=30					E=93

Daraus ergeben sich folgende Kenngrößen:

Xpt· = Summe W1+W2 von Prüfer p, Teil t dividiert durch Anzahl Wdh.:

X11· = 3/2 = 1.5	X12· = 2/2 = 1	X13· = 3/2 = 1.5
	X14· = 5/2 = 2.5	X15· = 4/2 = 2

X21· = 2/2 = 1	X22· = 3/2 = 1.5	X33· = 2/2 = 1
	X24· = 3/2 = 1.5	X25· = 2/2 = 1

Xp·· = A_p dividiert durch Teile *Wdh.:

X1·· = 17/10 = 1.7 X2·· = 12/10 = 1.2

X·t· = a_t dividiert durch Prüfer *Wdh.:

X·1· = 5/4 = 1.25	X·2· = 5/4 = 1.25	X·3· = 5/4 = 1.25
	X·4· = 8/4 = 2	X·5· = 6/4 = 1.5

X··· = A dividiert durch Prüfer * Teile * Wdh. = 29/20 = 1.45.

$\Sigma P \quad = D/(tw) - A^2/(ptw)$

$\quad = 433/10 - 841/20$

$\quad = 1.25$

$s_P^2 \quad = 1.25/1 = 1.25$

$\Sigma T \quad = C/(pw) - A^2/(ptw)$

$\quad = 175/4 - 841/20$

$\quad = 1.7$

$s_T^2 \quad = 1.7/4 = 0.425$

$\Sigma PT \quad = E/w - C/(pw) - D/(tw) + A^2/(ptw)$

$\quad = 93/2 - 175/4 - 433/10 + 841/20$

$\quad = 1.5$

$s_{PT}^2 \quad = 1.5/4 = 0.375$

$\Sigma E \quad = B - E/w$

$\quad = 51 - 93/2$

$\quad = 4.5$

$s_E^2 \quad = 4.5/10 = 0.45$

Prüfwert F-Test: $\mathbf{s_{PT}^2/s_E^2} = 0.375/0.45 = 0.8334 < 3.48 = \mathbf{F}_{4,10,1\ 95\%}$

damit ist die Wechselwirkung nicht signifikant, d.h.

s^2_{add}	$= (\Sigma E + \Sigma PT)/ptw\text{-}p\text{-}t+1$	
	$= 6/14 = 0.4285$	
Messmittel:	VE	= 0.429
Prüfer:	VP	= 0.0821
Teil:	VT	= 0 (da < 0)
EV – „Streuung des Messmittels“:	$\sqrt{VE}$	**= 0,655**
AV – „Streuung des Prüfers“:	$\sqrt{VP}$	**= 0,287**
PV – „Streuung des Teils“:	$\sqrt{VT}$	= 0
GRR –	$\sqrt{EV^2 + AV^2}$	**= 0,715**

Das Ergebnis R&R ist ins Verhältnis zu einer vorgegebenen Referenzgröße (RF) zu setzen:

$$\%GRR = \frac{GRR}{RF} \cdot 100\,\%$$

Dieses Ergebnis ist mit den festgelegten Annahmekriterien zu vergleichen.

HINWEIS: Da hier Standardabweichungen berechnet und verglichen werden, muss für einen Bezug zur Toleranz RF = 1/6 · T eingesetzt werden. (siehe AIAG MSA (AIAG 2010))

15.3.2 Messsystemanalyse – Verfahren 3

Zur Beurteilung eines automatischen Messsystems bietet sich das Modell der balancierten einfachen Varianzanalyse mit Zufallskomponenten an. Mit dieser Methodik kann ein Teil im Gegensatz zu der in Abschnitt 8.5.9 beschriebenen Standardabweichungsmethode auch mehr als zweimal geprüft werden. Es wird davon ausgegangen, dass sich jeder Messwert aus: „Gesamtmittelwert + Einfluss des Teils + Einfluss des Messmittels“ zusammensetzt. Um nur den Einfluss des Messmittels beurteilen zu können, ist durch geeignete Maßnahmen der Teileeinfluss[1] gering zu halten. Dies kann beispielsweise durch die Markierung der Messstellen geschehen.

Die Summe der quadratischen Abweichung der Wiederholungen (= Messungen pro Teil):

[1] Streuung bei Mehrfachmessung an einem Teil infolge von Ungleichheiten eines Teiles

$$\sum E = \sum_{i=1}^{n}\sum_{j=1}^{k}\left(X_{ij} - X_{i\bullet}\right)^2$$

mit $X_{i\bullet}$ = Mittelwert der Messungen pro Teil

i = 1, 2, …, n = Anzahl Teile

j = 1, 2, …, k = Anzahl Messungen pro Teil

Daraus errechnet sich:

Streuung des Messmittels

$$s_E^2 = \frac{1}{f}\sum E$$

mit Freiheitsgrad $f = n \cdot (k-1)$

EV = s_E

Für die Berechnung der Gesamtstreuung des Messsystems %R&R wird EV ins Verhältnis zu einer vorgegebenen Referenzgröße (RF) gesetzt:

$$\%GRR = \%EV = \frac{EV}{RF} \cdot 100\,\%$$

Dieser Kennwert ist mit den festgelegten Annahmekriterien zu vergleichen. Typische Referenzgrößen sind die Toleranz, die sechsfache Prozessstreuung oder die Teilestreuung (= die Streuung zwischen den verschiedenen Teilen, PV = Part Variation).

Diese kann aus der quadratischen Abweichung zwischen den Teilen bestimmt werden:

$$\sum T = k\sum_{i=1}^{n}\left(x_{i\bullet} - x_{\bullet\bullet}\right)^2$$

mit i = 1, 2, …, n = Anzahl Teile

k = Anzahl Messungen pro Teil

$x_{\bullet\bullet}$ = Gesamtmittelwert

$$s_T^2 = \frac{\sum T}{f_T} \quad \text{und} \quad VT = \frac{\left(s_T^2 - s_E^2\right)}{k}$$

mit Freiheitsgrad $f_T = n - 1$

PV = VT

Falls keine signifikante Teilestreuung vorhanden ist, kann $VT < 0$ sein. In diesem Fall darf die Teilestreuung nicht als Referenzgröße herangezogen werden.

Fallbeispiel:

Zehn Teile werden zweimal gemessen. Die Merkmalstoleranz ist 0,06 mm.

i	x_{1i}	x_{2i}	$x_{i.}$	$(x_{1i}-x_{i.})^2$	$(x_{2i}-x_{i.})^2$	E	T
1	6,029	6,030	6,0295	0,00000025	0,00000025	0,0000005	0,00065536
2	6,019	6,020	6,0195	0,00000025	0,00000025	0,0000005	0,00024336
3	6,004	6,003	6,0035	0,00000025	0,00000025	0,0000005	0,00000016
4	5,982	5,982	5,9820	0,00000000	0,00000000	0,0000000	0,00047961
5	6,009	6,009	6,0090	0,00000000	0,00000000	0,0000000	0,00002601
6	5,971	5,972	5,9715	0,00000025	0,00000025	0,0000005	0,00104976
7	5,995	5,997	5,9960	0,00000100	0,00000100	0,0000020	0,00006241
8	6,014	6,018	6,0160	0,00000400	0,00000400	0,0000080	0,00014641
9	5,985	5,987	5,9860	0,00000100	0,00000100	0,0000020	0,00032041
10	6,024	6,028	6,0260	0,00000400	0,00000400	0,0000080	0,00048841
	$x_{\cdot}$= 6,0039					**ΣE** = 0,0000220	**ΣT** = 0,00347190

für die **Streuung des Messsystems**

$$s_E^2 = \frac{0{,}000022}{10(2-1)} = 0{,}0000022$$

$$EV = \sqrt{0{,}0000022} = 0{,}00148$$

$$\%GRR = \%EV = \frac{0{,}00148}{\frac{1}{6}\cdot 0{,}06}\cdot 100\,\% = 14{,}8\,\%$$

mit Toleranz als Referenzgröße und Vertrauensniveau 99,73 %

für die **Streuung zwischen den Teilen**

$$s_T^2 = \frac{0{,}0034719}{9} = 0{,}000386$$

$$VT = \frac{(0{,}000386 - 0{,}000022)}{2} = 0{,}0001819$$

$$PV = \sqrt{0{,}0001819} = 0{,}01349$$

für Vertrauensniveau 99,73 %

15.4 Verzeichnis der verwendeten Abkürzungen

$1-\alpha$	Vertrauensniveau
α	Wahrscheinlichkeit für den Fehler 1. Art = Irrtumswahrscheinlichkeit
a	Fehlergrenze
ANOVA	(Varianzanalyse) **An**alysis **o**f **Va**riance
ARM	Mittelwert-Spannweiten-Methode (**A**verage **R**ange **M**ethod)
AV	Vergleichpräzision (Reproducibility/**A**ppraiser **V**ariation)
%AV	Vergleichpräzision (Reproducibility/**A**ppraiser **V**ariation) in % bezogen auf die Bezugsgröße (RF)
b	Verteilungsfaktor $u = a \cdot b$
Bi, BI	Systematische Messabweichung
%Bi	Systematische Messabweichung (**Bi**as) in % bezogen auf die Bezugsgröße (RF)

HINWEIS: Die systematische Messabweichung wird häufig als Genauigkeit bezeichnet. In der ISO 10012 ist aber der Begriff „Genauigkeit“ als qualitativer Begriff definiert. Daher wird in dieser Richtlinie die Differenz zwischen dem beobachteten Mittelwert $\overline{x}_g$ und dem „richtigen Wert“ x_m mit systematischer Messabweichung bezeichnet.

C_g	Potenzial Messsystem (**g**age Potenzial index)
C_{gk}	Fähigkeitsindex Messsystem (**g**age **c**apability index) Verfahren 1
d_2^*	Konstante zur Bestimmung des Schätzwertes für die Streuung (Grundgesamtheit) aus der Spannweite (Stichprobe)
EV	Wiederholpräzision (Repeatability - **E**quipment **V**ariation) Messsystem
%EV	Wiederholpräzision (Repeatability -**E**quipment **V**ariation) Messsystem in % bezogen auf die Bezugsgröße (RF)
f	Freiheitsgrad
f_{eff}	Effektive Freiheitsgrade
GRR	Gesamtstreuung aus Wiederhol- und Vergleichpräzision, **G**age **R**epeatability & **R**eproducibility (Verfahren 2 und 3)
%GRR	Gesamtstreuung aus Wiederhol- und Vergleichpräzision, **G**age **R**epeatability & **R**eproducibility (Verfahren 2 und 3) in % bezogen auf die Bezugsgröße (Referenz Figure RF)

H_0	Nullhypothese
H_1	Alternativhypothese
k	Anzahl der Prüfer (operators)
K	K-Faktor zur Bestimmung der erweiterten Messunsicherheit
K_1, K_2, K_3	Faktoren, die von der Anzahl der Prüfer, Wiederholungen und Teile abhängt
Li, Lin, LIN	Linearität (**Li**nearity)
Li_{un}, Li_{ob}	Linearität für min. bzw. max. Meister
%Li	Linearität (**Li**nearity) in % bezogen auf die Bezugsgröße (RF)
μ	Mittelwert der Grundgesamtheit
$\hat{\mu}$	Schätzwert für den Mittelwert der Grundgesamtheit
MS	Messsystem (Index bei Kennwerten nach VDA Band 5 (VDA 2021))
MP	Messprozess (Index bei Kennwerten nach VDA Band 5 (VDA 2021))
N	Losumfang
n	Anzahl der Teile (**n**umber of parts) Stichprobenumfang
OEG	**O**bere **E**ingriffs**g**renze
OSG	**O**bere **S**pezifikations**g**renze
P	Allgemeine Bezeichnung der Wahrscheinlichkeit
PV	Teilestreuung (**P**art **V**ariation)
%PV	Teilestreuung (**P**art **V**ariation) in % bezogen auf die Bezugsgröße (RF)
Q	Quantil
$Q_{0,135}$	Unteres Quantil, unterer Prozentpunkt (0,135 %)
$Q_{0,99865}$	Oberes Quantil, oberer Prozentpunkt (99,865 %)
QRK	Qualitätsregelkarte
r	Anzahl der Messwertreihen pro Prüfer
R	Spannweite, Range
$\bar{R}$	mittlere Spannweite
$\bar{\bar{R}}$	Mittelwert der mittleren Spannweiten
R&R	Wiederhol- und Vergleichpräzision, **R**epeatability & **R**eproducibility (seit der 3. Auflage MSA (AIAG 2010) auch als GRR bezeichnet)
%R&R	Wiederhol- und Vergleichpräzision (**R**epeatability & **R**eproducibility) in % bezogen auf die Bezugsgröße (RF) (seit der 3. Auflage MSA (AIAG 2010) auch als %GRR bezeichnet)

RE	Auflösung (**Re**solution) des Messsystems
%RE	Auflösung (**Re**solution) des Messsystems in %
RF	Bezugsgröße (**R**eference **F**igure), z.B. Prozesstoleranz, Prozessstreuung, Toleranz, Klassentoleranz
s	Standardabweichung der Stichprobe
s^2	Varianz der Stichprobe
s_g	Standardabweichung einer, mit einem Messsystem am Normal erfassten, Messreihe
$\overline{s}$	Mittelwert der Standardabweichungen aus Stichproben
σ	Standardabweichung der Grundgesamtheit
σ^2	Varianz der Grundgesamtheit
$\hat{\sigma}$	Schätzwert für die Standardabweichung der Grundgesamtheit
t	Kritischer Wert der t-Verteilung
T	Toleranz
T_{min}	kleinste messbare Toleranz nach VDA Band 5
u	Standardisierte Größe für $(x - \mu)/s$ der Normalverteilung
u	Standardmessunsicherheit
u_{AV}	Standardmessunsicherheit aus AV = Appraiser Variation
u_{BI}	Standardmessunsicherheit aus BI = Bias
u_c	kombinierte Standardunsicherheit
u_{CAL}	Standardmessunsicherheit aus CAL = Kalibrierung
u_{EV}	Standardmessunsicherheit aus EV = Equipment Variation
u_{EVO}	Standardmessunsicherheit aus EV = Equipment Variation gemessen am Objekt
u_{EV}	Standardmessunsicherheit aus EV = Equipment Variation gemessen am Referenzteil
u_g	Standardmessunsicherheit aus g = Gauge
u_{LIN}	Standardmessunsicherheit aus LIN = Linearity
u_{pa}	Standardmessunsicherheit aus Pa = Part
u_{MS}	kombinierte Standardunsicherheit des Messsystems
u_{MP}	kombinierte Standardunsicherheit des Messprozesses
u_{ref}	Standardmessunsicherheit aus ref = Reference
$u_{rel\%}$	relative Standardmessunsicherheit in %
u_{RE}	Standardmessunsicherheit aus RE = Resolution

u_{STAB}	Standardmessunsicherheit aus STAB = Stability
u_{TEMP}	Standardmessunsicherheit aus TEMP = Temperature
U	erweiterte Mess**U**nsicherheit
%U	erweiterte Mess**U**nsicherheit in % bezogen auf die Bezugsgröße (RF)
UEG	**U**ntere **E**ingriffsgrenze
USG	**U**ntere **S**pezifikations **G**renze
x_i	Einzelwerte einer Messwertreihe
x_m	Referenzwert (**m**aster) (von Normal) entspricht „richtiger“ bzw. „wahrer“ Wert
$(x_m)_i$	Referenzwert des Normals i
x_{mu}, x_{mo}	Referenzwert des min. bzw. max. Normals
x_{max}	Größter Wert
x_{min}	Kleinster Wert
x-Karte	Einzelwertkarte
$\bar{x}$	Mittelwert der Stichprobe
$\bar{x}_{Diff}$	max. Differenz zwischen den Mittelwerten mehrerer Messwertreihen (von $\bar{x}$)
$\bar{x}_g$	Mittelwert einer, mit einem Messsystem am Normal erfassten, Messwertreihe
$\bar{x}_{gu}$	unterer Mittelwert einer, mit einem Messsystem am Normal erfassten, Messwertreihe
$\bar{x}_{go}$	oberer Mittelwert einer, mit einem Messsystem am Normal erfassten, Messwertreihe
$\bar{\bar{x}}$	Mittelwert der Stichprobenmittelwerte
$\tilde{x}$	Median, Zentralwert

15.5 Formeln

$AV = K_2 \cdot \bar{x}_{Diff}$ $\qquad$ $\%AV = \frac{AV}{RF} \cdot 100\,\%$

$Bi = |\bar{x}_g - x_m|$ $\qquad$ $\%Bi = \frac{Bi}{RF} \cdot 100\,\%$

$$C_g = \frac{0{,}2 \cdot T}{6 \cdot s_g} \qquad C_{gk} = \frac{0{,}1 \cdot T - |Bi|}{3 \cdot s_g}$$

$$EV = K_1 \cdot \overline{\overline{R}} \qquad \%EV = \frac{EV}{RF} \cdot 100\,\%$$

$$ndc = 1{,}41 \cdot \frac{PV}{GRR} \qquad \text{mit } PV = \sqrt{TV^2 - GRR^2}$$

$$PV = K_3 \cdot R_p \qquad \%PV = \frac{PV}{RF} \cdot 100\,\%$$

$$GRR = \sqrt{EV^2 + AV^2} \qquad \%GRR = \frac{GRR}{RF} \cdot 100\,\%$$

$R = x_{max} - x_{min}$ $\qquad$ R_j = Spannweite der Wiederholungsmessungen

$$\overline{R}_i = \frac{\sum_{j=1}^{n} R_j}{n} \qquad \overline{\overline{R}} = \frac{\sum_{i=1}^{k} \overline{R}_i}{k}$$

$$s_g = \sqrt{\frac{1}{n-1} \sum_{i=1}^{n} \left(x_i - \overline{x}_g\right)^2}$$

R_p = Spannweite aus $\overline{x}_i$ (Mittelwert pro Teil)

$$\overline{x}_g = \frac{1}{n} \sum_{i=1}^{n} x_i$$

$\overline{x}_{Diff}$ = Spannweite aus $\overline{x}_i$ (Mittelwert pro Prüfer)

$$s_{\overline{x}} = \frac{s_x}{\sqrt{m}}$$

$$u(\overline{x}) = s_{\overline{x}} = \frac{s_x}{\sqrt{m}} = \sqrt{\frac{1}{m(n-1)} \cdot \sum_{i=1}^{n} \left(x_i - \overline{x}\right)^2}$$

$$u(x) = s_x = \sqrt{\frac{1}{n-1} \cdot \sum_{i=1}^{n} \left(x_i - \overline{x}\right)^2}$$

$$u = a \cdot b$$

$$u_c^2(y) = \sum_{i=1}^{N} \left(\frac{\partial f}{\partial x_i}\right)^2 u^2(x_i) + 2 \sum_{i=1}^{N-1} \sum_{j=i+1}^{N} \frac{\partial f}{\partial x_i} \frac{\partial f}{\partial x_j} u(x_i) \cdot u(x_j) \cdot r(x_i, x_j)$$

$$u_c^2(y) = \sum_{i=1}^{N} c_i^2 u^2(x_i) + 2 \sum_{i=1}^{N-1} \sum_{j=i+1}^{N} c_i \cdot c_j \cdot u(x_i) \cdot u(x_j) \cdot r(x_i, x_j)$$

$$c_i = \partial f / \partial x_i$$

$$r_{ij} = r(x_i, x_j) = \frac{u(x_i, x_j)}{u(x_i) \cdot u(x_j)}$$

$$U = k \cdot u_c(y) = k \cdot u_{PP}$$

$$u_{rel\%}(x_i) = \frac{\Delta u(x_i)}{u(x_i)}$$

$$\nu_i = \frac{1}{2} \cdot \left(\frac{\Delta u(x_i)}{u(x_i)} \right)^{-2} = \frac{1}{2 \cdot u^2_{rel\%}(x_i)}$$

$$\nu_{eff} = \frac{u_c^4(y)}{\sum_{i=1}^{N} \frac{u_i^4(y)}{\nu_i}} = \frac{u_c^4(y)}{\frac{u_1^4(y)}{\nu_1} + \frac{u_2^4(y)}{\nu_2} + \ldots + \frac{u_N^4(y)}{\nu_N}} \leq \sum_{i=1}^{N} \nu_i$$

15.6 Literaturverzeichnis

AIAG, Chrysler Group LLC, Ford Motor Company, General Motors Corporation, 2010. MSA Measurement Systems Analysis. 4th Edition. Michigan, USA

Berndt, G., Hultsch, E. und Weinhold, H., 1968. Funktionstoleranz und Meßunsicherheit. TU DRESDEN (Hrsg.), Wissenschaftliche Zeitschrift der Technischen Universität Dresden. 1968. Bd. 17, Nr. 2

Brinkmann, B., 2012. Internationales Wörterbuch der Metrologie: grundlegende und allgemeine Begriffe und zugeordnete Benennungen (VIM); ISO/IEC-Leitfaden 99:2007 Vocabulaire international de métrologie. dt.-engl. Fassung, 4., überarbeitete Aufl. Berlin Wien Zürich: Beuth. ISBN 978-3-410-22472-3

CNOMO, Comitée de Normalisation des Moyens de Production, 1991. E41.36.110.N Produktionsmittel, Zulassung der Funktionsfähigkeit von Meßmitteln, Spezifische Prüfmittel. CNOMO

Conrad, S., 2012. Die Crux mit dem ndc. PIQ Partner Info Qualität. 2012. Bd. Jg. 18 Nr. 44, Nr. 2, S. 40 ff.

Conrad, S., 2014. Was ist der Sinn der ndc? QZ Qualität und Zuverlässigkeit. 2014. Bd. 12, Nr. Jahrgang 59, S. 22 ff.

Daimler AG, 2010. Leitfaden LF 1236 „Stichproben- und Prozessanalyse“, Version 2010. Stuttgart, 2010.

Daimler AG, 2013. Leitfaden LF 5 Eignungsnachweis von Prüfprozessen. Auflage. Stuttgart: Daimler AG

DAkkS, Deutsche Akkreditierungsstelle GmbH, 2010. DAkkS -DKD-3-E2: Angabe der Messunsicherheit bei Kalibrierungen, zusätzliche Beispiele-2. DAkkS Braunschweig

DGQ, Deutsche Gesellschaft für Qualität, 2009. DGQ Band 11-04: Managementsysteme - Begriffe, Ihr Weg zu klarer Kommunikation. 9. Auflage. Berlin: Beuth Verlag

Dietrich, E., 2001. Es geht auch einfach – Messunsicherheit in Analogie zur Prüfmittelfähigkeit bestimmen. QZ Qualität und Zuverlässigkeit. 2001. Bd. 3, Nr. 46, S. 264–265

Dietrich, E., 2011. Messsystem und Messprozess sind zweierlei. in QZ 56 (2011) 4, S. 16–20. Carl Hanser Verlag, München

Dietrich, E. und Conrad, S., 2021. Statistische Verfahren zur Maschinen- und Prozessqualifikation. 8., aktualisierte Edition. München: Carl Hanser Verlag GmbH & Co. KG

Dietrich, E. und Schulze, A. Statistische Verfahren zur Maschinen- und Prozessqualifikation, 6., vollständig überarbeitete Auflage. Carl Hanser Verlag, München, 2009

DIN, Deutsches Institut für Normung e. V., 1999. ISO 3534-3: Teil 3: Versuchsplanung. Beuth Verlag, Berlin

DIN, Deutsches Institut für Normung e. V., 2004. DIN EN ISO 10012:2003 Messmanagementsysteme – Anforderungen an Messprozesse und Messmittel (ISO 10012:2003); Dreisprachige Fassung EN ISO 10012:2003. Ausgabe:2004-03. Berlin: Beuth Verlag

DIN, Deutsches Institut für Normung e. V., 2008. DIN ISO 11095:2008-04, Lineare Kalibrierung unter Verwendung von Referenzmaterialien (ISO 11095:1996) [online]. Berlin: Beuth Verlag GmbH. [Zugriff am: 20 Mai 2023]. Verfügbar unter: *https://www.beuth.de/de/-/-/104541645*

DIN, Deutsches Institut für Normung e. V., 2009. DIN ISO 3534-1:2009-10 Statistik – Begriffe und Formelzeichen – Teil 1: Wahrscheinlichkeit und allgemeine statistische Begriffe (ISO 3534-1:2006); Text Deutsch und Englisch. Beuth Verlag GmbH

DIN, Deutsches Institut für Normung e. V., 2010. Grundlegende und allgemeine Begriffe und zugeordnete Benennungen (VIM) – Deutsch-Englische Fassung ISO/IEC-Leitfaden 99:2007. Beuth Verlag, Berlin

DIN, Deutsches Institut für Normung e. V., 2011. DIN EN ISO 8015:2011-09, Geometrische Produktspezifikation (GPS) – Grundlagen, Konzepte, Prinzipien und Regeln (ISO 8015:2011); Deutsche Fassung EN ISO 8015:2011. Beuth Verlag GmbH

DIN, Deutsches Institut für Normung e. V., 2013. DIN ISO 3534-2:2013-12 Statistik – Begriffe und Formelzeichen – Teil 2: Angewandte Statistik (ISO 3534-2:2006); Text Deutsch und Englisch. Beuth Verlag GmbH

DIN, Deutsches Institut für Normung e. V., 2015. DIN EN ISO 9001:2015-11 Qualitätsmanagementsysteme – Anforderungen. Berlin: Beuth Verlag

DIN, Deutsches Institut für Normung e. V., 2018a. DIN EN ISO 14253-1:2018-07, Geometrische Produktspezifikationen (GPS) – Prüfung von Werkstücken und Messgeräten durch Messen – Teil 1: Entscheidungsregeln für den Nachweis von Konformität oder Nichtkonformität mit Spezifikationen (ISO 14253-1:2017); Deutsche Fassung EN ISO 14253-1:2017. Berlin: Beuth Verlag GmbH

DIN, Deutsches Institut für Normung e. V., 2018b. DIN 32937:2018-04: Mess- und Prüfmittelüberwachung – Planen, Verwalten und Einsetzen von Mess- und Prüfmitteln. Berlin: Beuth Verlag

DIN, Deutsches Institut für Normung e. V., 2018c. DIN EN ISO 14253-2:2018-09, Geometrische Produktspezifikationen (GPS) – Prüfung von Werkstücken und Messgeräten durch Messen – Teil 2: Anleitung zur Schätzung der Unsicherheit bei GPS-Messungen, bei der Kalibrierung von Messgeräten und bei der Produktprüfung (ISO 14253-2:2011); Deutsche Fassung EN ISO 14253-2:2011. Beuth Verlag GmbH

EA Laboratory Committee, 2022. EA-4/02 M: 2022 Ermittlung der Messunsicherheit bei Kalibrierungen (Deutsche Übersetzung) [online]. 31. August 2022. DAkkS. Verfügbar unter: *https://www.dakks.de/files/Dokumentensuche/Dateien/EA-4-02%20M%202022_%C3%9Cbersetzung_Deutsche%20%C3%9Cbersetzung.pdf*

Fleiss, J. L., 1971. Measuring nominal scale agreement among many raters. Psychological Bulletin. 1971. Bd. 76, Nr. 5, S. 378–382. DOI 10.1037/h0031619

Fleiss, J. L., 1981. Statistical Methods for Rates and Proportions. 2nd edition. New York: Wiley-Interscience. ISBN 978-0-471-06428-2

Ford Motor Co., 1990. EU 1880B – Fähigkeit von Mess-Systemen und Messmitteln (dt. Fassung der engl. Ausgabe von 1988). Ford Motor Co.

Ford Motor Co., 1997. EU 1880 – Guideline for Measurement System and Equipment Capability – Richtlinie für die Fähigkeit von Meßsystemen und Messmitteln. Überarbeitete Fassung. Ford Motor Co.

Ford Motor Co., 2012. PTP07-015 Control of Inspection, Measuring and Test Equipment

Ford Motor Co., 2013. PTS02-081ME Gauging Application Specification. 3

Ford Motor Co. und Q-DAS GmbH, 1991. EU 883 B Ford Testbeispiele, Beurteilung von SPC Software. Köln: Ford Motor Co.

General Motors Co. – GM POWERTRAIN, 2010. SP-Q-MSS – Measurement Systems Specification, Version G2.0. Detroit/Rüsselsheim, USA/D: General Motors Co.

IATF, International Automotive Task Force und Verband der Automobilindustrie VDA, 2016. IATF 16949: Anforderungen an Qualitätsmanagementsysteme für die Serien- und Ersatzteilproduktion in der Automobilindustrie [online]. [Zugriff am: 6 Oktober 2021]. Verfügbar unter: *https://www.beuth.de/de/technische-regel/iatf-16949/263942493*

ISO, International Organization for Standardization, 2007. ISO/IEC Guide 99:2007 – International vocabulary of metrology – Basic and general concepts and associated terms (VIM). Berlin: Beuth Verlag

ISO, International Organization for Standardization, 2008. ISO/IEC Guide 98-3:2008 – Uncertainty of measurement – Part 3: Guide to the expression of uncertainty in measurement (GUM:1995). Berlin: Beuth Verlag

ISO, International Organization for Standardization, 2012. ISO/IEC Guide 98-4 Uncertainty of measurement – Part 4: Role of measurement uncertainty in conformity assessment. International Organization for Standardization

ISO, International Organization for Standardization, 2021. ISO 22514-7:2021 Statistische Verfahren im Prozessmanagement – Fähigkeit und Leistung – Teil 7: Fähigkeit von Messprozessen. Berlin: Beuth Verlag

ISO, International Organization for Standardization, 2022. ISO/TR 11462-4:2022 Guidelines for implementation of statistical process control (SPC) – Part 4: Reference data sets for measurement process analysis software validation [online]. Beuth Verlag. [Zugriff am: 7 August 2023]. Verfügbar unter: *https://www.iso.org/standard/74102.html*

JCGM, Joint Committee for Guides in Metrology, 2008. JCGM 100 Evaluation of measurement data – Guide to the expression of uncertainty in measurement. Sèvres, France: JCGM

JCGM, Joint Committee for Guides in Metrology, 2012. JCGM 106 Evaluation of measurement data – The role of measurement uncertainty in conformity assessment. Sèvres, France

PSA Peugeot, Citroën, Renault CNOMO, 1991. Norm E41.36.110.N Produktionsmittel, Zulassung der Funktionsfähigkeit von Meßmitteln, Spezifische Prüfmittel. Oktober 1991

Q-DAS GmbH, 1999. Leitfaden zum Fähigkeitsnachweis von Messsystemen. 1.0. Birkenau: Q-DAS GmbH

Q-DAS GmbH, 2001. Leitfaden zum Fähigkeitsnachweis von Messsystemen. Version 2.1. Birkenau: Q-DAS GmbH

Q-DAS GmbH, 2001b. Sonderfälle bei der Beurteilung von Messverfahren. Weinheim: Q-DAS GmbH

Robert Bosch GmbH, 2010. Schriftenreihe „Qualitätsmanagement in der Bosch-Gruppe“ 10. Fähigkeit von Mess- und Prüfprozessen. Ausgabe 5. Stuttgart

Robert Bosch GmbH, 2019a. Schriftenreihe Qualitätssicherung in der Bosch-Gruppe Heft 10, Technische Statistik, Fähigkeit von Mess- und Prüfprozessen. Ausgabe 11.2019. Stuttgart: Robert Bosch GmbH

Robert Bosch GmbH, 2019b. Schriftenreihe Qualitätssicherung in der Bosch-Gruppe Heft 9, Technische Statistik, Maschinen- und Prozessfähigkeit. 5. Ausgabe 05.11.2019. Stuttgart: Robert Bosch GmbH

Schmitt, R. und Dietrich, E., 2023. Handbuch Messtechnik in der industriellen Produktion. München: Carl Hanser Verlag GmbH & Co. KG

VDA, Verband der Automobilindustrie, 2011. VDA Band 5: Prüfprozesseignung. 2., vollständige überarbeitete Auflage 2010. VDA, Frankfurt

VDA, Verband der Automobilindustrie e. V., 2021. VDA Band 5 Mess- und Prüfprozesse, Eignung, Planung und Management. 3., überarbeitete Auflage, März 2021. Berlin: Verband der Automobilindustrie e. V. (VDA). ISBN ISSN 0943-9412

VDA, Verband der Automobilindustrie e. V., 2022. VDA Band 5 Praxishandbuch. 1. Auflage, April 2022. Berlin: VDA-QMC

Wheeler, D.J., 2011. Problems with the AIAG Gage R&R Study. Quality Digest [online]. Januar 2011. Verfügbar unter: *http://www.qualitydigest.com/inside/quality-insider-column/problems-gauge-rr-studies.html*

Wheeler, D.J. und Lyday, R.W., 1984. Evaluating the Measurement Process. 1. Knoxville: SPC Press

Wheeler, D.J. und Lyday, R.W., 1989. Evaluating the Measurement Process. 2. Knoxville: SPC Press. ISBN 978-0-945320-06-7

Leitfaden zum „Fähigkeitsnachweis von Messsystemen“

Anmerkung der Autoren:

Der Leitfaden „Fähigkeitsnachweis von Messsystemen“ stammt in der letzten Überarbeitung aus dem Jahr 2002 und wird hier als Zeitdokument abgebildet, da noch immer regelmäßig Anfragen nach dem Leitfaden bei uns eingehen.

Obwohl sich im Laufe der Jahre einige Definitionen und Vorgehensweisen geändert haben, ist dieser Leitfaden auch heute noch weitgehend aktuell.

Insbesondere die Berechnung des Kennwerts %R&R wurde bei vielen Firmen durch die neue Form von %GRR ersetzt. Der Unterschied liegt darin, dass die Kennwerte EV, AV, IA, PV, TV und R&R in der Version von 2002 noch als Streubreiten angegeben wurden, also Vielfache der Standardabweichung. Meist wurde die 5,15- oder 6-fache Standardabweichung als Kennwert ausgegeben. Seit der AIAG MSA in der 4. Auflage (AIAG 2010) wird für EV, AV, IA, PV, TV und GRR oftmals nur die einfache Standardabweichung angegeben. Deshalb muss nun bei Verwendung der Toleranz als Referenz die Toleranz durch den ehemaligen Erweiterungsfaktor geteilt werden (RF = 1/6 T).

Damit ändern sich die Absolutwerte der Zwischenergebnisse, nicht aber die korrespondierenden Ergebnisse in Prozent der Referenz.

Allgemeine Vorbemerkungen

Der Titel des Leitfadens lautet: „Fähigkeitsnachweis von Messsystemen“. Die Begriffe „Fähigkeit“ und „Messsystem“ sind nicht genormt. Da beide Begriffe umgangssprachlich einen hohen Bekanntheitsgrad haben, haben die Ersteller des Leitfadens bewusst die Begriffe beibehalten.

Die Begriffe „Fähigkeit“ bzw. „fähig“ sind gleichbedeutend mit „Eignung“ bzw. „geeignet“ (s. DIN 55350 bzw. DGQ 13-61). Daher sind beide Begriffe als gleichwertig anzusehen.

Der Definition des Begriffes „Messsystem“ ist ein eigener Abschnitt gewidmet.

Vorwort

Die Beurteilung von Maschinen, Fertigungseinrichtungen und einer laufenden Fertigung basiert auf der statistischen Auswertung von Merkmalswerten. Die Merkmalswerte stammen von Messsystemen, mit deren Hilfe vordefinierte Merkmale gemessen werden. Um Fehlinterpretationen zu vermeiden, müssen die erfassten Messwerte den tatsächlichen Sachverhalt ausreichend sicher widerspiegeln.

Diese Forderungen sind in verschiedenen Normen und Verbandsrichtlinien festgehalten. Insbesondere beim Aufbau und bei der Zertifizierung eines Qualitätsmanagementsystems nach DIN EN ISO 9000 ff, QS-9000, VDA 6.1, ANFIA AVSQ94 usw. wird ein Unternehmen mit dieser Fragestellung konfrontiert. Einerseits gibt es diese Forderung schon sehr lange, andererseits aber keine konkreten Hinweise, wie diese Forderungen umgesetzt werden sollen. Daher haben sich insbesondere die Großkonzerne der Automobilindustrie und deren Zulieferer in den vergangenen Jahren eigene Richtlinien zur Beurteilung von Messsystemen geschaffen. Die Konsequenz war, dass die entstandenen Richtlinien vom Prinzip her alle ähnlich waren, sich allerdings teilweise in der Vorgehensweise, der Berechnungsmethodik und den geforderten Grenzwerten unterschieden haben. Dies stellt für die Hersteller von Messsystemen und für die Kunden-/Lieferantenbeziehung ein nicht unerhebliches Problem dar. Die Zulieferer sehen sich unterschiedlichen Forderungen ausgesetzt, die je nach Auftraggeber eingehalten werden müssen. Der Abnehmer hat das Problem, dass er seine Annahmebedingungen jedes Mal ändern muss.

Um hier mehr Transparenz zu schaffen, ist auf Anregung der Automobilindustrie dieser Arbeitskreis zusammengetreten mit der Zielsetzung: „Einen für die Automobil- und Zulieferindustrie einheitlichen Leitfaden zum Eignungsnachweis von Messsystemen zu erarbeiten.“ Die Richtlinie soll geltende Normen sowie Verbandsrichtlinien berücksichtigen. Im Rahmen dieses Arbeitskreises ist es gelungen, in den wesentlichen Sachfragen Konsens in den Berechnungsmethoden zu finden und eine Empfehlung für Grenzwerte zu geben. Hierauf basierend können die Firmen bezüglich allgemeiner Annahmemodalitäten und praxisbezogener Abwicklungen individuelle Ergänzungen bzw. Festlegungen vornehmen.

1 Einleitung

Die Forderungen bezüglich des Eignungsnachweises anhand von Fähigkeitsuntersuchungen und der Messunsicherheit von Messsystemen sind exemplarisch an folgenden Stellen aufgeführt:

1.1 DIN EN ISO 9001

Auszug aus Abschnitt 4.11.1 ISO 9001:

... Prüfmittel müssen in einer Weise benutzt werden, die sicherstellt, dass die Messunsicherheit bekannt und mit der betreffenden Forderung vereinbar ist. ...

1.2 DIN EN ISO 10012 Forderungen an die Qualitätssicherung von Messmitteln

Folgende Forderungen sind an das **Messmittel** gestellt (siehe Abschnitt 4.2 ISO 10012):

Die Messmittel müssen die für den beabsichtigten Einsatz und Zweck geforderten metrologischen Merkmale aufweisen (zum Beispiel Genauigkeit, Messbeständigkeit, Messbereich und Auflösung).

Die Einrichtungen und die Dokumentation sind so zu unterhalten, dass Korrektionen, Einsatzbedingungen (einschließlich Umgebungsbedingungen) usw. die zur Erreichung der geforderten Leistung notwendig sind, Rechnung getragen wird.

Die geforderte Leistung ist zu dokumentieren.

An die **Messunsicherheit** sind folgende Forderungen gestellt (siehe Abschnitt 4.6 ISO 10012):

Bei der Durchführung von Messungen und der Angabe und Anwendung der Ergebnisse hat der Lieferant alle wichtigen bekannten Unsicherheiten des Messvorgangs einschließlich derer, die auf das Messmittel (einschließlich der Messnormale) und auf Personal, Verfahren und Umgebung zurückzuführen sind, zu berücksichtigen.

Beim Schätzen der Unsicherheiten muss der Lieferant alle relevanten Daten berücksichtigen einschließlich derjenigen, die aus statistischen Prozesslenkungssystemen erhältlich sind, die vom oder für den Lieferanten betrieben werden.

1.3 Forderung aus QS-9000

„Prüfmittelüberwachung“ Element 4.11 „Untersuchung von Messsystemen“:

Es sind angemessene statistische Untersuchungen zur Beurteilung von Messsystemen und Prüfeinrichtungen durchzuführen. Die dabei angewandten analytischen Methoden und Annahmekriterien sollten mit denen in dem Referenz-Manual „Measurement Systems Analysis“ übereinstimmen. Andere analytische Methoden und Annahmekriterien können ebenfalls angewandt werden, sofern der Kunde damit einverstanden ist.

1.4 Forderung aus VDA 6.1

Auszug aus Abschnitt 16 „Prüfmittelüberwachung“

Voraussetzung zum Einsatz von Prüfmitteln (Prüfeinrichtungen einschließlich Prüfsoftware und Lehren) ist die Sicherstellung, dass das Prüfmittel für den vorgesehenen Zweck geeignet ist, z. B. durch Prüfmittelfähigkeitsnachweis bzw. Vergleichsmessung.

Prüfmittel sind so auszuwählen, dass die zu prüfenden Merkmale mit einer vertretbaren Unsicherheit, die bekannt sein muss, gemessen werden können.

Abhängig von Prozess-/Produktspezifikation und der Prüfanweisung ergibt sich die höchstzulässige Messunsicherheit.

Die „Fähigkeit von Prüfmitteln“ wird von der Messunsicherheit des Prüfmittels im Verhältnis zur Toleranz des Prüfmerkmals bestimmt.

Die Fähigkeitsuntersuchung von Prüfmitteln ist über statistische Auswertung von Messreihen nachzuweisen. Dies kann rechnerisch oder grafisch erfolgen (Korrelationsdiagramm). Hierbei sind spezielle Kundenforderungen soweit möglich zu berücksichtigen, andere Verfahren sind ggf. zu vereinbaren.

Die Prüfmittelfähigkeit wird über die Wiederholbarkeit oder Vergleichbarkeit mit Hilfe der Spannweiten-Methode oder der Mittelwert- und Spannweiten-Methode unter Beachtung des Zufallsstreubereiches (95 %, 99 %, 99,73 %) ermittelt.

Das Ergebnis der Untersuchung wird nicht nur durch das Prüfmittel selbst, sondern durch Einflüsse bestimmt, wie z. B.

- *Beschaffenheit der geprüften Produkte*
- *Bedienungsperson*
- *Messaufnahmen*
- *Spannmittel*
- *Umgebungsbedingungen.*

Die Notwendigkeit eines Fähigkeitsnachweises für Prüfmittel ist u. a. abhängig von:

- *der Messunsicherheit des Prüfmittels*
- *der Komplexität des Prüfmittels*
- *dem Einsatz ineinandergreifender Prüfmittel/Prüfmethoden.*

Das gilt vorwiegend für komplexe Prüfmittel wie z. B.:

- *Messmaschinen*
- *Mehrstellen-Messvorrichtungen*
- *Messmittel zur statistischen Messwertaufnahme*
- *Prüfmittel für elektrische Größen.*

1.5 GUM und DIN EN ISO 14253-1

Hierbei handelt es sich um den „Leitfaden zur Angabe der Unsicherheit beim Messen" (GUM) und „Entscheidungsregeln für die Feststellung von Übereinstimmung oder Nicht-Übereinstimmung mit Spezifikationen".

1.6 ANFIA AVSQ94 Forderungen

Anhang A: „Metodi per lo studio delle apparecchiature di misura"

Jedes Messmittel und Testinstrument muss fähig sein. Die Fähigkeitsuntersuchung wird in zwei Schritten durchgeführt: Genauigkeit und Wiederholbarkeit (Accuracy and Repeatability, A&R), Wiederholbarkeit und Nachvollziehbarkeit (Repeatability and Reproducibility, R&R). Die Höchstwerte von A&R and R&R sind von der Produktspezifikation abhängig.

2 Begriffe

Die im Folgenden verwendeten Begriffe sind in DIN EN ISO 10012 beschrieben:

- Messmittel
- Messung
- Messgröße
- Einflussgröße
- Messgenauigkeit
- Messunsicherheit
- Korrektion
- Justierung
- Messbereich
- Referenzbedingungen
- Auflösung (einer Anzeigeeinrichtung)
- Messgerätedrift
- Grenzwerte für Messabweichungen
- Referenzmaterial
- Internationales Normal
- Nationales Normal
- Rückführbarkeit/Rückverfolgbarkeit
- Kalibrierung
- Qualitätsaudit

In dem vorliegenden Leitfaden sind weitere Begriffe verwendet, die zur besseren Übersicht im Folgenden kurz erläutert werden. Diese sind den Literaturstellen, [4] bzw. [25] entnommen und zum Teil umgangssprachlich ergänzt.

2.1 Messabweichung

2.1.1 Systematische Messabweichung

Mittelwert, der sich aus einer unbegrenzten Anzahl von Messungen derselben Messgröße ergeben würde, die unter Wiederholbedingungen ausgeführt wurden, minus einem wahren Wert der Messgröße.

Das zu messende Teil ist ein Normal (Referenzwert), dessen Wert mit Präzisionsmesssystemen, z. B. Koordinatenmessgeräten ermittelt wird und das auf ein nationales oder internationales Normal zurückführbar sein muss. Ein Referenzwert kann bestimmt werden, indem mehrere Messungen mit einem entsprechend genaueren Messgerät durchgeführt werden (z. B. im Messraum oder Kalibrierlabor).

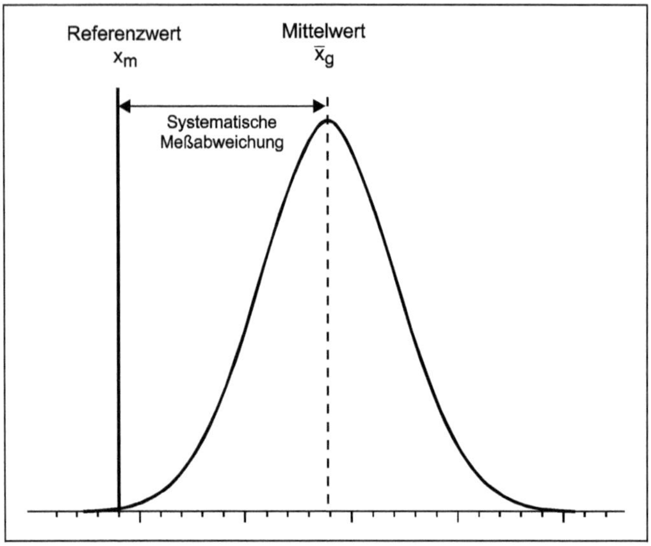

Systematische Messabweichung

2.1.2 Zufällige Messabweichung

Messergebnis minus des Mittelwerts, der sich aus einer unbegrenzten Anzahl von Messungen derselben Messgröße ergeben würde, die unter Wiederholbedingungen ausgeführt wurden.

2.2 Messgerät

Gerät, das allein oder in Verbindung mit zusätzlichen Einrichtungen für Messungen gebraucht werden soll.

2.3 Messmittel

Alle Messgeräte, Normale, Referenzmaterialien, Hilfsmittel und Anweisungen, die für die Durchführung einer Messung notwendig sind. Dieser Begriff umfasst Messmittel, die für Prüfzwecke und solche, die für die Kalibrierung verwendet werden.

2.4 Messeinrichtung

Vollständiger, zur Durchführung vorgegebener Messungen zusammengestellter Satz von Messgeräten und anderen Einrichtungen.

2.5 Linearität

Linearität ist bisher kein in der Norm definierter Begriff. Umgangssprachlich versteht man darunter die systematische Messabweichung über einen spezifizierten Bereich, in der Regel der Toleranzbereich. Die systematische Messabweichung wird aus mehreren gleichmäßig über den spezifizierten Bereich verteilten Messstellen ermittelt.

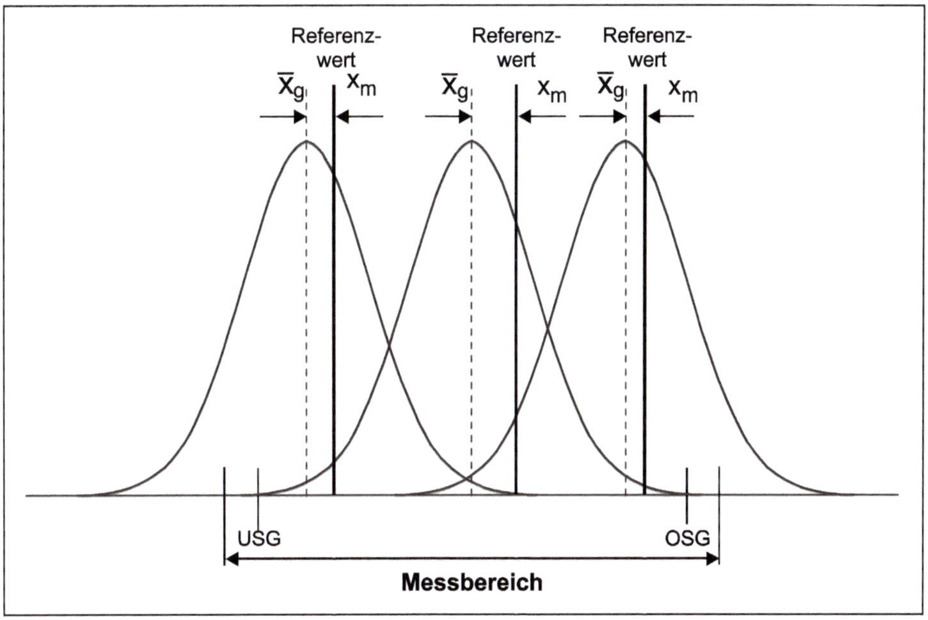

Linearität

2.6 Normal/Einstellmeister/Referenzteil

Maßverkörperung, Messgerät, Referenzmaterial oder Messeinrichtung zum Zweck, eine Einheit oder mehrere Größenwerte festzulegen, zu verkörpern, zu bewahren oder zu reproduzieren.

Ein Normal wird zur Einstellung des Messmittels auf einen Bezugswert bzw. zur Durchführung von Wiederholungsmessungen verwendet. Der Bezugswert des Normals muss zertifiziert und auf das entsprechende nationale bzw. internationale Normal rückführbar sein.

Häufig steht kein Normal zur Verfügung. In diesem Fall wird ein Referenzteil/Einstellmeister verwendet. Für das Referenzteil gelten die gleichen Bedingungen wie für ein Normal. Ein Einstellmeister ist ein Gebrauchsnormal, das (nahezu) die Maße und Formen des Messobjektes verkörpert.

HINWEIS: Die Kalibrierunsicherheit des Normals ist durch ein Zertifikat (Kalibrierschein) nachzuweisen. Diese muss im Verhältnis zur Toleranz ausreichend klein sein (z. B. kleiner gleich 5 % der Toleranz).

2.7 Messkette

Folge von Elementen eines Messgerätes oder einer Messeinrichtung, die den Weg des Messsignals von der Eingabe zur Ausgabe bildet.

2.8 Messprozess/-system

Die Gesamtheit aller Einflusskomponenten zur Ermittlung eines Messwerts für ein Merkmal: Verfahren, Vorgehensweise, Messgerät, Hilfsmittel, Normal, Software, Personal etc., das dazu benutzt wird, um dem zu messenden Merkmal einen Wert zuzuweisen. Mit anderen Worten: der Gesamtprozess zur Erfassung von Messwerten. Der Gesamt-/Messprozess wird als Messsystem bezeichnet:

Ein Prozess wird durch Eingaben und durch den Prozess bewirkte Ausgaben gekennzeichnet. Für einen Messprozess ist die Eingabe das Prüfobjekt und die Ausgabe der Messwert oder das Messergebnis. Da jedoch weitere Einflussgrößen wirksam sein können, wie z. B. das Messverfahren, die Antaststrategie, der Bediener, das Normal sowie die Umgebung, wird der gesamte Vorgang „Messsystem“ definiert.

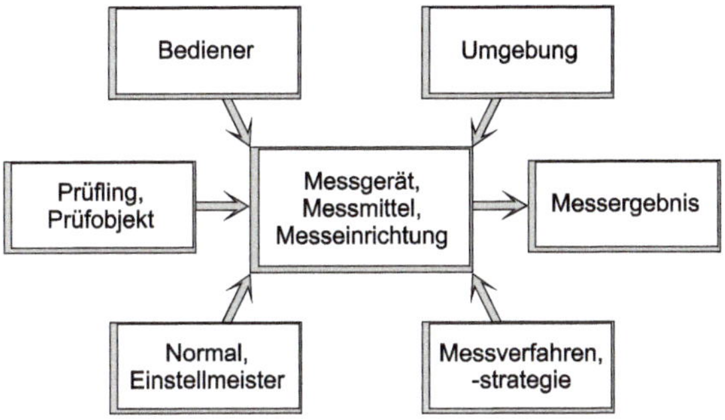

2.9 Wiederholpräzision

Wiederholpräzision (eines Messgerätes) ist die Fähigkeit eines Messgerätes, bei wiederholtem Anlegen derselben Messgröße unter denselben Messbedingungen nahe beieinander liegende Anzeigen zu liefern.

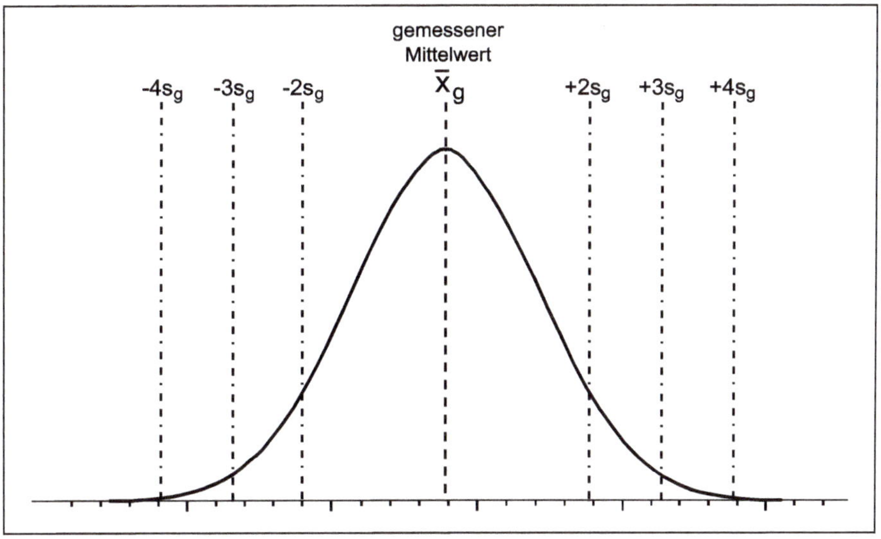

Wiederholpräzision

2.10 Vergleichpräzision

Vergleichpräzision (von Messergebnissen) ist ein Ausmaß der gegenseitigen Annäherung zwischen Messergebnissen derselben Messgröße, gewonnen unter veränderten Messbedingungen.

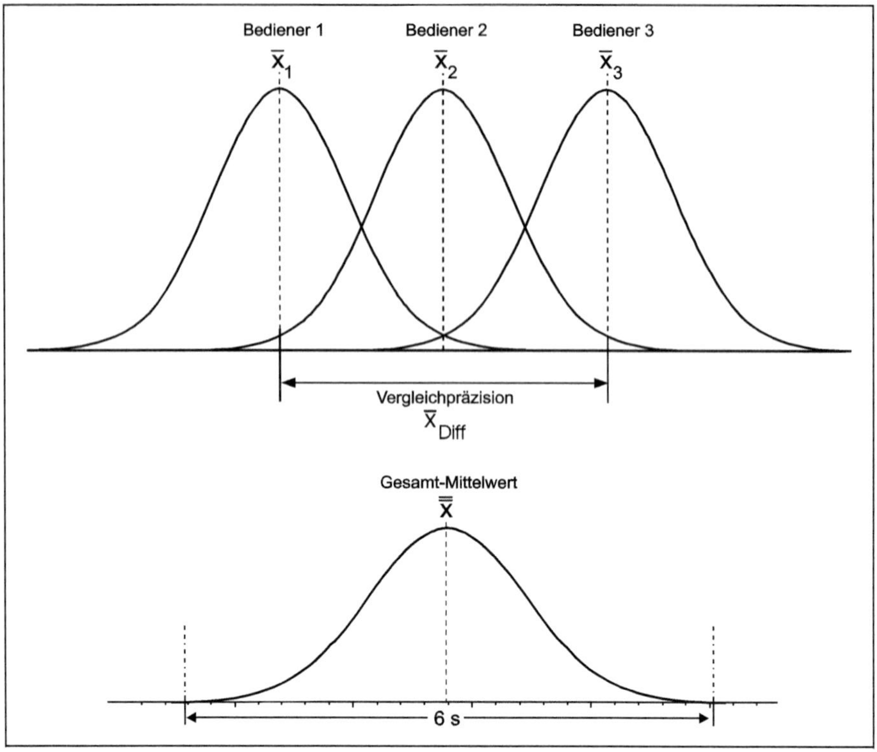

Vergleichpräzision

2.11 Messbeständigkeit/Stabilität

Fähigkeit eines Messsystems, seine metrologischen Merkmale zeitlich unverändert beizubehalten.

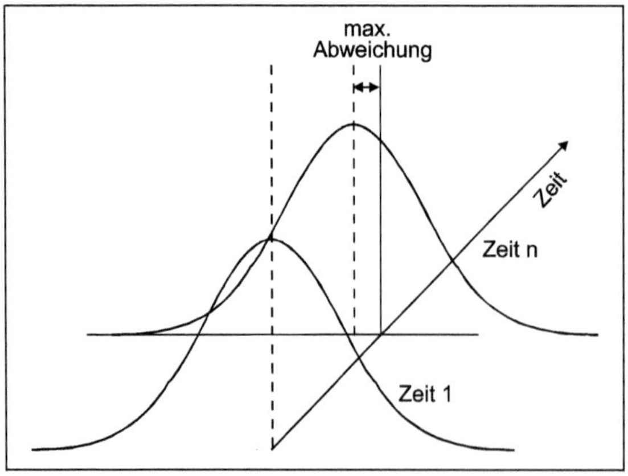

Messbeständigkeit/Stabilität

3 Geltungsbereich

Die im Leitfaden enthaltenen Verfahren eignen sich nur für messende Einrichtungen. Diese werden in Standardmessverfahren bzw. in Sonderfälle eingeteilt. Der vorliegende Leitfaden beschreibt nur die Beurteilungen für die Standardverfahren. In einem separaten Dokument sind für verschiedene Sonderfälle Beispiele enthalten.

Dieser Leitfaden ist gültig beim Neukauf und Einsatz sowie der Bewertung vorhandener Messsysteme. Eventuell bestehende Gesetze und Verordnungen in den jeweiligen Ländern haben uneingeschränkt Vorrang.

Der Leitfaden erstreckt sich auf die Annahmeprüfung und laufende Überwachung aller Messsysteme in den Werken, sowie die Annahmeprüfung bei den Herstellern der Messsysteme. Eine Annahmeprüfung muß vor Inbetriebnahme der Messsysteme durchgeführt werden, nach Neuaufstellungen, Generalüberholungen, wesentlichen konstruktiven Änderungen und Umstellungen. Diese Annahmeprüfungen sollten vor der Beurteilung von Maschinen- und Prozessfähigkeit durchgeführt werden.

4 Verfahren für den Fähigkeitsnachweis

Für den Fähigkeitsnachweis von Messsystemen haben sich verschiedene Methoden als sinnvoll herausgestellt. Je nach Verfahren können die verschiedenen Unsicherheitskomponenten ermittelt werden.

4.1 Auflösung des Messgerätes

Bevor eine der genannten Untersuchungen durchgeführt wird, ist zu überprüfen, ob die Auflösung des Messgerätes gegeben ist.

Das Messgerät muss eine Auflösung von $\%RE \leq 5\,\%$ der Toleranz des Merkmals haben, um Messwerte sicher ermitteln und ablesen zu können.

Fallbeispiel:

Längenmaß 125 ± 0.25 mm

Bei einer Toleranz von 0,5 mm entsprechen 5 % der Toleranz 0,025 mm. D. h., das Messsystem darf eine Auflösung von maximal 0,025 mm über den gesamten Messbereich haben. Gewählt wird z. B. eine Messuhr mit 0,01 mm Skalenteilung.

4.2 Verfahren 1

Das Verfahren 1 wird zur Beurteilung von neuen und vorhandenen Messsystemen vor der Annahmeprüfung beim Lieferanten bzw. am endgültigen Einsatzort beim Kunden durchgeführt. Anhand des Fähigkeitskennwertes kann die Eignung festgestellt werden.

4.3 Verfahren 2

Verfahren 2 findet zur Beurteilung von neuen und vorhandenen Messsystemen vor der Annahmeprüfung beim Kunden am endgültigen Aufstellungsort statt. Dieses Verfahren kann auch beim Lieferanten eingesetzt werden. Dies setzt voraus, dass sowohl Teile als auch Prüfer beim Lieferanten vorhanden sind. Dieses Verfahren wird auch im Rahmen von routinemäßigen Audits oder zu Zwischenprüfungen eingesetzt. Die Beurteilung erfolgt dabei unter möglichst realen Bedingungen, d. h. die Untersuchung wird am Einsatzort, mit original Messobjekten und den Prüfern vor Ort durchgeführt. Die Beurteilung wird anhand des sogenannten %R&R Kennwertes festgestellt.

4.4 Verfahren 3

Bei Verfahren 3 handelt es sich um einen Sonderfall von Verfahren 2. Diese Vorgehensweise wird bei Messsystemen ohne Bedienereinfluss, d. h. automatischen oder mechanisierten Messsystemen (z. B. bei Post-Prozess-, In-Prozess-Messeinrichtungen und vollautomatischen Messeinrichtungen) in Transferstraßen bzw. halbautomatischen Messsystemen (z. B. Drei-Koordinaten-Messgeräten, Nockenformprüfgeräten und Mehrstellenmessgeräten) eingesetzt.

Die Beurteilung dieses Messverfahrens erfolgt ebenfalls anhand des %R&R Kennwertes. Es wird in Analogie zu Verfahren 2 die gleiche Abkürzung verwendet, obwohl eigentlich die Vergleichpräzision (Reproducibility) null ist.

Hinweis zu Verfahren 2 und 3

Die Beurteilung von Messsystemen mit Hilfe von Verfahren 2 und 3 erfolgt über die sogenannte Mittelwert-Spannweiten-Methode (ARM Average-Range-Methode) oder über die ANOVA-Methode (Analysis of Variance). Aufgrund der genaueren statistischen Betrachtung wird die Berechnungsmethode nach ANOVA empfohlen. Allerdings ist dabei der Einsatz eines Rechnerprogramms erforderlich.

Die Vorgehensweise zur Ermittlung der Merkmalswerte und die Interpretation der Ergebnisse ist bei beiden Verfahren gleich. Aufgrund der unterschiedlichen Berechnungsmethoden (ARM bzw. ANOVA) können die Ergebnisse verschieden sein. Dadurch ist eine Vergleichbarkeit nur innerhalb eines Verfahrens möglich.

Bei der Beschreibung der Verfahren wurde der Einfachheit halber die ARM-Methode verwendet. Die ANOVA-Methode ist im Anhang erläutert.

4.5 Linearität

Anhand dieser Studie ist zu untersuchen, ob die systematische Messabweichung über den gesamten Anwendungsbereich als geeignet angesehen werden kann. Die Untersuchung der Linearität kann sowohl beim Lieferant als auch beim Kunden am endgültigen Aufstellungsort stattfinden.

Ist Linearität gefordert, ist diese vor oder in Verbindung mit Verfahren 1 durchzuführen.

4.6 Messbeständigkeit/Stabilität

Bei den Fähigkeitsuntersuchungen (insbesondere den Verfahren 1, 2 und 3) sowie der Beurteilung der Linearität handelt es sich immer nur um eine Momentaufnahme. Anhand von Stabilitätsuntersuchungen ist nachzuweisen, dass die eingesetzten Messeinrichtungen ihre Eignung über die Dauer des Einsatzes halten.

4.7 Vorgehensweise

Der Ablauf der Eignungsuntersuchung kann nach folgendem Flussdiagramm erfolgen:

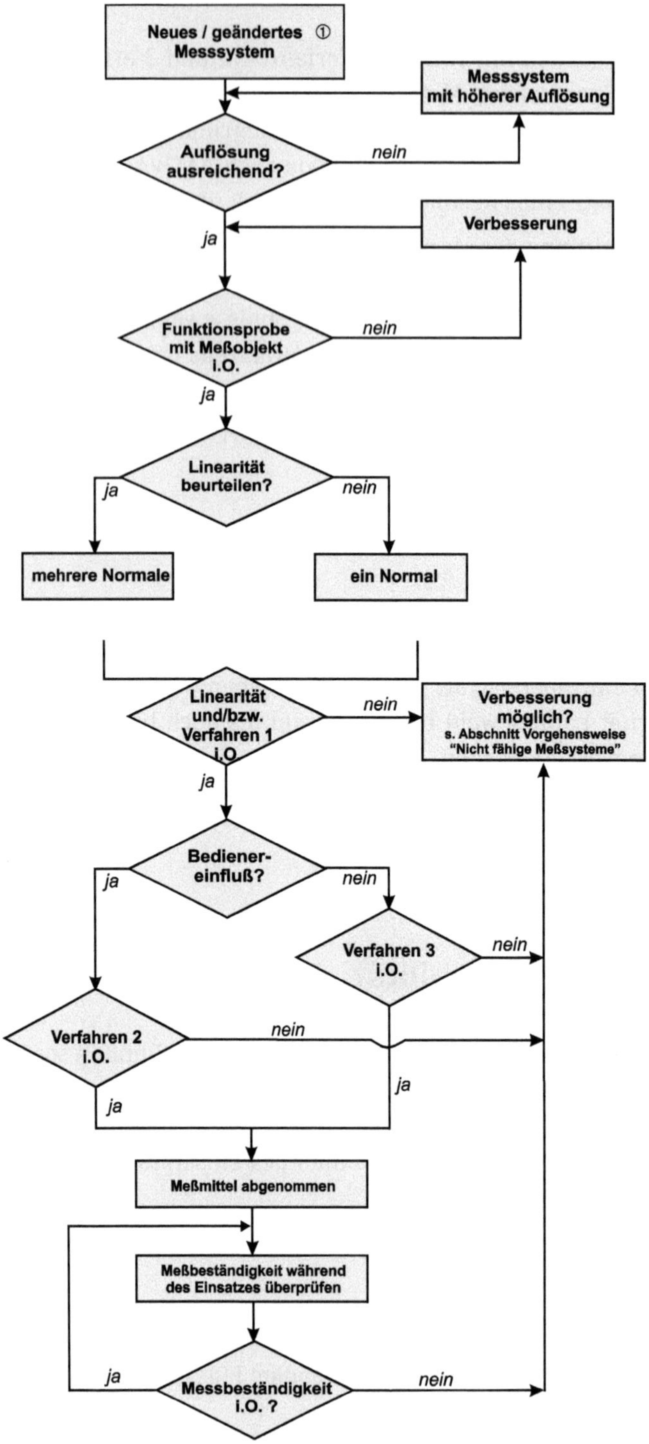

① Messsystem muss eindeutig durch eine Identnummer gekennzeichnet sein.

5 Verfahren 1

Ziel der Untersuchung

Anhand der Fähigkeitskennwerte C_g und C_{gk} wird entschieden, ob eine Messeinrichtung unter Verwendung eines Normals für den vorgesehenen Einsatz unter Betriebsbedingungen geeignet ist.

Voraussetzung

1. Die Messeinrichtung ist entsprechend den Vorschriften des Herstellers einzurichten und gebrauchsfertig zu machen.
2. Es muss ein Normal-/Einstellmeister vorhanden sein, dessen richtiger Wert durch Kalibrierung auf nationale oder internationale Normale rückführbar ist und sich im Laufe des Untersuchungszeitraums nicht verändert.
3. Die Messunsicherheit, mit denen der richtige Wert des Normals bestimmt wird, ist anzugeben.
4. Steht aus messtechnischen Gründen kein Normal zur Verfügung, entfällt die Berechnung von C_{gk}. In diesem Fall kann mit Hilfe eines geeigneten Messobjektes (z.B. stabilisiertes Teil aus der Serie) nur die Wiederholpräzision C_g bestimmt werden.

HINWEIS: Bei der Verwendung eines Messobjektes anstelle eines Normals kann eine größere Streuung auftreten.

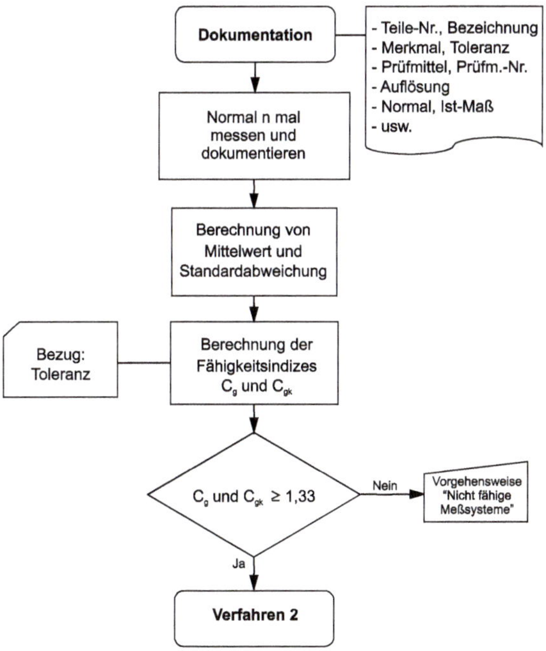

5.1 Messung und Auswertung

1. Schritt

Istwert des Normals und Toleranz des Merkmals T in das Auswerteblatt eintragen.

2. Schritt

Beurteilung der Auflösung (RE) der Messeinrichtung (Messwertaufnehmer mit Anzeige).

RF Bezugsgröße (Reference Figure) hier Toleranz T

$$\%RE = \frac{RE}{RF} \cdot 100\,\%$$

$\%RE \leq 5\,\%$ geeignete Auflösung

$\%RE > 5\,\%$ Das Messgerät ist aufgrund der unzureichenden Auflösung ungeeignet für diese Messaufgabe.

HINWEIS: Ausnahmeregelungen bei kleinen Toleranzen[1] müssen im Einzelfall getroffen werden (s. Vorgehensweise „Nicht fähige Messsysteme“).

3. Schritt

Festlegung und Auswahl eines Normals, dessen richtiger Wert x_m im Toleranzfeld des Prüfmerkmals liegen sollte. Die Messposition ist am Normal zu kennzeichnen, zwangsweise zu positionieren oder zu beschreiben.

4. Schritt

Einstellung und Abgleich der Messeinrichtung nach der gültigen Vorschrift. Während der Durchführung der Messung sind Veränderungen an der Messeinrichtung nicht zulässig.

5. Schritt

Am Standort sind 50 (min. 20) Wiederholmessungen in kurzen Zeitabständen am Normal nach der gültigen Vorschrift (Wiederholbedingungen) durch denselben Prüfer durchzuführen. Das Normal ist vor jeder Messung erneut bei gleicher Messposition in die Messvorrichtung einzulegen. Die Werte sind in das Auswerteblatt (Verfahren 1) einzutragen.

HINWEIS: Ein Messvorgang kann sehr lange dauern, so dass die Messzeit bei 50 Wiederholungen mehrere Stunden in Anspruch nimmt. Diese Zeiten sind oftmals wirtschaftlich nicht zu vertreten.

[1] „Kleine Toleranzen“ ist ein subjektiver Begriff, der je nach Messaufgabe unterschiedlich zu interpretieren ist. Das kann beispielsweise das Messen einer Welle in einem Toleranzbereich von 10 µ in der Fertigung oder das Erreichen einer physikalischen/technischen Grenze sein

Weiter zeigen Untersuchungen, dass sich bei stabilen Messsystemen die Standardabweichungen nach 10 Wiederholungsmessungen nicht mehr signifikant ändern. Damit reichen in der Regel 20 Wiederholungsmessungen aus.

Daher ist die Anzahl der Wiederholungsmessungen in Abhängigkeit der Messaufgabe festzulegen und zwischen Kunde und Lieferant abzustimmen.

6. Schritt

Berechnung des angezeigten Mittelwerts $\overline{x}_g$ und der Wiederholstandardabweichung s_g der angezeigten Werte.

7. Schritt

Berechnung der Abweichung Bi des Mittelwerts $\overline{x}_g$ vom richtigen Wert x_m des Normals:

$$Bi = \overline{x}_g - x_m$$

8. Schritt

Bestimmung des Fähigkeitskennwerts C_{gk}, der eine systematische und eine zufällige Komponente berücksichtigt:

$$C_{gk} = \frac{0{,}1 \cdot T - |Bi|}{2 \cdot s_g}$$

9. Schritt

Bestimmung des Fähigkeitskennwerts C_g, der nur eine zufällige Komponente (Wiederholpräzision) berücksichtigt. Bei zweiseitig begrenzten Merkmalen zeigt die Differenz zwischen C_{gk} und C_g die Verbesserungsmöglichkeit z.B. durch genaues Einstellen der Messeinrichtung an, was einer systematischen Messabweichung Bi = 0 entspricht.

$$C_g = \frac{0{,}2 \cdot T}{4 \cdot s_g}$$

HINWEISE:

Messbeständigkeit

Bei Verfahren 1 handelt es sich um eine Kurzzeitbeurteilung des Messsystems, die keine Aussage über die Messbeständigkeit beim Einsatz zulässt. Daher wird empfohlen, die Messbeständigkeit separat zu betrachten (siehe Abschnitt 9 Messbeständigkeit/Stabilität).

Warum $4 \cdot s_g$ als Streubereich?

In den bisher vorliegenden Richtlinien zur Berechnung der Fähigkeitsindizes C_g bzw. C_{gk} wurde in der Regel als Streubereich des Messsystems $6 \cdot s_g$ herangezogen. In dem vorliegenden Leitfaden wurde als Streubereich des Messsystems $4 \cdot s_g$ verwendet.

Begründung:

1. Insbesondere wenn die Auflösung des Messsystems nicht wesentlich unter 5 % der Toleranz liegt, klassiert das Messverfahren quasi die Messwerte. In diesem Fall ist als Verteilungsmodell der Messwerte die Normalverteilung nicht zutreffend.
2. Umfangreiche praktische Versuche haben bestätigt, dass bei Messprozessen, sowohl in der industriellen Fertigungsüberwachung als auch bei Kalibrierungen in Laboratorien, die Messwertstreuung bei Wiederholmessungen mit einem Streubereich von $\pm 2\ s_g$, vollständig abgedeckt ist. Das gilt bei Annahme einer Normalverteilung. Treten Werte außerhalb dieses Bereichs auf, sind diese auf eine defekte Messeinrichtung oder auf unzulässig in die Messung mit einbezogene Trends zurückzuführen.

Beurteilung des Ergebnisses:

I. Fall:

$$C_{gk} \geq 1{,}33$$

Das Messgerät ist fähig.

Der Fall $s_g = 0$ ist zu begründen. Dieser Fall kann z. B. unter folgenden Bedingungen auftreten:

a: Die Auflösung der Messeinrichtung reicht nicht aus, um die Einflüsse zu erkennen.

b: Fehler in der Messeinrichtung (z. B. Messtaster klemmt).

II. Fall:

$$C_{gk} < 1{,}33$$

Das Messgerät ist nicht fähig.

s. Vorgehensweise „Nicht fähige Messsysteme“

Ausnahmeregelungen bei kleinen Toleranzen[2] müssen im Einzelfall getroffen werden (siehe hierzu auch Vorgehensweise „Nicht fähige Messsysteme“).

---

[2] „Kleine Toleranzen“ ist ein subjektiver Begriff, der je nach Messaufgabe unterschiedlich zu interpretieren ist. Das kann beispielsweise das Messen einer Welle in einem Toleranzbereich von 10 m in der Fertigung oder das Erreichen einer physikalischen/technischen Grenze sein.

Anmerkung:

Durch Umstellen der Formel für C_{gk} mit $C_{gk} \geq 1{,}33$ kann der kleinste Betrag der Toleranz errechnet werden, ab dem die Messeinrichtung nach Verfahren 1 geeignet ist.

$$T_{min} \geq \frac{80}{3} \cdot s_g + 10 \cdot |Bi|$$

6 Verfahren 2

Vorbemerkung

Beim Verfahren 2 wird im Wesentlichen der Bedienereinfluss ermittelt. Ist ein Bedienereinfluss bei einer Messeinrichtung gegeben, so muss dieser Einfluss untersucht werden. Ansonsten kann Verfahren 3 (keine Berücksichtigung des Bedienereinflusses) angewendet werden.

HINWEIS: Ein Bedienereinfluss ist nur dann ganz auszuschließen, wenn die Beschickung der Messeinrichtung mit dem Messobjekt und/oder der Messprozess automatisiert abläuft.

Ziel des Verfahrens

Anhand des Kennwertes %R&R wird beurteilt, ob eine Messeinrichtung unter Berücksichtigung aller Einflussgrößen für die vorgesehene Messaufgabe geeignet ist.

Voraussetzung

Das Verfahren 2 darf nur nach erfolgreichem Nachweis der Eignung aus Verfahren 1 durchgeführt werden.

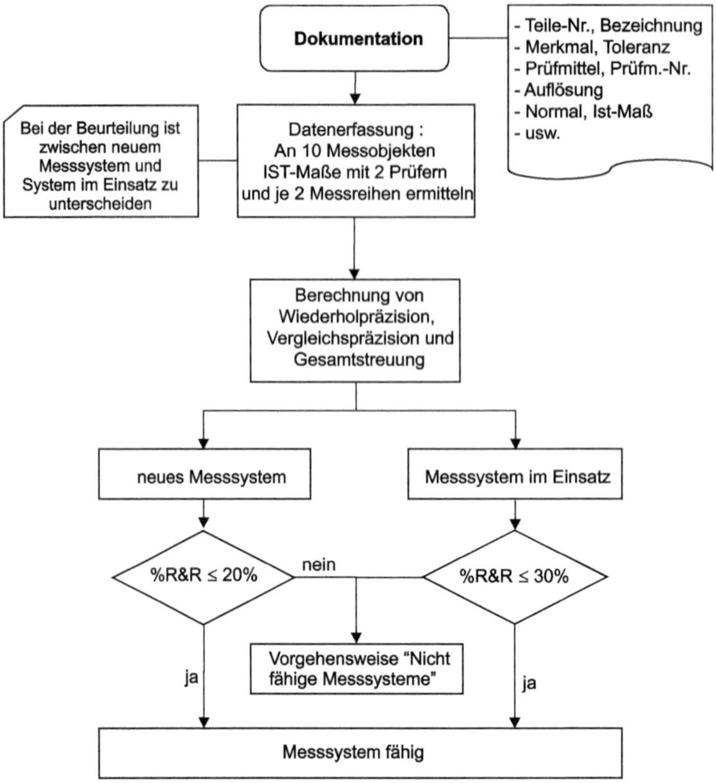

Messung und Auswertung

1. Schritt

Festlegung der Anzahl von Prüfern ($k \geq 2$), die Auswahl von 10 Messobjekten ($n \geq 5$), die möglichst über den Toleranzbereich verteilt sind und die Anzahl der Messungen pro Prüfer ($r \geq 2$). Dabei muss das Produkt $k \cdot r \cdot n$ größer gleich 30 sein: $k \cdot r \cdot n \geq 30$.

Standardfall: 2 Prüfer, 10 Teile mit 2 Messreihen pro Prüfer.

2. Schritt

Die Teile werden nummeriert. Um den Einfluss des Messobjekts, z. B. die Teilegeometrie, auszuschließen, wird die Messposition gekennzeichnet oder dokumentiert. Die Umgebungsbedingungen (z. B. Temperatur, Bediener, Schwingungen usw.) sind zu dokumentieren.

3. Schritt

Der erste Gerätebediener stellt die Messeinrichtung ein und ermittelt die Merkmalswerte der Messobjekte in der durch die Nummerierung vorgegebenen Reihenfolge und nach der gültigen Vorschrift unter Beachtung der Messposition. Die Messwerte werden dokumentiert. In derselben Reihenfolge und nach derselben Verfahrensweise ermittelt der erste Gerätebediener die Merkmalswerte der Messobjekte ein zweites Mal. Die Messergebnisse der zweiten Messung dürfen von den Ergebnissen der ersten Messung nicht beeinflusst werden. Während der Durchführung der Untersuchung sind Veränderungen an der Messeinrichtung nicht zulässig.

HINWEIS: Die hier empfohlene Reihenfolge für den Messablauf kann oftmals aus praktischen Gegebenheiten nicht eingehalten werden.

Daher empfiehlt sich, die Reihenfolge des Messablaufs je nach Messaufgabe in Absprache zwischen Kunde und Lieferant individuell festzulegen und entsprechend zu dokumentieren.

4. Schritt

Schritt 3 ist mit jedem weiteren Prüfer zu wiederholen. Die jeweiligen Messergebnisse sollten während der Durchführung der Messung den anderen Prüfern nicht bekannt sein.

5. Schritt

Ermittlung der Spannweiten aus den Ergebnissen des ersten Prüfers pro Messobjekt.

6. Schritt

Berechnung des Mittelwertes der Einzelwerte des ersten Prüfers $\overline{x}_1$ und der mittleren Spannweite $\overline{R}_1$ aus den Messreihen des ersten Prüfers.

7. Schritt

Schritt 5 und 6 sind für jeden weiteren Prüfer zu wiederholen.

8. Schritt

Berechnung der Wiederholpräzision des Messsystems (EV)

$EV = K_1 \cdot \overline{\overline{R}}$ mit $\overline{\overline{R}}$ Mittelwert der mittleren Spannweiten

HINWEIS: ergänzender Hinweis bezogen auf MSA 3. Ausgabe:

Je nachdem, ob die Berechnung der K-Faktoren nach der MSA 1. bzw. 2. Ausgabe oder nach der 3. Ausgabe berechnet werden, unterscheiden sich die Ergebnisse.

Die K_1-Faktoren sind Tabelle 15.1 zu entnehmen.

9. Schritt

Berechnung der Vergleichpräzision des Messsystems (AV)

$$\overline{x}_{Diff} = \overline{x}_{max} - \overline{x}_{min}$$

$$AV = K_2 \cdot \overline{x}_{Diff}$$

> **HINWEIS:** ergänzender Hinweis bezogen auf MSA 3. Ausgabe:
> Je nachdem, ob die Berechnung der K-Faktoren nach der MSA 1. bzw. 2. Ausgabe oder nach der 3. Ausgabe berechnet werden, unterscheiden sich die Ergebnisse.

Die K_2-Faktoren sind der Tabelle 15.1 zu entnehmen.

10. Schritt

Berechnung der Wiederhol- und Vergleichpräzision R&R

$$R\,\&\,R = \sqrt{EV^2 + AV^2}$$

$$\%R\,\&\,R = \frac{R\,\&\,R}{RF} \cdot 100\%$$

> **HINWEIS:** ergänzender Hinweis bezogen auf MSA 3. Ausgabe:
> Bei der 1. und 2. Ausgabe der MSA ist RF = T. Bei der 3. Ausgabe der MSA [1] ist RF = 1/6 · T

Beurteilung des Ergebnisses:

I. Fall: %R&R ≤ 20 % für neue Messsysteme

II. Fall: %R&R ≤ 30 % für Messsysteme im Einsatz

Das Messsystem ist geeignet.

Tritt bei einem oder mehreren Prüfern der Fall $\overline{R} = 0$ auf, so ist dies zu begründen. Dieser Fall kann z. B. nur unter folgenden Bedingungen auftreten:

a: Die Auflösung der Messeinrichtung reicht nicht aus, um die Einflüsse zu erkennen.

b: Fehler in der Messeinrichtung (z. B. Messtaster klemmt).

III. Fall: %R&R > 20 % bzw. 30 %

Das Messsystem ist nicht geeignet.

Der Einfluss der Prüfer und/oder die Messstreuung sind durch geeignete Maßnahmen zu reduzieren, bis die Forderung erfüllt ist. Eventuell ist ein anderes Messverfahren oder eine bessere Schulung der Prüfer notwendig (siehe hierzu auch Vorgehensweise „Nicht fähige Messsysteme“).

Ausnahmeregelungen bei kleinen Toleranzen[3] müssen im Einzelfall getroffen werden (siehe hierzu auch Vorgehensweise „Nicht fähige Messsysteme“).

---

[3] „Kleine Toleranzen“ ist ein subjektiver Begriff, der je nach Messaufgabe unterschiedlich zu interpretieren ist. Das kann beispielsweise das Messen einer Welle in einem Toleranzbereich von 10 m in der Fertigung oder das Erreichen einer physikalischen/technischen Grenze sein.

Anmerkung:

Durch Umstellung der Ungleichung %R&R ≤ 20 % bzw. 30 % kann der kleinste zulässige Betrag der Toleranzvorgabe errechnet werden, für die die Messeinrichtung nach Verfahren 2 eingesetzt werden kann.

$T_{min} \geq 5\ R\ \&\ R$ bei neuen Messsystemen

$T_{min} \geq \frac{10}{3} \cdot R\,\&\,R$ bei Messsystemen im Einsatz

7 Verfahren 3

Vorbemerkung

Das Verfahren 3 ist ein Sonderfall des Verfahrens 2 und wird bei Messsystemen angewendet, bei denen kein Bedienereinfluss vorliegt. (z. B. mechanisierte Messeinrichtung, Prüfautomaten, automatisches Handling usw.) bzw. der Bedienereinfluss vernachlässigbar klein ist.

Ziel des Verfahrens

Anhand des Kennwerts %EV wird beurteilt, ob eine Messeinrichtung unter Verwendung von Messobjekten (z. B. Produktionsteilen) unter Betriebsbedingungen und Berücksichtigung des möglichen Einflusses der zu messenden Produktionsteile (Oberflächeneinfluss, Verschmutzung, Temperatureinfluss etc.) für die vorgesehene Messaufgabe geeignet ist.

Voraussetzung

Das Verfahren 3 darf nur nach erfolgreichem Nachweis der Eignung aus Verfahren 1 durchgeführt werden.

Messung und Auswertung

1. Schritt

Auswahl von Messobjekten ($n \geq 5$), die möglichst über die Toleranz verteilt sind und Festlegung der Anzahl Messungen pro Messobjekt ($r \geq 2$). Dabei muss das Produkt $n \cdot r$ größer gleich 20 sein: $n \cdot r \geq 20$.

Standardfall:

25 Teile mit 2 Messungen pro Messobjekt.

2. Schritt

Die Teile werden nummeriert. Um den Einfluss des Messobjekts (z. B. der Teilegeometrie) auszuschließen, wird die Messposition gekennzeichnet oder zu dokumentieren. Die Einflussgrößen (z. B. Temperatur, Schwingung usw.) sind festzuhalten.

3. Schritt

Der Gerätebediener stellt die Messeinrichtung ein und ermittelt die Messwerte der Messobjekte in der durch die Nummerierung vorgegebenen Reihenfolge und nach der gültigen Vorschrift unter Beachtung der Messposition. Die Messwerte werden dokumentiert. In derselben Reihenfolge und nach derselben Verfahrensweise ermittelt der Gerätebediener die Merkmalswerte der Teile ein zweites Mal. Die Messergebnisse der zweiten Messung dürfen von den Ergebnissen der ersten Messung nicht beeinflusst werden. Während der Durchführung der Untersuchung sind Veränderungen an der Messeinrichtung nicht zulässig.

HINWEIS: Die hier empfohlene Reihenfolge für den Messablauf kann oftmals aus praktischen Gegebenheiten nicht eingehalten werden. Um bestimmte Eigenschaften einer Messeinrichtung bzw. den Drift durch Temperatureinfluss erkennen zu können, ist es ebenfalls sinnvoll, eine andere Reihenfolge zu wählen.

Daher empfiehlt sich, die Reihenfolge des Messablaufs je nach Messaufgabe in Absprache zwischen Kunde und Lieferant individuell festzulegen und entsprechend zu dokumentieren.

4. Schritt

Ermittlung der Spannweite pro Messobjekt.

5. Schritt

Berechnung der mittleren Spannweite $\overline{R}$ aus den Ergebnissen der Messungen.

6. Schritt

Berechnung der Wiederholpräzision Messsystem (EV)

$$R\,\&\,R = EV = K_1 \cdot \overline{R}$$

mit $\overline{R}$ Mittelwert der Spannweiten

HINWEIS: ergänzender Hinweis bezogen auf MSA 3. Ausgabe:

Je nachdem, ob die Berechnung der K-Faktoren nach der MSA 1. bzw. 2. Ausgabe oder nach der 3. Ausgabe berechnet werden, unterscheiden sich die Ergebnisse.

Die K_1-Faktoren sind Tabelle 15.1 zu entnehmen.

$$\%R \& R = \%EV = \frac{EV}{RF} \cdot 00\%$$

HINWEIS: Bei der 1. und 2. Ausgabe der MSA ist RF = T. Bei der 3. Ausgabe der MSA [1] ist RF = 1/6 · T

Beurteilung der Ergebnisse

I. Fall: %R&R = %EV ≤ 20 % für neue Messsysteme

II. Fall: %R&R = %EV ≤ 30 % für Messsysteme im Einsatz

Das Messgerät ist geeignet.

Der Fall $\overline{R} = 0$ ist zu begründen. Dieser Fall kann z. B. unter folgenden Bedingungen auftreten:

a: Die Auflösung der Messeinrichtung reicht nicht aus, um die Einflüsse zu erkennen.

b: Fehler in der Messeinrichtung (z. B. Messtaster klemmt).

III. Fall: %R&R = %EV > 20 % bzw. 30 %

Das Messgerät ist nicht geeignet.

Die Messstreuung ist zu reduzieren, bis die Forderung erfüllt ist (siehe hierzu auch Vorgehensweise „Nicht fähige Messsysteme").

Ausnahmeregelungen bei kleinen Toleranzen[4] müssen im Einzelfall getroffen werden (siehe hierzu auch Vorgehensweise „Nicht fähige Messsysteme").

Anmerkung:

Durch Umstellung der Ungleichung %EV ≤ 20 % bzw. 30 % kann die kleinste zulässige Betrag der Toleranzvorgabe errechnet werden, für die die Messeinrichtung zur Messung nach Verfahren 3 eingesetzt werden kann:

$T \geq 5\ EV$ bei neuem Messsystem

$T \geq \frac{10}{3} \cdot EV$ bei Messsystem im Einsatz

[4] „Kleine Toleranzen" ist ein subjektiver Begriff, der je nach Messaufgabe unterschiedlich zu interpretieren ist. Das kann beispielsweise das Messen einer Welle in einem Toleranzbereich von 10 m in der Fertigung oder das Erreichen einer physikalischen/technischen Grenze sein.

8 Linearität/Untersuchung an den Spezifikationsgrenzen

8.1 Vorbemerkung

Beim Einsatz des Messsystems ist dessen „Linearität“ nachzuweisen. Bei der Untersuchung der Linearität sind folgende Situationen zu unterscheiden:

1. Das Messsystem enthält eine lineare Maßverkörperung. Dies ist in Form eines Zertifikates bzw. Überprüfung nachzuweisen. In diesem Fall ist keine separate Linearitätsstudie erforderlich. Die Beurteilung des Messverfahrens nach Verfahren 1 ist ausreichend.
2. Das Messsystem enthält keine lineare Maßverkörperung. In diesem Fall sollte die Linearität des Messsystems näher untersucht werden.

8.2 Begriffserklärung „Linearität“

In [4] findet man folgende Definition für „Linearität“.

„Konstant bleibender Zusammenhang zwischen der Ausgangsgröße und der Eingangs- (Mess-) größe eines Messmittels bei deren Änderung.“

Eine ähnliche Festlegung ist in [1] zu finden. Beide Begriffsdefinitionen sind für eine umfassende Linearitätsuntersuchung nicht ausreichend.

Daher wird zunächst der Begriff „Linearität“ beschrieben, wie er im vorliegenden Leitfaden zu verstehen ist.

Mit einer Linearitätsuntersuchung soll die „Systematische Messabweichung“ eines Messsystems über einen spezifizierten Bereich ermittelt werden. Anhand der Ergebnisse ist zu beurteilen, ob sich die systematische Messabweichung in einem Bereich bewegt, in dem das Messsystem als geeignet angesehen werden kann.

Die folgenden Bilder zeigen verschiedene Situationen mit Abweichungen von der Linearität. Es bedeuten:

……	Verbindungslinie der Mittelwerte
-----	ideale Position, bei der alle Messwerte dem jeweiligen Referenzwert entsprechen
●	Mittelwert der Messwertreihe am Normal i
$(x_m)_i$	Referenzwert des Normals i
x_{ij}	Messwert
$(\bar{x}_g)_i$	Mittelwert der Messwerte zu Normal i

Folgende unterschiedliche Situationen sind zu betrachten:

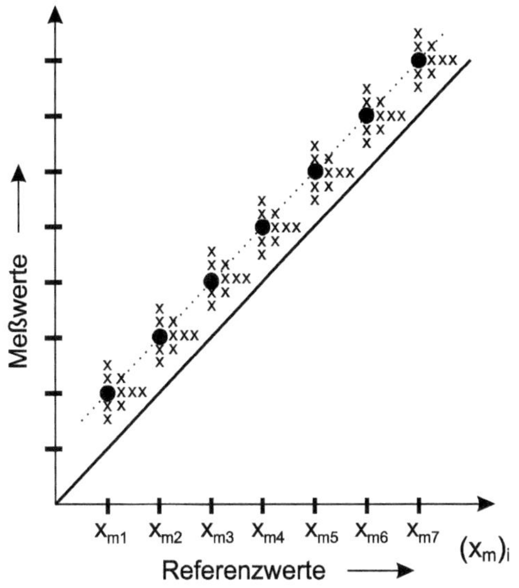

Die systematische Messabweichung ist unabhängig von den Referenzwerten über den spezifizierten Bereich konstant.

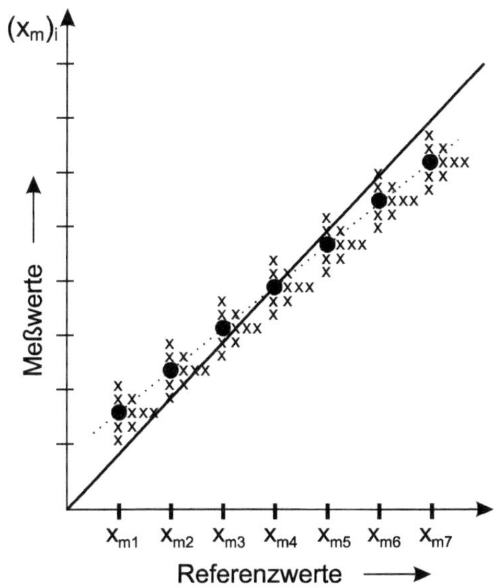

Die systematische Messabweichung ändert sich über den spezifizierten Bereich. Es besteht ein linearer Zusammenhang zwischen den Referenzwerten und der systematischen Messabweichung.

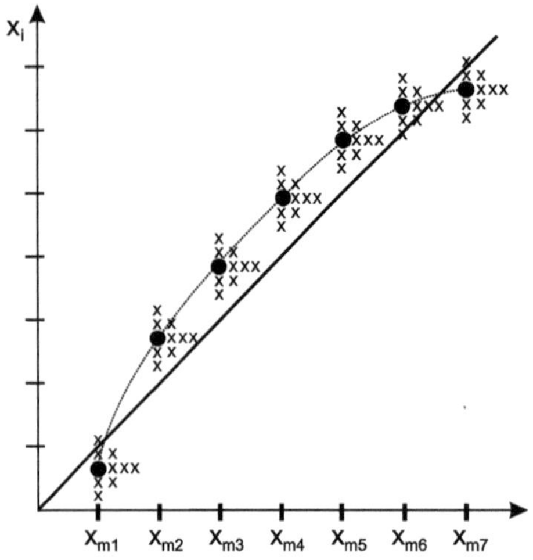

Es besteht kein linearer Zusammenhang zwischen den Referenzwerten und der systematischen Messabweichung.

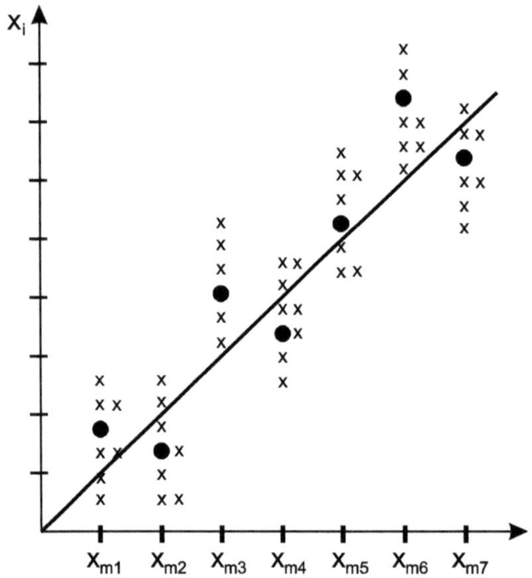

Die Streuung der Messwerte bei den einzelnen Referenzwerten ist signifikant.

Die Streuung der Messwerte an einem Referenzteil muss gemäß Verfahren 1 ausreichend klein sein.

8.3 Bestimmung der systematischen Messabweichung

Um die systematische Messabweichung über einen spezifizierten Bereich beurteilen zu können, sind mehrere (mindestens drei) Normale erforderlich. Die Normale sollten über den Toleranzbereich möglichst gleichmäßig verteilt sein. Dabei sollte jeweils ein Normal oben bzw. unten auch außerhalb der Toleranzgrenze liegen.

Werden nur drei Normale (x_{m1}, x_{m2}, x_{m3}) verwendet, sollten die Referenzwerte innerhalb folgender Bereiche liegen:

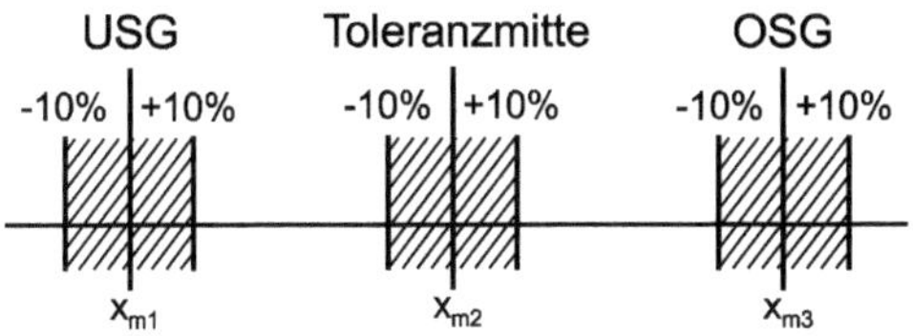

Anschließend werden alle verwendeten Normale unter Wiederholbedingungen n-mal (n = 10, mindestens n = 5) gemessen. Die Messwerte und die Mittelwerte pro Normal können im xy-Plot oder als Differenz zum jeweiligen Referenzteil im Abweichungsdiagramm dargestellt werden.

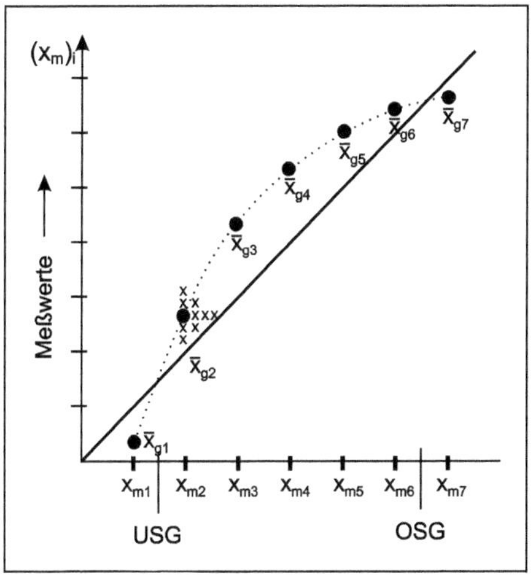

xy-Plot

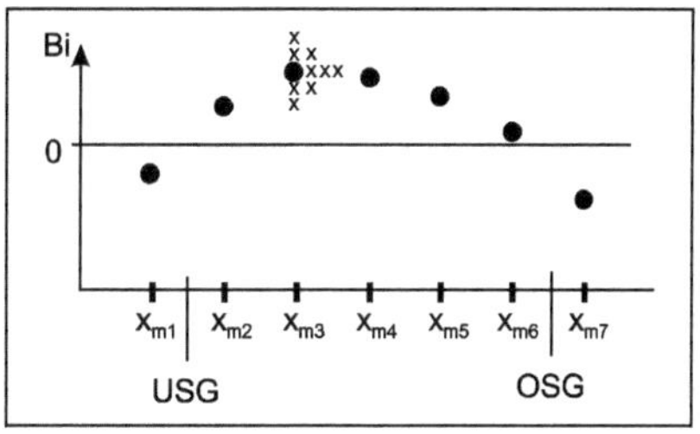

Abweichungsdiagramm

8.4 Beurteilung der Linearität

Die Linearität wird anhand der systematischen Messabweichung Bi beurteilt. Für jedes Normal gilt:

$$Bi_i = (\overline{x}_g)_i - (x_m)_i$$

Die an jedem Normal ermittelte systematische Messabweichung sollte z.B. dem Betrag nach kleiner gleich 5% der Toleranz sein. In diesem Fall lautet die allgemeine Forderung für Bi:

$$-5\% \cdot T \leq Bi \leq 5\% \cdot T$$

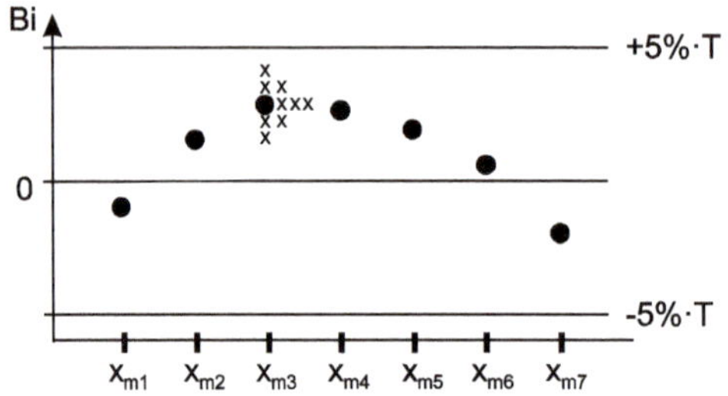

> **HINWEIS:** Die Streuung des Messsystems ist bei dieser Betrachtung nicht berücksichtigt. Soll diese in die Beurteilung mit einbezogen werden, ist für jedes Normal eine Betrachtung nach Verfahren 1 durchzuführen.

8.5 Regressionsanalyse

Für den Fall, dass ein linearer Zusammenhang zwischen dem Referenzwert und den gemessenen Mittelwerten besteht, kann die Geradengleichung mittels einer Regressionsanalyse [1] bestimmt werden. Anhand des Korrelationskoeffizienten (R^2) kann abgeschätzt werden, ob die ermittelte Ausgleichsgerade den Sachverhalt ausreichend genau beschreibt. Die Formeln zur Berechnung der Ausgleichsgeraden und des Korrelationskoeffizienten sind im Anhang zusammengestellt.

8.6 Untersuchung der Linearität

Um die Linearität gemäß der hier getroffenen Definition beurteilen zu können, sind pro Merkmal m Normale (m ≥ 3) zu verwenden. Die Normale sollten möglichst gleichmäßig über den spezifizierten Auswertungsbereich verteilt sein. An jedem Normal werden Messungen (Standardfall n = 10) durchgeführt. Anschließend sind die Mittelwerte $\left(\overline{x}_g\right)_i$ und die systematische Messabweichung Bi_i zu bestimmen. Die Linearität wird anhand der Ergebnisse $(Bi)_i$ durch den Vergleich mit den vorgegebenen Grenzwerten beurteilt.

8.7 Untersuchung an der Spezifikationsgrenze

Oftmals können aus wirtschaftlichen Gründen nicht mehr als zwei Normale zur Verfügung gestellt werden. Daher beschränkt man sich auf die Untersuchung an den Spezifikationsgrenzen. Damit sind jeweils ein Normal in der Nähe der unteren bzw. der oberen Spezifikationsgrenze zur Verfügung zu stellen. Anschließend wird mit jedem Normal eine Fähigkeitsuntersuchung gemäß Verfahren 1 durchgeführt.

HINWEIS: Diese Vorgehensweise ist keine Linearitätsuntersuchung, sondern lässt nur eine Aussage über die Eignung an den jeweils betrachteten Stellen zu. Über andere Bereiche kann keine Aussage getroffen werden.

9 Messbeständigkeit/Stabilität

Bei den vorher genannten Verfahren wird immer nur eine Kurzzeitbetrachtung vorgenommen. Daher ist die kontinuierliche Untersuchung der Messbeständigkeit zu empfehlen.

Für den Stabilitätsnachweis sind zunächst in kurzen Zeitabständen Überprüfungen vorzunehmen. Zur Ermittlung der Urwerte sind stabilisierte Erzeugnisteile und Normale/Einstellmeister zu verwenden. Basierend auf den Ergebnissen ist ein Intervall festzulegen, zu dem regelmäßig neue Überprüfungen stattfinden sollen.

Die Beurteilung der Messbeständigkeit kann auf 2 Arten vorgenommen werden:

- Es sind die Messwerte aufzuzeichnen und die Grenzwerte festzulegen. Diese dürfen z.B. maximal ±10% der Toleranz bezogen auf den Ist-Wert des Normals/Referenzteils betragen.

- Die gemessenen Werte sind in Form einer Shewhart-Qualitätsregelkarte aufzuzeichnen. Hierbei gelten firmenspezifische Festlegungen.

Beispiel zur Messung und Auswertung

1. Schritt

Dokumentieren der Daten zu Messeinrichtung, Normal, Merkmal, Toleranz etc.

2. Schritt

Eintragen der Grenzen der Messbeständigkeit in die Regelkarte. Der Stichprobenumfang kann zwischen 1, …, 5 liegen (Empfehlung n = 5).

Fallbeispiel:

$OEG = x_m + 2{,}576 \cdot s_g$ mit s_g aus Verfahren 1 für 99 %

$UEG = x_m - 2{,}576 \cdot s_g$

HINWEIS: Falls bei einer Urwertkarte der Abstand der natürlichen Eingriffsgrenzen einer Einzelwertkarte < 10 % der Toleranz ist, können die Eingriffsgrenzen auf 10 % der Toleranz festgelegt werden, um zu verhindern, dass die Auflösung des Messmittels der Grund für eine Verletzung der Eingriffsgrenze ist.

alternativ:

$OEG = x_m + 0{,}1 \cdot T$

$UEG = x_m - 0{,}1 \cdot T$

3. Schritt

Einstellen der Messeinrichtung mit Hilfe des Normals nach der gültigen Vorschrift.

4. Schritt

Ausführung von Einzelmessungen am Normal und/oder Referenzteil über eine Schicht bzw. einen repräsentativen Zeitraum nach der gültigen Vorschrift. Während der Messbeständigkeitsprüfung darf nicht nachgestellt werden.

5. Schritt

Die Messergebnisse werden in die Regelkarte eingetragen und beurteilt.

6. Schritt

Das Prüfintervall ist festzulegen:

I. Fall:

Liegen die Messwerte innerhalb der vorgegebenen Eingriffsgrenzen, reicht es aus, die Messeinrichtung in festgelegten Intervallen, zum Beispiel, jeweils am Arbeitsbeginn einzustellen.

II. Fall:

Treten Über- oder Unterschreitungen der vorgegebenen Eingriffsgrenzen auf, ist das Intervall so zu verkürzen, dass die Messwerte innerhalb der Grenzen verbleiben. Ist ein Trend erkennbar, sollten die Gründe untersucht werden.

III. Fall:

Es treten Über- und Unterschreitungen der vorgegebenen Grenzen in kurzen Zeiträumen statt, so dass bei der Messeinrichtung keine stabile Phase erkennbar ist. In diesem Fall sind entsprechende Verbesserungen einzuleiten (siehe hierzu auch Vorgehensweise „Nicht fähige Messsysteme“).

HINWEIS: Sollen Abweichungen aufgrund unzureichender Messbeständigkeit möglichst ausgeschlossen werden, ist die Messeinrichtung vor jeder Messung einzustellen.

Index

Q

R

S

T

U

V